中核集团专项资金资助出版
黑龙江省精品图书出版工程项目

核化工数学模型

李金英　石　磊　编著

HEUP 哈爾濱工程大學出版社

内容简介

本书编写的目的,旨在为研究生的实践科学研究提供数学基础,从而提高其利用数学理论分析问题、解决问题的能力。全书分为四章,前三章简要讲述了与核化工相关的数学基础及化工传递过程;最后一章重点选择并解答了核化学与化工实践中的一些例子。本书内容扼要,理论与应用相结合,将科研中的实际案例纳入教材进行分析,以满足广大研究生学位论文研究中对工程数学的需要。

本书可作为核化学与化工相关专业的研究生教材,也可作为本领域科技工作者的参考用书。

图书在版编目(CIP)数据

核化工数学模型/李金英,石磊编著.—哈尔滨:
哈尔滨工程大学出版社,2016.8
ISBN 978-7-5661-1332-0

Ⅰ.①核… Ⅱ.①李… ②石… Ⅲ.①核化学—数学模型—研究 Ⅳ.①O615.5

中国版本图书馆CIP数据核字(2016)第181958号

选题策划 石 岭
责任编辑 丁 伟 石 岭
封面设计 语墨弘源

出版发行 哈尔滨工程大学出版社
社　　址 哈尔滨市南岗区东大直街124号
邮政编码 150001
发行电话 0451-82519328
传　　真 0451-82519699
经　　销 新华书店
印　　刷 黑龙江龙江传媒有限责任公司
开　　本 787mm×1 092mm 1/16
印　　张 19.5
字　　数 513千字
版　　次 2016年8月第1版
印　　次 2016年8月第1次印刷
定　　价 48.00元
http://www.hrbeupress.com
E-mail:heupress@hrbeu.edu.cn

《核化工数学模型》编著委员会

主　　任　李金英

执行主任　石　磊

副 主 任　肖国平　鲁盛会　侯艳丽　张见营

编著成员　李映婵　王凤奎　王亚茹　杨洪梅
　　　　　熊厚华　夏体锐　刘振兴　施和平
　　　　　宋凤丽　王芝芬　逯　海　周　涛
　　　　　冯万里　张继谦　唐占梅　纪存兴
　　　　　赵志军　伍　涛

绘　　图　张见营

前　言

过去的数十年中,核化工科学技术取得了快速发展,其应用领域越来越广泛,发挥的作用也越来越大。在核化工学科的发展壮大过程中,数学科学起到十分关键的作用。没有扎实的数学基础与清晰的数学逻辑思维,科学家与科技工作者是不可能进行有效的科学探索与系统的开发研究的。在核化工的研究过程中,无论是新工艺、新方法、新设备的研发,还是一些新理论的提出,都需要强有力的数学知识作为支撑。数学的广泛应用标志着一门学科的成熟与完善。因此,准确掌握并熟练运用数学基础知识与数学逻辑思维,是科技工作者做好科学技术研究工作所需具备的基本技能。

本书编写的目的就是为核化工相关专业的学生提供一本基础教材,以加强数学基础和提高数学逻辑思维的能力;也为研究生和本领域科技工作者的科学研究提供数学手段,以利用数学理论分析问题和解决问题。本书是《核化工数学》的修订版。上一版自出版以来,得到了读者的好评,同时作为核工业研究生部研究生教材,也取得了良好的教学效果。

本书在上一版的基础上,充实了理论与应用相结合的内容,将科研中的实际案例纳入本版书中加以详细分析,以满足广大研究生学位论文研究中对数学理论与计算工具的需要。本书在修订过程中,做了如下调整:

(1)章节进行了重新安排。将原来的第 2 章至第 5 章的内容浓缩为一章(本版第 2 章),由于该 4 章内容相近,均为化工数学中模型的解法,因此这样的调整使得结构更加紧凑,逻辑性更强。

(2)内容进行了增删。增加了“三传一反”的相关内容,为本版第 3 章,搭建了数学理论与核化工实践中的桥梁;删除了原“核化工数学模型”章节中代表性不强的实例。

(3)每章增加了适当的练习题与答案,可供读者进行实践练习,以更好地理解和掌握基本概念与基本方法。

本书共分 4 章。第 1 章为绪论,主要讲述数学在化工中的重要作用、数学建模的方法与步骤,以及化工数学中常用的计算机软件。第 2 章为化工数学基础,包含代数方程、常微分方程、偏微分方程与特殊函数的解法;复变函数相关知识;场论、积分变换;图论基础与专家系统;数据处理的方法与相关软件(MATLAB,Origin)的应用。第3章为化工传递过程,介绍了化工原理的相关知识,即"三传一反"。第4章为核化工数学模型举例,介绍了核化工实践中相关实例,包含分离功数学模型、精馏过程的物料平衡吸收塔衡算法、乏燃料后处理萃取过程中数学模型、水力学模型、氧化还原动力学模型、高放废物地质处置中模型、放射性核素迁移的数学模型。

本书作为研究生教材分为48课时,主要讲述第2章的数据处理方法、第3章和第4章的相关实例,其他章节供学生自学和老师辅导参考。

在教材编写的过程中,多位老师提供了无私的帮助。在此特别感谢核工业研究生部的石磊、黄永铙老师,他们在核工业研究生部具有丰富的"核化工数学""化工数学模型"授课经验,对本书编写提供了许多宝贵的资料。

感谢中国原子能科学研究院邵焕会副院长,以及核工业研究生部的肖武副主任、章超主任助理、顾忠茂老师、付冉老师、王皖燕老师等对本书编写的大力支持。感谢张见营博士在图片编辑、书稿校核与习题编写中所做的大量工作。

由于本人学识和水平有限,书中难免有错误和不妥之处,敬请读者批评指正。

李金英

2015年11月于北京

目　录

第1章 绪 论

1.1 数学在化工中的重要作用

当今,科学计算、理论分析和实验被认为是当代科学研究的三种手段。计算机技术的飞速发展,以及科学计算方法和理论的不断完善,促进了科学计算的发展。就化学化工领域而言,化学化工类科技人员在解决化学化工问题的理论研究和实践,亦促进了科学研究方法的发展,而这些科学研究方法或手段都离不开数学基础知识和数学分支。

现代化学化工科技人员,无论从事化工新产品、新工艺的研究,还是进行化工过程设计、化工自动控制等,都需要应用数学知识。其所用的数学知识需要涉及许多数学基础知识和数学分支,例如线性、非线性代数方程,数理方程,特殊函数,差分方程,随机过程理论,数值分析,有限单元,边界元和最优化方法广泛的,等等。近年来,泛函分析、拓扑学、图论等在化工系统分析中也得到了广泛的应用。图1.1.1描述了各种数学方法与化学工程各分支的相互关系。从图中可以看出,各种数学方法,如线性代数、常量微积分、几何和拓扑方法、微分方程、离散数学、统计和随机方法、逻辑人工智能方法等,与化工中的连续介质理论、经典和量子力学、传递过程、单元操作、化工过程工程、化学反应工程与反应动力学、介观理论、过程控制与辨识、离散系统分析等各个分支领域都有联系,并且可以预测其还将对目前正在兴起的纳米技术和产品工程等新兴研究领域起到推动作用。

当前,化学化工类科技人员只工作在化学实验室的时代已在逐步改变,几乎所有的化学化工科学研究都要进行实验并解释所得到的实验结果,这就必须采用数学方法,而且所采用的数学方法可能影响到研究的过程和结果。化学化工类科技人员的兴趣不在于数学定理的严密论证,而在于运用现代数学解决研究开发中的实际问题。现代化工生产规模超大、能量密集、产物众多,具有高温、高压、低温、低压、有毒和易燃易爆等特点。因此,化工过程安全历来是工业安全生产的重中之重,化工过程安全领域在技术上急需解决的是本质安全过程设计以及事故在线早期诊断。

近年来,随着计算机技术的发展,化工计算软件包随之产生并得到了应用。学会使用软件包可以省去编程、调试等许多工作量。即使使用通用软件包也必须具备数学基本原理和基础知识,必须具备数学方法的基本知识,才能正确使用软件包,不至于发生偏差和谬误。有时还需要结合化工问题的特点对软件包提供的程序进行一定的修改。人们要想在能力有限的计算机上运用数值方法模拟或仿真复杂的化学、生物、物理现象和复杂的工程问题,达到优化设计的目的,缺少必要的数学理论基础和有效的计算方法是无法做到的。

随着信息技术的发展,化学工程向着精细化发展,而这种发展要求化学化工科技人员

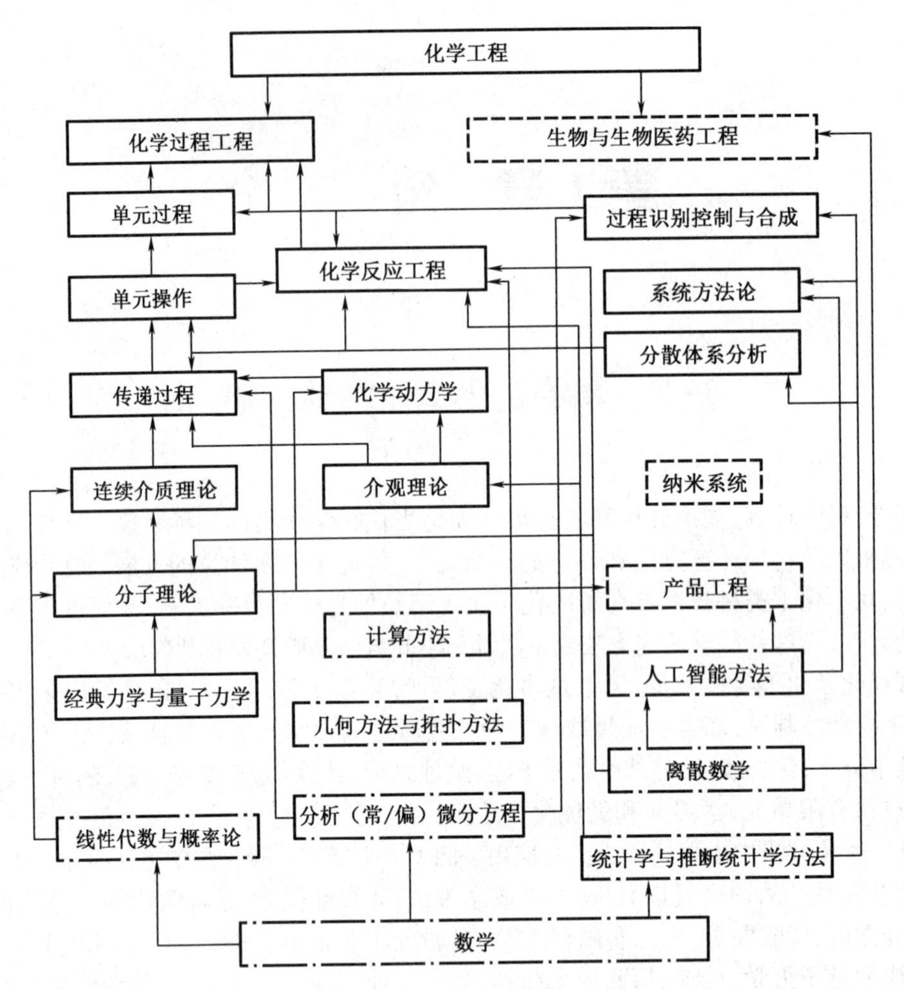

图1.1.1 化学工业中使用的数学方法

引文：Mathematics in Chemical Engineering：A 50 Years Introspection Doraiswami Ramkrishna, Neal R. Amundson AIChE Journal, 2004, 50(1):7－23。

备注：□代表化学工程的传统领域，⬚代表新领域，⬚代表数学；箭头表示了数学各领域对化学工程各领域的影响。

必须有坚实的数学基础和应用信息技术的能力。具体表现在运用现代数学和计算工具解决以下问题：建立化学和化工系统的现实而合理的数学模型；选用适当的数学方法开发相应的计算机程序求解；分析所求解的精确性和可靠性；解释模型解的物理意义；利用数学理论作为指导，进一步利用计算机静、动态模拟优化来指导并加速科研和开发过程等。

1.2 建立化工数学模型的方法

化学和化学工程的传统研究方法是以经验归纳为主，通常采用因次分析和相似的方法整理归纳数据。随着生产过程大型化及自动化水平的不断提高，特别涉及化学反应过程的复杂问题,因次分析和相似方法就很难满足研究的需要。例如:研究一个多组分、多级反应精馏塔操作过程,系统包含有流体动量、热量和质量传递,并且伴有化学反应机制的复杂过程,有多个变量,如塔板上组分、温度、压力和气液流率之间呈强非线性。要了解过程中各参量随时间的变化规律,唯一有效的办法是利用计算机进行静、动态过程模拟。为此首先要建立实用正确的数学模型以进行过程的计算机模拟。在具体建立什么样的模型时,需要考虑数学模型的类型和具体用途。

1.2.1 化工数学模型的分类

模型可根据性质及特点从不同角度进行分类:

(1)稳态、非稳态

根据模型与时间变量的关系分为稳态、非稳态。稳态模型不包含时间变量,非稳态模型考察过程随时间的动态变化规律。数学上也称为定常和非定常。

(2)线性、非线性

从模型方程的结构来区分各类方程的线性和非线性。非线性方程较线性方程难求解得多,一般情况没有解析解。

(3)确定性、随机性

随机模型包含随机变量,对于一个确定的量,其输出呈概率分布,不是一个确定的量。如雷诺数很大的湍流,流动错综复杂,运动规律只能用统计规律描述。

(4)连续性、离散性

描述系统状态变量随自变量连续变化的微分方程是连续性模型;描述自变量在有限个节点的函数的差分方程是离散性模型。

(5)集中参数、分布参数

包含时间和空间位置多自变量的偏微分方程是分布参数模型;而集中参数模型的因变量不随空间坐标变化。

总结来讲:

一是由物理、化学化工机理推导出的机理模型。机理模型反映过程的本质特征,适用范围较广泛。

二是根据观测实验数据归纳而得到的经验模型。经验模型由于模型参数是在一定范围内由实验数据归纳得出,不宜大幅度外推。

三是介于二者之间半经验半机理的混合模型。在条件许可的情况下,应尽可能建立机理模型。

1.2.2 化工数学模型的用途

在过程开发、过程设计、生产操作、优化控制及过程机理的研究等方面,数学模型方法都有重要的实用意义。

(1)过程开发,过程设计

在实验室小试基础上建立数学模型,运行计算机模拟小试数据,以确认模型可靠性及必要精度,在此基础上改变工艺条件、操作条件等,大大减少实验工作量、实验费用,缩短开发周期。

(2)生产操作,优化控制

应用动态仿真数学模型可以模拟实际生产的各种工况,学习处理各种工况。建立的模拟器可进行操作工人的培训;优化模拟计算可提供技术改造方案,降低能耗;建立优化控制方案可提高经济效益。

(3)机理研究

应用数学模型化的方法,进行动量、热量、质量传递或反应动力学、热力学基础理论研究,进行化学反应和有机合成配方的模拟研究,进行实验数据处理和模型参数估值。例如确定反应速率常数、相平衡参数等。

1.3 化工机理模型化方法的原则步骤

(1)根据研究的对象,确立系统

确立所研究的系统,画出略图;列出所有工艺要求和实验得到的数据;确定自变量与因变量,变量由问题的类型而定,对于非稳定过程,时间是自变量。

(2)建立数学模型

运用质量、能量、动量守恒定律,反应动力学、化学平衡及相平衡等所有的物理、化学基本原理,进行总平衡及某特定物质的物料平衡或能量平衡,建立平衡关系。

运用工程判断能力,简化研究的问题,给出必要和合理的简化假设。使简化后的模型能够反映过程本质,满足应用的要求,给出必要条件。建模时一定要考察模型的可解性。

在简化假设条件下,建立数学模型,检查方程个数与自变量个数是否相等。系统的自由度应为零。

(3)确定边界条件和初始条件

列出对应自变量数值的因变量数值,通常初始条件是已知的。

(4)模型的求解

化简微分方程,选择适当的求解方法。可以采用解析法或数值法求解。解析法给出系统变量的连续函数值,可以准确地分析变量间相互关系。对于化学化工中复杂的、非线性的问题可使用数值法求解。

(5)模型解的验证,结果的分析讨论

数学物理模型是假设条件下系统物理模型的数学抽象,它只能近似地反映过程的本质特性。模型的可靠性与精确度依赖于建模假设偏离实际问题的程度、基础理论和基础数据的精度。分析讨论解析解和数值解,然后用解分析变量间相互关系,找出其内在变化的规律。用实验或生产现场数据来考核解的可靠性,如果差距太大,则需要完善修改模型或校验基础数据。

1.4　在化工工程中应用数学的步骤

数学应用的第一步是数学建模，即通过调查，收集数据、资料，观察和研究其固有的特征和内在规律，抓住问题的主要矛盾，提出假设，经过抽象和简化，建立反映实际问题的数量关系，也就是数学模型；然后，再运用数学的方法和技巧去分析和解决实际问题。这时，对数学模型的研究就相当于对实际系统的研究，改变各种参数进行计算，就相当于在实际系统中进行各种试验。这种方法称为数学模拟。由于模拟计算需在计算机上进行，因而也叫计算机模拟，或计算机仿真。由于这种方法较常规实验研究方法有着无法比拟的优点(易于实现、容易操作、速度快、成本低、安全和可做灵敏度分析等)，因而受到广泛重视，并已在化工过程开发、过程设计、过程优化、过程控制等许多方面发挥重要作用。在其他学科中的应用也非常广泛。

1.4.1　化学化工科研工作举例：草酸反萃铜体系的动力学研究

液－液传质体系是以草酸反萃铜体系作为研究对象。液－液反萃体系主体装置为改进型传质池(自制，见图1.4.1)，圆柱形，内径50.4 mm，外径70.4 mm，外面有可调温的水循环保温层，使反应在可以控制的温度下进行。两相中各有一个桨状搅拌器，利用它们使各相内的浓度迅速达到平衡。由于在一定浓度范围内，电导与稀草酸的浓度呈函数关系，因此只要将电导率仪的电极伸入水相，就可通过检测水相电导率的变化来定量反映草酸的浓度变化。

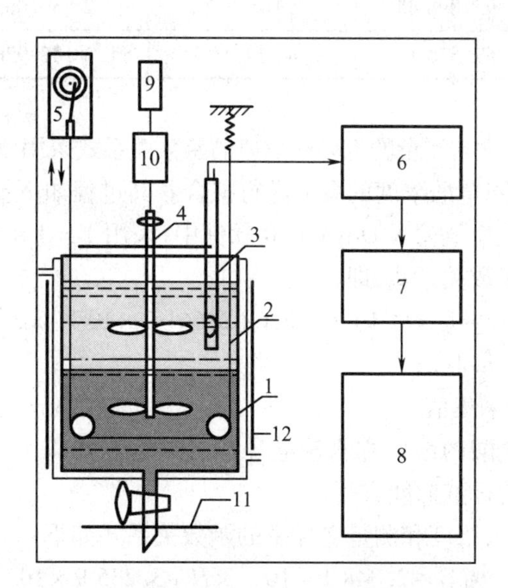

图1.4.1　改进的可对界面进行激励的传质池示意图

1—保温水套；2—带子；3—电导电极探头；4—搅拌器；
5—往复运动装置；6—浓度测定计；7—数模转换器；8—计算机；
9—转速表；10—恒流调速电机；11，12—电场板

在宏观传质动力学及反应动力学的研究中,我们需要得到无机相中草酸的浓度变化。根据草酸浓度和电导率的一一单值对应关系,测量电导率值,然后由浓度 - 电导率标准曲线就可确定水相中草酸的浓度值。

因此在实验中需要进行在线直接测量的是水相中的电导率值。检测对象为反萃过程中无机相中稀草酸浓度的变化,由传质相关理论,表面活性剂、反应体系的温度以及电场、周期性机械激励等有可能对两相间的传质或反应产生影响。因此需要测量在这些不同条件下传质过程的不同规律。我们可以通过对无机相的电导率值进行动态测量,从而获得宏观动力学过程的动态规律。

对于本研究体系反萃过程发生的反应如下:

$$\overline{CuR_2} + H_2C_2O_4 = CuC_2O_4 \downarrow + \overline{H_2R_2}$$

不同温度下草酸浓度测量的电导率采集值见表 1.4.1。

表 1.4.1 草酸浓度测量的电导率采集值

草酸浓度/(mol · L^{-1})	电导率采集值			
	20.0 ℃	29.2 ℃	39.2 ℃	44.5 ℃
1.18×10^{-8}	20.695 3	80.695	275.683	425.638
1.18×10^{-5}	386.213	687.3	870.356 9	1 056.33
4.87×10^{-5}	9.96×10^{2}	1 051.297	1 176.758	1 274.41
7.31×10^{-5}	1 331.296 88	1 400	1 721.191	1 796.88
4.87×10^{-4}	1 620.855 47	1 994.629	2 343.75	2 526.86
9.75×10^{-4}	1 995.898 44	2 165.527	2 539.063	2 714.84
4.87×10^{-3}	4 267.578 13	4 514.16	5 148.926	5 593.26

不同条件下稀草酸浓度与测量的电导率数值的函数关系式采用以下方法求出:取 29.2 ℃下,不加表面活性剂时不同草酸浓度的数据进行拟合。其过程如下:把此条件下不同草酸浓度和对应的测量电导率采集值输入 Origin 6.0 软件中,采用 $Y = A \times X + B \times X^2$ 进行拟合,即得草酸 - 测量电导率的函数关系式,即

$$Y = -1.393\,4 \times 10^{7} \times X + 2.661\,2 \times 10^{-10} \times X^2 \tag{1.4.1}$$

式中 Y——草酸的浓度,mol/L;

X——测量的电导采集值。

对以上不同条件下草酸的浓度和测量电导率的数据利用以上方法进行二次多项式拟合得到不同条件下草酸的标准曲线方程。

不加入表面活性剂时,浓度和测量电导率的函数关系式如下:

$$20.0\ ℃\quad C = -2.348\,1 \times 10^{-7} \times H + 3.235\,9 \times 10^{-10} \times H^2 \tag{1.4.2}$$

$$29.2\ ℃\quad C = -1.393\,4 \times 10^{-7} \times H + 2.661\,2 \times 10^{-10} \times H^2 \tag{1.4.3}$$

$$39.2\ ℃\quad C = -2.928\,4 \times 10^{-7} \times H + 2.407\,5 \times 10^{-10} \times H^2 \tag{1.4.4}$$

$$44.5\ ℃\quad C = -2.525\,7 \times 10^{-7} \times H + 2.010\,4 \times 10^{-10} \times H^2 \tag{1.4.5}$$

应用 Datafit 6.0 进行拟合得到浓度与温度及电导采集值的函数如下:

$$C=0.001\,327\,939\,909-0.033\,511\,404\,22/H-9.137\,226\,027\times10^{-6}\times T \quad (1.4.6)$$

实验数据处理是整个实验中的重要环节。我们应对实验所得数据进行综合处理，分析其规律性。在所研究的实验体系中，由于稀草酸溶液中草酸在水中电离生成 H^+，$HC_2O_4^-$，$C_2O_4^{2-}$，所以对于稀草酸的浓度，采用了电导率仪在线测定水相电导率。利用浓度测量的电导率函数，使用工作曲线法将记录下来的电导率与时间的对应数据转化为草酸在水相中的浓度随时间的函数 C_t，进而得到动力学曲线进行动力学研究。

1.4.2 微分传质系数、平均传质系数的计算

为简化计算，以双膜传质模型为例，浓度变化如下：

$$\partial C/\partial t=-aD(C_i-C^*)/\delta=ak(C^*-C_i) \quad (1.4.7)$$

过程的微分传质系数 k_t 可由以下公式求出：

$$k_t=\frac{\frac{dC_t}{dt}}{(C_p-C_t)(s/v)} \quad (1.4.8)$$

令 $a=1/(s/v)$，则

$$k_t=a\frac{\frac{dC_t}{dt}}{C_p-C_t} \quad (1.4.9)$$

平均传质速率系数 k_p 中 t_1，t_2为平均传质系数计算的起止时间：

$$k_p=\int_{t_1}^{t_2}k_t dt/\int_{t_1}^{t_2}dt \quad (1.4.10)$$

对实验数据进行整理，首先是对所得实验数据进行曲线拟合。主要包括如下步骤：根据草酸标准曲线将实验中测得的电导率采集值转换为浓度值（可在 Excel 中完成）；进行曲线拟合采用了专业的数据处理软件 Origin 6.1，将数据输入其表格中进行曲线拟合获得拟合公式（同时可以进行相应的误差分析）。下面以 29.2 ℃时一组电导率采集值处理过程为例，简要介绍数据处理过程。

将实验中测得的电导率值及时间、平衡浓度等数据导入 Excel 表格中，调用不同温度条件下的草酸标准曲线处理以获得相应的浓度值。将转换的浓度转入 Origin 6.1 中。选择恰当的拟合算法进行拟合：在没有具体的模型机理的情况下，可以先根据数据得出曲线的大致形状，据此选择合理的拟合函数，因为四次、五次多项式和式（1.4.11）与实验数据曲线吻合得比较近，所以我们在本数据处理中选择四次、五次多项式和式（1.4.11）对实验数据进行模拟，比较选取最优、最吻合的模型，以式（1.4.11）为拟合函数进行说明：

$$C_t=\sum_{i=l}^{n}a_i t^i+A\ln t \quad (l=-2,-1,0;n=0,1,2\cdots) \quad (1.4.11)$$

式中 a_i，A 为拟合系数。求出导数 dC_t/dt，公式为

$$\frac{dC_t}{dt}=\sum_{i=l}^{n}ia_i t^{i-1}+\frac{A}{t} \quad (1.4.12)$$

式中 C_t——拟合后的浓度值；

t——时间。

该拟合函数为

$$Y=P_1\times t^{-2}+P_2\times t^{-1}+P_3+P_4\times\ln t \quad (1.4.13)$$

利用该拟合软件首先赋参数的初值,经过适当次数的迭代,我们可以直接得出以上函数式的各参数值。

水相中稀草酸的浓度与对应的时间的函数关系式为

$$Y=0.19425\times X^{-2}-0.02438\times X^{-1}+0.00978P_3-0.00108\times\ln X \tag{1.4.14}$$

式中 X——时间;

Y——拟合后的浓度值。

因为涉及微分传质系数的计算,所以求出瞬时草酸浓度对时间的导数 dY/dX 也是必要的:

$$dY/dX=-2\times0.19425\times X^{-3}+0.02438\times X^{-2}-0.00108/X \tag{1.4.15}$$

根据公式求取微分传质速率 k_t 值。由传质理论:设平衡浓度为 C_p,拟合后的瞬时浓度值为 C_t,a 为常数,根据式(1.4.9)和式(1.4.10)进行计算,求取微分传质速率系数 k_t 值和平均传质速率系数 k_p 值。

1.4.3 反萃传质过程表观活化能的计算

改变实验温度,得到不同温度下的 k_p 值。根据阿伦尼乌斯公式回归计算出反应传质宏观动力学活化能 E_a 的数值。在一般情况下,一定温度范围内,阿伦尼乌斯经验公式中 E_a 可以看作是与温度无关的常数,因此根据式(1.4.16),以 $1/T$ 为横坐标,$\lg k_p$为纵坐标作图,式中 A 由实验决定。求出直线的斜率就可以计算出表观活化能 E_a(该表观活化能包括缔合分子的解离、克服界面阻力及扩散传质所需要的能量)。

$$\lg k=\lg A-\frac{E_a}{2.303RT} \tag{1.4.16}$$

1.4.4 铜反萃体系宏观反应动力学方程及相关计算

反应动力学是对各种反应物质接触后化学反应速度的描述。研究反应过程中的各种因素(草酸浓度、反应温度、激励等)对反应速度的影响,是反应动力学的主要研究内容。在一定的温度、压力下,化学反应速率与反应物浓度的一定方次的乘积成正比:

$$-r_A=k_c C_{CuR_2}^m C_{H_2C_2O_2}^n \tag{1.4.17}$$

本实验体系中 CuR_2 的浓度(大量过量)可视为定值,反应系统的反应速度可表示为

$$-r_A=k_c' C_{H_2C_2O_2}^n \tag{1.4.18}$$

式中 $-r_A$——反应速度;

$k_c'=k_c C_{CuR_2}^m$,式中 k_c 为反应速度常数;

C——浓度;

n——反应级数。

对上式两边取对数,可得

$$\lg(-r_A)=\lg k_c'+n\lg C_{H_2C_2O_2} \tag{1.4.19}$$

将 $\lg(-r_A)$ 对 $\lg C$ 作图,可得一直线,用直线的截距可求得反应速度常数,用直线的斜率可求得反应级数 n 值,从而可以得到草酸反萃反应动力学方程。由于温度对反应速度的影响很大,因此必须确定反应系统的反应活化能,建立更为实用的反应动力学模型。根据阿伦尼乌斯理论,反应速度常数和温度的变化规律可表示为

$$k = k_0 \exp\left(-\frac{E}{RT}\right) \tag{1.4.20}$$

$$(-r_A) = k_0 \exp\left(-\frac{E}{RT}\right) C_{H_2C_2O_2}^n \tag{1.4.21}$$

式中 k_0——指前因子；

E——反应活化能；

R——气体常数，$R = 8.314\ J/(mol \cdot K)$；

T——绝对温度，K。

式(1.4.21)描述了不同温度、不同浓度下反应速度的变化规律。对上式两边取自然对数可得

$$\ln(-r_A) = \ln(k_0 C_{H_2C_2O_2}^n) - \frac{E}{RT} \tag{1.4.22}$$

实验中，使用同一浓度的草酸溶液在不同温度下进行反应，得到不同温度下的反应速度，这样在半对数坐标中绘制 $\ln(-r_A) - 1/T$ 的关系曲线，曲线应为一直线，直线斜率为 $-E/R$，截距为 $\ln k_0$，用图解法或线性回归分析法就可以确定 E，k_0 值。

1.5 求解化工数学模型的计算机工具

随着计算机技术的飞速发展，对于数学模型的求解也有了多种方法，其中，最便捷的方法是采用针对特定模型体系的专有商业软件，这些商业软件的实质是数学模型和计算方法的有机集成。例如在化学工程领域的一些典型软件有：

(1)过程模拟：ASPEN PLUS，PRO/II，ChemCAD，gPROMS 等。

(2)分子模拟：Gaussian，Cerius2，Materials Studio，HyperChem，Chemoffice。

(3)计算流体力学：CFX，FLUENT，StarCD 等。

采用商业专有软件的优势是技术成熟、系统稳定、资料丰富、技术交流方便。其缺陷也十分明显，那就是价格高，解决对象为已有的成熟的工程问题，缺少新的研究课题的数学模型，因此，对于科学研究领域，通过建模、编程解决新的模型问题十分必要。

编程求解数学模型就需要能够实现数值计算的计算机工具，目前可以分为两大类：

一类是程序设计语言。典型的程序设计语言和对应的开发工具有：BASIC(开发工具有 Visual BASIC)，PASCAL(开发工具有 Delphi)，C/C++(开发工具有 Visual C++，C++ Builder)，Fortran(开发工具有 Compac Visual Fortran，Intel Visual Fortran)。

程序设计语言的特点是执行效率高、有丰富的数值计算源程序或库文件，如 Numerical Recipes，IMSL 库以及网络资源 NetLib，但是对编程能力的要求高。

另一类是数学软件包。典型的数学软件包包括用于数学演算、符号计算和数值计算的 Mathematica，MathCAD，Maple 和 MATLAB 等；用于统计分析的 SAS，SPSS 和 STATISTCA 等。

数学软件包的特点是算法齐全，计算、图形可视化和符号运算功能强大，且简单易学、扩展性好，也支持与其他高级语言混合编程。它既是专业数学软件，又是一种编程语言，编程效率高，且代码公开。内建丰富的函数和工具箱。

对于数值计算的计算机工具的选择,当前已经从程序设计语言逐步向使用数学软件包过渡。1996 年,University of Texas at Austin 的 Kantor 和 Edgar 两位教授提出传统计算机程序设计不是工业化学工程师的重要技能,由于软件维护的艰难性,许多公司告诉他们的工程师不要开发独立的软件。

Dahm 教授的调查表明,美国 84% 的化工系讲授程序设计的语言由传统的 Fortran,C/C++ 向更高水平的开发环境如 Maple,MATLAB 等转变。化学工程本科生所需要的数学应用软件调查结果如表 1.5.1 所示。

表 1.5.1 Dahm 教授的调查数据结果表

Polymath	MATLAB	Maple	MathCAD	EZ - Solver	Spreadsheets	Mathematica	Other
37%	65%	24%	37%	5%	82%	13%	15%

从结果中可以看出在化工领域中应用 Spreadsheets 和 MATLAB 的学校占绝大多数。

Swinnea 教授从 43 份调查问卷中总结出大部分的化工系讲授不止一门程序设计语言,其分布如表 1.5.2 所示。

表 1.5.2 Swinnea 教授的调查数据结果表

C/C ++	Fortran	MATLAB	Excel	VB	MathCAD	Other
17	10	16	13	7	6	4

作为学习化学工程的学生来说,为了应付在工作中可能遇到的更多复杂问题,除了数学工具外,还需要掌握其他软件,美国高校的计算中心一般都提供相当数量的各类软件供学生选择使用。

如 Colorado 大学化工系本科阶段接触的软件包括: Office, MathCAD, MATLAB, Mathematica, Simulink, Polymath, EZ - Solver, HYSYS, ASPEN +, Minitab, Control Station, Labview, Ladsim, AutoCAD。

University of Texas at Austin 化工系课程中所用计算机软件如下:

物料衡算和能量衡算:EZ - Solver,Polymath。

热力学:MathCAD,Polymath 等。

分离:Aspen。

过程控制:MATLAB,Excel。

化学反应工程:Polymath,Octave。

产品与过程设计:Aspen,Hysys,ChemCAD,Pro/II。

统计:JMP,SAS,Minitab。

从中可以看出,不计 Excel,CAD,一个美国化学工程专业的学生需会用 3 个以上软件。

1.6　本门课程的教学目的、方法

本门课程中，将在大学工科高等数学基础上重点介绍化学和化学工程中最常用的若干数学方法，复习常微分方程解法，学习复变函数和场论初步。在具备了一定数学知识的基础上，学习积分变换、偏微分方程的求解及特殊函数。

通过本门课程的学习，学会运用积分变换和分离变量法求解化学化工中"三传一反"（即动量传递、热量传递和质量传递，化学反应动力学）的偏微分方程和特殊函数。

由于化学化工领域涉及面广，过程复杂，进行数学处理需要涉及许多数学分支的知识。

将在大学工科高等数学基础上重点介绍化学化工中最常用的若干数学方法，为将来处理化学化工所涉及的数学问题提供必要的基础知识。

入门介绍数学物理模型的建立。因为建立数学模型不仅需要数学手段，更需要依靠的是对化学化工过程机理和实验认识的深化水平。

对于各种数学方法的讨论，立足于应用，不进行严密的推导和证明。

面对知识经济的挑战，当代大学生应树立以终身教育为理念的教育价值观，树立国际提倡的教育目标观：

(1)学会认知(Learning to know)；

(2)学会做事(Learning to do)；

(3)学会合作(Learning to live together)；

(4)学会生存(Learning to be)。

习　　题

1-1 数学在化工中的应用有哪些？数学建模的方法有哪些？化工数学模型可分为哪几类？

1-2 化工数学中常用的软件有哪些，其主要功能是什么？

1-3 设有一化工厂，需要从某地引入生产用水，水源距厂区距离为 1 000 m，根据生产任务，水的流量必须达到 0.3 m^3/s，现有三种尺寸的管子供选择，其尺寸参数及价格为：直径 d 为 0.6 m 的管子，每米为 130 元；直径 d 为 0.5 m 的管子，每米为 90 元；直径 d 为 0.4 m 的管子，每米为 60 元。要求以最少的投资费用，设计一串联管路，使水在整个管路中流动时压头损失不大于 5 m。

1-4 Matlab 软件应用：

(1)程序如下，写出程序所用的数学函数，并指明所有变量的数据结构（如果是向量则指出向量元素的个数，如果是矩阵则指出矩阵的行列数）。

```
[x,y] = meshgrid(-8:.5:8);
r = sqrt(x.^2 + y.^2) + eps;
```

```
z = sin(r)./r;mesh(x,y,z)
colormap([1 0 0])
```

(2)下面程序的功能是绘制动态正方形簇。写出初始时刻的正方形四个顶点及程序所用的数学原理。

```
xy = [-1 -1;1 -1;1 1; -1 1; -1 -1];
A = [cos(pi/24) - sin(pi/24);sin(pi/24) cos(pi/24)];
x = xy(:,1);y = xy(:,2);
axis off
line(x,y),pause(1)
for k = 1:30
xy = 0.9 * xy * A';
x = xy(:,1);y = xy(:,2);
line(x,y),pause(1)
end
```

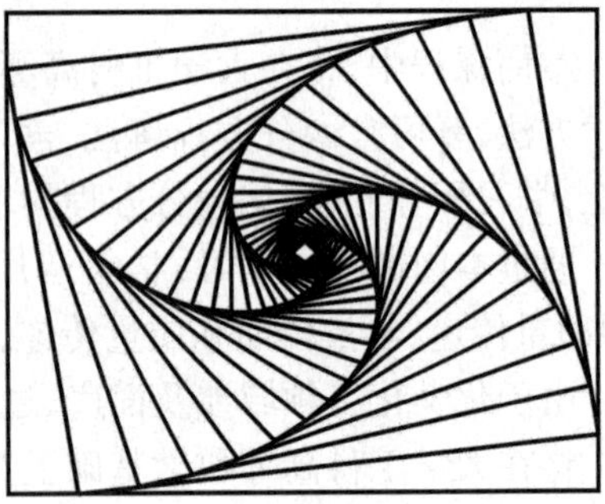

题 1-4 图

(3)求下列多元隐函数$\cos^2 x + \cos^2 y + \cos^2 z = 1$ 的偏导数$\frac{\partial z}{\partial x}, \frac{\partial z}{\partial y}$。

(4)画二元函数 $z = (x + y)^2$ 多条曲线及曲面图。

1-5 连续搅拌槽式反应器 CSTR 进行能量衡算。

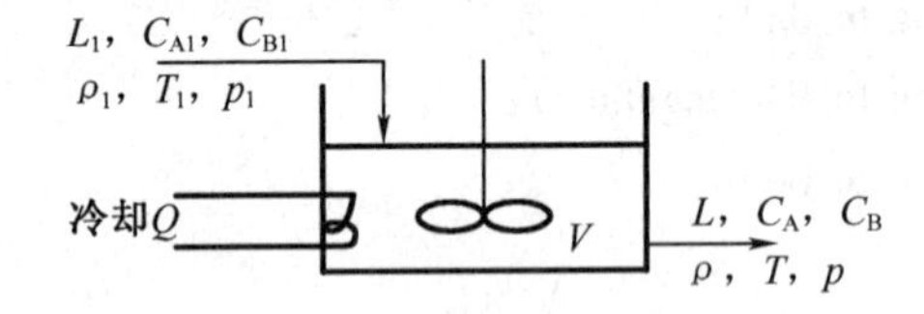

题 1-5 图 连续搅拌槽式反应器 CSTR

反应器中发生的反应是一级放热反应:$A \xrightarrow{k} B$。其中, k 为反应速率常数,单位为 1/h。图中参数如下:

V ——反应体积,m^3;

L —— 体积流量,m^3/h ;

ρ —— 密度,kg/m^3;

T —— 温度,℃;

p——压强,MPa;

Q —— 冷却热负荷,kJ/h;

C_A,C_B—— 反应物与生成物的摩尔浓度,$kmol/m^3$ 。

并且,反应速率 $r_A = kC_A$,单位 $kmol/(m^3 \cdot h)$;反应热 $\Delta H_r = -\lambda$,单位 kJ/kmol。

第2章 化工数学基础

2.1 三种常用方程与复变函数基础

2.1.1 代数方程(线性方程组及非线性方程与方程组)

2.1.1.1 线性方程组的数值解法

许多化工及实际工程问题的计算中往往直接或间接地涉及解线性方程组的问题。例如,某些化工过程中的模型本身就是线性方程组,而另外一些化工过程的模型则是涉及解线性方程组。大量的物、热衡算以及分离装置的平衡级模拟都需要求解线性方程组。

设 n 阶线性方程组为

$$\begin{cases} a_{11}x_1 + a_{12}x_2 + \cdots + a_{1n}x_n = b_1 \\ a_{21}x_1 + a_{22}x_2 + \cdots + a_{2n}x_n = b_2 \\ \qquad\qquad \vdots \\ a_{n1}x_1 + a_{n2}x_2 + \cdots + a_{nn}x_n = b_{n1} \end{cases} \tag{2.1.1}$$

其矩阵形式为

$$\boldsymbol{Ax} = \boldsymbol{b} \tag{2.1.2}$$

其中
$$\boldsymbol{A} = \begin{bmatrix} a_{11} & a_{12} & \cdots & a_{1n} \\ a_{21} & a_{22} & \cdots & a_{2n} \\ \vdots & \vdots & & \vdots \\ a_{n1} & a_{n2} & \cdots & a_{nn} \end{bmatrix}, \boldsymbol{x} = \begin{bmatrix} x_1 \\ x_2 \\ \vdots \\ x_n \end{bmatrix}, \boldsymbol{b} = \begin{bmatrix} b_1 \\ b_2 \\ \vdots \\ b_n \end{bmatrix}$$

解线性方程组的方法大致可分为两类:直接法和迭代法。直接法是指假设计算过程中不产生舍入误差,经过有限次运算可求得方程组的精确解的方法,主要用于解低阶稠密矩阵。迭代法是从解的某个近似值出发,通过构造一个无穷序列去逼近精确解的方法。一般地,迭代法在有限计算步骤内得不到方程的精确解,该方法主要用于解大型稀疏矩阵。

1. 解线性方程组的直接法

(1)高斯(Gauss)消去法

不难想象,如果线性方程组的系数矩阵为三角形短阵,则该方程组极易求解。如线性方程组(2.1.3):

$$\begin{cases}4x_1-x_2+2x_3+3x_4=20\\ -2x_2+7x_3-4x_4=-7\\ 6x_3+5x_4=4\\ 3x_4=6\end{cases} \tag{2.1.3}$$

解线性方程组的大多数直接方法就是先将线性方程组(2.1.1)变形成等价的三角形方程组,然后进行求解。三角形方程组既可以是上三角形,也可以是下三角形。

Gauss 消去法的基本思想是:先逐次消去变量,将方程组化成同解的上三角形方程组,此过程称为消元过程;然后按方程相反顺序求解上三角形方程组,得到原方程组的解,此过程称为回代过程。这种方法称为 Gauss 消去法,它由消元过程和回代过程构成。

为方便起见,将方程组(2.1.1)改写成以下形式:

$$\begin{cases}a_{11}^1x_1+a_{12}^1x_2+\cdots+a_{1n}^1x_n=b_1^1\\ a_{21}^1x_1+a_{22}^1x_2+\cdots+a_{2n}^1x_n=b_2^1\\ \vdots\\ a_{n1}^1x_1+a_{n2}^1x_2+\cdots+a_{nn}^1x_n=b_n^1\end{cases} \tag{2.1.4}$$

简记为 $A^1\boldsymbol{x}=b^1$,其中 $A^1=\boldsymbol{A},b^1=\boldsymbol{b}$。

一般地,求解 n 阶方程组(2.1.1)的 Gauss 消去法的步骤如下:

①消元过程

设 $a_{11}^1\neq0$,记 $l_{i1}=\dfrac{a_{i1}^1}{a_{11}^1}(i=2,3,\cdots,n)$,将式(2.1.4)中第 i 个方程减去第一个方程乘以 $l_{i1}(i=2,3,\cdots,n)$,完成第一次消元,得到式(2.1.4)的同解方程:

$$\begin{cases}a_{11}^1x_1+a_{12}^1x_2+\cdots+a_{1n}^1x_n=b_1^1\\ a_{22}^2x_2+\cdots+a_{2n}^2x_n=b_2^2\\ \vdots\\ a_{n2}^2x_2+\cdots+a_{nn1}^2x_n=b_n^1\end{cases} \tag{2.1.5}$$

其中,$a_{ij}^2=a_{ij}^1-l_{i1}a_{1j}^1,b_i^2=b_i^1-l_{i1}b_1^1(i,j=2,3,\cdots n)$。

方程组简记为 $A_{ij}^2\boldsymbol{x}=\boldsymbol{b}^2$。

完成 $n-1$ 次消元后,方程组(2.1.5)化成同解的上三角形方程组:

$$\begin{cases}a_{11}^1x_1+a_{12}^1x_2+\cdots+a_{1n}^1x_n=b_1^1\\ a_{22}^2x_2+\cdots+a_{2n}^2x_n=b_2^2\\ \vdots\\ a_{nn}^nx_n=b_n^n\end{cases} \tag{2.1.6}$$

②回代过程

按变量的逆序逐步回代得到方程组(2.1.1)的解:

$$\begin{cases}x_n=\dfrac{b_n^n}{a_{nn}^n}\\ x_k=\dfrac{b_k^k-\sum\limits_{l=k+1}^{n}a_{kl}^kx_l}{a_{kk}^k}\end{cases}\quad(k=n-1,n-2,\cdots,1) \tag{2.1.7}$$

Gauss 消去法简单易行，但是在计算过程中，要求 a_{kk}^k（称为主元素）均不为零，因而使用范围小，并且此法数值稳定性差，当出现小主元素时，会严重影响计算结果的精度，甚至导出错误的结果。为了尽量避免小主元素的出现，可以通过交换方程次序，选取绝对值大的元素作主元素，基于这种想法导出了主元素法。在消元过程中，主元素按列选取的方法称为列主元素法。如果不是按列选取主元素，而是在全体待选系数 $a_{ij}^k(i,j=k,k+1,\cdots,n)$ 中选取主元素，则得到全主元素法。

计算经验表明，全主元素法的精度优于列主元素法，这是由于全主元素是在全体系数中选主元，故它对控制舍入误差十分有效。但全主元素法在计算过程中，需同时做行与列的互换，因而程序比较复杂，计算时间较长。列主元素法的精度虽稍低于全主元素法，但其计算简单，工作量大为减少，且计算经验与理论分析均表明，它与全主元素法同样具有良好的数值稳定性，故列主元素法是求解中小型稠密线性方程组的最好方法之一。

（2）直接三角分解法

对于任意一个 n 阶方阵 $\boldsymbol{A}$，若 $\boldsymbol{A}$ 的顺序主子式 $A_i(i=1,2,\cdots,n-1)$ 均不为零，则矩阵 $\boldsymbol{A}$ 可以唯一地表示成一个单位下三角矩阵 $\boldsymbol{L}$ 和一个上三角矩阵 $\boldsymbol{U}$ 的乘积，这称作 $\boldsymbol{LU}$ 分解，也称作杜利特尔（Dolittle）分解。也就是

$$\boldsymbol{A}=\boldsymbol{LU}$$

其中

$$\boldsymbol{L}=\begin{bmatrix} 1 & 0 & 0 & \cdots & 0 & 0 \\ l_{21} & 1 & 0 & \cdots & 0 & 0 \\ l_{31} & l_{32} & 1 & \cdots & 0 & 0 \\ \vdots & \vdots & \vdots & & \vdots & \vdots \\ l_{(n-1)1} & l_{(n-1)2} & l_{(n-1)3} & \cdots & 1 & 0 \\ l_{n1} & l_{n2} & l_{n3} & \cdots & l_{n(n-1)} & 1 \end{bmatrix},\boldsymbol{U}=\begin{bmatrix} u_{11} & u_{12} & u_{13} & \cdots & u_{1n} \\ & u_{22} & u_{23} & \cdots & u_{2n} \\ & & u_{33} & \cdots & u_{3n} \\ & & & \ddots & \vdots \\ & & & & u_{nn} \end{bmatrix}$$

当系数矩阵进行三角分解后，求解方程组 $\boldsymbol{Ax}=\boldsymbol{b}$ 的问题就变得十分容易，它等价于求解两个三角形方程组 $\boldsymbol{Ly}=\boldsymbol{b}$ 和 $\boldsymbol{Ux}=\boldsymbol{y}$。因此，解线性方程组问题可转化为矩阵的三角分解问题。

（3）解三对角方程组的追赶法

在数值计算中，如三次样条插值或用差分方法解常微分方程边值问题，常常会遇到求解以下形式的方程组：

$$\begin{cases} b_1x_1+c_1x_1=d_1 \\ a_2x_1+b_2x_2+c_2x_3=d_2 \\ a_3x_2+b_3x_3+c_3x_4=d_3 \\ \quad\vdots \\ a_{n-1}x_{n-2}+b_{n-1}x_{n-1}+c_{n-1}x_n=d_{n-1} \\ a_nx_{n-1}+b_nx_n=d_n \end{cases} \tag{2.1.8}$$

如果用矩阵形式简记为 $\boldsymbol{Ax}=\boldsymbol{d}$，其中

$$
\boldsymbol{A}=\begin{bmatrix} b_1 & c_1 & & & & \\ a_2 & b_2 & c_2 & & \boldsymbol{0} & \\ & a_3 & b_3 & c_3 & & \\ & & \ddots & \ddots & \ddots & \\ & \boldsymbol{0} & & a_{n-1} & b_{n-1} & c_{n-1} \\ & & & & a_n & b_n \end{bmatrix} \tag{2.1.9}
$$

式(2.1.9)是一种特殊的稀疏矩阵。它的非零元素集中分布在主对角线及其相邻两条次对角线上,称为三对角矩阵。对应的方程组称为三对角方程组。Gauss 消去法用于三对角方程组时过程可以大大简化。

因为若矩阵可唯一分解为

$$
\boldsymbol{A}=\boldsymbol{LU}=\begin{bmatrix} 1 & & & & \\ l_2 & 1 & & \boldsymbol{0} & \\ & l_3 & 1 & & \\ & & \ddots & \ddots & \\ & \boldsymbol{0} & & l_{n-1} & 1 & \\ & & & & l_n & 1 \end{bmatrix}\begin{bmatrix} u_1 & c_1 & & & & \\ & u_2 & c_2 & & \boldsymbol{0} & \\ & & u_3 & c_3 & & \\ & & & \ddots & \ddots & \\ & \boldsymbol{0} & & & u_{n-1} & c_{n-1} \\ & & & & & u_n \end{bmatrix} \tag{2.1.10}
$$

若 $u_i \neq 0(i=1,2,\cdots,n-1)$,则

$$
\begin{cases} u_1=b_1 \\ l_i=a_i/u_{i-1} \quad (i=2,3,\cdots,n) \\ u_i=b_i-c_{i-1}l_i \end{cases} \tag{2.1.11}
$$

当矩阵(2.1.9)按照式(2.1.10)计算进行了分解之后,求解方程组(2.1.8)可化为求解方程组 $\boldsymbol{Ly}=\boldsymbol{d}$ 和 $\boldsymbol{Ux}=\boldsymbol{y}$。

解 $\boldsymbol{Ly}=\boldsymbol{d}$ 得

$$
\begin{cases} y_1=d_1 \\ y_k=d_k-l_k y_{k-1} \end{cases} (k=2,3,\cdots,n) \tag{2.1.12}
$$

解 $\boldsymbol{Ux}=\boldsymbol{y}$ 得方程组的解:

$$
\begin{cases} x_n=y_n/u_n \\ x_k=(y_k-c_k x_{k+1})/u_k \end{cases} \quad (k=n-1,n-2,\cdots,1) \tag{2.1.13}
$$

按上述过程求解三对角方程组称为追赶法。式(2.1.11)和式(2.1.12)结合称为“追”的过程,相当于 Gauss 消去法中的消元过程;式(2.1.13)称为“赶”的过程,相当于回代过程。

追赶法的基本思想与 Gauss 消去法及三角分解法相同,只是由于系数中出现了大量的零,计算时可将它们撇开,从而使得计算公式简化,也大大减少了计算量。为节省计算机存储单元,计算得到的 l_k,u_k 分别存放在 a_k,b_k 的存储单元内,而 y_k,x_k 存放在 d_k 的存储单元内。可以证明,当系数矩阵为严格对角占优时,此方法具有良好的数值稳定性。

2. 解线性方程组的迭代法

直接方法比较适用于低阶方程组。对高阶方程组,即使系数矩阵是稀疏的,但在运算中很难保持稀疏性,因而有存储量大、程序复杂等不足。迭代法则能保持矩阵的稀疏性,具

有计算简单、编制程序容易的优点,并在许多情况下收敛较快,故能有效地解一些高阶方程组。

迭代法的基本思想是构造一串收敛到解的序列,即建立一种从已有近似解计算新的近似解的规则。由不同的计算规则得到不同的迭代法,常用迭代过程的一般形式为:$x^{k+1} = \boldsymbol{M}x^k + g(k=0,1,2,\cdots)$,$\boldsymbol{M}$ 为迭代矩阵。

(1)雅可比(Jacobi)迭代法

因为方程组

$$\begin{cases} a_{11}x_1 + a_{12}x_2 + \cdots + a_{1n}x_n = b_1 \\ a_{21}x_1 + a_{22}x_2 + \cdots + a_{2n}x_n = b_2 \\ \qquad\vdots \\ a_{n1}x_1 + a_{n2}x_2 + \cdots + a_{nn}x_n = b_{n1} \end{cases} \tag{2.1.14}$$

的系数矩阵 $\boldsymbol{A}$ 非奇异,不妨设 $a_{ii} \neq 0(i=1,2,\cdots,n)$,将式(2.1.14)变形为

$$\begin{cases} x_1 = b_{12}x_2 + b_{13}x_3 + \cdots + b_{1n}x_n + g_1 \\ x_2 = b_{21}x_1 + b_{23}x_3 + \cdots + b_{2n}x_n + g_2 \\ \qquad\vdots \\ x_n = b_{n1}x_1 + b_{n2}x_2 + b_{n3}x_3 + \cdots + b_{n(n-1)}x_n + g_n \end{cases} \tag{2.1.15}$$

其中,$b_{ij} = -\dfrac{a_{ij}}{a_{ii}}(i \neq j;i,j=1,2,\cdots,n)$,$g_i = \dfrac{b_i}{a_{ii}}(i=1,2,\cdots,n)$,若记

$$\boldsymbol{B} = \begin{bmatrix} 0 & b_{12} & b_{13} & \cdots & b_{1(n-1)} & b_{1n} \\ b_{21} & 0 & b_{23} & \cdots & b_{2(n-1)} & b_{2n} \\ \vdots & \vdots & \vdots & & \vdots & \vdots \\ b_{n1} & b_{n2} & b_{n3} & \cdots & b_{n(n-1)} & 0 \end{bmatrix}, \boldsymbol{g} = \begin{bmatrix} g_1 \\ g_2 \\ \vdots \\ g_n \end{bmatrix}$$

方程组(2.1.15)简记为

$$\boldsymbol{x} = \boldsymbol{Bx} + \boldsymbol{g} \tag{2.1.16}$$

其迭代格式为

$$x^{k+1} = \boldsymbol{B}x^k + \boldsymbol{g} \quad (k=0,1,2,\cdots) \tag{2.1.17}$$

即为 Jacobi 迭代,又称为简单迭代。

(2)高斯-赛德尔(Gauss-Seidel)迭代法

迭代公式(2.1.17)用方程组表示为

$$\begin{cases} x_1^{k+1} = b_{12}x_2^k + b_{13}x_3^k + \cdots + b_{1n}x_n^k + g_1 \\ x_2^{k+1} = b_{21}x_1^k + b_{23}x_3^k + \cdots + b_{2n}x_n^k + g_2 \\ \qquad\vdots \\ x_n^{k+1} = b_{n1}x_1^k + b_{n2}x_2^k + b_{n3}x_3^k + \cdots + b_{n(n-1)}x_n^k + g_n \end{cases} \tag{2.1.18}$$

因此在 Jacobi 迭代法的计算过程中,要同时保留两个近似解向量,x^k 和 x^{k+1}。如果把迭代公式改写成以下形式:

$$\begin{cases} x_1^{k+1} = b_{12}x_2^k + b_{13}x_3^k + \cdots + b_{1n}x_n^k + g_1 \\ x_2^{k+1} = b_{21}x_1^{k+1} + b_{23}x_3^k + \cdots + b_{2n}x_n^k + g_2 \\ \vdots \\ x_n^{k+1} = b_{n1}x_1^{k+1} + b_{n2}x_2^{k+1} + b_{n3}x_3^{k+1} + \cdots + b_{n(n-1)}x_n^{k+1} + g_n \end{cases} \tag{2.1.19}$$

即每计算出新的近似解的一个分量 x_i^{k+1}，在计算下一个分量 x_{i+1}^{k+1} 时，用新分量 x_i^{k+1} 代替老分量 x_i^k 进行计算，此即为 Gauss - Seidel 迭代法。

(3)松弛法

为了加速迭代过程的收敛，通过引入参数，在 Gauss - Seidel 迭代的基础上得到一新的迭代法。

记 $\Delta x = (\Delta x_1, \Delta x_2, \cdots, \Delta x_n)^T = x^{k+1} - x^k$，其中 x^{k+1} 由式(2.1.19)算出，于是有

$$\begin{aligned} \Delta x_i &= \sum_{j=1}^{i-1} b_{ij}x_j^{k+1} + \sum_{j=i+1}^{n} b_{ij}x_j^k + g_i - x_i^k \\ &= \frac{1}{a_{ii}}(b_i - \sum_{j=1}^{i-1} a_{ij}x_j^{k+1} - \sum_{j=i+1}^{n} a_{ij}x_j^k) - x_i^k \quad (i = 1,2,\cdots,n) \end{aligned} \tag{2.1.20}$$

把 Δx 看作 Gauss - Seidel 迭代的修正项，即第 k 次近似解 x^k 以此项修正后得到新的近似解 $x^{k+1} = x^k + \Delta x$。松弛法是将 Δx 乘上一个参数因子 ω 作为修正项而得到新的近似解，其具体公式为 $x^{k+1} = x^k + \omega \cdot \Delta x$，即

$$\begin{aligned} x_i^{k+1} &= x_i^k + \omega \cdot \Delta x_i \\ &= (1 - \omega)x_i^k + \frac{\omega}{a_{ii}}(b_i - \sum_{j=1}^{i-1} a_{ij}x_j^{k+1} - \sum_{j=i+1}^{n} a_{ij}x_j^k) \quad (i = 1,2,\cdots,n) \end{aligned} \tag{2.1.21}$$

按式(2.1.21)计算方程组(2.1.14)的近似解序列的方法称为松弛法，ω 为松弛因子。

$\omega < 1$，低松弛；

$\omega = 1$，Gauss - Seidel 迭代；

$\omega > 1$，超松弛法，SOR(Successive over Relaxation)。

松弛因子 ω 的选取对收敛速度影响极大，但目前尚无实用的计算最佳松弛因子的方法。

2.1.1.2 非线性方程(组)的数值解法

1. 非线性方程的解法

求解非线性方程 $f(x) = 0$ 是工程技术上经常遇到的重要数学问题。在绝大多数情况下，由于函数 $f(x)$ 的复杂性，往往得不到解 x^* 的解析表达式，只能求得满足精度要求的近似数值解。

求解方程 $f(x) = 0$ 的数值法的基本思想是从某个初始近似值 x_0 出发，按照某种数值过程模式进行重复，从而逐次改进前次的结果，直到达到规定的精度才停止这种重复，并将最后所得结果 x_n 作为方程 $f(x) = 0$ 的数值解。显然数值解是满足了精度要求的近似解。根据这种基本思想，数值法解方程必须做三件事：首先，在函数 $f(x)$ 的定义域内寻找初值 x_0；其次，建立逐次逼近的数值过程模式；最后，规定最终近似解的精度。解的精度取决于工程

计算的实际要求，而与算法无关。各种算法的实质是由数值过程的模式确定的，不同的模式具有不同的计算效果和速度。初值 x_0 则影响计算过程的速度甚至成败。

(1) Newton 法

Newton 法的基本思想是：将非线性方程线性化，以线性方程的解逐步逼近非线性方程的解。

设 $f(x)$ 在其零点 x^* 邻近一阶连续可微，且 $f'(x) \neq 0$，当 x_0 充分接近 x^* 时，由 Taylor 公式有：$f(x) \approx f(x_0) + f'(x_0)(x - x_0)$，以方程 $f(x_0) + f'(x_0)(x - x_0) = 0$ 作为方程 $f(x) = 0$ 的近似。其解 $x_1 = x_0 - \dfrac{f(x_0)}{f'(x_0)}$ 可作为 $f(x) = 0$ 的近似解。重复以上过程得迭代公式：$x_{n+1} = x_n - \dfrac{f(x_n)}{f'(x_n)}$ $(n = 0, 1, 2, \cdots)$，如图 2.1.1 所示。

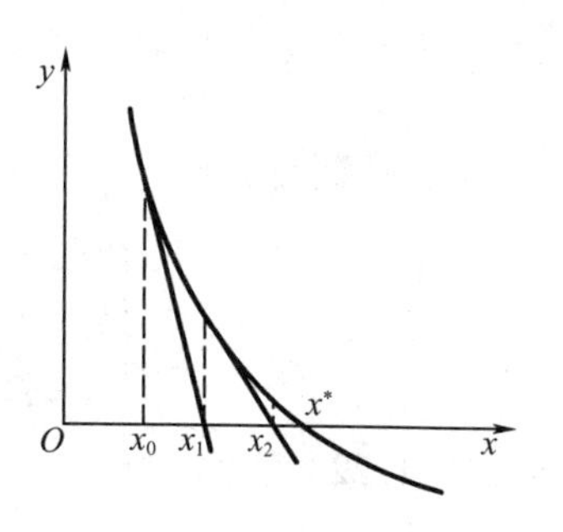

图 2.1.1　Newton 法

$y = f(x_0) + f'(x_0)(x - x_0)$ 的曲线为 $y = f(x)$ 过点 $(x_0, f(x_0))$ 的切线，x_1 为切线与 x 轴的交点，如此继续下去，x_{n+1} 为曲线上点 $(x_n, f(x_n))$ 处的切线与 x 轴的交点。因此 Newton 法是以曲线的切线与 x 轴的交点作为曲线与 x 轴的交点的近似，故 Newton 法又称为切线法。

(2) 弦截法

在 Newton 迭代公式中，为了避免计算导数，可用差商 $\dfrac{f(x_n) - f(x_{n-1})}{x_n - x_{n-1}}$ 近似导数，得到迭代公式：$x_{n+1} = x_n - \dfrac{f(x_n)}{f(x_n) - f(x_{n-1})}(x_n - x_{n-1})$，这种方法称为弦截法。如图 2.1.2 所示，过曲线上两点 $(x_{n-1}, f(x_{n-1}))$ 和 $(x_n, f(x_n))$ 的直线为 $y - f(x_n) = \dfrac{f(x_n) - f(x_{n-1})}{x_n - x_{n-1}}(x - x_n)$，它与 x 轴的交点 $x = x_n - \dfrac{f(x_n)}{f(x_n) - f(x_{n-1})}(x_n - x_{n-1}) = x_{n+1}$，于是从几何上看，弦截法是以曲线上两点的割线与 x 轴的交点作为曲线与 x 轴的交点的近似，故弦截法又称为割线法。另一方面，割线的函数表达式恰为函数 $f(x)$ 的以 x_n, x_{n-1} 为节点的线性插值多项式。用弦截法等价于用 $f(x)$ 的线性插值多项式的零点近似函数 $f(x)$ 的零点，因此又称作线性插值法。

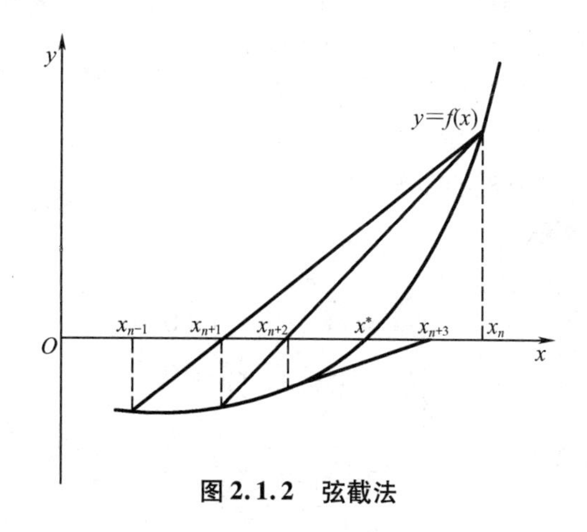

图 2.1.2　弦截法

用弦截法需要给出两个初始值 x_0,x_1，通常取根所在区间的端点即可。

(3)抛物线法(Muller 法)

如果考虑用 $f(x)$ 的二次插值多项式的零点来近似 $f(x)$ 的零点，就导出抛物线法。设已知方程 $f(x)=0$ 的根的三个近似值 x_{n-2},x_{n-1},x_n，以这三点为节点的 $f(x)$ 的二次插值多项式为

$$P_2(x)=f(x_n)+f(x_n,x_{n-1})(x-x_n)+f(x_n,x_{n-1},x_{n-2})(x-x_n)(x-x_{n-1}) \tag{2.1.22}$$

为方便起见，令

$$\begin{cases}a_n=f(x_n,x_{n-1},x_{n-2})\\ b_n=f(x_n,x_{n-1})+f(x_n,x_{n-1},x_{n-2})(x_n-x_{n-1})\\ c_n=f(x_n)\end{cases} \tag{2.1.23}$$

则式(2.1.22)可改写为

$$P_2(x)=a_n(x-x_n)^2+b_n(x-x_n)+c_n \tag{2.1.24}$$

其零点为

$$x=x_n+\frac{-b_n\pm\sqrt{b_n^2-4a_nc_n}}{2a_n}=x_n-\frac{2c_n}{b_n\pm\sqrt{b_n^2-4a_nc_n}} \tag{2.1.25}$$

按式(2.1.25)，$f(x)$ 的二次插值多项式 $P_2(x)$ 有两个零点，取哪个作为新的近似根？考虑到 x_n 已是方程(2.1.22)的近似根，所得近似根自然应在 x_n 的邻近，故选取新近似根的原则是使 $|x-x_n|$ 较小，于是有

$$x=x_n-\frac{2c_n\mathrm{sgn}(b_n)}{|b_n|\pm\sqrt{b_n^2-4a_nc_n}} \tag{2.1.26}$$

按式(2.1.26)计算方程(2.1.22)的近似根称为抛物线法，也称为 Muller 方法或二次插值法。

如图 2.1.3 所示，$y=P_2(x)$ 是过曲线上三点 $(x_i,f(x_i))(i=n-2,n-1,n)$ 的抛物线。故抛物线法的几何意义是以过曲线上三点的抛物线与 x 轴的交点作为曲线与 x 轴交点的近似。

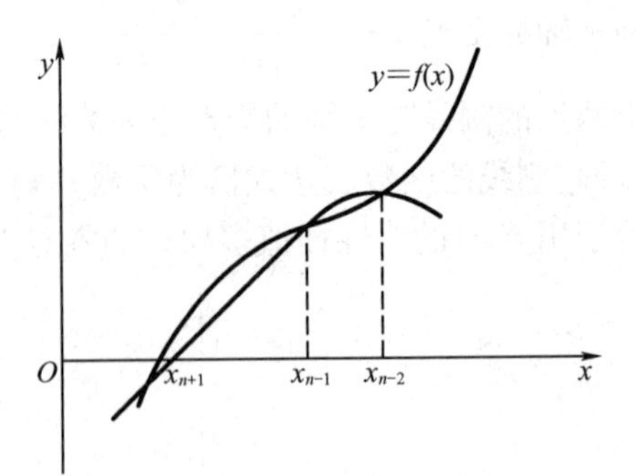

图 2.1.3 抛物线法

实际计算表明，抛物线法对初值要求并不苛刻。在初值不太好的情形下常常也能收敛。它的缺点是程序较复杂，并且在计算实根的过程中，也常常需要采用复数运算，增加了工作量。因此，抛物线法适用于当初值不太好时求方程的复根的情况。

2. 非线性方程组的解法

设有非线性方程组：

$$\begin{cases}f_1(x_1,x_2,\cdots,x_n)=0\\ f_2(x_1,x_2,\cdots,x_n)=0\\ \quad\vdots\\ f_n(x_1,x_2,\cdots,x_n)=0\end{cases} \tag{2.1.27}$$

若记 $\boldsymbol{x}=(x_1,x_2,\cdots,x_n)^{\mathrm{T}}$，$\boldsymbol{F}(\boldsymbol{x})=[f_1(\boldsymbol{x}),f_2(\boldsymbol{x}),\cdots,f_n(\boldsymbol{x})]^{\mathrm{T}}$，则方程组(2.1.27)可简记为向量形式：$\boldsymbol{F}(\boldsymbol{x})=0$。

解非线性方程组的方法有许多种，其中一类是线性化的方法，它是将方程组中的每个方程线性化得到一个线性方程组，由此构造迭代格式，求得非线性方程组(2.1.27)的近似解，这类方法中常用的一种是 Newton - Raphson 法；另一种方法是将解非线性方程组问题化成优化问题，然后以最优化方法求解，最速下降法是其中最基本的方法。

(1) Newton - Raphson 法

考虑一个由两个方程构成的非线性方程组：

$$f_1(x_1,x_2)=0$$
$$f_2(x_1,x_2)=0$$

考虑方程组在估计值 (x_{1k},x_{2k}) 处的一阶 Taylor 展开式：

$$f_2(x_1,x_2)\cong f_1(x_{1k},x_{2k})+\left.\frac{\partial f_1}{\partial x_1}\right|_{(x_{1k},x_{2k})}(x_1-x_{1k})+\left.\frac{\partial f_1}{\partial x_2}\right|_{(x_{1k},x_{2k})}(x_2-x_{2k})=0$$

$$f_2(x_1,x_2)\cong f_2(x_{1k},x_{2k})+\left.\frac{\partial f_2}{\partial x_1}\right|_{(x_{1k},x_{2k})}(x_1-x_{1k})+\left.\frac{\partial f_2}{\partial x_2}\right|_{(x_{1k},x_{2k})}(x_2-x_{2k})=0$$

也可以将此方程组写成如下的矩阵 - 向量形式：

$$\begin{bmatrix} f_1(x_1,x_2) \\ f_2(x_1,x_2) \end{bmatrix}\cong\begin{bmatrix} f_1(x_{1k},x_{2k}) \\ f_2(x_{1k},x_{2k}) \end{bmatrix}+\left.\begin{bmatrix} \partial f_1/\partial x_1 & \partial f_1/\partial x_2 \\ \partial f_2/\partial x_1 & \partial f_2/\partial x_2 \end{bmatrix}\right|_{(x_{1k},x_{2k})}\begin{bmatrix} x_1-x_{1k} \\ x_2-x_{2k} \end{bmatrix}=\begin{bmatrix} 0 \\ 0 \end{bmatrix}$$

由此可以得到新的估计值：

$$\begin{bmatrix} x_{1,k+1} \\ x_{2,k+1} \end{bmatrix}=\begin{bmatrix} x_{1k} \\ x_{2k} \end{bmatrix}-\left.\begin{bmatrix} \partial f_1/\partial x_1 & \partial f_1/\partial x_2 \\ \partial f_2/\partial x_1 & \partial f_2/\partial x_2 \end{bmatrix}\right|^{-1}_{(x_{1k},x_{2k})}\begin{bmatrix} f_1(x_{1k},x_{2k}) \\ f_2(x_{1k},x_{2k}) \end{bmatrix}$$

若令 $J_k(m,n)=[\partial f_m/\partial x_n]|_{x_k}$，则方程求解过程可以写成

$$x_{k+1}=x_k-J_k^{-1}f(x_k)$$

这也可以看作2.1.2.1节中 Newton 法的直接推广。

考虑 n 维非线性方程组，设给定非线性方程组(2.1.27)的第 k 次近似解 $x^k=(x_1^k,x_2^k,\cdots,x_n^k)^{\mathrm{T}}$，以函数 $\boldsymbol{F}(\boldsymbol{x})$ 在 x^k 处的一阶 Tayler 多项式近似函数，得非线性方程组

$$F(x^k)+F'(x^k)\cdot\Delta x^k=0$$

即

$$F'(x^k)\cdot\Delta x^k=-F(x^k) \tag{2.1.28}$$

其中，$\boldsymbol{F}'(x^k)=\begin{bmatrix} \frac{\partial f_1}{\partial x_1} & \frac{\partial f_1}{\partial x_2} & \cdots & \frac{\partial f_1}{\partial x_n} \\ \vdots & \vdots & & \vdots \\ \frac{\partial f_n}{\partial x_1} & \frac{\partial f_n}{\partial x_2} & \cdots & \frac{\partial f_n}{\partial x_n} \end{bmatrix}_{x=x^k}$，称为向量函数 $\boldsymbol{F}(\boldsymbol{x})$ 的 Jacobi 矩阵，$\Delta x^k=x-x^k=(\Delta x_1^k,\Delta x_2^k,\cdots,\Delta x_n^k)^{\mathrm{T}}$。线性方程组(2.1.28)称为 Newton 方程组。如果 $\boldsymbol{F}(\boldsymbol{x})$ 的 Jacobi 矩阵在 x^k 处非奇异，方程组(2.1.28)有唯一解 Δx^k，则 $x^{k+1}=x^k+\Delta x^k$ 为非线性方程组的第 $k+1$ 次近似解。此方法称为 Newton 法，也称作牛顿 - 拉夫森(Newton - Raphson)法。

计算过程的停止准则采用以下两种：

① $\|F(x^{k+1})\|_\infty=\max\limits_{1\leqslant i\leqslant n}|f_i(x_1^{k+1},x_2^{k+1},\cdots,x_n^{k+1})|<\varepsilon$；

② $\|x^{k+1}-x^k\|_\infty=\max\limits_{1\leqslant i\leqslant n}|x_i^{k+1}-x_i^k|<\varepsilon$。

当$\|x^k\|$较大时，也可以用两次迭代的相对误差充分小作为停止准则。

(2) Broyden 法

Broyden 法是对多变量牛顿－拉夫森法的修正。对非线性方程组(2.1.27)，它可降低所需的函数估算次数。Jacobi 矩阵仅需计算一次，在以后的迭代中，根据函数向量的值计算 Jacobi 逆矩阵近似值的校正值。松弛因子或标量乘子必须这样选择，以保证后面每步迭代中，函数向量的 Euclidean 范数逐渐降低，所以可以防止计算不收敛。在多组分精馏计算中，该方法应用得非常成功。

其计算方法如下：

①假设解向量的一个起始猜测值 x_0。

②计算 $f_i(x_0)$，$i=1,2,\cdots,n$。

③用差分法计算 Jacobi 矩阵 $\boldsymbol{J}_0$ 中的偏导数

$$\frac{\partial f_i}{\partial x_j} \approx \frac{f_i(x_j+\Delta x_j)-f_i(x_j)}{\Delta x_j} \tag{2.1.29}$$

式中 $\Delta x_j = 0.001x_j$

④Jacobi 矩阵求逆，并定义

$$H_0 = J_0^{-1} \tag{2.1.30}$$

⑤根据最新的 H 和 f 值，例如 $H^{(r)}$ 和 $f^{(r)}$，计算

$$p^{(r)} = H^{(r)} \cdot f^{(r)} \tag{2.1.31}$$

⑥选择一个值 $t^{(r)}$，使 $f(x^{(r)}+t^{(r)}p^{(r)})$ 的范数小于 $f(x^{(r)})$ 的范数。$t^{(r)}$ 的计算如下：开始设 $t_{(1)}^{(r)}=1$，若

$$\left[\sum_{i=1}^{n} f_i^2(x^{(r)}+t^{(r)}p^{(r)})\right]^{1/2} < \left[\sum_{i=1}^{n} f_i^2(x^{(r)})\right]^{1/2} \tag{2.1.32}$$

则令 $x^{(r+1)}=x^{(r)}+t^{(r)}p^{(r)}$，返回步骤(2.1.28)。否则，用下式计算新的 $t_{(2)}^{(r)}$ 值：

$$t_{(2)}^{(r)} = \frac{(1+6\theta)^{1/2}-1}{3\theta} \tag{2.1.33}$$

式中

$$\theta = \frac{\sum_{i=1}^{n} f_i^2(x^{(r)}+t_{(2)}^{(r)}p^{(r)})}{\sum_{i=1}^{n} f_i^2(x^{(r)})} \tag{2.1.34}$$

对 $t_{(2)}^{(r)}$ 检验是否满足不等式(2.1.32)。如果使用 $t_{(2)}^{(r)}$ 后范数不降低，则令 $x^{(r)}=x^{(r)}+t_{(2)}^{(r)}p^{(r)}$，返回步骤(2.1.24)重新估算 Jacobi 矩阵。

⑦收敛检验。收敛准则是

$$\sum_{i=1}^{n} f_i^2(x^{(r)}) < \varepsilon \tag{2.1.35}$$

当 f_i 值归一后，偏差 ε 可取为 10^{-6}。如果收敛，则从子程序退出。

⑧计算

$$y_i^{(r)} = f_i(x^{(r+1)}) - f_i(x^{(r)}) \quad (i=1,2,\cdots,n) \tag{2.1.36}$$

⑨计算

$$H^{(r+1)} = H^r - \frac{(H^{(r)}y^{(r)}+t^{(r)}p^{(r)})p^{(r)T}H^{(r)}}{p^{(r)T}H^{(r)}y^{(r)}} \tag{2.1.37}$$

然后返回步骤⑤。

在给定的问题中，如果一个特定变量 x_i 有一个非负约束，则 Naphthali 建议用如下方法：

考察 $x_i^{(r)}+h_i$ 的值，式中 h_i 是由牛顿法或拟牛顿法得到的校正值。如果 $x_i^{(r)}+h_i$ 为负值，则采用如下校正式：

$$x^{(r+1)}=x_i^{(r)}\exp(h_i/x_i^{(r)}) \tag{2.1.38}$$

(3) Wegstein 加速收敛法

在为加速收敛而开发的方法中，Wegstein 法能可靠地预测根，即使对用其他方法不收敛的系统也是如此。建立的迭代形式为

$$x^{k+1}=F(x^k) \tag{2.1.39}$$

其计算方法如下：

①用式(2.1.39)产生根 x^{k-1},x^k,x^{k+1} 三个值。函数形式取决于 $f(x)$。如果 $f(x)$ 含有 x 的显式线性项，则可直接由式(2.1.39)计算。如果 $f(x)$ 为非线性函数，则可用 Newton 法产生函数形式 $F(x)$。

②定义 $A=\dfrac{x^{k+1}-x^k}{x^k-x^{k-1}}$ 及 $q=A/(A-1)$。

③下一个近似根为 $x^{k+2}=qx^k+(1-q)x^{k+1}$。

④重复该方法直到收敛。为使方程组收敛，Wegstein 法非常有效。

2.1.2 常微分方程

在化学与化学工程中关于反应、扩散、传热、传质和流体流动等一维问题可用常微分方程来描述。表示未知函数与未知函数的导数以及自变量之间的关系的方程，称为微分方程。在一个微分方程中出现的未知函数只含一个自变量的方程称为常微分方程。在化工计算中碰到的这类问题大体有两类：其一是化工过程的动态分析，即研究过程参量随时间的变化规律；其二是计算稳态过程中参量的一维分布。例如，化工过程或设备的开工及停车过程分析属于第一类，而化工设备的设计则大都属于第二类。

n 阶常微分方程的一般形式为

$$F(x,y,y',\cdots,y^{(n)})=0 \tag{2.1.40}$$

式中　x——自变量；

y——x 的未知函数；

$y',\cdots,y^{(n)}$——函数 $y=y(x)$ 对 x 的一阶，二阶，…，n 阶导数。

在方程中出现的各阶导数中最高的阶数称为常微分方程的阶。

若微分方程是未知函数及其各阶导数的一次方程，则称其为线性微分方程。微分方程中有因变量及其导数的乘积，或有导数本身的乘积或幂，因变量的乘积或幂的方程，称为非线性微分方程。

假定 $p_0(x),p_1(x),\cdots,p_{n-1}(x),F(x)$ 在某一个区间内是连续函数，n 阶线性常微分方程还可表示为

$$\frac{d^ny}{dx^n}+p_{n-1}(x)\frac{d^{n-1}y}{dx^{n-1}}+\cdots+p_1(x)\frac{dy}{dx}+p_0(x)y=f(x) \tag{2.1.41}$$

式中　若 $p_0(x),p_1(x),\cdots,p_{n-1}(x),f(x)$ 均为区间上 x 的常数时，方程称为 n 阶常系数线性微分方程；

若 $p_0(x),p_1(x),\cdots,p_{n-1}(x),f(x)$ 均为区间上 x 的函数时，方程称为 n 阶变系数线性微分方程；

若 $f(x)\equiv 0$，这个线性微分方程称为齐次线性微分方程，否则称为非齐次线性微分方程。

满足微分方程的函数，即使微分方程成为恒等式的函数，称为微分方程的解。含有与微分方程的阶数相同的任意常数的解，称为微分方程的一般解或通解。

分离变量法是求解微分方程的最基本方法。若一阶齐次微分方程

$$p_1(x,y)\frac{dy}{dx}+p_0(x,y)=0 \tag{2.1.42}$$

式中的函数 $p_1(x,y),p_0(x,y)$ 都可以分解为两个因子的积，即

$$p_0(x,y)=M_1(x)M_2(y),p_1(x,y)=N_1(x)N_2(y)$$

这两个因子中，一个不含变量 x，一个不含变量 y，即方程可写为

$$M_1(x)M_2(y)dx+N_1(x)N_2(y)dy=0$$

上式可化为下面的形式：

$$\frac{M_1(x)}{N_1(x)}dx+\frac{N_2(y)}{M_2(y)}dy=0 \tag{2.1.43}$$

于是方程中 dx 的系数仅含变量 x，dy 的系数仅含变量 y。

将两边积分，得到

$$\int\frac{M_1(x)}{N_1(x)}dx+\int\frac{N_2(y)}{M_2(y)}dy=C \tag{2.1.44}$$

式中，C 为任意常数。

在应用科学中，线性微分方程是最重要的一类方程。在热量、质量和动量传递，以及应用化学反应动力学等许多化学工程的研究领域中经常遇到线性微分方程。

2.1.2.1 $y=f(x,y')$ 型的微分方程

若一阶齐次线性微分方程可写成以下形式：

$$y=f(x,y') \tag{2.1.45}$$

这类方程为可解出 y 的微分方程，以 $y'=p$ 代入，得

$$y'=p=\frac{\partial f}{\partial x}+\frac{\partial f}{\partial p}\frac{dp}{dx}=F\left(x,p,\frac{dp}{dx}\right) \tag{2.1.46}$$

这是一个以 $p=y'$ 为因变量的方程，可用前述一阶微分方程解法，得到解

$$\phi(x,y',C)=0$$

联立消去 $y'=p$，可得到微分方程的解 $y(x)$。

2.1.2.2 $x=F(y,y')$ 型微分方程

若一阶齐次线性微分方程可写成以下形式：

$$x=F(y,y') \tag{2.1.47}$$

这类方程为可解出 x 的微分方程，令 $y'=p$，将 x 对 y 求导，得

$$\frac{dx}{dy}=\frac{1}{p}=\frac{\partial F}{\partial y}+\frac{\partial F}{\partial p}\frac{dp}{dy} \tag{2.1.48}$$

即因变量 p 的微分方程：

$$\frac{1}{p}=g\left(y,p,\frac{\mathrm{d}p}{\mathrm{d}y}\right)$$

可用前述一阶微分方程解法求解。如它有解

$$\phi(y,p,C)=0$$

将它与前式联立消去 $y'=p$,得原方程的解 $y(x)$。

2.1.2.3　可解出 p 微分方程

将 $p=y'$代入微分方程式

$$\frac{\mathrm{d}^n y}{\mathrm{d}x^n}+p_{n-1}(x)\frac{\mathrm{d}^{n-1}y}{\mathrm{d}x^{n-1}}+\cdots+p_1(x)\frac{\mathrm{d}y}{\mathrm{d}x}+p_0(x)y=f(x) \tag{2.1.49}$$

齐次微分方程为

$$p^n+p_{n-1}(x)p^{n-1}+\cdots+p_1(x)p+p_0(x)y=0 \tag{2.1.50}$$

若上式可化成 n 个一阶方程的乘积

$$(p-f_1)(p-f_2)\cdots(p-f_n)=0$$

其中,$f_i(i=1,2,3,\cdots,n)$为 x 与 y 的函数,上式恒等于零,可令

$$p-f_1=0,p-f_2=0,\cdots,p-f_n=0$$

即

$$y'-f_1=0,y'-f_2=0,\cdots,y'-f_n=0$$

得到 n 个一阶微分方程,可分别求出它们的解

$$F_1(x,y,C)=0,F_2(x,y,C)=0,\cdots,F_n(x,y,C)=0$$

2.1.2.4　微分方程组

高阶微分方程的通解可用降低方程阶数的方法得到。所谓的降阶法就是把高阶微分方程转化为若干个低阶微分方程后,逐步求解每个降阶的微分方程,从而求出原方程解的方法。本节介绍 n 阶线性微分方程解的结构、n 阶微分方程的余函数和特解的基本求法。

n 阶非齐次线性微分方程的一般形式为

$$\frac{\mathrm{d}^n y}{\mathrm{d}x^n}+p_{n-1}(x)\frac{\mathrm{d}^{n-1}y}{\mathrm{d}x^{n-1}}+\cdots+p_1(x)\frac{\mathrm{d}y}{\mathrm{d}x}+p_0(x)y=f(x) \tag{2.1.51}$$

式中,$p_i(i=1,2,\cdots,n)$和 $f(x)$均为 x 的函数或常数。相关解法可以参考相关高等数学参考书,在此仅重点介绍化工数学过程中常用的二阶线性微分方程的解法。

首先介绍 n 阶线性微分方程的一些基本定理,略去证明。

定理 2.1.1　设 y_1,y_2 是 n 阶齐次线性微分方程

$$\frac{\mathrm{d}^n y}{\mathrm{d}x^n}+p_{n-1}\frac{\mathrm{d}^{n-1}y}{\mathrm{d}x^{n-1}}+\cdots+p_1\frac{\mathrm{d}y}{\mathrm{d}x}+p_0y=0 \tag{2.1.52}$$

的两个解,则

$$y=C_1y_1+C_2y_2$$

也是该方程的解。式中,C_1,C_2 为任意实常数或复常数。

定义 2.1.1　变量 x 的 n 个函数 $y_1,y_2,\cdots,y_n$ 在区间(α,β)内是线性相关,如果存在着 n 个不全为零的常数 $k_1,k_2,\cdots,k_n$,使得当 x 在该区间内,恒等式

$$k_1y_1+k_2y_2+\cdots+k_ny_n\equiv 0 \tag{2.1.53}$$

成立;否则它们就称为线性无关。

定理 2.1.2 设 $y_1,y_2,\cdots,y_n$ 是齐次线性微分方程式的 n 个线性无关的解，则

$$y_c=C_1y_1+C_2y_2+\cdots+C_ny_n \tag{2.1.54}$$

式中，$C_1,C_2,\cdots,C_n$ 是 n 个任意常数。上式就是方程的通解，称为余函数 y_c。

齐次线性微分方程的任意 n 个线性无关的特解构成该方程的基本解组。

根据上面的定理，求解方程式的问题就是求它的基本解组的问题，也就是求出它的 n 个线性无关特解的问题。

定理 2.1.3 线性微分方程的解服从叠加原理。如果 y_1 是方程

$$\frac{d^ny}{dx^n}+p_{n-1}\frac{d^{n-1}y}{dx^{n-1}}+\cdots+p_1\frac{dy}{dx}+p_0y=f_1 \tag{2.1.55}$$

的解，y_2 是方程

$$\frac{d^ny}{dx^n}+p_{n-1}\frac{d^{n-1}y}{dx^{n-1}}+\cdots+p_1\frac{dy}{dx}+p_0y=f_2 \tag{2.1.56}$$

的解，则 y_1+y_2 是方程$\frac{d^ny}{dx^n}+p_{n-1}\frac{d^{n-1}y}{dx^{n-1}}+\cdots+p_1\frac{dy}{dx}+p_0y=f_1+f_2$ 的解。

定理 2.1.4 设 n 阶非齐次线性微分方程式的一个特解是 $y_p(x)$，而对应的 n 阶齐次线性微分方程式的通解是 $C_1y_1+C_2y_2+\cdots+C_ny_n$，则方程式的通解是

$$y=C_1y_1+C_2y_2+\cdots+C_ny_n+y_p \tag{2.1.57}$$

由此可见，求解非齐次线性微分方程的问题可转化为求对应齐次微分方程的通解及满足原方程的任一特解的两个问题。

二阶常系数线性微分方程基本解法可推广到更高阶的常系数线性微分方程的求解。以二阶微分方程为例，分别介绍基本解法。二阶常系数非齐次线性微分方程的一般形式为

$$\frac{d^2y}{dx^2}+p_1\frac{dy}{dx}+p_0y=f(x),f(x)\neq 0 \tag{2.1.58}$$

其相应的二阶常系数齐次线性微分方程为

$$\frac{d^2y}{dx^2}+p_1\frac{dy}{dx}+p_0y=0 \tag{2.1.59}$$

式中，p_1,p_0 是实常数。

由线性微分方程解的叠加原理可得，二阶常系数非齐次线性微分方程的通解为

$$y(x)=C_1y_1(x)+C_2y_2(x)+y_p(x) \tag{2.1.60}$$

式中，$C_1y_1(x)+C_2y_2(x)$ 为二阶常系数齐次线性方程的通解，也称余函数或补函数 $y_c(x)$ (Complementary Function)；$y_p(x)$ (Particular Integral) 是二阶常系数非齐次线性方程的一个特解。解的一般形式也可写为

$$y(x)=y_c(x)+y_p(x) \tag{2.1.61}$$

常系数齐次线性微分方程解法的一个主要特点是，不用积分仅用代数方法就能求出方程的通解，即余函数 x_1,x_2,x_3。设二阶常系数齐次线性常微分方程式的测试解为 $y(x)=e^{mx}$ (m 为实数或复数)，将其微分并代入微分方程式，于是得到恒等式

$$e^{mx}(m^2+p_1m+p_0)=0 \tag{2.1.62}$$

由于 $y(x)=e^{mx}\neq 0$，因此有

$$m^2+p_1m+p_0=0 \tag{2.1.63}$$

若 m 是二次代数方程的一个根，则 e^{mx} 确实是微分方程式的一个特解。

上式称为微分方程式的特征方程，它是一元二次方程，有两个根 m_1, m_2。这两个根有三种可能的情形：

① $m_1 \neq m_2$ 是两个不相等的实根；

② $m_1 = \alpha + i\beta, m_2 = \alpha - i\beta$ 是两个共轭复根；

③ $m_1 = m_2 = m$ 是两个相等的实根。

根据特征（辅助）方程的根可确定二阶常系数齐次线性微分方程通解的基本形式：

①若特征方程有两个不相等的实根 m_1, m_2，则其余函数为

$$y_c(x) = C_1 e^{m_1 x} + C_2 e^{m_2 x}$$

式中，C_1, C_2 为任意常数。

②若特征方程有两个共轭复根 $m_1 = \alpha + i\beta, m_2 = \alpha - i\beta$，则其余函数为

$$y_c(x) = C_1 e^{(\alpha + i\beta)x} + C_2 e^{(\alpha - i\beta)x}$$

式中，α, β 为特征方程复根的实部及虚部。

因为 $e^{i\beta x} = \cos\beta x + i\sin\beta x$ 和 $e^{-i\beta x} = \cos\beta x - i\sin\beta x$，代入上式，得

$$y_c(x) = e^{\alpha x}(C_1 e^{i\beta x} + C_2 e^{-i\beta x}) = e^{\alpha x}(A\cos\beta x + B\sin\beta x)$$

式中，A, B 为任意常数。

③特征方程有两个相等的实根 $m_1 = m_2 = m$，则其余函数为

$$y_c(x) = (C_1 + C_2 x)e^{mx}$$

式中，C_1, C_2 为任意常数。

因为 $m_1 = m_2 = m$，只知一个特解 $y_1 = e^{mx}$，用参数变易法将通解设为 $y = y_1 u = u e^{mx}$，将其微分后代入微分方程式，得

$$e^{mx}u'' + e^{mx}(2m + p_1)u' + e^{mx}(m^2 + p_1 m + p_0)u = 0$$

因 e^{mx} 是特征方程的重根，故上式中 u 和 u' 的系数均为零，而方程化为 $u'' = 0$，积分两次后，得

$$u = C_1 + C_2 x$$

再代入 $y = y_1 u = u e^{mx}$，即得齐次微分方程式的通解为

$$y_c(x) = (C_1 + C_2 x)e^{mx}$$

以上二阶常系数齐次线性微分方程的求解方法可以推广到 n 阶常系数齐次线性微分方程的求解。n 阶常系数齐次线性微分方程式

$$\frac{d^n y}{dx^n} + p_{n-1}\frac{d^{n-1}y}{dx^{n-1}} + \cdots + p_1\frac{dy}{dx} + p_0 y = 0 \tag{2.1.64}$$

的特征方程为

$$m^n + p_{n-1}m^{n-1} + \cdots + p_1 m + p_0 = 0 \tag{2.1.65}$$

同样，该方程的根决定了 n 阶常系数齐次线性微分方程通解的形式：

①具有 n 个相异的根 $m_1, m_2, \cdots, m_n$，则其余函数为

$$y_c(x) = C_1 e^{m_1 x} + C_2 e^{m_2 x} + \cdots + C_n e^{m_n x}$$

式中，$C_1, C_2, \cdots, C_n$ 为 n 个任意常数。

②若特征方程有一对单复根 $m_1 = \alpha + i\beta, m_2 = \alpha - i\beta$，则其余函数为

$$y_c(x) = e^{\alpha x}(C_1 e^{i\beta x} + C_2 e^{-i\beta x}) = e^{\alpha x}(A\cos\beta x + B\sin\beta x)$$

③特征方程有 k 重实根 m,则其余函数有 k 项,为

$$y_c(x)=(C_1+C_2x+\cdots+C_kx^{k-1})e^{mx}$$

④若特征方程有一对 k 重复根,则其余函数有 $2k$ 项,为

$$y_c(x)=[(C_1+C_2x+\cdots+C_kx^{k-1})\cos\beta x+(D_1+D_2x+\cdots+D_kx^{k-1})\sin\beta x]e^{\alpha x}$$

总之,解 n 阶常系数齐次线性微分方程通解可以不用积分,只要求出特征方程的 n 个根,然后写出通解中的对应项,即通解中就含有 n 个任意常数,其形式为

$$y_c(x)=C_1y_1+C_2y_2+\cdots+C_ny_n \tag{2.1.66}$$

简化讨论,以二阶常系数非齐次线性微分方程为例介绍基本的解法。已知二阶常系数非齐次线性微分方程的一般形式为

$$\frac{d^2y}{dx^2}+p_1\frac{dy}{dx}+p_0y=f(x),f(x)\neq 0 \tag{2.1.67}$$

式中 p_1,p_0——常数;

$f(x)$——x 的函数。

对于大多数变系数线性微分方程,很难得到解析解。当微分方程不能用初等方法来求它的解时,可以用幂级数来求它的解。若这级数收敛得足够快,取它的前几项就可以得到满足一定精确度的近似解。若函数 $f(x)$ 在点 $x=x_0$ 的某一邻域内具有直至 $(n+1)$ 阶连续导数,那么一元函数的泰勒级数展开式为

$$f(x)=f(x_0)+f'(x_0)(x-x_0)+\frac{f''(x_0)}{2!}(x-x_0)^2+\cdots+\frac{f^{(n)}(x_0)}{n!}(x-x_0)^n+R_n(x) \tag{2.1.68}$$

式中,余项 $\lim\limits_{n\to\infty}R_n(x)=\frac{f^{(n+1)}(\xi)}{(n+1)!}(x-x_0)^{n+1}=0$ (点 ξ 在 x_0,x 之间)。

级数收敛于 $f(x)$,因此函数 $f(x)$ 的泰勒展开式为

$$f(x)=f(x_0)+f'(x_0)(x-x_0)+\frac{f''(x_0)}{2!}(x-x_0)^2+\cdots+\frac{f^{(n)}(x_0)}{n!}(x-x_0)^n+\cdots \tag{2.1.69}$$

特别地,当 $x_0=0$ 时,泰勒级数成为下列特别重要的形式:

$$f(x)=f(0)+f'(0)x+\frac{f''(0)}{2!}x^2+\cdots+\frac{f^{(n)}(0)}{n!}x^n+R_n(x) \tag{2.1.70}$$

下面给出后面章节要用到的一些初等函数的幂级数展开式:

①$e^x=1+x+\frac{x^2}{2!}+\cdots+\frac{x^n}{n!}+\cdots \quad (-\infty<x<\infty)$;

②$\cos x=1-\frac{x^2}{2!}+\frac{x^4}{4!}-\cdots+(-1)^n\frac{x^{2n}}{(2n)!}+\cdots \quad (|x|<\infty)$;

③$\sin x=x-\frac{x^3}{3!}+\frac{x^5}{5!}-\cdots+(-1)^n\frac{x^{2n+1}}{(2n+1)!}+\cdots \quad (|x|<\infty)$;

④$(1+x)^\alpha=1+\alpha x+\frac{\alpha(\alpha-1)}{2!}x^2+\cdots+\frac{\alpha(\alpha-1)\cdots(\alpha-n+1)}{n!}x^n+\cdots \quad (\alpha\neq 0,|x|<1)$;

⑤$\mathrm{sh}x=\frac{e^x-e^{-x}}{2}=x+\frac{x^3}{3!}+\frac{x^5}{5!}+\cdots+\frac{x^{2n-1}}{(2n-1)!}+\cdots \quad (|x|<\infty)$;

⑥$\mathrm{ch}x=\frac{e^x+e^{-x}}{2}=1+\frac{x^2}{2!}+\frac{x^4}{4!}+\cdots+\frac{x^{2n}}{(2n)!}+\cdots \quad (|x|<\infty)$;

⑦$\frac{1}{1+x}=1-x+x^2-\cdots+(-1)^n x^n+\cdots \quad (|x|<1)$；

⑧$\frac{1}{1-x}=1+x+x^2+\cdots+x^n+\cdots \quad (|x|<1)$；

⑨$\frac{1}{1+x^2}=1-x^2+x^4-\cdots+(-1)^n x^{2n}+\cdots \quad (|x|<1)$；

⑩$\arctan x=x-\frac{x^3}{3}+\frac{x^5}{5}-\cdots+(-1)^n\frac{x^{2n+1}}{2n+1}+\cdots \quad (|x|\leqslant 1)$；

⑪$a^x=1+(\ln a)x+\frac{(\ln a)^2}{2!}x^2+\cdots+\frac{(\ln a)^n}{n!}x^n+\cdots \quad (a>0,|x|<\infty)$；

⑫$\ln(1+x)=x-\frac{x^2}{2}+\frac{x^3}{3}-\frac{x^4}{4}+\cdots+(-1)^{n-1}\frac{x^n}{n}+\cdots \quad (-1<x\leqslant 1)$；

⑬$\ln x=(x-1)-\frac{(x-1)^2}{2}+\frac{(x-1)^3}{3}-\frac{(x-1)^4}{4}+\cdots+(-1)^{n-1}\frac{(x-1)^n}{n}+\cdots \quad (0<x\leqslant 2)$；

⑭$\tan x=x+\frac{1}{3}x^3+\frac{2}{15}x^5+\frac{17}{315}x^7+\cdots \quad \left(|x|<\frac{\pi}{2}\right)$；

⑮$\arcsin x=x+\frac{x^3}{2\times 3}+\frac{1\times 3x^5}{2\times 4\times 5}+\frac{1\times 3\times 5x^7}{2\times 4\times 6\times 7}+\cdots \quad (|x|<1)$；

⑯$\arccos x=\frac{\pi}{2}-\left(x+\frac{x^3}{2\times 3}+\frac{1\times 3x^5}{2\times 4\times 5}+\frac{1\times 3\times 5x^7}{2\times 4\times 6\times 7}+\cdots\right) \quad (|x|<1)$。

傅里叶(Fourier)级数是函数项级数的另一重要类型,它的各项都是由三角函数所组成的三角级数。由于三角级数的周期性,这样的级数对于研究具有周期性的物理现象自然是很有用的。偏微分方程在分离变量后得到常系数或变系数的微分方程,这类方程的解常用傅里叶级数表示。

定义 2.1.2　①若函数$f(x)$在区间$[-\pi,\pi]$上,除了可能在有限个点上外,$f(x)$有定义且是单值的;

②在$[-\pi,\pi]$以外,$f(x)$以2π为周期重复;

③在$[-\pi,\pi]$上,$f(x)$和$f'(x)$分段连续,可将函数$f(x)$表示为傅里叶级数

$$f(x)=\frac{1}{2}a_0+\sum_{n=1}^{\infty}(a_n\cos nx+b_n\sin nx) \tag{2.1.71}$$

式中,系数a_0,a_n,b_n为

$$\begin{cases}a_0=\frac{1}{\pi}\int_{-\pi}^{\pi}f(x)\mathrm{d}x\\ a_n=\frac{1}{\pi}\int_{-\pi}^{\pi}f(x)\cos nx\mathrm{d}x \quad (n=1,2,3,\cdots)\\ b_n=\frac{1}{\pi}\int_{-\pi}^{\pi}f(x)\sin nx\mathrm{d}x \quad (n=1,2,3,\cdots)\end{cases}$$

在区间$[-\pi,\pi]$上收敛,并且它的和:

①当x是$f(x)$的连续点时,等于$f(x)$;

②当x是$f(x)$的间断点时,等于$[f(x+0)+f(x-0)]/2$;

③当x是区间的端点时,等于$[f(-\pi+0)+f(\pi-0)]/2$。

下面证明系数公式。若两个函数$\phi_m(x)$和$\phi_n(x)$的乘积在区间(a,b)上积分为零,即

$$\int_a^b \rho(x)\phi_m(x)\phi_n(x)\mathrm{d}x = 0 \quad (m \neq n)$$

则说这两个函数 $\phi_m(x)$ 和 $\phi_n(x)$ 在区间 (a,b) 上对权函数 $\rho(x)$ 是正交的。

由高等数学可知，三角函数系

$$1, \cos x, \sin x, \cos 2x, \sin 2x, \cdots, \cos nx, \sin nx, \cdots$$

之中任意两个不同的函数的乘积在区间 $[-\pi,\pi]$ 上的积分为零，因此有下列三角函数正交公式：

$$\int_{-\pi}^{\pi} \sin nx\mathrm{d}x = 0$$

$$\int_{-\pi}^{\pi} \cos nx\mathrm{d}x = 0$$

$$\int_{-\pi}^{\pi} \sin nx\cos mx\mathrm{d}x = 0$$

$$\int_{-\pi}^{\pi} \cos nx\cos mx\mathrm{d}x = \begin{cases} 0 & (n \neq m) \\ \pi & (n = m) \end{cases}$$

$$\int_{-\pi}^{\pi} \sin nx\sin mx\mathrm{d}x = \begin{cases} 0 & (n \neq m) \\ \pi & (n = m) \end{cases}$$

称 $\sin nx, \sin mx$ 和 $\cos nx, \cos mx$ 在区间 $[-\pi,\pi]$ 上对权函数 $\rho(x)=1$ 是正交的。

利用三角函数系的正交性可容易地导出系数 a_n, b_n 的计算公式。

任意区间上的傅里叶级数：

在区间 $[-l,l]$ 上满足收敛条件的函数 $f(x)$ 的傅里叶级数的形式为

$$\frac{1}{2}a_0 + \sum_{n=1}^{\infty}\left(a_n\cos\frac{n\pi x}{l} + b_n\sin\frac{n\pi x}{l}\right) \tag{2.1.72}$$

式中，系数 a_0, a_n, b_n 分别为

$$\begin{cases} a_0 = \dfrac{1}{l}\displaystyle\int_{-l}^{l} f(x)\mathrm{d}x \\ a_n = \dfrac{1}{l}\displaystyle\int_{-l}^{l} f(x)\cos\dfrac{n\pi x}{l}\mathrm{d}x \quad (n = 1,2,3,\cdots) \\ b_n = \dfrac{1}{l}\displaystyle\int_{-l}^{l} f(x)\sin\dfrac{n\pi x}{l}\mathrm{d}x \end{cases}$$

偶函数和奇函数的傅里叶级数：

当 $f(x)$ 在 $[-l,l]$ 上分别为偶函数和奇函数时，相应有

$$f(x) = \frac{1}{2}a_0 + \sum_{n=1}^{\infty} a_n\cos\frac{n\pi x}{l}$$

$$f(x) = \sum_{n=1}^{\infty} b_n\sin\frac{n\pi x}{l}$$

设函数 $f(x)$ 在区间 $[0,\pi]$ 上有定义并能满足收敛的条件，函数 $f(x)$ 在区间 $[0,\pi]$ 上可以展开成只含正弦项或余弦项的傅里叶级数。

傅里叶级数用最简单的连续函数无穷序列的叠加来表示一个不连续的函数。

1807 年在法国科学院会议上，傅里叶把这一级数做了介绍后引起了极大的轰动。当时这是一个相当困难的问题。随着科学的发展，傅里叶级数得到了广泛应用。在求解变系数

微分方程和特殊函数时必须用到傅里叶级数和广义傅里叶级数。

下面详细介绍常微分方程(组)初值问题的 MATLAB 求解。

在 MATLAB 中用于求解常微分方程初值问题的函数如表 2.1.1 所示。

表 2.1.1　初值问题的函数

函数	求解问题类型	方法
ode45	Nonstiff differential equations	Runge - Kutta
ode23	Nonstiff differential equations	Runge - Kutta
ode135	Nonstiff differential equations	Adams
ode15s	Stiff differential equations andDAEs	NDFs(BDFs)
ode23s	Stiff differential equations	Rosenbrock
ode23t	Moderately stiff differential equations andDAEs	Trapezoidal rule
ode23tb	Stiff differential equations	TR - BDF2
ode15i	Fully implicit differential equations	BDFs

微分方程数值求解的调用格式为

[X,Y] = odeN('odex',[to,tf],yo,tol,trace)

odeN 可以是 ode23,ode45,ode135,odel5s,ode23s,ode23t,ode23tb,ode15i 中的任意一个命令。

第 1 个输入参变量'odex'是定义 $f(x,y)$ 的函数文件名。该函数文件必须以 $y'=f(x,y)$ 为输出,以 x,y 为输入参变量,次序不能颠倒。

输入参变量 to 和 tf,分别是积分的初值和终值。

输入参变量 yo 是初始状态列向量。

第 5 个输入参变量 tol 控制解的精度,缺省值在 ode23 中为 tol = 1E - 3;在 ode45 中为 tol = 1E - 6。

第 6 个输入参变量 trace 决定求解的中间结果是否显示,缺省值为 trace = 0,表示不显示中间结果。

2.1.3　偏微分方程与特殊函数

常微分方程只能构成集中参数模型,仅能考虑系统中只有一个自变量问题。实际工程问题常常需要考虑多个自变量。由于系统中含有多个自变量,方程中含有未知函数的偏导数,构成偏微分方程。物理规律用微分方程表示出来,称为数学物理方程。

数学物理方程是源于物理及工程问题的常微分方程和偏微分方程。典型的数学物理方程包括波动方程、输运方程和位势方程,在化学与化学工程中它们分别描述三类不同的物理现象:波动(弦或膜振动、声波和水波)、输运过程(动量传递、热传导和扩散)和状态平衡(稳态温度场和浓度场、速度势)。

2.1.3.1　方程的分类及一般性问题

1. 偏微分方程的分类

含有未知函数 $u(x_1, x_2, \cdots, x_n)$ 和其偏导数的方程称为偏微分方程。若方程中出现的偏导数的最高阶数为 n，则称方程为 n 阶偏微分方程。方程经过有理化并消去分式后，若方程中没有未知函数及其偏导数的乘积或幂等非线性项，即方程关于函数 u 及函数 u 的各阶偏导数都是线性的，该方程称为线性方程；反之，称为非线性方程。在非线性方程中，最高阶导数是线性的偏微分方程称为拟线性偏微分方程。在线性方程中，不含未知函数及其偏导数的项称为自由项，自由项为零的方程称为齐次方程；反之，称为非齐次方程。

【例 2.1.1】　判断二阶偏微分方程 $xu_{xx} + yu_{yy} + 2yu_x - xu_y = 0$ 的类型。

解　因为判别式 $a_{12}^2 - a_{11}a_{22} = 0 - xy$，所以有：

①当 $xy < 0$，x, y 异号，M 点在第二、四象限内，该区域内方程为双曲型方程；

②当 $xy > 0$，x, y 同号，M 点在第一、三象限内，该区域内方程为椭圆型方程；

③当 $x = 0$ 或 $y = 0$，方程在 y 轴或 x 轴上是抛物型方程。

显然，可以写出无数个偏微分方程，并不是每个方程都有它的实际意义和应用。本章主要介绍化学与化学工程中常用的数学物理方程。常用方程的物理含义来命名它们的类型，有如下三类：

(1)波动方程

$$u_{tt} - \alpha^2 \Delta u = f(\boldsymbol{r}, t) \tag{2.1.73}$$

可描述弦、杆和膜振动，以及声波和电磁波等波动问题。一维波动方程是标准形式的双曲型方程。

(2)输运方程

$$u_t - \alpha^2 \Delta u = g(\boldsymbol{r}, t) \tag{2.1.74}$$

可描述热传导、传质和动量传递过程。一维输运方程是标准形式的抛物型方程。

(3)稳态方程

$$\Delta u = f(\boldsymbol{r}) \tag{2.1.75}$$

可描述稳态温度场、浓度场、速度势和电流场等，也称为位势方程，数学上称为泊松方程。当源密度函数 $f(r) = 0$ 时，它是拉普拉斯方程。二维稳态方程是椭圆型方程。

2. 定解条件和定解问题

一个特定形式的偏微分方程可描述许多物理现象的共性和规律，它可以有很多不同形式的特解，因此称其为泛定方程。在数学上，边界条件和初始条件称为定解条件。边界条件给出关于空间变量的约束条件。当方程包括时间变量时，必须给出初始条件。泛定方程与定解条件作为一个整体而提出的问题叫作定解问题。“泛定方程”加上“定解条件”就构成一个确定的物理过程的“定解问题”。假设微分方程的解可表示为 $z = f(x, y)$，$z = f(x, y)$ 在几何上可解释为三维空间的曲面，称为积分曲面。例如：不难验证 $z = f(x^2 - y^2)$ 是方程 $yz_x + xz_y = 0$ 的一般解(通解)，其中 f 是任意函数，如

$$z = (x^2 - y^2), \quad z = \sin(x^2 - y^2), \quad z = 4\sqrt{x^2 - y^2} + \cos(x^2 - y^2)$$

等都是该方程的特解。

例如：拉普拉斯方程既可描述传热过程，又可表示扩散传质过程。又如完全不同的函数

$$u=(x^2-y^2),\quad u=e^x\sin y, u=\ln(x^2-y^2)$$

都满足拉普拉斯方程$\nabla^2 u=0$。由上述例子有以下推论：

推论：

①偏微分方程的一般解(通解)包含有任意函数,一般解的形式是不确定的；

②一个特定形式的偏微分方程可描述许多物理现象的共性规律,它可以有许多不同形式的特解。

n 阶偏微分方程的一般解(通解)依赖于 n 个任意函数,这与常微分方程相比,解的自由度更大。这些任意函数由初始条件和边界条件决定。

定解条件提出具体问题,泛定方程提供解决问题的依据,构成为一个有确定解的定解问题。

在数学上只有给定了初始条件和边界条件,基本方程才能有唯一确定的解。

不是任何一个偏微分方程都可以随便与一些条件组成定解问题。怎样的定解条件才能配合泛定方程构成定解问题,也是科研工作解决问题的难点。

【例 2.1.2】 在搅拌罐内有 N 个多孔的含有溶质 A 的小球悬浮在溶剂 B 中,设溶剂 B 有效体积为 V,如图 2.1.4 所示。在不断搅拌过程中,溶质 A 不断浸出溶入 B 中,设球半径为 a,扩散系数为 D,小球内溶质浓度分布为 $c(r,t)$。试确定小球表面的边界条件。

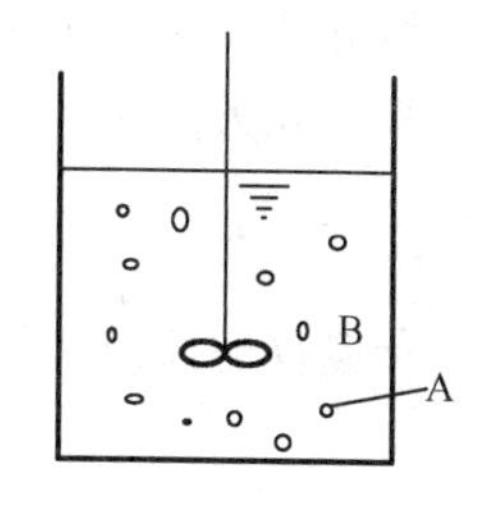

图 2.1.4　搅拌罐示意图

解　溶质在每一小球表面($r=a$)向溶剂扩散的速率为 $-4\pi a^2 D\left(\frac{\partial c}{\partial r}\right)\bigg|_{r=a}$。由于搅拌作用,溶剂中含有溶质 A 的浓度 c_A 是随时间变化的。考虑物料平衡,N 个小球表面浸入的溶质总和等于溶剂中浓度 c_A 的增长率,即

$$V\frac{\partial c_A}{\partial t}=-4\pi a^2 ND\frac{\partial c}{\partial r}\bigg|_{r=a}$$

由于浓度的连续性,所以有

$$c(a,t)=c_A(t)$$

对上式积分,得

$$c_A(t)=-\int_0^t \frac{4\pi a^2 ND}{V}\frac{\partial c(r,\tau)}{\partial r}\bigg|_{r=a}\mathrm{d}\tau \tag{2.1.76}$$

此式为积分 - 微分边界条件。

定解问题的提法：

①只有初始条件,无边值条件的定解问题,称为初值(始值)问题,也称柯西问题。

②无初始条件,只有边值条件的定解问题,称为边值问题。对于第一、二、三类边界条件的问题分别称为第一边值问题或狄利克雷(Dirichlet)问题,第二边值问题或诺伊曼(Neumann)问题以及第三边值问题或罗宾(Robin)问题。

③既有初始条件又有边界条件的定解问题,称为混合问题。

问题的分类关系到求解方法的选择,如拉普拉斯法只能求解边值问题。在数值解法中,初值问题、边值问题采用的求解方法是不同的。把一个物理过程归纳为一定解问题是否正确,要看问题能否得出一个符合客观实际的唯一解。定解问题存在唯一解,而且要求解具有稳定性。因为无论是初始条件中的数据,还是边界条件中的数据,甚至方程中的非

齐次项，都是由实验测得，必定存在误差，如果该微小误差带来解的很大变化，这个定解问题已经没有多大的实际意义。如果给出矛盾的定解条件，解显然是不存在的。在数学上认为由实际工程问题导出的定解问题存在唯一且稳定的解，此定解问题是适定的。通常工程问题仅研究适定的定解问题，本书介绍的都是化学工程实际中常用的适定性问题，这里不从理论上讨论定解问题解的存在性、唯一性和稳定性。随着科学技术的发展，20 世纪 70 年代以来，出现了许多有明显物理意义的不适定问题，为此也发展了求解不适定问题的方法。

2.1.3.2 典型偏微分方程的建立

建立偏微分方程的一般步骤是：确定研究的系统和边界，从所研究的系统中划出一小微元，确定自变量与因变量；根据物理规律分析邻近部分和这个微元部分的相互作用，抓住主要因素，略去非主要因素，应用守恒定律用算式表达出这种相互作用在短时间里怎样影响物理量；经简化整理得到偏微分方程。

【例 2.1.3】 利用流体力学的基本方程组推导气体中形成声波时声的传播方程。声波是连续介质中质点振动的传播。气体的声波伴随着声致附加压强（声压）的振动问题。

解 在矢量和场论一章中，已导出流体连续性方程

$$\frac{\partial \rho}{\partial t}+\nabla\cdot(\rho\boldsymbol{u})=0 \tag{2.1.77}$$

由黏性流体运动方程式，得到理想流体运动方程

$$\frac{\partial \boldsymbol{u}}{\partial t}+(\boldsymbol{u}\cdot\nabla)\boldsymbol{u}+\frac{1}{\rho}\nabla p=F \tag{2.1.78}$$

式中，F 为外力。再加上状态方程，假设压力只是密度 ρ 的函数

$$p=f(\rho) \tag{2.1.79}$$

共有五个未知数 u,v,w,p,ρ，式(2.1.77) ~ 式(2.1.79)构成了流体力学完整的基本方程组，这个方程组是非线性的。

现在研究声波在空气中的传播。设外力 $F=0$，在声音传播中，空气流速、压力、密度的改变都是小量，可将方程简化为线性方程。设

$$\rho=\rho_0+\rho',p=p_0+f'(\rho_0)\rho',\boldsymbol{u}=\boldsymbol{u}' \tag{2.1.80}$$

式中，$\rho_0,p_0,f'(\rho_0)$为平衡位置取值，都是定值；$\rho'\boldsymbol{u}'$是摄动量。

因为有$\nabla\cdot(\rho\boldsymbol{u})=\rho_0\nabla\cdot\boldsymbol{u}'$，将它和式(2.1.79)代入式(2.1.77)，略去高阶小量，得到声波的连续性方程

$$\frac{\partial \rho'}{\partial t}+\rho_0\nabla\cdot\boldsymbol{u}=0 \tag{2.1.81}$$

将式(2.1.80)代入式(2.1.78)，得

$$\frac{\partial \boldsymbol{u}'}{\partial t}+(\boldsymbol{u}'\cdot\nabla)\boldsymbol{u}'+\frac{1}{\rho_0+\rho'}\nabla[p_0+f'(\rho_0)\rho']=0$$

因 $\rho'\leqslant\rho_0$，且略去高阶小量$(\boldsymbol{u}'\cdot\nabla)\boldsymbol{u}'$，且$\nabla p_0=0$，得到声波运动方程

$$\frac{\partial \boldsymbol{u}'}{\partial t}+\frac{f'(\rho_0)}{\rho_0}\nabla\rho'=0 \tag{2.1.82}$$

式(2.1.81)和式(2.1.82)组成的线性方程组是声的传播方程。若将式(2.1.81)对 t 求偏导数，再减去对式(2.1.82)求散度后乘以 ρ_0，得到扰动气体的密度方程

$$\frac{\partial^2 \rho'}{\partial t^2} = \alpha^2 \nabla^2 \rho' \tag{2.1.83}$$

式中,$\alpha^2 = f'(\rho_0)$。

假设 p' 与 ρ' 是线性关系,故得气体声压方程

$$\frac{\partial^2 p'}{\partial t^2} = \alpha^2 \nabla^2 p' \tag{2.1.84}$$

用同样方法消去式(2.1.81)和式(2.1.82)中 ρ,可得气体声速方程

$$\frac{\partial^2 \boldsymbol{u}'}{\partial t^2} = \alpha^2 \nabla^2 \boldsymbol{u}' \tag{2.1.85}$$

若速度场 u' 是有势场,存在速度势 $\boldsymbol{\Phi}$,即 $\boldsymbol{u}' = \nabla \boldsymbol{\Phi}$,又得到

$$\frac{\partial^2 \boldsymbol{\Phi}}{\partial t^2} = \alpha^2 \nabla^2 \boldsymbol{\Phi} \tag{2.1.86}$$

在声波方程式(2.1.83)~式(2.1.86)中,密度、压力、速度和速度势均属于三维波动方程,统称声的传播方程。

2.1.3.3　分离变量法

求解多个自变量的偏微分方程的过程中,在可能的情况下总是设法使自变量个数减少,转化为常微分方程,借助于常微分方程的方法求解。分离变量法是求解偏微分方程常用的基本方法之一,该法将偏微分方程分离变量后化为求解含参变量常微分方程的边值问题。通常是要求出参数的值,使常微分方程边值问题对于所求出的参数值有非零解,这就是本征值问题。本征值问题是分离变量法求解数学物理方程的核心。本节主要介绍斯图姆-刘维尔型方程的本征值问题及基本性质,介绍用直角坐标系的分离变量法求解波动方程、输运方程和稳态方程的齐次偏微分方程。

1. 用傅里叶展开分离变量

在区间$[-l,l]$上满足收敛条件的函数$f(x)$的傅里叶级数的形式为方程式:

$$f(x) = \frac{1}{2}a_0 + \sum_{n=1}^{\infty}\left(a_n\cos\frac{n\pi x}{l} + b_n\sin\frac{n\pi x}{l}\right)$$

式中,系数 a_o, a_n, b_n 为下式:

$$\begin{cases} a_0 = \dfrac{1}{l}\displaystyle\int_{-l}^{l} f(x)\,\mathrm{d}x \\ a_n = \dfrac{1}{l}\displaystyle\int_{-l}^{l} f(x)\cos\dfrac{n\pi x}{l}\mathrm{d}x \quad (n = 1,2,3,\cdots) \\ b_n = \dfrac{1}{l}\displaystyle\int_{-l}^{l} f(x)\sin\dfrac{n\pi x}{l}\mathrm{d}x \end{cases}$$

对于直角坐标描述的齐次线性偏微分方程和齐次边界条件描述的定解问题,可用傅里叶级数展开分离变量。

【例2.1.4】　设弦长为 l,两端固定,试确定在初始位移 $\varphi(x)$ 和初始速度 $\psi(x)$ 的扰动下弦自由振动的规律。该自由振动的定解问题为

$$u_{tt} - \alpha^2 u_{xx} = 0 \quad (0 < x < l, t > 0) \qquad ①$$

边界条件

$$u(0,t) = 0, u(l,t) = 0 \qquad ②$$

初始条件

$$u(x,0) = \varphi(x), u_t(x,0) = \psi(x) \qquad ③$$

解 有界弦的振动形成驻波,弦上各点的位移 $u(x,t)$ 是连续函数,故可将 $u(x,t)$ 在区间[1,l]上就 x 展开为傅里叶级数;展开时把 t 看作参数,傅里叶系数为 t 的函数。由第一类边界条件可知本定解问题只要做傅里叶正弦展开,首先直接将 $u(x,t)$ 展成傅里叶正弦级数,设分离变量形式的解

$$u(x,t) = \sum_{n=1}^{\infty} T_n(t)\sin\frac{n\pi x}{l} \quad ④$$

将式④代入控制方程①,得

$$\sum_{n=1}^{\infty}\left[T''_n(t) + \frac{n^2\pi^2\alpha^2}{l^2}T_n(t)\right]\sin\frac{n\pi x}{l} = 0 \quad ⑤$$

这个常微分方程的解为

$$T_n(t) = A_n\cos\frac{n\pi\alpha}{l}t + B_n\sin\frac{n\pi\alpha}{l}t \quad ⑥$$

将式⑥代入式④,最后得到

$$u(x,t) = \sum_{n=1}^{\infty}\left(C_n\cos\frac{n\pi\alpha}{l}t + D_n\sin\frac{n\pi\alpha}{l}t\right)\sin\frac{n\pi x}{l} \quad ⑦$$

式⑦是泛定方程①结合边界条件②的一般解(通解)。利用初始条件③确定其中的系数 C_n 和 D_n,将两个初始条件分别代入式⑦,得到

$$u(x,t)\big|_{t=0} = \sum_{n=1}^{\infty} C_n\sin\frac{n\pi}{l}x = \varphi(x), \quad \frac{\partial u}{\partial t}\bigg|_{t=0} = \sum_{n=1}^{\infty} D_n\frac{n\pi\alpha}{l}\sin\frac{n\pi}{l}x = \psi(x)$$

$\varphi(x)$,$\psi(x)$是由初始条件给出的定义在区间[0,l]上的连续函数(或只有有限个第一类间断点,且至多有有限个极值点),可将 $\varphi(x)$,$\psi(x)$ 展开为傅里叶正弦级数形式,确定系数

$$\begin{cases} C_n = \dfrac{2}{l}\displaystyle\int_0^l \varphi(\xi)\sin\frac{n\pi}{l}\xi\mathrm{d}\xi \\ D_n = \dfrac{2}{n\pi\alpha}\displaystyle\int_0^l \psi(\xi)\sin\frac{n\pi}{l}\xi\mathrm{d}\xi \end{cases} \quad ⑧$$

把式⑧代入一般解式⑦,得到定解问题的完整特解。

分离变量法的关键在于将分离变量形式的测试解代入偏微分方程,将问题转化为求解常微分方程和齐次边界条件的本征值问题。偏微分方程通过分离变量引出的常微分方程加上边界条件便是待求的问题。边界条件往往迫使常微分方程中的参数只能取本征值,否则解就不存在,对应于本征值的解叫本征函数。在一定边界条件下,求解常微分方程的本征值和本征函数的问题,称为本征值问题。求出本征函数以后,就容易找到满足泛定方程和边界条件的特解。由此可知,分离变量法的关键在于泛定方程满足边界条件的一般解是否可用特解作基本函数展开成无穷级数。然后利用线性叠加原理,做出这些解的线性组合,下面说明这种可能性。

2. 斯图姆 - 刘维尔型方程的本征值问题

二阶线性偏微分方程通过分离变量可得到二阶齐次线性常微分方程。二阶齐次线性常微分方程可统一写为

$$c_2(x)y'' + c_1(x)y' + c(x)y + \lambda d(x)y = 0 \quad (\lambda\ 为参数) \quad (2.1.87)$$

这种方程可化为如下的斯图姆 - 刘维尔(Sturm - Liouville)型方程:

$$\frac{\mathrm{d}}{\mathrm{d}x}\left[p(x)\frac{\mathrm{d}y}{\mathrm{d}x}\right]-q(x)y+\lambda\rho(x)y=0 \tag{2.1.88}$$

或

$$p'(x)y'+p(x)y''-q(x)y+\lambda\rho(x)y=0 \tag{2.1.89}$$

式中　λ——参数；

$p(x)$——$p(x)>0$，在有限区间$[a,b]$上有连续的一阶导数；

$\rho(x)$——区间$[a,b]$上的连续函数，且取正值。

将式(2.1.89)与式(2.1.87)的前两项比较可得

$$\frac{p'(x)}{p(x)}=\frac{c_1(x)}{c_2(x)}$$

即

$$\mathrm{d}[\ln p(x)]=\frac{c_1(x)}{c_2(x)}\mathrm{d}x \tag{2.1.90}$$

解此方程，定出$p(x)$，代入式(2.1.89)，然后将结果与方程(2.1.87)比较，可确定$q(x)$,$\rho(x)$，从而得到斯图姆－刘维尔方程的具体形式。

方程(2.1.89)的本征值问题是：在边界条件

$$\begin{cases}-\alpha_1 y'(a)+\beta_1 y(a)=0\\ -\alpha_2 y'(b)+\beta_2 y(b)=0\end{cases} \tag{2.1.91}$$

或

$$y(a)=y(b),y'(a)=y'(b) \tag{2.1.92}$$

之下，求参数λ，使方程(2.1.89)在区间$[a,b]$上有非零解。式中，α_i,$\beta_i(i=1,2)$都是非负实数，且$\alpha_i+\beta_i\neq0$。条件式(2.1.92)是一种周期性条件。

满足上述要求的那些λ值称为这个边值问题的本征值；相应的非零解称为对应着本征值的本征函数；求上述齐次边值问题的所有本征值和本征函数的问题又称为斯图姆－刘维尔型本征值问题。

若$p(x)$，$q(x)$,$\rho(x)$在区间$[a,b]$上取正值，$p(x)$及其一阶导数在$[a,b]$上连续，$q(x)$在$[a,b]$上连续或只在区间的端点有一阶极点，则斯图姆－刘维尔型本征值问题有如下几点重要性质：

①存在无穷多个实的本征值，它们自然会构成一个递增数列

$$\lambda_1\leqslant\lambda_2\leqslant\lambda_3\cdots\leqslant\lambda_n\leqslant\cdots \tag{2.1.93}$$

对应于这些本征值有无穷多个本征函数

$$y_1(x),y_2(x),\cdots,y_n(x),\cdots \tag{2.1.94}$$

②所有的本征值

$$\lambda_n\geqslant0 \tag{2.1.95}$$

③对应于不同本征值的本征函数在区间$[a,b]$上带权重$\rho(x)$正交，即

$$\int_a^b y_m(x)y_n(x)\rho(x)\mathrm{d}x=0\quad(\lambda_m\neq\lambda_n) \tag{2.1.96}$$

本征函数为实变函数，以下只讨论这种情况。

④本征函数$y_1(x)$,$y_2(x)$,$\cdots$,$y_n(x)$,$\cdots$在区间$[a,b]$上构成完备系，即任意一个具有连续一阶导数和分段连续二阶导数，且满足本征值问题中边界条件的函数$f(x)$，必可用本征函数作为基本函数系展开成为绝对且一致收敛的级数

$$f(x) = \sum_{n=1}^{\infty} C_n y_n(x) \tag{2.1.97}$$

将方程两边同乘以 $y_m(x)\rho(x)$，并在区间$[a,b]$积分，有

$$\int_a^b f(x) y_m(x)\rho(x)\,\mathrm{d}x = \sum_{n=1}^{\infty} C_n \int_a^b y_m(x) y_n(x)\rho(x)\,\mathrm{d}x$$

由函数的正交性知，上式右边中除 $m = n$ 的一项外，其他项均为零。因而可求出系数

$$C_n = \frac{1}{{N_n}^2}\int_a^b f(x) y_n(x)\rho(x)\,\mathrm{d}x \tag{2.1.98}$$

N_n 称为 $y_n(x)$的模，由下式确定

$$N_n^2 = \int_a^b [y_n(x)]^2 \rho(x)\,\mathrm{d}x \tag{2.1.99}$$

这种展开统一称为广义傅里叶展开。

必须注意，由本征函数的正交性可知，分离变量法仅适用于正交坐标系，即对于所考虑问题的区域限制是比较苛刻的，一般仅适用于规则的边界，如圆形、矩形、柱面、球面域等情况。线性模型满足线性叠加原理，所谓的叠加即几种不同因素综合作用于系统，产生的效果等于各因素独立作用产生的效果之总和。

线性叠加原理：如果泛定方程和定解条件都是线性的，可把定解问题的解看作几个部分的线性叠加。

二阶线性偏微分方程的算子表示式如下式所示：

$$\mathrm{L}u = f$$

式中，算子 L 定义为

$$\mathrm{L} \equiv \sum_{i,j=1}^{n} a_{ij} \frac{\partial^2}{\partial x_i \partial x_j} + \sum_{i=1}^{n} b_i \frac{\partial}{\partial x_i} + c$$

式中，a_{ij}，b_i，c 和 f 都仅是变量 $r = r(x_1, x_2, \cdots, x_n)$ 的函数或常数。

假如函数 $u_i(i = 1,2,\cdots,n,\cdots)$是线性齐次微分方程 $\mathrm{L}(u) = 0$ 的特解，例如前面章节已经建立的波动方程、输运方程和拉普拉斯方程

$$\mathrm{L}(u) = \frac{\partial^2 u}{\partial t^2} - \alpha^2 \frac{\partial^2 u}{\partial x^2} = 0$$

$$\mathrm{L}(u) = \frac{\partial u}{\partial t} - \alpha^2 \frac{\partial^2 u}{\partial x^2} = 0$$

$$\mathrm{L}(u) = \frac{\partial^2 u}{\partial x^2} + \frac{\partial^2 u}{\partial y^2} + \frac{\partial^2 u}{\partial z^2} = 0$$

则可用正交归一本征函数集$\{u_i\}$的线性组合

$$u = \sum_{i=1}^{\infty} C_i u_i \tag{2.1.100}$$

表示以上线性齐次偏微分方程的通解。条件是 $\mathrm{L}(u) = 0$ 中出现的解函数 u 的导函数都可用逐项微分计算出来。这样的解函数是一个无穷级数。

3. 齐次偏微分方程的分离变量法

在实际求解偏微分方程的定解问题时，总是先假定求解过程的运算是合法的，先求形式解，然后再研究适合问题定解条件的特解。重点放在如何使用分离变量法求解波动方程、输运方程和稳态方程的齐次方程。

【例 2.1.5】 设一半径为 r_0 的金属薄圆盘，上下底面绝热，圆盘边缘温度分布为已知函数 $f(\varphi)$，试确定稳态下圆盘内温度分布。

解 稳态温度分布满足拉普拉斯方程，因薄圆盘很薄，可认为沿高度方向温度分布均匀，因此可简化成二维问题，设 $u=u(r,\varphi)$，采用柱坐标圆域上的拉普拉斯方程为

$$\frac{\partial^2 u}{\partial r^2}+\frac{1}{r}\frac{\partial u}{\partial r}+\frac{1}{r^2}\frac{\partial^2 u}{\partial^2 \varphi}=0 \quad (0<r<r_0, 0<\varphi<2\pi) \qquad ①$$

边界条件
$$u(r_0,\varphi)=f(\varphi)$$
因为是圆域内传热问题，根据问题的物理意义，解的形式应是光滑和周期性的，因此补充两个自然边界条件：

(1) 在圆心 $r=0$ 处，温度有界，即 $\lim\limits_{r\to 0}u<\infty$；

(2) 温度分布函数 $u=u(r,\varphi)$ 具有周期性，$u(r,\varphi)=u(r,\varphi+2\pi)$。

方程①和所有的边界条件构成了圆域内稳定温度分布的定解问题。这是一个变系数线性方程，但是系数具有可分离形式，即仅含有 r，可用分离变量法求解。

①设分离变量形式的解为 $u(r,\varphi)=R(r)\Phi(\varphi)$，代入控制方程①，得

$$R''\Phi+\frac{1}{r}R'\Phi+\frac{1}{r^2}R\Phi''=0$$

将上式除以$\dfrac{R\Phi}{r^2}$分离变量后，得到

$$\frac{r^2R''+rR'}{R}=-\frac{\Phi''}{\Phi}=\lambda$$

由此得到两个常微分方程

$$\begin{cases}\Phi''+\lambda\Phi=0\\ r^2R''+rR'-\lambda R=0\end{cases}$$

考虑到问题的轴对称，由自然边界条件，有边界条件

$$R(0)<\infty, \quad \Phi(\varphi+2\pi)=\Phi(\varphi)$$

因此构成常微分方程的边值问题

$$\begin{cases}\Phi''+\lambda\Phi=0\\ \Phi(\varphi+2\pi)=\Phi(\varphi)\end{cases} \qquad ②$$

和初值问题

$$\begin{cases}r^2R''+rR'-\lambda R=0\\ R(0)<\infty\end{cases} \qquad ③$$

②先解本征值问题，考虑式②的解，当 $\lambda<0$，Φ 不可能是 2π 周期函数；当 $\lambda=0$ 时，Φ 恒是常数；仅当 $\lambda>0$ 时，有解为

$$\Phi(\varphi)=a\cos\sqrt{\lambda}\varphi+b\sin\sqrt{\lambda}\varphi \qquad ④$$

由 $\Phi(\varphi+2\pi)=\Phi(\varphi)$ 知

$$a[\cos\sqrt{\lambda}\varphi-\cos\sqrt{\lambda}(\varphi+2\pi)]=0$$
$$b[\sin\sqrt{\lambda}\varphi-\sin\sqrt{\lambda}(\varphi+2\pi)]=0$$

因此$\sqrt{\lambda}$只能为零或正整数，令$\sqrt{\lambda}=n$，$(n=0,1,2,\cdots)$，即本征值 $\lambda=n^2$，代入式④，得到本征函数

$$\Phi_n(\varphi)=a_n\cos n\varphi+b_n\sin n\varphi\quad(n=0,1,2,\cdots)\qquad ⑤$$

③解常微分方程的初值问题，将 $\lambda=n^2$ 代入方程③，得

$$r^2R''+rR'-n^2R=0\qquad ⑥$$

其为欧拉方程，令 $r=e^t$，将其变为常微分方程

$$\frac{d^2R}{dt^2}-n^2R=0$$

其解为

$$R_n(t)=C_n e^{nt}+D_n e^{-nt}=C_n r^n+D_n r^{-n}$$

当 $n=0$ 时，即 $\frac{d^2R}{dt^2}=0$，其解为

$$R_0(t)=C_0+D_0t=C_0+D_0\ln r$$

因需满足边界条件 $R(0)<\infty$，故只能取

$$D_n=0\quad(n=0,1,2,\cdots)$$

其解归结为

$$R_n(r)=C_n r^n\quad(n=0,1,2,\cdots)\qquad ⑦$$

由式⑤和⑦从而得到温度分布的无穷个特解

$$u_n(r,\varphi)=(A_n\cos n\varphi+B_n\sin n\varphi)r^n\qquad ⑧$$

④由傅里叶级数确定系数，利用叠加原理将无穷多个特解加起来得到级数形式的一般解

$$u(r,\varphi)=\sum_{n=0}^{\infty}R_n\Phi_n=A_0+\sum_{n=1}^{\infty}(A_n\cos n\varphi+B_n\sin n\varphi)r^n\qquad ⑨$$

将边界条件 $u(r_0,\varphi)=f(\varphi)$ 代入式⑨，确定解函数⑨中的常数 A_0,A_n,B_n

$$f(\varphi)=A_0+\sum_{n=1}^{\infty}(A_n\cos n\varphi+B_n\sin n\varphi)r_0^n\qquad ⑩$$

显然 A_0,A_n,B_n 为 $f(\varphi)$ 展开成傅里叶级数的系数，由下式确定

$$A_0=\frac{1}{2\pi}\int_0^{2\pi}f(\varphi)d\varphi,\quad A_n=\frac{1}{r_0^n\pi}\int_0^{2\pi}f(\varphi)\cos n\varphi d\varphi,\quad B_n=\frac{1}{r_0^n\pi}\int_0^{2\pi}f(\varphi)\sin n\varphi d\varphi\qquad ⑪$$

通过以上的讨论可知，分离变量法解题的关键是通过分离变量将原输运方程和波动方程分解成几个常微分方程边值问题和初值问题，将稳态方程分解成几个常微分方程的边值问题。问题转化成求解常微分方程的问题，其中常微分方程和齐次边值条件构成本征值和本征函数问题。用分离变量法得到的解一般是无穷级数，由此分离变量法也称为傅里叶级数法。

2.1.3.4 非齐次线性偏微分方程和非齐次边界条件

从定解问题用分离变量法求解过程来看，对于本征值的确定，不论哪一类边界条件都是借助于齐次边界条件来确定；其次，定解问题是线性的，因而叠加原理成立。大量线性定解问题中的微分方程和边界条件都是非齐次的，一般说来，无法使用分量变量法。当偏微分方程和边界条件为非齐次时，往往需要经过齐次化处理才能使用分离变量法确定本征值，进而求解偏微分方程。本节介绍求解非齐次的泛定方程的本征函数法，以及非齐次边界条件的处理方法。

1. 非齐次偏微分方程

当有外力作用时,导出弦的强迫振动方程,是非齐次偏微分方程。当有外加热源条件时,导出的热传导方程也是非齐次偏微分方程。为了使讨论的问题简单起见,不妨先假设边界条件为齐次,即使是非齐次边界条件也可处理成齐次边界条件下的非齐次方程问题。

以有外加热源的两端绝热的一维热传导方程为例说明非齐次偏微分方程的求解。

$$\begin{cases} u_t - \alpha^2 u_{xx} = f(x,t) \\ \dfrac{\partial u}{\partial x}(0,t) = \dfrac{\partial u}{\partial x}(l,t) = 0 \quad (0 < x < l, t > 0) \\ u(x,0) = \varphi(x) \end{cases} \tag{2.1.101}$$

令 $u(x,t) = u_1(x,t) + u_2(x,t)$,而 $u_1(x,t)$,$u_2(x,t)$分别满足如下两个定解问题:

$$\begin{cases} \dfrac{\partial u_1}{\partial t} - \alpha^2 \dfrac{\partial^2 u_1}{\partial x^2} = 0 \\ \left.\dfrac{\partial u_1}{\partial x}\right|_{x=0} = \left.\dfrac{\partial u_1}{\partial x}\right|_{x=l} = 0 \quad (0 < x < l, t > 0) \\ u_1(x,0) = \varphi(x) \end{cases} \tag{2.1.102}$$

和

$$\begin{cases} \dfrac{\partial u_2}{\partial t} - \alpha^2 \dfrac{\partial^2 u_2}{\partial x^2} = f(x,t) \\ \left.\dfrac{\partial u_2}{\partial x}\right|_{x=0} = \left.\dfrac{\partial u_2}{\partial x}\right|_{x=l} = 0 \quad (0 < x < l, t > 0) \\ u_2(x,0) = 0 \end{cases} \tag{2.1.103}$$

式(2.1.102)的方程是齐次的,边界条件是齐次,初值不为零,用分离变量法可求解。式(2.1.103)方程是非齐次的,边界条件是齐次,且初值为零,这一节将讨论它的求解。求解非齐次的主要方法有多种,比如本征函数系展开、冲量定理和格林函数法等。本征函数系法比较简单,本章仅介绍这种方法。

本征函数系法仿照求非齐次常微分方程解的常数变易法,其基本思路是:如果一个齐次方程最终解的形式是关于函数系$\left\{\sin\dfrac{n\pi x}{l}\right\}$或$\left\{\cos\dfrac{n\pi x}{l}\right\}$的傅里叶正弦或余弦级数,则可设非齐次方程的解为本征函数$\left\{\sin\dfrac{n\pi x}{l}\right\}$或$\left\{\cos\dfrac{n\pi x}{l}\right\}$的傅里叶正弦或余弦级数。将原方程、非齐次项和初始条件等按本征函数系展开,则把偏微分方程化为确定级数中各项系数的常微分方程来求解。

仍以一维波动方程为例清晰地介绍这种方法。

【例2.1.6】 设弦长为l,弦的初始位移为$\varphi(x)$和初始速度为$\psi(x)$。考察两端固定有界弦的强迫振动问题,强迫振动的源密度函数为$f(x,t)$。先保留边界条件的齐次性,使问题相对简单。

解 该问题的控制方程为

$$\frac{\partial^2 u}{\partial t^2} - \alpha^2 \frac{\partial^2 u}{\partial x^2} = f(x,t) \quad (0 < x < l, t > 0) \tag{2.1.104}$$

$$u(0,t) = u(l,t) = 0 \tag{2.1.105}$$

$$u(x,0)=\varphi(x),\quad u_t(x,0)=\psi(x) \tag{2.1.106}$$

有界弦的自由振动问题最终解的形式是傅里叶正弦函数系$\left\{\sin\frac{n\pi x}{l}\right\}$,因此,假定具有分离变量形式的解为

$$u(x,t)=\sum_{n=1}^{\infty}T_n(t)\sin\frac{n\pi x}{l} \tag{2.1.107}$$

式中,$T_n(t)$是待定函数。

假定函数$f(x,t)$,$\varphi(x)$,$\psi(x)$满足级数展开条件,可按照函数系$\left\{\sin\frac{n\pi x}{l}\right\}$展开,并能逐项求导。将$f(x,t)$,$\varphi(x)$,$\psi(x)$展开,有

$$f(x,t)=\sum_{n=1}^{\infty}C_n(t)\sin\frac{n\pi x}{l} \tag{2.1.108a}$$

式中

$$C_n(t)=\frac{2}{l}\int_0^l f(\xi,t)\sin\frac{n\pi\xi}{l}\mathrm{d}\xi \tag{2.1.108b}$$

$$\varphi(x)=\sum_{n=1}^{\infty}D_n\sin\frac{n\pi x}{l} \tag{2.1.109a}$$

式中

$$D_n=\frac{2}{l}\int_0^l\varphi(\xi)\sin\frac{n\pi\xi}{l}\mathrm{d}\xi \tag{2.1.109b}$$

$$\psi(x)=\sum_{n=1}^{\infty}E_n\sin\frac{n\pi x}{l} \tag{2.1.110a}$$

式中

$$E_n=\frac{2}{l}\int_0^l\psi(\xi)\sin\frac{n\pi\xi}{l}\mathrm{d}\xi \tag{2.1.110b}$$

将方程式(2.1.107)和式(2.1.108a)代入方程式(2.1.104),并比较系数,使方程式(2.1.107)满足方程式(2.1.104),有

$$\sum_{n=1}^{\infty}\left[T_n''(t)+\left(\frac{\alpha n\pi}{l}\right)^2T_n(t)-C_n(t)\right]\sin\frac{n\pi x}{l}=0$$

由此式可见,待定函数$T_n(t)$必须满足方程

$$T_n''(t)+\left(\frac{\alpha n\pi}{l}\right)^2T_n(t)=C_n(t)\quad(n=1,2,\cdots) \tag{2.1.111}$$

要使函数(2.1.107)满足初始条件,由式(2.1.109b)和式(2.1.110b)可知,待定函数$T_n(t)$必须满足相应的初始条件

$$T_n(0)=D_n,\quad T'_n(0)=E_n \tag{2.1.112}$$

式中 $C_n(t)$——已知函数,由式(2.1.108b)给出;

D_n,E_n——已知常数,分别由式(2.1.109b)和式(2.1.110b)给出。

待定函数$T_n(t)$由常微分方程(2.1.111)和(2.1.112)确定的初值问题可使用第5章介绍的积分变换的方法求解,得到

$$T_n(t)=D_n\cos\frac{n\pi\alpha}{l}+\frac{l}{n\pi\alpha}E_n\sin\frac{n\pi\alpha t}{l}+\frac{l}{n\pi\alpha}\int_0^t C_n(\tau)D_n\sin\left[\frac{n\pi\alpha}{l}(t-\tau)\right]\mathrm{d}\tau \tag{2.1.113}$$

将式(2. 1. 113)代入式(2. 1. 107)便得到所求问题的解。

2. 非齐次边界条件的处理

采用分离变量法,定解问题必须具备齐次边界条件,否则将特解叠加成一般解时,就不再满足边界条件了。非齐次边界条件处理的方法是使之齐次化。具体的思路是:由于泛定方程和定解条件都是线性的,可将原定解问题分解成两个问题,进行恒等变换把边界条件分解成两部分,使每个问题在一个方向的边界条件变成齐次,便可用分离变量分别求解新构成的两个问题,原方程的解是两个问题解的叠加。任取一连续可微满足非齐次边界条件附加函数 $w(x,t)$,作原函数的代换 $u(x,t)=w(x,t)+v(x,t)$,使新微分方程具有齐次边界条件 $v(0,t)=v(l,t)=0$,可以用分离变量法求解。运用上述方法处理非齐次边界条件时,原来齐次泛定方程将会变成非齐次方程,可用前面介绍的方法求解非齐次的泛定方程。但是,在某些具体问题里,如果附加函数 $w(x,t)$ 选得适当,仍然可保持泛定方程为齐次的。

以一维热传导方程为例来说明非齐次边界条件的处理方法。

【例 2. 1. 7】　求解具有非齐次边界条件和初始条件的一维热传导定解问题:

$$\begin{cases} u_t=\alpha^2 u_{xx} \quad (0<x<l,t>0) \\ u(0,t)=u_1(t), \quad u(l,t)=u_2(t) \\ u(x,0)=\varphi(x) \end{cases} \tag{①}$$

解　令 $u(x,t)=V(x,t)+W(x,t)$,代入式①,并将边界条件改写为

$$W(0,t)=u_1(t), \quad W(l,t)=u_2(t) \tag{②}$$

$$V(0,t)=V(l,t)=0 \tag{③}$$

设附加函数 $W(x,t)=A(t)x+B(t)$,在边界条件②下,求解得

$$B(t)=u_1(t), \quad A(t)=\frac{u_2(t)-u_1(t)}{l}$$

得到附加函数

$$W(x,t)=\frac{u_2(t)-u_1(t)}{l}x+u_1(t) \tag{④}$$

将原方程①转化为齐次边界条件的问题为

$$\begin{cases} V_t=\alpha^2 V_{xx}+f(x,t) \\ V(0,t)=V(l,t)=0 \\ V(x,0)=\varphi(x)-u_1(0)-\dfrac{x}{l}[u_2(0)-u_1(0)] \end{cases} \quad (0<x<l,t>0) \tag{⑤}$$

式中

$$f(x,t)=-\frac{\partial W}{\partial t}=-\frac{\partial u_1}{\partial t}-\frac{x}{l}\left(\frac{\partial u_2}{\partial t}-\frac{\partial u_1}{\partial t}\right)$$

方程式①中非齐次边界条件改造为齐次边界问题,在齐次边界条件下求出 $V(x,t)$,然后加上式②,即求出 $u(x,t)=V(x,t)+W(x,t)$。但是,方程式⑤是一个非齐次方程,可用上面介绍的本征函数系展开法求解。

类似于例题 2. 1. 7 的问题还有一些其他类型的非齐次边界条件:

① $u(0,t)=u_1(t),u_x(l,t)=u_2(t)$;

② $u_x(0,t)=u_1(t),u(l,t)=u_2(t)$;

③ $u_x(0,t)=u_1(t),u_x(l,t)=u_2(t)$;

④ $u(0,t)=u_1(t),u(l,t)+hu_x(l,t)=u_2(t)$。

则相应的 $W(x,t)$ 会有不同的结果,不妨自己试一试。

2.1.3.5 柱坐标系中的分离变量法

为了减少流体流动的阻力损失,化工设备和装置大多采用球形和柱形的形状。采用正交曲线坐标研究此类问题还可简化问题。如对于轴对称问题,$\partial u/\partial\varphi=0$,控制方程减少了一个自变量。在柱坐标和球坐标下,用分离变量求解拉普拉斯方程、非稳态的输运方程、波动方程都将得到变系数的常微分方程。求解这类方程的通用方法还是级数解法。柱坐标系的问题分离变量时,引出重要的特殊函数——柱贝塞尔函数(柱函数)。介绍柱贝塞尔函数的性质、特殊函数的方程——柱贝塞尔方程,以及柱坐标系中输运方程、波动方程和稳态方程典型问题的求解。

1. 柱贝塞尔方程的引出

(1)柱坐标系中拉普拉斯方程的分离变量

在柱坐标系中拉普拉斯方程为

$$\frac{1}{r}\frac{\partial}{\partial r}\left(r\frac{\partial u}{\partial r}\right)+\frac{1}{r^2}\frac{\partial^2 u}{\partial\varphi^2}+\frac{\partial^2 u}{\partial z^2}=0 \tag{2.1.114}$$

将分离变量形式的解 $u(r,\varphi,z)=R(r)\phi(\varphi)Z(z)$ 代入式(2.1.101),以 $R\phi Z$ 遍除各项得到

$$\frac{1}{R}\frac{\mathrm{d}^2R}{\mathrm{d}r^2}+\frac{1}{rR}\frac{\mathrm{d}R}{\mathrm{d}r}+\frac{1}{r^2\phi}\frac{\mathrm{d}^2\phi}{\partial\varphi^2}=-\frac{1}{Z}\frac{\mathrm{d}^2Z}{\mathrm{d}z^2}$$

上式两边相等的条件是等于同一常数,令为 $-\mu$,于是上式分解为

$$\frac{\mathrm{d}^2Z}{\mathrm{d}z^2}-\mu Z=0 \tag{2.1.115}$$

$$\frac{r^2}{R}\frac{\mathrm{d}^2R}{\mathrm{d}r^2}+\frac{r}{R}\frac{\mathrm{d}R}{\mathrm{d}r}+\mu r^2=-\frac{1}{\phi}\frac{\mathrm{d}^2\phi}{\partial\varphi^2}=m^2 \tag{2.1.116}$$

进一步将式(2.1.116)分离变量,得

$$\frac{\mathrm{d}^2\phi}{\partial\varphi^2}+m^2\phi=0 \tag{2.1.117}$$

$$\frac{\mathrm{d}^2R}{\mathrm{d}r^2}+\frac{1}{r}\frac{\mathrm{d}R}{\mathrm{d}r}+\left(\mu-\frac{m^2}{r^2}\right)R=0 \tag{2.1.118}$$

分离变量已把方程式(2.1.114)分解为二阶常微分方程式(2.1.115)、式(2.1.117)和式(2.1.118)。

(2)柱坐标系中亥姆霍兹方程的分离变量

考察柱坐标系中三维波动方程

$$u_{tt}=\alpha^2\Delta u$$

试把时间变量 t 和空间变量 r 分离,以 $u(r,t)=T(t)v(r)$ 代入上式,并用 Tv 遍除式中的各项将时间和空间变量分离变量得

$$\frac{T''}{\alpha^2T}=\frac{\Delta v}{v} \tag{2.1.119}$$

左边是时间 t 的函数,与 r 无关;右边是 r 的函数,与 t 无关。等式两边仅能等于一个常数,令常数等于 $-k^2$。上式变成了时间 t 的二阶常微分方程和空间变量 r 的偏微分方程

$$T''+\alpha^2k^2T=0 \tag{2.1.120}$$

$$\nabla^2v+k^2v=0 \tag{2.1.121}$$

偏微分方程 $T'' + \alpha^2 k^2 T = 0$ 称为亥姆霍兹方程,或称为"波动方程"。

时间 t 的二阶常数微分方程的解为

$$T(t) = A\cos(kat) + B\sin(kat) \tag{2.1.122}$$

柱坐标系中的三维输运方程经过分离变量后,变成时间 t 的一阶常微分方程和亥姆霍兹方程

$$T' + \alpha^2 k^2 T = 0 \tag{2.1.123}$$

$$\nabla^2 v + k^2 v = 0$$

时间 t 的一阶常微分方程的解为

$$T(t) = C\mathrm{e}^{-\alpha^2 k^2 t} \tag{2.1.124}$$

在柱坐标系中,典型的含有时间变量的三维数理方程分离变量后可变成时间变量的常微分方程和空间变量的亥姆霍兹方程。可见,问题的核心归结为求解亥姆霍兹方程。

现在来讨论亥姆霍兹方程式(2.1.120),其在柱坐标中的表示式为

$$\frac{1}{r}\frac{\partial}{\partial r}\left(r\frac{\partial v}{\partial r}\right) + \frac{1}{r^2}\frac{\partial^2 v}{\partial \varphi^2} + \frac{\partial^2 v}{\partial z^2} + k^2 v = 0 \tag{2.1.125}$$

令分离变数形式的解为 $v(r,\varphi,z) = R(r)\phi(\varphi)Z(z)$,并将其代入式(2.1.125),由分离拉普拉斯方程同样的过程得到三个常微分方程,其中关于 $R(r)$ 的方程为

$$\frac{\mathrm{d}^2 R}{\mathrm{d}r^2} + \frac{1}{r}\frac{\mathrm{d}R}{\mathrm{d}r} + \left(\mu + k^2 - \frac{m^2}{r^2}\right)R = 0 \tag{2.1.126}$$

而关于 $\phi(\varphi)$ 与 $Z(z)$ 的方程与拉普拉斯方程分离变量后的方程一样,略去讨论。

求解柱贝塞尔方程是求解柱坐标系中拉普拉斯方程的关键,也是本节的一项主要内容。贝塞尔方程早在 1703 年就出现了。自从 1824 年德国的天文学家 F. W. Bessel 首次进行了系统的研究以来,经过发展已经形成了完善的贝塞尔函数理论。贝塞尔方程已经在电学、声学、航空学、流体力学、热力学、弹性理论和化学工程等领域得到了广泛的应用。

2. 柱贝塞尔方程的解

$$x^2 y'' + xy' + (x^2 - m^2)y = 0 \tag{2.1.127}$$

式中,m 是柱贝塞尔方程的阶,方程(2.1.127)称为 m 阶柱贝塞尔方程。当 m 不是整数时,称方程式(2.1.127)为非整数阶柱贝塞尔方程;当 m 是整数时,称方程式(2.1.127)为整数阶柱贝塞尔方程。下面分别介绍非整数和整数阶柱贝塞尔方程的解。

(1)非整数阶柱贝塞尔方程的解

柱贝塞尔方程是变系数常微分方程,一般采用级数解法求解。设解函数用一元无穷级数表示,将解函数代入柱贝塞尔方程,确定各幂项之间的递推关系,便可找到级数形式的解。分析方程(2.1.127)的标准形式为

$$y'' + \frac{1}{x}y' + \left(1 - \frac{m^2}{x^2}\right)y = 0 \tag{2.1.128}$$

y'项的系数是$\frac{1}{x}$,$x=0$ 是一阶奇点;y 项的系数是$\left(1-\frac{m^2}{x^2}\right)$,$x=0$ 是二阶奇点,因此,$y(x)$的级数解形式不能表示为幂次从零开始的泰勒级数,设为

$$y(x) = \sum_{k=0}^{\infty} a_k x^{k+r}$$

对式

$$y(x) = \sum_{k=0}^{\infty} a_k x^{k+r}$$

$$y'(x) = \sum_{k=0}^{\infty} (k+r) a_k x^{k+r-1}$$

求导,有

$$y''(x) = \sum_{k=0}^{\infty} (k+r)(k+r-1) a_k x^{k+r-2}$$

将以上三式代入式(2.1.127)$x^2y'' + xy' + (x^2 - m^2)y = 0$,有

$$\sum_{k=0}^{\infty} (k+r)(k+r-1)a_k x^{k+r} + \sum_{k=0}^{\infty} (k+r)a_k x^{k+r} + \sum_{k=0}^{\infty} a_k x^{k+r+2} - m^2 \sum_{k=0}^{\infty} a_k x^{k+r} = 0$$

重新整理上式,得

$$\sum_{k=2}^{\infty} [(k+r)(k+r-1)a_k + (k+r)a_k + a_{k-2} - m^2 a_k] x^{k+r} + a_0 r(r-1)x^r +$$
$$a_0 r x^r - m^2 a_0 x^r + a_1 r(r+1)x^{r+1} + a_1(r+1)x^{r+1} - m^2 a_1 x^{r+1} = 0$$

化简得

$$\sum_{k=2}^{\infty} \{a_k[(k+r)^2 - m^2] + a_{k-2}\} x^{k+r} + a_0(r^2 - m^2)x^r + a_1(r^2 + 2r + 1 - m^2)x^{r+1} = 0$$

为使上述等式成立,必须使 x 各项幂的系数为零。设 $a_0 \neq 0$(因为若 $a_0 = 0$,则可令 a_1 为 a_0),由第二项得判定方程

$$r^2 - m^2 = 0, r_{1,2} = \pm m \quad (\text{为判定方程之根})$$

因为 x^{r+1} 的系数必为零,而 $1 \pm 2m$ 只有在 $m = \pm 1/2$ 时为零,故有 $a_1 = 0$。从而可由 $a_k[(k+r)^2 - m^2] + a_{k-2} = 0$ 导出系数的递推公式。

①当 $r_1 = m$ 时,递推公式为

$$a_k = -\frac{a_{k-2}}{k(k+2m)} \quad (k = 2, 4, \cdots)$$

用以上递推公式计算前几项系数,有 $a_1 = a_3 = a_5 = \cdots = 0$。

当 $k = 2$,有

$$a_2 = -\frac{a_0}{2(2+2m)} = -\frac{1}{1!(m+1)} \frac{1}{2^2} a_0$$

当 $k = 4$,有

$$a_4 = -\frac{a_2}{4(4+2m)} = \frac{1}{2!(m+1)(m+2)} \frac{1}{2^4} a_0$$

其通式为

$$a_{2k} = (-1)^k \frac{1}{k!(m+1)(m+2)\cdots(m+k)} \frac{1}{2^{2k}} a_0 \quad (k = 1, 2, 3, \cdots) \tag{2.1.129}$$

由此得到非整数 m 阶柱贝塞尔方程的一个级数解

$$y_1(x) = a_0 x^m \left[1 - \frac{1}{1!(m+1)} \left(\frac{x}{2}\right)^2 + \frac{1}{2!(m+1)(m+2)} \left(\frac{x}{2}\right)^4 + \cdots + (-1)^k \frac{1}{k!(m+1)(m+2)\cdots(m+k)} \left(\frac{x}{2}\right)^{2k} + \cdots\right]$$

$$= 2^m m! a_0 \sum_{k=0}^{\infty} \frac{(-1)^k}{k!(k+m)!} \left(\frac{x}{2}\right)^{2k+m} \tag{2.1.130}$$

这个级数的收敛半径为

$$R = \lim_{k\to\infty} |a_{2k}/a_{2k+2}| = \lim_{k\to\infty} 4(k+1)(m+k+1) = \infty \tag{2.1.131}$$

即只要 x 有限,级数收敛。通常取

$$a_0 = \frac{1}{2^m m!} = \frac{1}{2^m \Gamma(m+1)}$$

式中,$\Gamma(m+1)$为伽马函数。

②当 $r_2 = -m$ 时,系数的递推公式为

$$a_k = -\frac{a_{k-2}}{k(k-2m)} (k=2,4,\cdots)$$

用以上递推公式计算前几项系数,有 $a_1 = a_3 = a_5 = \cdots = 0$。

当 $k=2$,有

$$a_2 = -\frac{a_0}{2(2-2m)} = -\frac{1}{1!(-m+1)} \frac{1}{2^2} a_0$$

当 $k=4$,有

$$a_4 = -\frac{a_2}{4(4-2m)} = \frac{1}{2!(-m+1)(-m+2)} \frac{1}{2^4} a_0$$

得到系数的通式为

$$a_{2k} = (-1)^k \frac{1}{k!(-m+1)(-m+2)\cdots(-m+k)} \frac{1}{2^{2k}} a_0 \quad (k=1,2,3,\cdots) \tag{2.1.132}$$

由此得到 $-m$ 阶柱贝塞尔方程的另一级数解为

$$y_2(x) = a_0 \sum_{k=0}^{\infty} \frac{(-1)^{-k} x^{2k-m}}{2^{2k} k!(-m+1)(-m+2)\cdots(-m+k)}$$

$$= 2^m \left[(-m+1) a_0 \sum_{k=0}^{\infty} \frac{(-1)^k}{k!\Gamma(-m+k+1)} \left(\frac{x}{2}\right)^{2k-m} \right] \tag{2.1.133}$$

只要 x 有限,此级数将收敛,收敛半径也是无穷大。通常取

$$a_0 = \frac{1}{2^{-m}\Gamma(-m+1)}$$

这一级数解可表示为

$$J_{-m}(x) = \sum_{k=0}^{\infty} \frac{(-1)^k}{k!\Gamma(-m+k+1)} \left(\frac{x}{2}\right)^{2k-m} (m \neq 1,2,3,\cdots) \tag{2.1.134}$$

$J_{-m}(x)$就称为 $-m$ 阶柱贝塞尔函数。

当 m 不为整数时,m 阶柱贝塞尔方程的通解可由这两个级数解的线性组合构成,即

$$y(x) = C_1 J_m(x) + C_2 J_{-m}(x) \tag{2.1.135}$$

因为 $-m$ 阶柱贝塞尔函数含有 x 的负幂项,所以有

$$\lim_{x\to 0} J_{-m}(x) = +\infty$$

因而当所讨论的问题包含 $x=0$ 点时,就要删除 $J_{-m}(x)$这一特解。例如:当 $m=1/2$ 时,方程为

$$x^2 y'' + xy' + [x^2 - (1/2)^2] y = 0 \tag{2.1.136}$$

判定方程的根为

$$r_1=1/2,\quad r_2=-1/2$$

当 $r_1=1/2$，得到

$$J_{1/2}(x)=\sum_{k=0}^{\infty}\frac{(-1)^k}{k!\Gamma(k+3/2)}\left(\frac{x}{2}\right)^{2k+\frac{1}{2}}=\sqrt{\frac{2}{\pi x}}\sin x$$

$$J_{-1/2}(x)=\sqrt{\frac{2}{\pi x}}\cos x$$

因此，1/2 阶柱贝塞尔方程的通解为

$$y(x)=C_1J_{1/2}(x)+C_2J_{-1/2}(x) \tag{2.1.137}$$

(2)整数阶柱贝塞尔方程的解

当 m 为整数 n 时，$J_n(x)$ 与 $J_{-n}(x)$ 线性相关，因而式(2.1.133)不是柱贝塞尔方程的通解。采用同样的推导，得 $r_1=n, r_2=-n$，对应于 $r_1=n$ 有一个解

$$J_n(x)=\sum_{k=0}^{\infty}\frac{(-1)^k}{k!\Gamma(k+n+1)}\left(\frac{x}{2}\right)^{2k+n} \tag{2.1.138}$$

$r_1=-n$ 时有另一个解

$$J_{-n}(x)=\sum_{k=0}^{\infty}\frac{(-1)^k}{k!\Gamma(k-n+1)}\left(\frac{x}{2}\right)^{2k-n} \tag{2.1.139}$$

令 $l=k-n$，则

$$J_{-n}(x)=\sum_{l=0}^{\infty}\frac{(-1)^{l+n}}{(l+n)!\Gamma(l+1)}\left(\frac{x}{2}\right)^{2l+n}=(-1)^n\sum_{l=0}^{\infty}\frac{(-1)^l}{(l+n)!l!}\left(\frac{x}{2}\right)^{2l+n}=(-1)^nJ_n(x)$$

因此，得到

$$J_n(x)=(-1)^nJ_{-n}(x)$$

由上式可见，$J_n(x)$ 与 $J_{-n}(x)$ 线性相关。在 n 为整数的情况下，$J_n(x)$ 与 $J_{-n}(x)$ 实际上是同一个解。为了寻求适合柱贝塞尔方程在所有情况下的解，数学家找到另外一个特殊函数，称为 n 阶柱诺依曼函数，它的定义是

$$N_m(x)=\frac{J_m(x)\cos m\pi-J_{-m}(x)}{\sin m\pi}\quad (m\ 不为整数) \tag{2.1.140a}$$

$$N_n(x)=\lim_{\alpha\to n}\frac{J_\alpha(x)\cos\alpha\pi-J_{-\alpha}(x)}{\sin\alpha\pi}\quad (m\ 为整数) \tag{2.1.140b}$$

也称第二类柱贝塞尔函数。

当 m 不为整数时，$N_m(x)$ 是两个线性无关解 $J_m(x)$ 与 $J_{-m}(x)$ 的线性组合，因而 $N_m(x)$ 满足柱贝塞尔方程且与 $J_m(x)$ 线性无关。整数阶柱诺依曼函数与整数阶柱贝塞尔函数线性无关。无论是整数阶或非整数阶，柱贝塞尔方程的通解可表示为

$$y(x)=C_1J_n(x)+C_2N_n(x) \tag{2.1.141}$$

2.1.3.6 球坐标系中的分离变量法

化工厂中很多的设备采用球形。对于球形空间或有球形边界的问题，采用球坐标最适宜。在球坐标中，球对称的问题可减少自变量的个数，大大简化控制方程。本节介绍球坐标系中变系数二阶线性常微分方程的分离变量法，导出的十分重要的特殊函数——勒让德函数(球函数)。本节同时介绍勒让德函数(球函数)的本征值问题、解法。

1. 勒让德方程的引出

首先分别考察球坐标系中三维波动方程、三维输运方程。例如,考察球坐标系中三维波动方程:

$$u_{tt}-\alpha^2\Delta u=0 \tag{2.1.142}$$

试把时间变量 t 和空间变量 r 分离,以 $u(r,t)=T(t)v(r)$ 代入方程(2.1.142),得到

$$T''v-\alpha^2 T\Delta v=0 \tag{2.1.143}$$

用 Tv 遍除式(2.1.143)各项,分离时间变量和空间变量得到

$$\frac{T''}{\alpha^2 T}=\frac{\Delta v}{v} \tag{2.1.144}$$

左边是时间 t 的函数,与 r 无关;右边是 r 的函数,与 t 无关。等式两边仅能等于一个常数,令常数等于 $-k^2$。式(2.1.144)变成了时间 t 的二阶常微分方程和空间变量 r 的偏微分方程

$$\nabla^2 v+k^2 v=0 \tag{2.1.145}$$

$$T''+\alpha^2k^2T=0 \tag{2.1.146}$$

偏微分方程(2.1.145)称为亥姆霍兹方程,或仍称为“波动方程”。时间 t 的二阶常微分方程(2.1.146)的解为

$$T(t)=A\cos k\alpha t+B\sin k\alpha t \tag{2.1.147}$$

球坐标系中的三维输运方程经过分离变量后,变成时间 t 的一阶常微分方程和亥姆霍兹方程

$$\nabla^2 v+k^2 v=0$$

$$T'+\alpha^2k^2T=0 \tag{2.1.148}$$

时间 t 的一阶常微分方程(2.1.147)的解为

$$T(t)=Ce^{-\alpha^2k^2t} \tag{2.1.149}$$

综上所述,在球坐标系中,典型的含有时间变量的三维数理方程分离变量后可变成时间变量的常微分方程和空间变量的亥姆霍兹方程。可见,问题的核心归结为求解亥姆霍兹方程。

当波动和输运问题进入稳态过程后,需要考察球坐标系齐次和非齐次的稳态方程,即拉普拉斯方程和泊松方程。泊松方程与某种边界条件(例如第一类边界条件)构成的定解问题为

$$\nabla^2 u=f(M)\quad (M\in\Omega) \tag{2.1.150}$$

$$u|_{\Sigma}=g \tag{2.1.151}$$

式中　Ω——被研究的空间区域;

　　Σ——该区域的边界。

虽然这个问题只给出了区域 Ω 中的源密度函数,但可假定 f 在区域 Ω 以外的值(一般令 Ω 以外的 f 为零),把方程(2.1.150)延拓到整个空间。整个无界空间的泊松方程容易求解。假定这个延拓到无界空间的泊松方程已经解出。设它的解为 u_1,则 u_1 在区域内必然满足方程式(2.1.150),但一般不满足边界条件(2.1.151)。令 $u=u_1+u_2$,做出边界 Σ 上的函数 h,使

$$u_1|_{\Sigma}+h=g \tag{2.1.152}$$

并解下列定解问题

$$\begin{cases}\nabla^2 u_2 = 0 \\ u_2|_{\Sigma} = h\end{cases} \tag{2.1.153}$$

$u = u_1 + u_2$ 既满足方程(2.1.150),又满足边界条件(2.1.151)。

由以上分析可见,在某种条件下求解泊松方程的关键是如何在一定的边界条件下求解拉普拉斯方程。

综上所述可知,求解球坐标系中的波动方程、输运方程和泊松方程的核心问题是如何求解球坐标系的拉普拉斯方程和亥姆霍兹方程。

下面分别讨论球坐标系中拉普拉斯方程和亥姆霍兹方程的分离变量法。

(1)球坐标系中拉普拉斯方程的分离变量

拉普拉斯方程在球坐标系中的表示式是

$$\frac{1}{r^2}\frac{\partial}{\partial r}\left(r^2\frac{\partial u}{\partial r}\right)+\frac{1}{r^2\sin\theta}\frac{\partial}{\partial\theta}\left(\sin\theta\frac{\partial u}{\partial\theta}\right)+\frac{1}{r^2\sin^2\theta}\frac{\partial^2 u}{\partial\varphi^2}=0 \tag{2.1.154}$$

设分离变量形式的解为 $u(r,\theta,\varphi)=R(r)Y(\theta,\varphi)$,代入上式,并用 r^2/RY 乘各项,得

$$\frac{1}{R}\frac{\mathrm{d}}{\mathrm{d}r}\left(r^2\frac{\mathrm{d}R}{\mathrm{d}r}\right)=-\frac{1}{Y\sin\theta}\frac{\partial}{\partial\theta}\left(\sin\theta\frac{\partial Y}{\partial\theta}\right)-\frac{1}{Y\sin^2\theta}\frac{\partial^2 Y}{\partial\varphi^2}$$

上式的两边实际上等于同一个常数。为了照应后面的本征值问题,令这个常数为 $l(l+1)$,将方程分解为 $R(r)$ 和 $Y(\varphi,\theta)$ 的方程

$$r^2\frac{\mathrm{d}^2R}{\mathrm{d}r^2}+2r\frac{\mathrm{d}R}{\mathrm{d}r}-l(l+1)R=0 \tag{2.1.155}$$

$$\frac{1}{\sin\theta}\frac{\partial}{\partial\theta}\left(\sin\theta\frac{\partial Y}{\partial\theta}\right)+\frac{1}{\sin^2\theta}\frac{\partial^2 Y}{\partial\varphi^2}+l(l+1)Y=0 \tag{2.1.156}$$

其中 $R(r)$ 的二阶常微分方程(2.1.155)是欧拉方程,已在第1章介绍,它的通解为

$$R(r)=Cr^l+\frac{D}{r^{l+1}}$$

方程式(2.1.156)常称为球函数方程。进一步分离变量,令 $Y(\theta,\varphi)=\Theta(\theta)\Phi(\varphi)$ 代入方程(2.1.156),并用 $\sin^2\theta/\Theta\Phi$ 乘各项,得到

$$\frac{\sin\theta}{\Theta}\frac{\mathrm{d}}{\mathrm{d}\theta}\left(\sin\theta\frac{\mathrm{d}\Theta}{\mathrm{d}\theta}\right)+l(l+1)\sin^2\theta=-\frac{1}{\Phi}\frac{\mathrm{d}^2\Phi}{\mathrm{d}\varphi^2}=m^2$$

令上式的两边等于同一个常数 m^2,将此方程分解为关于 $\Phi(\varphi)$ 和 $\Theta(\theta)$ 的两个常微分方程

$$\Phi''+m^2\Phi=0 \tag{2.1.157}$$

$$\sin\theta\frac{\mathrm{d}}{\mathrm{d}\theta}\left(\sin\theta\frac{\mathrm{d}\Theta}{\mathrm{d}\theta}\right)+\left[l(l+1)\sin^2\theta-m^2\right]\Theta=0 \quad (m=0,1,2,\cdots) \tag{2.1.158}$$

研究方程(2.1.154)

$$\frac{1}{r^2}\frac{\partial}{\partial r}\left(r^2\frac{\partial u}{\partial r}\right)+\frac{1}{r^2\sin\theta}\frac{\partial}{\partial\theta}\left(\sin\theta\frac{\partial u}{\partial\theta}\right)+\frac{1}{r^2\sin^2\theta}\frac{\partial^2 u}{\partial\varphi^2}=0$$

的解,物理量 u 在同一时刻和同一位置有确定的值。

因此函数 $\Phi(\varphi)$ 有一个自然边界条件,是一个周期条件,$\Phi(\varphi+2\pi)=\Phi(\varphi)$,它与方程(2.1.157)构成本征值问题,其解为

$$\Phi(\varphi)=A\cos m\varphi+B\sin m\varphi \quad (m=0,1,2,\cdots) \tag{2.1.159}$$

讨论方程(2.1.158)

$$\sin\theta\frac{\mathrm{d}}{\mathrm{d}\theta}\left(\sin\theta\frac{\mathrm{d}\Theta}{\mathrm{d}\theta}\right)+[l(l+1)\sin^2\theta-m^2]\Theta=0$$

的求解。对自变量 θ 做如下的替换,令 $\theta=\arccos x$,即 $x=\cos\theta$,$1-x^2=\sin^2\theta$,并设

$$y(x)=\Theta(\theta)=\Theta(\arccos x)$$

将上式对自变量 θ 求导,于是有以下变换式

$$\frac{\mathrm{d}\Theta}{\mathrm{d}\theta}=\frac{\mathrm{d}y}{\mathrm{d}\theta}=\frac{\mathrm{d}y}{\mathrm{d}x}\frac{\mathrm{d}x}{\mathrm{d}\theta}=-\sin\theta\frac{\mathrm{d}y}{\mathrm{d}x}$$

$$\sin\theta\frac{\mathrm{d}}{\mathrm{d}\theta}\left(\sin\theta\frac{\mathrm{d}\Theta}{\mathrm{d}\theta}\right)=\sin\theta\frac{\mathrm{d}x}{\mathrm{d}\theta}\frac{\mathrm{d}}{\mathrm{d}x}\left[-(1-x^2)\frac{\mathrm{d}y}{\mathrm{d}x}\right]=(1-x^2)\frac{\mathrm{d}}{\mathrm{d}x}\left[(1-x^2)\frac{\mathrm{d}y}{\mathrm{d}x}\right]$$

将以上变换式代入方程(2.1.158),将其转化为

$$\frac{\mathrm{d}}{\mathrm{d}x}\left[(1-x^2)\frac{\mathrm{d}y}{\mathrm{d}x}\right]+\left[l(l+1)-\frac{m^2}{1-x^2}\right]y=0 \tag{2.1.160a}$$

或

$$(1-x^2)\frac{\mathrm{d}^2y}{\mathrm{d}x^2}-2x\frac{\mathrm{d}y}{\mathrm{d}x}+\left[l(l+1)-\frac{m^2}{1-x^2}\right]y=0 \tag{2.1.160b}$$

方程(2.1.160)称为关联勒让德方程。实际中有许多问题有轴对称性,如果待求函数 u 具有轴对称性,将球坐标的极轴取作对称轴,在这种情况下,$u\neq u(\varphi)$,$m=0$,方程简化为勒让德方程

$$(1-x^2)\frac{\mathrm{d}^2y}{\mathrm{d}x^2}-2x\frac{\mathrm{d}y}{\mathrm{d}x}+l(l+1)y=0 \tag{2.1.161}$$

由此可见,要完全解出球坐标系中的拉普拉斯方程,必须研究勒让德方程的求解。

(2)球坐标系中亥姆霍兹方程的分离变量

球坐标系中的亥姆霍兹方程

$$\frac{1}{r^2}\frac{\partial}{\partial r}\left(r^2\frac{\partial v}{\partial r}\right)+\frac{1}{r^2\sin\theta}\frac{\partial}{\partial\theta}\left(\sin\theta\frac{\partial v}{\partial\theta}\right)+\frac{1}{r^2\sin^2\theta}\frac{\partial^2 v}{\partial\varphi^2}+k^2v=0 \tag{2.1.162}$$

将亥姆霍兹方程分离变量,将分离变量形式的解 $v(r,\theta,\varphi)=R(r)Y(\theta,\varphi)$ 代入上式,用 r^2/RY 乘各项,为了照应后面的本征值问题,再令分离变量后的等式两边等于同一个常数 $l(l+1)$,方程(2.1.162)分解为

$$\frac{\mathrm{d}}{\mathrm{d}r}\left(r^2\frac{\mathrm{d}R}{\mathrm{d}r}\right)+[k^2r^2-l(l+1)]R=0 \tag{2.1.163}$$

$$\frac{1}{\sin\theta}\frac{\partial}{\partial\theta}\left(\sin\theta\frac{\partial Y}{\partial\theta}\right)+\frac{1}{\sin^2\theta}\frac{\partial Y^2}{\partial\varphi^2}+l(l+1)Y=0 \tag{2.1.164}$$

式(2.1.163)称为球贝塞尔方程,后面将介绍该方程的求解。式(2.1.164)是勒让德方程,也称为球函数方程。

由上可见,在球坐标系中,求解拉普拉斯方程和亥姆霍兹方程均涉及勒让德方程的解。勒让德方程的解也是求解关联勒让德方程的基础。

2. 勒让德方程的解

运用本征值问题的结论来研究球坐标系中的分离变量法。首先求出勒让德方程的本征值与本征函数,即求勒让德方程满足某种条件的解。

勒让德方程(2.1.161)为

$$(1-x^2)y''-2xy'+l(l+1)y=0 \tag{2.1.165}$$

用级数法求解 l 阶勒让德方程式(2.1.165),把解表示为待定系数的幂级数,然后代入方程逐一确定这些待定系数。将上式改写为

$$y'' - \frac{2x}{1-x^2}y' + \frac{l(l+1)}{1-x^2}y = 0 \tag{2.1.166}$$

显然,当 $x_0=0$,$\frac{2x}{1-x^2}=0$,$\frac{l(l+1)}{1-x^2}=l(l+1)$,$y'$的系数和 y 的系数两者都为有限定值。在 $x_0=0$时方程式(2.1.166)的系数是解析的,因此点 $x_0=0$ 称为方程的常点。可设 $y(x)$的级数解为

$$y = \sum_{k=0}^{\infty} a_k x^k \tag{2.1.167}$$

对式(2.1.167)求导,有

$$y' = \sum_{k=1}^{\infty} a_k k x^{k-1}, \quad y'' = \sum_{k=2}^{\infty} a_k k(k-1)x^{k-2} \tag{2.1.168}$$

将式(2.1.167)和式(2.1.168)代入式(2.1.165),得

$$\sum_{k=2}^{\infty} a_k k(k-1)x^{k-2} - \sum_{k=2}^{\infty} a_k k(k-1)x^k - 2\sum_{k=1}^{\infty} a_k k x^k + l(l+1)\sum_{k=0}^{\infty} a_k x^k = 0$$

将上式中的同幂次项合并,有

$$\sum_{k=2}^{\infty} [a_{k+2}(k+2)(k+1) - a_k k(k-1) - 2a_k k + a_k l(l+1)]x^k +$$
$$2a_2 + 6a_3 x - 2a_1 x + l(l+1)a_0 + l(l+1)a_1 x = 0 \tag{2.1.169}$$

分别令各次幂项的系数等于零,得到一系列关于待定系数的方程。从 x^k 项系数等于零可得

$$a_{k+2}(k+2)(k+1) - a_k k(k-1) - 2a_k k + a_k l(l+1) = 0$$

从中推出以下递推公式

$$a_{k+2} = \frac{(k-l)(k+l+1)}{(k+1)(k+2)}a_k \tag{2.1.170}$$

运用它可用 a^0 表示 $a_2,a_4,a_6,\cdots$,用 a_1 表示 $a_3,a_5,a_7,\cdots$。注意,a_0,a_1 仍为任意常数,因为二阶常微分方程的解有两个待定常数。下面运用系数递推公式进行具体推算:

$$2a_2 + l(l+1)a_0 = 0, \quad a_2 = \frac{-l(l+1)a_0}{2} \quad (a_0\text{ 为任意常数})$$

… … …

依此类推,得到

$$a_{2k} = \frac{(2k-2-l)(2k-4-l)\cdots(-l)(l+1)(l+3)\cdots(l+2k-1)}{(2k)!}a_0 \tag{2.1.171}$$

$$6a_3 - 2a_1 + l(l+1)a_1 = 0, \quad a_3 = \frac{[2-l(l+1)]a_1}{6} \quad (a_1\text{ 为任意常数})$$

… … …

依此类推,得到

$$a_{2k+1} = \frac{(2k-1-l)(2k-3-l)\cdots(1-l)(l+2)(l+4)\cdots(l+2k)}{(2k+1)!}a_1 \tag{2.1.172}$$

于是得到 l 阶勒让德方程的解

$$y(x) = a_0 y_0(x) + a_1 y_1(x) \tag{2.1.173}$$

式中 $y_0(x)=1+\frac{(-l)(l+1)}{2!}x^2+\frac{(2-l)(-l)(l+1)(l+3)}{4!}x^4+\cdots+$

$$\frac{(2k-2-l)(2k-4-l)\cdots(-l)(l+1)(l+3)\cdots(l+2k-1)}{(2k)!}x^{2k}+\cdots \quad (2.1.174)$$

$$y_1(x)=x+\frac{(1-l)(l+2)}{3!}x^3+\frac{(3-l)(1-l)(l+2)(l+4)}{5!}x^5+\cdots+$$

$$\frac{(2k+1-l)(2k-3-l)\cdots(1-l)(l+2)(l+4)\cdots(l+2k)}{(2k+1)!}x^{2k+1}+\cdots \quad (2.1.175)$$

有一个不容忽视的问题，即式(2.1.174)和式(2.1.175)在 x 定义的区间内是否收敛。y_0 和 y_1 运用比值判别法，收敛半径都是1，$|x|=|\cos\theta|<1$ 收敛。实际问题要求勒让德方程的解在 $\theta=0,\pi$ 为确定的有限值。即要求它在 $|x|=1$ 为确定的有限值。而式(2.1.174)和式(2.1.175)在 $|x|=1$ 时趋于无穷，因此应补加一个自然边界条件，使在 $|x|=1$ 时它的解有界。

①l 只取正整数($l=0,1,2,3,\cdots$)，系数递推将在 $k=l$ 时截断，式(2.1.174)和式(2.1.175)退化为多项式，当然不存在发散的问题；

②l 取偶数，式(2.1.174)退化为多项式，式(2.1.175)仍发散，可舍去 $y_1(x)$，令 $a_1=0$，以仅含偶幂的 l 次多项式作为方程的解；

③l 取奇数，式(2.1.175)退化为多项式，式(2.1.174)仍发散，可舍去 $y_0(x)$，令 $a_0=0$，以仅含奇幂的 l 次多项式作为方程的解。

综上所述可知，l 称作 l 次勒让德方程的阶，不同阶的勒让德方程有不同幂的 l 次多项式作为它满足自然边界条件的解，这一系列的多项式就是本征函数。

把 $y_0(x)$ 和 $y_1(x)$ 写成统一形式，称为 l 阶勒让德多项式，即第一类勒让德函数，记作

$$\mathrm{P}_l(x)=\sum_{n=0}^{l/2(l-1)/2}(-1)^n\frac{(2l-2n)!}{2^l n!(l-n)!(l-2n)!}x^{l-2n} \quad (2.1.176)$$

例如当 $l=0,1,2,3,4,5$ 时，分别有

$$\begin{cases}\mathrm{P}_0(x)=1\\ \mathrm{P}_1(x)=x\\ \mathrm{P}_2(x)=\frac{1}{2}(3x^2-1)\\ \mathrm{P}_3(x)=\frac{1}{2}(5x^3-3x)\\ \mathrm{P}_4(x)=\frac{1}{8}(35x^4-30x^2+3)\\ \mathrm{P}_5(x)=\frac{1}{8}(63x^5-70x^3+15x)\end{cases} \quad (2.1.177)$$

不论 l 为奇数或偶数，勒让德方程有一个特解是 $\mathrm{P}_l(x)$，而另一特解是无穷级数，称为第二类勒让德函数 $\mathrm{Q}_l(x)$。所以 l 阶勒让德方程通解为

$$y(x)=C_1\mathrm{P}_l(x)+C_2\mathrm{Q}_l(x) \quad (2.1.178)$$

因为 $\mathrm{Q}_l(x)$ 在$[-1,1]$边界上是无界的，有 $\lim\limits_{x\to\pm1}\mathrm{Q}_l(x)\to\infty$，故在实际问题中常被舍弃。

3. 勒让德多项式和傅里叶－勒让德级数

(1)勒让德多项式的性质

l 阶勒让德方程的本征函数为只含奇幂或只含偶幂的 l 次多项式。这个多项式乘以任

意常数还是勒让德方程满足自然边界条件的解。通常用不同的适当常数去乘各阶的本征函数,使得其最高次项的系数为

$$(2l)!/2^l(l!)^2$$

这样的多项式称为勒让德多项式,记为 $P_l(x)$。为了说明勒让德多项式的性质和计算公式,引出其另一种等价微分表达式

$$P_l(x)=\frac{1}{2^l l!}\frac{d^l}{dx^l}(x^2-1)^l \tag{2.1.179}$$

称为洛德利格斯(Rodrigues)式。

要证明式(2.1.179)的正确性,只需验证以下两点:

①式(2.1.179)的最高次项的系数为 $(2l)!/2^l(l!)^2$;

②式(2.1.179)满足勒让德方程和自然边界条件。

证明:把 $(x^2-1)^l$ 按二项式展开,有

$$(x^2-1)^l=x^{2l}-lx^{2l-2}+\frac{l(l-1)}{2!}x^{2l-4}+\cdots+(-1)^l \tag{2.1.180}$$

对式(2.1.180)求导 l 次时,其最高次项的系数为

$$2l(2l-1)\cdots(l+1)=(2l)!/l!$$

于是第①点得证。同时可看到,式(2.1.180)求导 l 次的结果为只含奇幂或偶幂的 l 次多项式。下面证明第②点,令 $u=(x^2-1)^l$,则

$$u'=2lx(x^2-1)^{l-1}$$

于是

$$(x^2-1)u'-2lxu=0$$

运用求导法则对上式求导 $(l+1)$ 次,得

$$(x^2-1)u^{(l+2)}+(l+1)2xu^{(l+1)}+\frac{l(l+1)}{2}2u^{(l)}-2lxu^{(l+1)}-2l(l+1)u^{(l)}=0$$

加以整理可得

$$(1-x^2)u^{(l+2)}-2xu^{(l+1)}+l(l+1)u^{(l)}=0$$

可见 $\frac{d^l}{dx^l}(x^2-1)^l$ 满足勒让德方程和自然边界条件。从洛德利格斯式(2.1.179)容易得出

$$P_0(x)=1,\quad P_1(x)=x$$

从式(2.1.179)可导出所有 $P_l(x)$ 的零点均为实数且不重复,位于区间 $(-1,1)$ 内;在 $[-1,1]$ 内,每个勒让德多项式在端点处取最大值,所以 $|x|\leq 1$ 时,$|P_l(x)|\leq 1$;在 $(-1,1)$ 外,每个 $P_l(x)$ 则是稳定地增大或减小,而没有极值或拐点,如图2.1.5所示。

解球域内边值问题要用到勒让德多项式的性质:

①$P_0(x)=1$;

②$P_{2n+1}(0)=0$;

③$P_n(1)=1$;

④$P_n(-1)=(-1)^n$;

⑤$P_{2n}(0)=(-1)^n\dfrac{(2n)!}{2^n n!\,2^n n!}=(-1)^n\dfrac{1\times3\times5\times\cdots\times(2n-1)}{2\times4\times6\times\cdots\times(2n)}$;

⑥$P'_{n+1}(x)-xP'_n(x)=(n+1)P_n(x)\quad(n=1,2,\cdots)$;

⑦$xP'_n(x)-P'_{n-1}(x)=nP_n(x)\quad(n=1,2,\cdots)$;

⑧$P'_{n+1}(x)-P'_{n-1}(x)=(2n+1)P_n(x)\quad(n=1,2,\cdots)$;

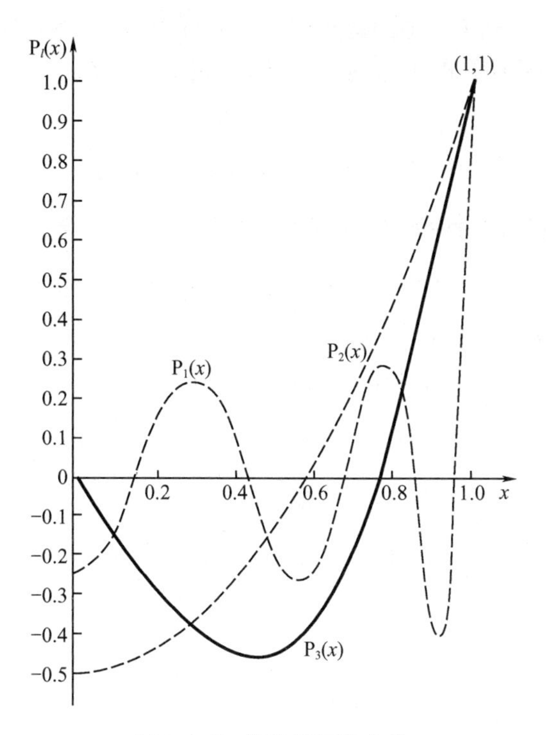

图 2.1.5　勒让德函数曲线

⑨$(n+1)P_{n+1}(x)-(2n+1)xP_n(x)+nP_{n-1}(x)=0\quad(n=1,2,\cdots)$。

当 l 为奇数 $2n+1$ 时,$P_l(x)$只含有奇函数,有式②成立。当 l 为偶数 $2n$ 时,$P_{2n}(0)=P_{2n}(x)$的常数项为零次幂系数,有式⑤成立。式⑧是式⑥和式⑦之和,而式⑥和式⑦根据 $P_n(x)$的定义证明。式⑨为递推公式。

利用斯图姆－刘维尔型方程本征函数正交完备系的知识,以例题来说明勒让德多项式的正交性和模值。

【例 2.1.8】　试说明勒让德方程的本征函数组成正交完备系。

解　从勒让德方程式

$$(1-x^2)\frac{d^2y}{dx^2}-2x\frac{dy}{dx}+l(l+1)y=0$$

可知,勒让德方程对应斯图姆－刘维尔型方程为

$$\frac{d}{dx}\left[(1-x^2)\frac{dy}{dx}\right]+l(l+1)y=0$$

与斯图姆－刘维尔型方程

$$\frac{d}{dx}\left[p(x)\frac{dy}{dx}\right]-q(x)y+\lambda\rho(x)y=0$$

比较,可知

$$p(x)=1-x^2,q(x)=0,\rho(x)=1$$

在区间$[-1,1]$上有条件 $p(-1)=0,p(1)=0$。

对应于不同本征值的本征函数在区间$[a,b]$上带权重 $\rho(x)$ 正交,有正交关系式

$$\int_a^b y_m(x)y_n(x)p(x)dx=0\quad(\lambda_m\neq\lambda_n)$$

作为斯图姆－刘维尔型本征值问题正交关系的特例，勒让德方程的本征函数为勒让德多项式，不同阶的勒让德多项式在区间[－1，1]上正交，组成正交完备系。设其本征函数$P_l(x)$有正交关系

$$\int_{-1}^{1} P_m(x)P_l(x)dx=0 \quad (m\neq l) \tag{2.1.181a}$$

若将自变量x换回到原来的自变量θ，则有正交关系

$$\int_{-\pi}^{\pi} P_m(\cos\theta)P_l(\cos\theta)\sin\theta d\theta=0 \quad (m\neq l) \tag{2.1.181b}$$

下面证明这个结论的正确性。

证明 $P_l(x)$满足下述形式的勒让德方程

$$\frac{d}{dx}[(1-x^2)P_l'(x)]+l(l+1)P_l(x)=0 \quad (l=0,1,2,\cdots) \tag{①}$$

用$P_m(x)dx$乘以式①，并从－1到1积分，得

$$\int_{-1}^{1} P_m(x)\frac{d}{dx}[(1-x^2)P_l'(x)]dx+l(l+1)\int_{-1}^{1}P_l(x)P_m(x)dx=0 \tag{②}$$

上式第一个积分可用分部积分求出，有

$$\begin{aligned}&\int_{-1}^{1} P_m(x)\frac{d}{dx}[(1-x^2)P_l'(x)]dx\\&=P_m(x)P_l'(x)(1-x^2)\,|1_{-1}-\int_{-1}^{1}(1-x^2)P_l'(x)P_m'(x)dx\\&=-\int_{-1}^{1}(1-x^2)P_l'(x)P_m'(x)dx\end{aligned} \tag{③}$$

注意到式③等号右边第一项为零，将式③代入式②，得

$$-\int_{-1}^{1}(1-x^2)P_l'(x)P_m'(x)dx+l(l+1)\int_{-1}^{1}P_l(x)P_m(x)dx=0 \tag{④}$$

l与m为非负整数，将l与m标号互换，得

$$-\int_{-1}^{1}(1-x^2)P_m'(x)P_l'(x)dx+m(m+1)\int_{-1}^{1}P_m(x)P_l(x)dx=0 \tag{⑤}$$

式④减式⑤，得

$$(m-l)(m+l+1)\int_{-1}^{1}P_m(x)P_l(x)dx=0 \tag{⑥}$$

假设$m\neq l$，$m-l\neq 0$，当然$m+l+1\neq 0$。所以

$$\int_{-1}^{1}P_m(x)P_l(x)dx=0$$

下面直接给出计算$P_l(x)$的模值N_l^2的公式

$$\begin{aligned}N_l^2&=\int_{-1}^{1}[P_l(x)]^2dx=\frac{(-1)^l(2l)!}{2^l l!2^l l!}\frac{(-1)^l 2^{2l+1}(l!)^2}{(2l+1)!}\\&=\|P_l(x)\|^2=\frac{2}{2l+1} \quad (l=0,1,2,\cdots)\end{aligned} \tag{2.1.182}$$

（2）傅里叶－勒让德级数

根据斯图姆－刘维尔型本征值问题的性质，在区间[－1，1]上，以勒让德多项式为基本函数族，可把函数$f(x)$展开为广义傅里叶级数。

若$f(x)$在[－1，1]上满足狄利克雷条件，则$f(x)$可展成勒让德多项式所组成的无穷级

数,称傅里叶-勒让德级数,即

$$f(x) = \sum_{l=0}^{\infty} C_l \mathrm{P}_l(x) \quad (-1 \leqslant x \leqslant 1) \tag{2.1.183a}$$

式中,C_l 为系数。使用模值式(2.1.182),此系数为

$$C_l = \frac{2l+1}{2}\int_{-1}^{1} f(x)\mathrm{P}_l(x)\mathrm{d}x \tag{2.1.183b}$$

或用自变量 θ 表示

$$\begin{cases} f(\cos\theta) = \sum_{l=0}^{\infty} C_l \mathrm{P}_l(\cos\theta) \\ C_l = \frac{2l+1}{2}\int_0^{\pi} f(\cos\theta)\mathrm{P}_l(\cos\theta)\sin\theta \mathrm{d}\theta \end{cases} \tag{2.1.184}$$

根据傅里叶级数收敛定理,在连续点处,该级数收敛于函数值,在 $f(x)$ 的不连续点 x_0 处,级数收敛于 $[f(x_0-0)+f(x_0+0)]/2$。

【例 2.1.9】　将函数 $f(x)=\begin{cases} -1 & (-1<x<0) \\ 1 & (0<x<1) \end{cases}$ 展开为勒让德级数。

解　设函数的级数为

$$f(x) = \sum_{l=0}^{\infty} C_l \mathrm{P}_l(x) \tag{①}$$

使用式(2.1.183b)分别计算级数的各阶系数:

$$C_0 = \frac{1}{2}\int_{-1}^{0}(-1)\mathrm{d}x + \frac{1}{2}\int_0^1 \mathrm{d}x = -\frac{1}{2} + \frac{1}{2} = 0;$$

$$C_1 = \frac{3}{2}\int_{-1}^{0}(-1)x\mathrm{d}x + \frac{3}{2}\int_0^1 x\mathrm{d}x = \frac{3}{4} + \frac{4}{3} = \frac{3}{2};$$

$$C_2 = \frac{5}{2}\int_{-1}^{0}(-1)\frac{1}{2}(3x^2-1)\mathrm{d}x + \frac{5}{2}\int_0^1 \frac{1}{2}(3x^2-1)\mathrm{d}x = 0;$$

$$C_3 = \frac{7}{2}\int_{-1}^{0}(-1)\frac{1}{2}(5x^3-3x)\mathrm{d}x + \frac{7}{2}\int_0^1 \frac{1}{2}(5x^2-3x)\mathrm{d}x = -\frac{7}{8};$$

$$C_4 = \frac{9}{2}\int_{-1}^{0}(-1)\frac{1}{8}(35x^4-30x^2+3)\mathrm{d}x + \frac{9}{2}\int_0^1 \frac{1}{8}(35x^4-30x^2+3)\mathrm{d}x = 0;$$

$$C_5 = \frac{11}{2}\int_{-1}^{0}(-1)\frac{1}{8}(63x^5-70x^3+15x)\mathrm{d}x + \frac{11}{2}\int_0^1 \frac{1}{8}(63x^5-70x^3+15x)\mathrm{d}x = \frac{11}{16}。$$

实际上,由于 $f(x)$ 为奇函数,在级数展开时,系数的偶次项必然为零。

将所有的系数 C_l 代入式①,有

$$f(x) = \frac{3}{2}\mathrm{P}_1(x) + \left(-\frac{7}{8}\right)\mathrm{P}_3(x) + \frac{11}{16}\mathrm{P}_5(x) + \cdots \quad (-1<x<1) \tag{②}$$

该级数式②在 $x=0$ 处收敛于 $[f(0+0)+f(0-0)]/2=0$。

2.1.4　复变函数

复变函数论发展至今已有 160 多年,其应用范围非常广泛。复变函数的知识广泛应用在应用数学的各个分支。19 世纪 40 年代,数学家哈密顿利用实数,建立了复数理论的基础。

定义 2.1.3　具有一定顺序的一对实数 x 和 y 的组合称为一个复数 z,用符号 $z=x+\mathrm{i}y$

表示，式中，$i=\sqrt{-1}$为虚数单位。

2.1.4.1 复数的运算

复数的加、减、乘、除的代数运算可按多项式的四则运算进行，满足交换律、结合律和分配律。设 $z_1=x_1+iy_1, z_2=x_2+iy_2$ 是任意两个复数，有以下基本运算。

1. 加法

复数的加法按代数多项式加法定义运算，将复数的实部和虚部分别相加，有

$$z_1+z_2=(x_1+iy_1)+(x_2+iy_2)=(x_1+x_2)+i(y_1+y_2) \tag{2.1.185}$$

按照复数加法的定义，复数 z 和其共轭复数 $\bar{z}$ 相加，有

$$z+\bar{z}=2x=2\mathrm{Re}z$$

2. 减法

复数的减法定义为加法的逆运算，为

$$z_1-z_2=(x_1+iy_1)-(x_2+iy_2)=(x_1-x_2)+i(y_1-y_2) \tag{2.1.186}$$

由于复数可看作平面矢量，当 $z_1\neq 0, z_2\neq 0$ 时，复数相加、减如同矢量相加、减一样，其和、差运算可以在复平面按照平行四边形法则或矢量三角形法则表示。

复数不是自由矢量，从坐标原点开始，如图 2.1.6 所示。从图中可看出，$|z_1-z_2|$是点 z_1 与 z_2 之间的距离。平面上若有两个点 $M_1(x_1,y_1)$ 和 $M_2(x_2,y_2)$，则两点距离为

$$|z_1-z_2|=|M_1M_2|=\sqrt{(x_2-x_1)^2+(y_2-y_1)^2}$$

因为三角形两边之和大于第三边，所以可容易地证明以下两个性质。

$$|z_1+z_2|\leqslant|z_1|+|z_2|$$

$$|z_1+z_2+z_3|\leqslant|z_1|+|z_2+z_3|\leqslant|z_1|+|z_2|+|z_3|$$

即

$$|z_1+z_2+z_3|\leqslant|z_1|+|z_2+z_3|$$

推广得

$$|z_1+z_2+\cdots+z_n|\leqslant|z_1|+|z_2|+\cdots+|z_n|$$

$$|z_1-z_2|\geqslant|z_1|-|z_2|$$

3. 乘法

复数的乘法按代数多项式乘法定义运算，可自己验证 $z_1\cdot z_2$ 的三角函数式为

$$\begin{aligned} z_3&=z_1\cdot z_2=r_1r_2(\cos\theta_1+i\sin\theta_1)(\cos\theta_2+i\sin\theta_2)\\ &=r_1r_2[(\cos\theta_1\cos\theta_2-\sin\theta_1\sin\theta_2)+i(\sin\theta_1\cos\theta_2+\cos\theta_1\sin\theta_2)]\\ &=r_1r_2[\cos(\theta_1+\theta_2)+i\sin(\theta_1+\theta_2)]=r_3(\cos\theta_3+i\sin\theta_3) \end{aligned} \tag{2.1.187}$$

即

$$z_3=r_3(\cos\theta_3+i\sin\theta_3)$$

式中，$r_3=r_1r_2, \theta_3=\theta_1+\theta_2$。

由此可知，两个复数相乘只要将两个复数的模相乘和两个辐角相加即可，如图 2.1.7 所示。运算时，注意虚数的基本运算 $i^2=-1, i^3=-i, i^4=1$。复数 z 和其共轭复数 $\bar{z}$ 相乘，有

$$z\cdot\bar{z}=(x+iy)(x-iy)=x^2+y^2=|z|^2$$

4. 除法

复数的除法定义为乘法的逆运算，有

$$\frac{z_1}{z_2}=\frac{x_1+iy_1}{x_2+iy_2}=\frac{(x_1+iy_1)(x_2-iy_2)}{(x_2+iy_2)(x_2-iy_2)}=\frac{x_1x_2+y_1y_2}{x_2^2+y_2^2}+i\frac{y_1x_2-x_1y_2}{x_2^2+y_2^2} \tag{2.1.188}$$

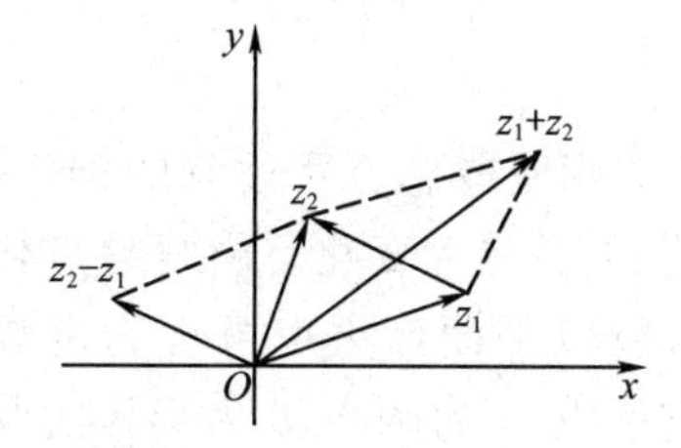

图2.1.6　复数加减的几何表示

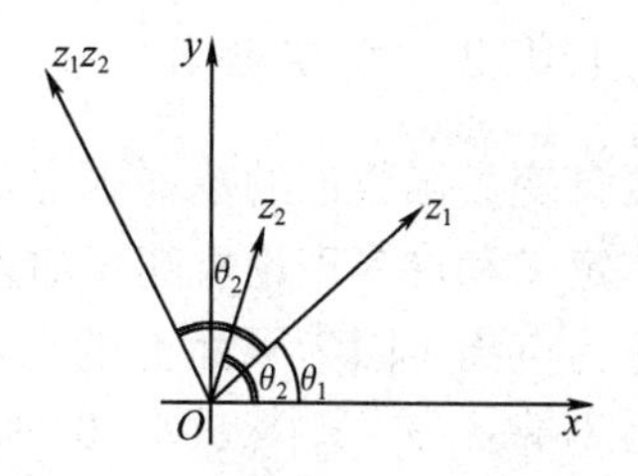

图2.1.7　两个复数相乘的几何关系

用极坐标表示

$$\frac{z_1}{z_2}=\frac{r_1(\cos\theta_1+\mathrm{i}\sin\theta_1)}{r_2(\cos\theta_2+\mathrm{i}\sin\theta_2)}=\frac{r_1}{r_2}[\cos(\theta_1-\theta_2)+\mathrm{i}\sin(\theta_1-\theta_2)]$$

式中,θ_1,θ_2 分别是 z_1,z_2 辐角的主值,需要注意$(\theta_1-\theta_2)$不一定是辐角的主值。

由此可知,两个复数相除,只要将两个复数的模相除和两个辐角相减即可。

5. 共轭复数的运算

$$\begin{aligned}&\overline{z_1+z_2}=\overline{z_1}+\overline{z_2}\\&z+\bar{z}=2\mathrm{Re}z,\quad z-\bar{z}=2\mathrm{iIm}z\\&\overline{z_1\cdot z_2}=\overline{z_1}\cdot\overline{z_2}\\&z\cdot\bar{z}=(\mathrm{Re}z)^2+(\mathrm{Im}z)^2\\&\overline{\left(\frac{z_1}{z_2}\right)}=\frac{\overline{z_1}}{\overline{z_2}}\quad(z_2\neq0)\end{aligned}\tag{2.1.189}$$

6. 复数的 n 次幂

按照复数乘法定义,当 $z_1=z_2=z=r(\cos\varphi+\mathrm{i}\sin\varphi)$ 的 n 次幂(n 为正整数),有

$$\begin{aligned}&z^2=r^2[\cos(\varphi+\varphi)+\mathrm{i}\sin(\varphi+\varphi)]=r^2(\cos2\varphi+\mathrm{i}\sin2\varphi)\\&z^3=r^3(\cos3\varphi+\mathrm{i}\sin3\varphi)\\&\quad\vdots\\&z^n=r^n(\cos n\varphi+\mathrm{i}\sin n\varphi),\quad|z^n|=|z|^n\end{aligned}\tag{2.1.190}$$

由此可知,求复数的 n 次幂(n 为正整数)只要求它的模的 n 次幂、辐角 φ 的 n 倍即可。

对 $n=0$ 时亦成立。定义 $z^{-1}=1/z$,有

$$z^{-1}=r^{-1}[\cos(-\varphi)+\mathrm{i}\sin(-\varphi)]=r^{-1}(\cos\varphi-\mathrm{i}\sin\varphi)$$

因此当 n 为负整数时,式(2.1.189)亦成立。有计算公式

$$z^{-1}=\frac{1}{z}=\frac{1}{r}[\cos(-\varphi)+\mathrm{i}\sin(-\varphi)]$$

$$z^{-2}=\frac{1}{z^2}=\frac{1}{r^2}[\cos(-2\varphi)+\mathrm{i}\sin(-2\varphi)]$$

$$z^{-n}=\frac{1}{z^n}=\frac{1}{r^n}[\cos(-n\varphi)+\mathrm{i}\sin(-n\varphi)]$$

7. 复数的开方

若对于复数 z,存在复数 w 满足等式 $w^n=z$(n 为正整数),则称复数 w 为复数 z 的 n 次方根,记为 $w=\sqrt[n]{z}$。求复数方根的运算称为开方。

2.1.4.2 复变函数

复自变量函数论的基本概念几乎是实自变量函数论中相应概念逐字逐句的推广，两者的基本定义和许多理论极其相似，但是复变函数的内容发生了重大变化。由复数点构成的集合称为点集。因为平面上的点和复数是一一对应的，所以平面点集也可视为复数的集合。由不等式$|z-z_0|<\delta(\delta>0)$所确定的复平面点集，它是以z_0为圆心、δ为半径的圆的内部，称为点z_0的δ邻域。

如果z_0不属于其自身的δ邻域，则称该邻域为点z_0的去心δ邻域，用不等式$0<|z-z_0|<\delta$表示。用符号D表示复平面的点集。

若点集D的点z_0有一个邻域全含于D内，称点z_0为D的内点。即点集的内点是这样的点，以它为圆心作圆，只要半径足够小，圆内所有点都属于该点集。

定义 2.1.4 若复平面上的点集D是连通的开集，则点集D称为区域，如图 2.1.8 所示。

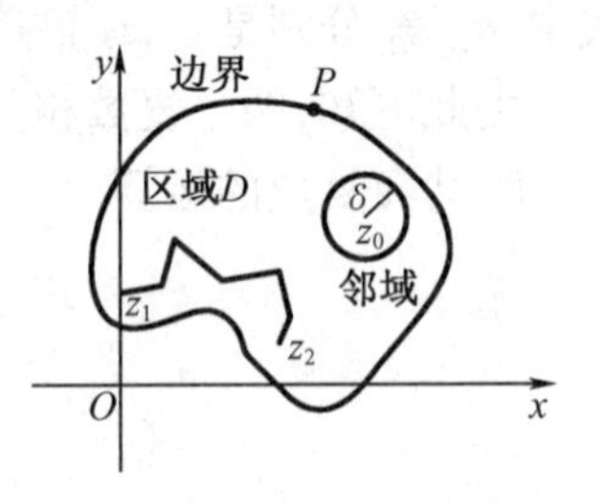

图 2.1.8 区域和边界

若点集D的点皆为内点，点集D具有开集性，称D为开集，记为$z\in D$。

若在点z_0的任意邻域内，同时有属于区域D和不属于区域D的点，称点z_0为D的边界点，即凡本身不属于区域D，但以它为圆心作圆，不论半径如何小，圆内总含有属于D的点的那个点，称为区域D的边界点。

区域D不包括它的边界点；区域D的全部边界点所组成的点集称为D的边界，也可以说区域D的所有边界点的集合称为D的边界。

设有复数集合D与D^*，若对任一复数$z\in D$，至少有一个复数$w\in D^*$与之对应，有关系f，则称f为从D到D^*的复变函数。若$D=D^*$，则称f为D上的复变函数。复变函数w和复自变量z之间的关系f，可表示为

$$w=f(z)=u(x,y)+\mathrm{i}v(x,y) \tag{2.1.191}$$

一个复变函数可看作两个二元实变函数对。由于复变函数$w=f(z)$同时反映了两个因变实数u,v与两个自变实数x,y之间的对应关系，要描出其图形必须采用四维空间(u,v,x,y)，因此无法用同一个几何图形表示出来。

若以z平面的点表示自变量z的值，而以w平面的点表示函数w的值，则复变函数$w=f(z)$确定了这两个复平面上的点集之间的对应，即把$w=f(z)$看成z平面上的一个点集到w平面上的一个点集的映射（或变换）。与点z对应的点$w=f(z)$称为点z的像点，同时点z为点$w=f(z)$的原像。

定义 2.1.5 若给定函数$w=f(z)$在某一点集上的每一个点z（每个复数z值），都对应地给出w的一个或多个值，便称w为定义在该点集上的复变函数。

若对任一点$z\in D$，仅有一个点$w\in D$与之对应，则称$f(z)$为单值函数，否则称$f(z)$为多值函数。

若有正数M，对于区域D内的点z，皆满足条件$|z|\leqslant M$，即若D全含于一圆之内，则称D为有界域，否则称D为无界域。若点z_0的任意邻域内总有区域D中的无穷多点，则z_0称为D的极限点或聚点；区域D连同它的边界一起称为闭区域$\overline{D}$。

简单闭曲线把整个复平面分成没有公共点的两个区域，一个是有界域称为它的内部，

另一个是无界域称为它的外部，它们都以该曲线为边界，而不包含该曲线上的点。D 内的任何两点都可用一条折线把它们连接起来，且这折线上所有的点均属于 D，点集 D 具有连通性。下面介绍单连通域和复连通域的概念。

单连通域：复平面上任一条自身不相交的闭合曲线内部的点组成点集 D 的区域。

复连通域（多连通域）：在该区域中挖掉一块、两块，或更多的块，剩下部分的内点仍然组成一个点集 D 的区域。

任何一条闭合曲线可在单连通区域内连续变形而缩成一点。复连通域没有这个性质，它有不同的连通阶数。双连通域的连通阶数为2。应用复数的不等式来表示复平面上的区域有时是很方便的。

由于复变函数 $w=f(z)$ 同时反映了两个因变实数 u,v 与两个自变实数 x,y 之间的对应关系，因此实函数中，函数的极限和连续，极限无穷小量的定理在复变函数中仍然成立。

设 $z_0\in D$ 是 D 的极限点，如对任意给定的正数 ε，可以求得一个正数 $\delta=\delta(z_0,\varepsilon)$，当 $z\in D$，$|z-z_0|<\delta$ 时，$|f(z)-f(z_0)|<\varepsilon$，则 $w=f(z)$ 称为在点 z_0 处连续。在复变函数 $f(z)$ 的定义域 D 上取定一点 z，如果当 Δz 不论沿复平面上哪一个方向趋于零时都有 $f(z+\Delta z)\to f(z)$，则称 $f(z)$ 在点 z 处连续。

因为 $z=x+\mathrm{i}y$，$f(z)=u+\mathrm{i}v=u(x,y)+\mathrm{i}v(x,y)$，复变函数 $f(z)$ 在点 z 的连续问题可归结为两个二元函数 $u(x,y)$ 和 $v(x,y)$ 在点 $z(x,y)$ 的连续问题。如 $f(z)$ 在区域 D 的每一点都连续，$f(z)$ 称为在 D 上连续。

定理2.1.5　若 $f(z)$ 在有界闭集 $\overline{D}$ 上为连续函数，则在 D 上为一致连续函数。

把一元实变初等函数推广到复数域上时，复变初等函数有了一些新的实变初等函数所没有的性质。简单介绍自变量是复数的初等函数，称其为基本超越函数。

运用实变函数 e^x，$\sin x$，$\cos x$ 熟知的幂级数展开式作为定义，令

$$\mathrm{e}^z=1+z+\frac{z^2}{2!}+\cdots+\frac{z^n}{n!}+\cdots$$

$$\sin z=z-\frac{z^3}{3!}+\frac{z^5}{5!}-\cdots+(-1)^n\frac{z^{2n+1}}{(2n+1)!}+\cdots$$

$$\cos z=1-\frac{z^2}{2!}+\frac{z^4}{4!}-\cdots+(-1)^n\frac{z^{2n}}{(2n)!}+\cdots$$

这些等式右端的级数，对于任意复数 z 是绝对收敛的。在复变量 z 的全平面上定义了函数 e^z，$\sin z$，$\cos z$，它们彼此之间是由欧拉公式

$$\mathrm{e}^{\mathrm{i}z}=\cos z+\mathrm{i}\sin z$$

联系着。

将 $\mathrm{i}z$ 代入上式，得

$$\mathrm{e}^{\mathrm{i}z}=1+\mathrm{i}z-\frac{z^3}{3!}-\frac{\mathrm{i}z^3}{3!}-\frac{z^4}{4!}+\frac{\mathrm{i}z^5}{5!}+\cdots \tag{2.1.192}$$

1. 指数函数

对于任何复数 $z=x+\mathrm{i}y$，可用关系式

$$w=\mathrm{e}^z=\mathrm{e}^{x+\mathrm{i}y}=\mathrm{e}^x(\cos y+\mathrm{i}\sin y) \tag{2.1.193}$$

来定义指数函数 e^z。由定义可知，e^z 是以 $2\pi\mathrm{i}$ 为基本周期的周期函数，其在平行于实轴的一条带形区域 $-\pi<\mathrm{Im}z\leqslant\pi$ 内是单值函数，则平面被划分为平行于实轴的许多带形区域。

$e^z=e^{z+2\pi i}$无零值点，有

$$e^{z+2\pi i}=e^{x+i(y+2\pi)}=e^x[\cos(y+2\pi)+i\sin(y+2\pi)]=e^{x+iy}$$

当 $\mathrm{Re}z=x=0$，即 $z=iy$ 时，变为欧拉公式

$$e^{iy}=\cos y+i\sin y$$

2. 三角函数

若在欧拉公式中用 $-z$ 代替 z，有

$$\begin{cases}e^{iz}=\cos z+i\sin z\\ e^{-iz}=\cos z-i\sin z\end{cases}\tag{2.1.194}$$

将上面两式相加、相减分别得到复数 z 的正弦函数和余弦函数

$$\sin z=\frac{e^{iz}-e^{-iz}}{2i},\cos z=\frac{e^{iz}+e^{-iz}}{2}$$

上式能够计算 z 为任何复数值时 $\sin z$ 和 $\cos z$ 的值。由该式定义的函数 $\sin z$ 和 $\cos z$ 都是以 2π 为基本周期的函数，基本周期带为 $-\pi<\mathrm{Re}z\leqslant\pi$。

$\sin z$ 的零值点为 $z=k\pi(k=0,\pm1,\pm2,\cdots)$；

$\cos z$ 的零值点为 $z=\dfrac{\pi}{2}+k\pi(k=0,\pm1,\pm2,\cdots)$。

必须注意，在实变函数中，$|\sin x|\leqslant1$ 和 $|\cos x|\leqslant1$ 为有界函数，在复变函数中 $|\sin z|\leqslant1$ 和 $|\cos z|\leqslant1$ 不再成立，即 $\sin z,\cos z$ 的模无界。例如，

$$\lim_{y\to+\infty}\cos(iy)=+\infty$$

三角函数在实变函数中的运算公式完全可以开拓到复变函数中。

上式可定义 $\tan z$，该函数除 $z=\dfrac{\pi}{2}+k\pi$ 外有意义且连续，有

$$\tan z=\frac{\sin z}{\cos z}=\frac{e^{iz}-e^{-iz}}{i(e^{iz}+e^{-iz})}$$

定义 $\cot z$，该函数除 $z=k\pi$ 外有意义且连续，有

$$\cot z=\frac{\cos z}{\sin z}=\frac{i(e^{iz}+e^{-iz})}{e^{iz}-e^{-iz}}$$

3. 双曲函数

与实变量双曲函数相类似，复变量双曲函数定义为

$$\mathrm{sh}z=\frac{e^z-e^{-z}}{2},\qquad \mathrm{ch}z=\frac{e^z+e^{-z}}{2}$$

$$\mathrm{th}z=\frac{\mathrm{sh}z}{\mathrm{ch}z},\qquad \mathrm{coth}z=\frac{\mathrm{ch}z}{\mathrm{sh}z}$$

$$\mathrm{sh}z=-i\sin(iz),\quad \mathrm{ch}z=\cos(iz)$$

$$\mathrm{th}z=-i\tan(iz),\quad \mathrm{coth}z=i\cot(iz)$$

$\mathrm{sh}z,\mathrm{ch}z$ 同 e^z 一样皆以 $2i$ 为基本周期。其中 $\sin z,\mathrm{sh}z$ 为奇函数，$\cos z,\mathrm{ch}z$ 为偶函数。

4. 对数函数

与实变函数一样，复对数函数定义为复指数函数的反函数。若 $z=e^w,z\neq0$，则把 w 称为复变量 z 的对数函数，记为 $\mathrm{Ln}\,z=w(z\neq0)$。如设 $w=u+iv$，则

$$z=e^w=e^{u+iv}=e^u(\cos v+i\sin v)\tag{2.1.195}$$

因为 $z=e^w$，则 $|e^w|=e^u=|z|$，或 $u=\ln|z|$，而 $\mathrm{Arg}z=v$，因为对数辐角的全体为 $\mathrm{Arg}z=\arg z+$

$2k\pi$,所以对数函数为

$$w = \mathrm{Ln}z = \ln|z| + \mathrm{iArg}z = \ln|z| + \mathrm{iarg}z + 2k\pi\mathrm{i} \quad (k = 0, \pm1, \pm2, \cdots)$$

由于 $\mathrm{Arg}z$ 为多值函数,因此对数函数 $\mathrm{Ln}z = w$ 是多值函数,对数的实部单值被确定等于 $\ln|z|$,而其虚部包含有 2π 整数倍的未定项。对应于数 z 辐角的主值的对数值,称为数 z 的对数 $\mathrm{Ln}z$ 的主值 $\ln z$。当 $k = 0$ 时,$\ln z = \ln|z| + \mathrm{iarg}z$ 为单值分支,是对数 $\mathrm{Ln}z$ 的主值。

2.1.4.3　解析函数

定义 2.1.6　如果函数 $f(z)$ 在点 z_0 及点 z_0 的某个领域内处处可导,那么称 $f(z)$ 在点 z_0 解析;如果 $f(z)$ 在区域 D 内每一点解析,则称 $f(z)$ 在区域 D 内解析,或称 $f(z)$ 是区域 D 内的一个解析函数或正则函数,称区域 D 为 $f(z)$ 的解析区域。

由定义可知,复变函数在区域内解析与在区域内可导是等价的。如果单值函数不但在一点处是可微的,而且在该点的某邻域内处处可微的,则称为在该点处是解析的;如果函数在某区域的一切点处都是可微的,则称为在该区域内是解析的。复变函数主要的研究对象是解析函数。解析函数这一重要概念是与定义的区域密切相联系的。例如,$f(z) = 2z/(1 - z)$ 是复平面去掉 $z = 1$ 的多连通域内的解析函数。

复平面上使单值函数 $f(z)$ 为解析的点,称为该函数的正则点;使函数为 $f(z)$ 非解析的点(特别是函数 $f(z)$ 的未定义的点),称为该函数的奇点。

柯西积分定理不能直接用于有孤立奇点区域。如果把区域中所有的孤立奇点和它们的小邻域挖掉,在剩下的区域(必为多连通域)上 $f(z)$ 是解析的,柯西积分定理能适用。

定理 2.1.6　函数 $f(z) = u(x,y) + \mathrm{i}v(x,y)$ 在区域 D 内解析的充要条件是 $u(x,y)$ 和 $v(x,y)$ 在区域 D 内任一点 $z = x + \mathrm{i}y$ 可导,并且满足柯西(Cauchy)和黎曼(Rieman)条件。

用这个定理来判断一个复变函数是否在区域 D 内解析是很方便的。

2.1.4.4　泰勒级数

若解析函数 $f(z)$ 的任意阶导数存在,$f(z)$ 像实变函数一样能做泰勒级数展开。

定理 2.1.7　若复变函数 $f(z)$ 在以 $z = z_0$ 圆心,半径为 R 的圆 $|z - z_0| < R$ 上处处解析,且存在任意阶导数,那么 $f(z)$ 可以展开成如下形式泰勒级数:

$$f(z) = f(z_0) + f'(z_0)(z - z_0) + \frac{f''(z_0)}{2!}(z - z_0)^2 + \frac{f'''(z_0)}{3!}(z - z_0)^3 + \cdots \tag{2.1.196}$$

或表示为

$$f(z) = \sum_{n=0}^{\infty} \frac{f^{(n)}(z_0)}{n!}(z - z_0)^n \quad (|z - z_0| < R) \tag{2.1.197}$$

证明　设 $f(z)$ 在以 z_0 为圆心,以 R 为半径的圆域上解析,对于 C' 内任一点 z,将 C 稍微缩小成为圆域 C',如图 2.1.9 所示。由柯西积分公式得

$$f(z) = \frac{1}{2\pi\mathrm{i}} \oint_{C'} \frac{f(\xi)}{\xi - z}\mathrm{d}\xi$$

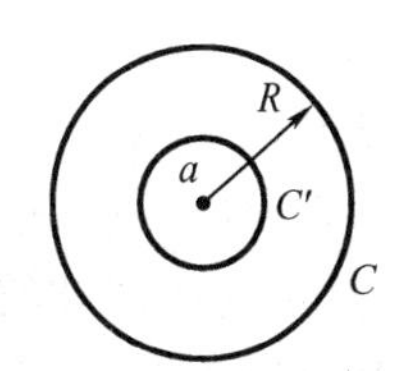

图 2.1.9　积分闭曲线

因为 $|(z - z_0)/(\xi - z_0)| < 1$,将 $\frac{1}{\xi - z}$ 展开成幂级数为

$$\begin{aligned}\frac{1}{\xi - z} &= \frac{1}{\xi - z_0 - (z - z_0)} \\ &= \frac{1}{\xi - z_0} \frac{1}{1 - \dfrac{z - z_0}{\xi - z_0}} \\ &= \frac{1}{\xi - z_0} \sum_{n=0}^{\infty} \left(\frac{z - z_0}{\xi - z_0} \right)^n \\ &= \sum_{n=0}^{\infty} \frac{(z - z_0)^n}{(\xi - z_0)^{n+1}}\end{aligned}$$

得

$$f(z) = \frac{1}{2\pi i} \sum_{n=0}^{\infty} (z - z_0)^n \oint_{C'} \frac{f(\xi)}{(\xi - z_0)^{n+1}} d\xi$$

运用柯西积分导数公式，$f^{(n)}(z) = \dfrac{n!}{2\pi i} \oint_C \dfrac{f(\xi)}{(\xi - z)^{n+1}} d\xi$ 代入上式，得

$$f(z) = \sum_{n=0}^{\infty} \frac{f^{(n)}(z_0)}{n!} (z - z_0)^{(n)} \quad (|z - z_0| < R)$$

2.1.4.5 罗朗级数

在实际问题中，常常遇到函数 $f(z)$ 在 z_0 处不解析，但在 z_0 附近某个圆环内解析。在这种情况下，所讨论的区域有奇点，不能直接做泰勒级数展开，$f(z)$ 不能仅用含有 $(z - z_0)$ 的正幂项的级数来表示。这种在圆环内解析的函数可以用罗朗级数来表示。罗朗级数在研究解析函数局部性质方面扮演重要角色。

若 $f(z)$ 在 $(z - z_0)$ 处有一个 n 阶极点，但在以 z_0 为圆心的一个圆 C 内的其他各点和 C 上是解析的，则 $(z - z_0)^n f(z)$ 在 C 内和 C 上所有点是解析的，并且有一个关于 $(z - z_0)$ 的级数，为

$$f(z) = \frac{a_{-n}}{(z - z_0)^n} + \frac{a_{-n+1}}{(z - z_0)^{n-1}} + \cdots + \frac{a_{-1}}{z - z_0} + (\text{主要部分})$$

$$a_0 + a_1(z - z_0) + a_2(z - z_0)^2 + \cdots (\text{解析部分或正则部分}) \tag{2.1.198}$$

此式称为 $f(z)$ 的罗朗级数，也可表示为

$$f(z) = \sum_{n=-\infty}^{\infty} a_n (z - z_0)^n$$

式中

$$a_n = \frac{1}{2\pi i} \oint_{C_1} \frac{f(\xi)}{(\xi - z_0)^{n+1}} d\xi \quad (n = 0, \pm 1, \pm 2, \cdots)$$

式中，$z_0 a_n$ 是复常数，a_n 的 $n < 0$ 部分构成主要部分，$n > 0$ 部分构成解析部分。

这就是挖去孤立奇点而形成的环域上的解析函数的罗朗级数展开。在以 $(z - z_0)$ 为中心的两个同心圆所围成的区域上解析的函数，总可展成罗朗级数，罗朗级数展开是唯一的。可见罗朗级数的收敛域为圆环，如图 2.1.10 所示，其和函数在圆环域内解析。

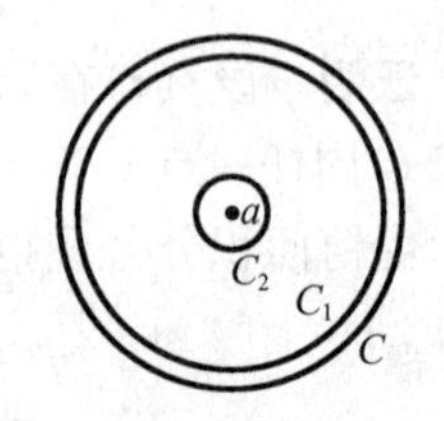

图 2.1.10 罗朗级数的收敛域

求在圆域内解析函数的罗朗级数展开式，可通过计算罗朗级数展开式的系数获得。这要涉及复杂的复积分计算。因此，一般是利用罗朗级数展开式的唯一性，通过其他方法间接求解。例如，求有理函数的罗朗级数展开可利用部分分式法，把有理函数分解成多项式与若干个最简分式之和，再利用已知的几何级数，经计算把它们展开成需要的形式。

2.1.4.6　留数理论

定义 2.1.7　设 z_0 是 $f(z)$ 的孤立奇点，C 为环域 $0<|z-z_0|<R$ 内任一条围绕点 z_0 的正向简单闭曲线，则称积分 $\frac{1}{2\pi i}\oint_C f(z)\,dz$ 为 $f(z)$ 在点 z_0 处的留数或残数（Residue），记作 $\mathrm{Res}[f(z),z_0]$，或 $\mathrm{Res}f(z_0)$，即

$$\mathrm{Res}f(z_0)=\frac{1}{2\pi i}\oint_C f(z)\,dz \tag{2.1.199}$$

比较上式可见，所得罗朗级数中 $(z-z_0)^{-1}$ 项的系数 a_{-1} 称为 $f(z)$ 在点 z_0 的留数。设 $f(z)$ 在闭曲线 C 所围的区域上除孤立奇点 z_0 以外解析，包围点 z_0 作一小闭曲线 C_1，则有

$$a_n=\frac{1}{2\pi i}\oint_{C_1}\frac{f(\xi)}{(\xi-z_0)^{n+1}}d\xi$$

令 $n=-1$，得

$$2\pi i a_{-1}=\oint_{C_1}f(z)\,dz$$

由柯西定理 $\oint_{C_1}f(z)\,dz=\oint_C f(z)\,dz$，于是 $\oint_C f(z)\,dz=2\pi i\mathrm{Res}f(z_0)$。

如 $f(z)$ 在 C 所围区域上有 n 个孤立奇点 $z_1,z_2,\cdots,z_n$，围绕每个孤立奇点作一个不包围其他孤立奇点的闭曲线 $C_1,C_2,\cdots,C_n$，运用柯西定理则可得到

$$\oint_C f(z)\,dz=2\pi i[\mathrm{Res}f(z_1)+\mathrm{Res}f(z_2)+\cdots+\mathrm{Res}f(z_n)] \tag{2.1.200}$$

从而得到如下定理。

定理 2.1.8（留数定理）　如 $f(z)$ 在闭曲线 C 所围的区域中除有限个孤立奇点外为解析，则 $f(z)$ 沿 C 的积分等于 $f(z)$ 在这些奇点的留数之和乘以 2i。

留数定理的一个重要应用是计算某些实变函数的定积分。留数定理为一元实变函数的定积分和广义积分提供了一种新的简便方法，可把所求定积分转化为复变函数沿某条闭曲线的积分，然后利用留数定理求其积分值。

留数定理是与复变函数的闭曲线积分相关联的，要利用它计算实变函数的定积分，首先要将实变函数的定积分与复变函数闭曲线积分联系起来，通常有如下两种计算办法：

①将待求的定积分 $\int_a^b f(x)\,dx$ 看成复变函数 $f(z)$ 沿实轴上一段 C_1 的积分，再应用变数变换将 C_1 换成新的自变量在复平面上的闭曲线，可直接用留数定理。

②将 $\int_a^b f(x)\,dx$ 看成复变函数 $f(z)$ 沿实轴上一段 C_1 的积分后，另外补上一段积分路径 C_2，使 C_1 和 C_2 合成复平面上的一个闭曲线，有

$$\int_{C_1}f(x)\,dx+\int_{C_2}f(z)\,dz=\oint_C f(z)\,dz$$

得

$$\int_{C_1}f(x)\,dx=\oint_C f(z)\,dz-\int_{C_2}f(z)\,dz$$

式中，右边的第一项用留数定理求出，第二项可直接积分求出，因此左边的项可以计算。

2.2 场论、积分变换基础

2.2.1 场论

2.2.1.1 场论的基本概念

1. 矢量函数

定义 2.2.1 如果对于数量 t 在某个范围 D 内的每一个数值，变矢量 $\boldsymbol{A}$ 都有一个确定的矢量与它对应，则称 $\boldsymbol{A}$ 为自变量 t 的矢量函数，记作 $\boldsymbol{A}=\boldsymbol{A}(t)$，并称 D 为函数 $\boldsymbol{A}(t)$ 的定义域。

矢量函数 $\boldsymbol{A}(t)$ 的直角坐标表达式为

$$\boldsymbol{A}=A_x(t)\boldsymbol{i}+A_y(t)\boldsymbol{j}+A_z(t)\boldsymbol{k} \tag{2.2.1}$$

式中，$A_x(t)$，$A_y(t)$ 和 $A_z(t)$ 为 $\boldsymbol{A}(t)$ 在 $Oxyz$ 坐标系中的三个坐标；$\boldsymbol{i},\boldsymbol{j},\boldsymbol{k}$ 为沿三个坐标轴正向的单位矢量。

一个矢量函数和三个有序的数量函数构成一一对应的关系。

当两矢量的模和方向都相同时，就认为两矢量是相等的。

用图 2.2.1 来描述矢量函数 $\boldsymbol{A}(t)$ 的变化状态。把 $\boldsymbol{A}(t)$ 起点取在坐标原点，当 t 变化时，矢量 $\boldsymbol{A}(t)$ 的终点 M 就描绘出一条曲线 l，这条曲线称为矢量函数 $\boldsymbol{A}(t)$ 的矢端曲线。当把 $\boldsymbol{A}(t)$ 的起点取在坐标原点时，当 t 变化时，矢量 $\boldsymbol{A}(t)$ 实际上就成为其终点 $M(x,y,z)$ 的矢径。$\boldsymbol{A}(t)$ 的三个坐标就对应地等于其终点 M 的三个坐标 x,y,z，即

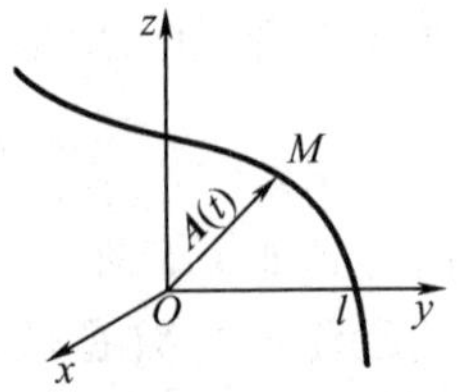

$$x=A_x(t),y=A_y(t),z=A_z(t)$$

图 2.2.1 矢端曲线

矢量函数连续性的定义 若矢量函数 $\boldsymbol{A}(t)$ 在点 t_0 的某个邻域内有定义，而且有 $\lim\limits_{t\to t_0}\boldsymbol{A}(t)=\boldsymbol{A}(t_0)$，则称 $\boldsymbol{A}(t)$ 在 $t=t_0$ 处连续。若矢量函数 $\boldsymbol{A}(t)$ 在某个区间内每一点处连续，则称它在该区间内连续。矢量函数 $\boldsymbol{A}(t)$ 在点 t_0 处连续的充要条件是它的三个数量函数 $A_x(t)$，$A_y(t)$ 和 $A_z(t)$ 都在 t_0 处连续。

矢量函数的导数 由于一个矢量函数和三个有序的数量函数构成一一对应的关系，可将数量函数中的一些导数和微分运算的法则用于矢量函数导数和微分的运算。

矢量函数 $\boldsymbol{A}(t)$ 对数量 t 的导数定义 矢量 $\boldsymbol{A}(t)$ 在点 t 的某一邻域内有定义，并设 $t+\Delta t$ 也在这邻域内，若 $\boldsymbol{A}(t)$ 对应于 Δt 的增量 $\Delta\boldsymbol{A}$ 与 Δt 之比，在 $\Delta t\to 0$ 时，其极限

$$\lim_{\Delta t\to 0}\frac{\Delta\boldsymbol{A}}{\Delta t}=\lim_{\Delta t\to 0}\frac{\boldsymbol{A}(t+\Delta t)-\boldsymbol{A}(t)}{\Delta t} \tag{2.2.2}$$

存在，则称此极限为矢量函数 $\boldsymbol{A}(t)$ 在点 t 处的导数，简称导矢量，记作 $\frac{\mathrm{d}\boldsymbol{A}}{\mathrm{d}t}$ 或 $\boldsymbol{A}'(t)$，即

$$\frac{\mathrm{d}\boldsymbol{A}}{\mathrm{d}t}=\lim_{\Delta t\to 0}\frac{\Delta \boldsymbol{A}}{\Delta t}=\lim_{\Delta t\to 0}\frac{\boldsymbol{A}(t+\Delta t)-\boldsymbol{A}(t)}{\Delta t} \tag{2.2.3}$$

在直角坐标系中,若矢量函数 $\boldsymbol{A}(t)$ 的表达式为 $\boldsymbol{A}(t)=A_x(t)\boldsymbol{i}+A_y(t)\boldsymbol{j}+A_z(t)\boldsymbol{k}$,且函数 $A_x(t)$,$A_y(t)$ 和 $A_z(t)$ 在点 t 可导,求矢量函数的导数归结为求三个数量函数的导数,即有

$$\frac{\mathrm{d}\boldsymbol{A}}{\mathrm{d}t}=\lim_{\Delta t\to 0}\frac{\Delta \boldsymbol{A}}{\Delta t}=\lim_{\Delta t\to 0}\left(\frac{\Delta A_x}{\Delta t}\boldsymbol{i}+\frac{\Delta A_y}{\Delta t}\boldsymbol{j}+\frac{\Delta A_z}{\Delta t}\boldsymbol{k}\right)=\frac{\mathrm{d}A_x}{\mathrm{d}t}\boldsymbol{i}+\frac{\mathrm{d}A_y}{\mathrm{d}t}\boldsymbol{j}+\frac{\mathrm{d}A_z}{\mathrm{d}t}\boldsymbol{k} \tag{2.2.4}$$

或写为

$$\boldsymbol{A}'(t)=A'_x(t)\boldsymbol{i}+A'_y(t)\boldsymbol{j}+A'_z(t)\boldsymbol{k}$$

导矢量的模为

$$\left|\frac{\mathrm{d}\boldsymbol{A}}{\mathrm{d}t}\right|=\sqrt{\left(\frac{\mathrm{d}A_x}{\mathrm{d}t}\right)^2+\left(\frac{\mathrm{d}A_y}{\mathrm{d}t}\right)^2+\left(\frac{\mathrm{d}A_z}{\mathrm{d}t}\right)^2}$$

如图 2.2.2 所示,曲线 l 为矢量函数 $\boldsymbol{A}(t)$ 的矢端曲线,$\frac{\Delta \boldsymbol{A}}{\Delta t}$是在 l 的割线上的一个矢量。当 $\Delta t>0$ 时,其指向与 $\Delta\boldsymbol{A}$ 一致,指向对应 t 值增大的一方;当 $\Delta t<0$ 时,其指向与 $\Delta\boldsymbol{A}$ 相反,指向对应 t 值减小的一方。在 $\Delta t\to 0$ 时,割线 MN 绕点 M 转动,割线上的矢量$\frac{\Delta \boldsymbol{A}}{\Delta t}$的极限位置是在点 M 处的切线上。因此,导矢量 $\boldsymbol{A}'(t)$ 不为零时,导矢量的几何意义是在点 M 处矢端曲线的有向切线,其方向恒指向对应 t 值增大的一方,如图 2.2.2 所示。

如果导矢量 $\boldsymbol{A}'(t)$ 可导,再求它的导数,便得到矢量函数 $\boldsymbol{A}(t)$ 的二阶导数,可以推广到高阶。对于二阶以上的高阶导数,也有类似的公式。例如:

$$\boldsymbol{A}''(t)=A''_x(t)\boldsymbol{i}+A''_y(t)\boldsymbol{j}+A''_z(t)\boldsymbol{k}$$

用矢量函数 $\boldsymbol{A}(t)$ 的导数 $\boldsymbol{A}'(t)$,可确定矢量函数 $\boldsymbol{A}(t)$ 在 t 处的微分 $\mathrm{d}\boldsymbol{A}$ 为

$$\mathrm{d}\boldsymbol{A}=\boldsymbol{A}'(t)\mathrm{d}t$$

$\mathrm{d}\boldsymbol{A}$ 也是矢量,而且和导矢量 $\boldsymbol{A}'(t)$ 一样,也在点 M 处与 $\boldsymbol{A}(t)$ 的矢端曲线 l 相切。当 $\mathrm{d}t>0$ 时,$\mathrm{d}\boldsymbol{A}$ 与 $\boldsymbol{A}'(t)$ 方向一致;当 $\mathrm{d}t<0$ 时,$\mathrm{d}\boldsymbol{A}$ 与 $\boldsymbol{A}'(t)$ 方向相反,如图 2.2.3 所示。确定 $\mathrm{d}\boldsymbol{A}$ 的直角坐标表达式为

$$\mathrm{d}\boldsymbol{A}=\boldsymbol{A}'_x(t)\mathrm{d}t\boldsymbol{i}+A'_y(t)\mathrm{d}t\boldsymbol{j}+A'_z(t)\mathrm{d}t\boldsymbol{k}=\mathrm{d}A_x\boldsymbol{i}+\mathrm{d}A_y\boldsymbol{j}+\mathrm{d}A_z\boldsymbol{k}$$

其模为

$$|\mathrm{d}\boldsymbol{A}|=\sqrt{(\mathrm{d}A_x)^2+(\mathrm{d}A_y)^2+(\mathrm{d}A_z)^2}$$

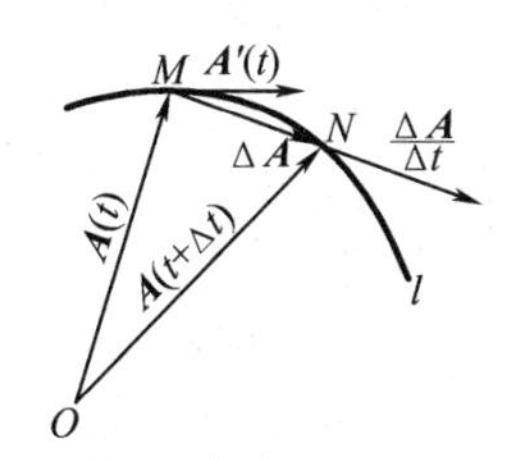

图 2.2.2　导矢量的几何意义

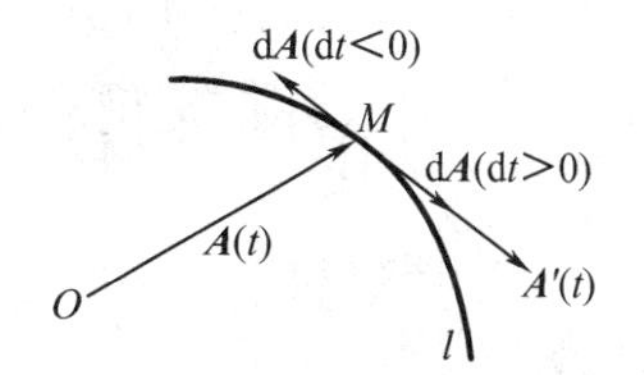

图 2.2.3　矢量 dA 的几何意义

若在规定了正向的曲线 l 上,取定一点 M_0 作为计算弧长 s 的起点,并将 l 的正向取作 s 增大的方向,在 l 上任一点 M 处,弧长的微分是

$$\mathrm{d}s=\pm\sqrt{(\mathrm{d}x)^2+(\mathrm{d}y)^2+(\mathrm{d}z)^2}$$

按下述办法取右端符号，以点 M 为界，当 $\mathrm{d}s$ 位于 s 增大一方时取正号；反之取负号，如图 2.2.4 所示，可见 $|\mathrm{d}\boldsymbol{r}| = |\mathrm{d}s|$。也就是说，矢量函数微分的模等于其矢端曲线弧微分的绝对值，因此有

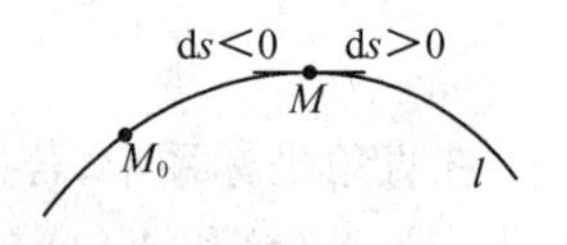

图 2.2.4 曲线 l 的弧微分

$$|\mathrm{d}\boldsymbol{r}| = \left|\frac{\mathrm{d}\boldsymbol{r}}{\mathrm{d}s}\mathrm{d}s\right| = \left|\frac{\mathrm{d}\boldsymbol{r}}{\mathrm{d}s}\right| \cdot |\mathrm{d}s|$$

即得

$$\left|\frac{\mathrm{d}\boldsymbol{r}}{\mathrm{d}s}\right| = 1$$

结合导矢量的几何意义，矢量函数对其矢端曲线弧长 s 的导数 $\frac{\mathrm{d}\boldsymbol{r}}{\mathrm{d}s}$ 在几何上为一个切向单位矢量，恒指向 s 增大的一方。

若矢量函数 $\boldsymbol{A} = \boldsymbol{A}(t)$，$\boldsymbol{B} = \boldsymbol{B}(t)$ 及数量函数 $u = u(t)$ 在 t 的某个范围内可导，在该范围内有下列公式成立：

① $\frac{\mathrm{d}}{\mathrm{d}t}\boldsymbol{C} = 0$ （$\boldsymbol{C}$ 为常数矢量）；

② $\frac{\mathrm{d}}{\mathrm{d}t}(\boldsymbol{A} \pm \boldsymbol{B}) = \frac{\mathrm{d}\boldsymbol{A}}{\mathrm{d}t} \pm \frac{\mathrm{d}\boldsymbol{B}}{\mathrm{d}t}$；

③ $\frac{\mathrm{d}}{\mathrm{d}t}(k\boldsymbol{A}) = k\frac{\mathrm{d}\boldsymbol{A}}{\mathrm{d}t}$ （k 为常数）；

④ $\frac{\mathrm{d}}{\mathrm{d}t}(u\boldsymbol{A}) = \frac{\mathrm{d}u}{\mathrm{d}t}\boldsymbol{A} + u\frac{\mathrm{d}\boldsymbol{A}}{\mathrm{d}t}$；

⑤ $\frac{\mathrm{d}}{\mathrm{d}t}(\boldsymbol{A} \cdot \boldsymbol{B}) = \boldsymbol{A} \cdot \frac{\mathrm{d}\boldsymbol{B}}{\mathrm{d}t} + \frac{\mathrm{d}\boldsymbol{A}}{\mathrm{d}t} \cdot \boldsymbol{B}$，特例 $\frac{\mathrm{d}}{\mathrm{d}t}\boldsymbol{A}^2 = 2\boldsymbol{A} \cdot \frac{\mathrm{d}\boldsymbol{A}}{\mathrm{d}t}$，式中，$\boldsymbol{A}^2 = \boldsymbol{A} \cdot \boldsymbol{A}$；

⑥ $\frac{\mathrm{d}}{\mathrm{d}t}(\boldsymbol{A} \times \boldsymbol{B}) = \boldsymbol{A} \times \frac{\mathrm{d}\boldsymbol{B}}{\mathrm{d}t} + \frac{\mathrm{d}\boldsymbol{A}}{\mathrm{d}t} \times \boldsymbol{B}$；

⑦ 若 $\boldsymbol{A} = \boldsymbol{A}(u)$，$u = u(t)$，则 $\frac{\mathrm{d}\boldsymbol{A}}{\mathrm{d}t} = \frac{\mathrm{d}\boldsymbol{A}}{\mathrm{d}u}\frac{\mathrm{d}u}{\mathrm{d}t}$。

这些公式可用类似于微分中数量函数证明方法和矢量的基本运算来证明。

矢量函数的积分 矢量函数的定积分、不定积分可分别归结为求三个数量函数的定积分、不定积分。数量函数积分的基本性质和运算法则对矢量函数仍成立。分别给出矢量函数的定积分和不定积分的基本运算公式：

$$\int \boldsymbol{A}(t)\mathrm{d}t = \left[\int A_x(t)\mathrm{d}t\right]\boldsymbol{i} + \left[\int A_y(t)\mathrm{d}t\right]\boldsymbol{j} + \left[\int A_z(t)\mathrm{d}t\right]\boldsymbol{k} \tag{2.2.5}$$

$$\int_{T_1}^{T_2} \boldsymbol{A}(t)\mathrm{d}t = \left[\int_{T_1}^{T_2} A_x(t)\mathrm{d}t\right]\boldsymbol{i} + \left[\int_{T_1}^{T_2} A_y(t)\mathrm{d}t\right]\boldsymbol{j} + \left[\int_{T_1}^{T_2} A_z(t)\mathrm{d}t\right]\boldsymbol{k} \tag{2.2.6}$$

2. 数量场

一个稳定数量场 u 是场中点 M 的函数 $u = u(M)$，当确定了直角坐标系 $Oxyz$ 后，它是点 $M(x, y, z)$ 的坐标函数，一个稳定的数量场可用一个数量函数表示为

$$u = u(x, y, z)$$

这里假定这个数量函数单值、连续且有一阶连续偏导数。

数量场的等值面或等值线描述了数量在场中整体分布情况，不能对其做局部分析。为

了考察数量场 u 在场中各个点处的邻域内沿每一方向的变化情况,引入方向导数的概念。数量场的方向导数表示数量场 $u(x,y,z)$ 沿某个确定方向的变化率。

用单位矢量 $\boldsymbol{l}^0$ 表示空间一确定的方向,Δl 为方向线上任意一点 M 和同一方向线上邻近 M 的一点 M_0 的距离。若当 $M \to M_0$ 时,数量场 u 在点 M 沿这个方向的导数被定义为(假定下列极限存在)

$$\frac{\partial u}{\partial l} = \lim_{\Delta l \to 0} \frac{u(M') - u(M)}{\Delta l} = \lim_{\Delta l \to 0} \left(\frac{\partial u}{\partial x} \frac{\Delta x}{\Delta l} + \frac{\partial u}{\partial y} \frac{\Delta y}{\Delta l} + \frac{\partial u}{\partial z} \frac{\Delta z}{\Delta l} + \omega \right) \tag{2.2.7}$$

式中,$\frac{\partial u}{\partial x}$,$\frac{\partial u}{\partial y}$和$\frac{\partial u}{\partial z}$是在点 M_0 处的偏导数。

当 $\Delta l \to 0$ 时,$\omega \to 0$,表示数量场 u 在点 M_0 处沿 $\boldsymbol{l}^0$ 方向的方向导数。方向导数$\frac{\partial u}{\partial l}$是在一个点 M 处沿 $\boldsymbol{l}^0$ 方向函数 $u(M)$ 对距离的变化率。当$\frac{\partial u}{\partial l} > 0$ 时,函数 u 沿 $\boldsymbol{l}^0$ 方向就是增加的;当$\frac{\partial u}{\partial l} < 0$ 时,函数 u 沿 $\boldsymbol{l}^0$ 方向是减少的。

定理 2.2.1　在直角坐标系中,若函数 $u = u(x,y,z)$ 在点 $M_0(x_0,y_0,z_0)$ 处可微,$\cos\alpha$,$\cos\beta$,$\cos\gamma$ 为 $\boldsymbol{l}$ 方向的方向余弦,则函数 u 在点 M_0 处沿 $\boldsymbol{l}$ 方向的方向导数必存在,且由下面的公式给出:

$$\frac{\partial u}{\partial l} = \frac{\partial u}{\partial x}\cos\alpha + \frac{\partial u}{\partial y}\cos\beta + \frac{\partial u}{\partial z}\cos\gamma \tag{2.2.8}$$

推论　若在有向曲线 C 上取定点 M_0 作为计算弧长 s 的起点,取 C 之正向为 s 增大的方向,点 M 为 C 上一点,在 M 处沿 C 正向作与 C 相切的射线,如图 2.2.5 所示,则在点 M 处 $u = u(x,y,z)$ 可微,曲线 C 光滑,则有

$$\frac{\partial u}{\partial s} = \frac{\partial u}{\partial l}$$

函数 u 在点 M 处沿曲线 C(正向)的方向导数$\frac{\partial u}{\partial s}$与函数 u 在点 M 处沿切线方向(指向 C 的正向一侧)的方向导数$\frac{\partial u}{\partial l}$相等。

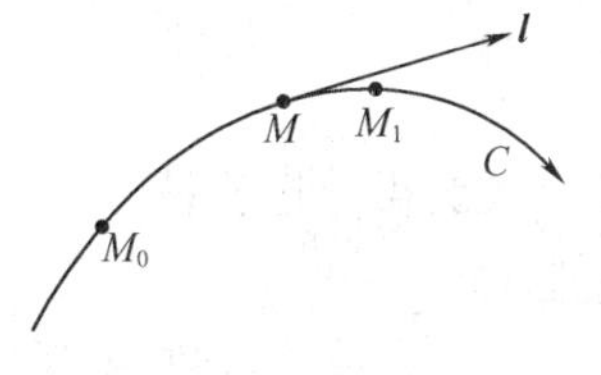

图 2.2.5　沿 C 正向作与 C 相切的射线

在数量场所定义的区域内,从一个给定点出发,有无穷多个方向,沿各个方向的变化率可能不同。那么函数 $u(M)$ 沿其中哪个方向的变化率最大,最大变化率是多少?由此引入梯度的概念。首先分析方向导数的公式,由于式中 $\cos\alpha$,$\cos\beta$ 和 $\cos\gamma$ 为 $\boldsymbol{l}$ 方向的方向余弦,即 $\boldsymbol{l}$ 方向的单位矢量 $\boldsymbol{l}^0 = \cos\alpha\boldsymbol{i} + \cos\beta\boldsymbol{j} + \cos\gamma\boldsymbol{k}$,令

$$\boldsymbol{G} = \frac{\partial u}{\partial x}\boldsymbol{i} + \frac{\partial u}{\partial y}\boldsymbol{j} + \frac{\partial u}{\partial z}\boldsymbol{k}$$

将方向导数写成 $\boldsymbol{G}$ 与 $\boldsymbol{l}^0$ 的数量积:

$$\frac{\partial u}{\partial l} = \boldsymbol{G} \cdot \boldsymbol{l}^0 = |\boldsymbol{G}|\cos(\boldsymbol{G},\boldsymbol{l})$$

式中,$\cos(\boldsymbol{G},\boldsymbol{l}^0)$为矢量 $\boldsymbol{G}$ 与 $\boldsymbol{l}^0$ 夹角的余弦。

由上式和数量积的定义可知,当 $\boldsymbol{l}^0$ 方向与 $\boldsymbol{G}$ 方向一致时,$\cos(\boldsymbol{G},\boldsymbol{l}^0) = 1$,方向导数取得

最大值，其值为$\frac{\partial u}{\partial l}=|\boldsymbol{G}|$。$\boldsymbol{G}$的方向就是$u(M)$变化率最大的方向，其模是这个最大变化率的数值。称$\boldsymbol{G}$为函数$u(M)$在给定点处的梯度。

定义 2.2.2（梯度的定义）　若在数量场$u(M)$中的一点M处，存在这样的矢量$\boldsymbol{G}$，其方向是函数$u(M)$在点M处变化率最大的方向，其模是这个最大变化率的数值，则称矢量$\boldsymbol{G}$为$u(M)$在点M处梯度，记作$\mathrm{grad}u=\boldsymbol{G}$。

梯度的定义与坐标系无关，它仅由数量函数$u(M)$的分布决定。在直角坐标系中可表示为

$$\mathrm{grad}u=\frac{\partial u}{\partial x}\boldsymbol{i}+\frac{\partial u}{\partial y}\boldsymbol{j}+\frac{\partial u}{\partial z}\boldsymbol{k}$$

因此，只要求出$u(M)$在三个正交方向的变化率，就完全确定了梯度。

梯度$\mathrm{grad}u$本身又是一个矢量场，有以下两个重要的性质：

①任意方向导数等于梯度在该方向上的投影，写作$\frac{\partial u}{\partial l}=\mathrm{grad}_l u$；

②数量场中每一点M处的梯度，垂直于过该点的等值面，且指向函数$u(M)$增大的一方。

在直角坐标系中点M处$\mathrm{grad}u$的坐标$\frac{\partial u}{\partial x},\frac{\partial u}{\partial y},\frac{\partial u}{\partial z}$正好是过$M$点的等值面$u(x,y,z)=C$的法线方向数。

梯度是等值面的法矢量，即它垂直于等值面。梯度是数量场中的一个重要概念，从而在科学技术问题中有着广泛的应用。若把数量场中每一点梯度与场中的点一一对应起来，得到一个矢量场，称为由此数量场产生的梯度场。为了书写和运算方便，科学家哈密顿（Hamilton）引入了劈形算符∇，称为哈密顿算子。在直角坐标系中，哈密顿算子为

$$\nabla\equiv\frac{\partial}{\partial x}\boldsymbol{i}+\frac{\partial}{\partial y}\boldsymbol{j}+\frac{\partial}{\partial z}\boldsymbol{k}\tag{2.2.9}$$

式中，∇为微分运算符号，也看作矢量，是矢量微分算子。它在运算中具有矢量和微分的双重性质。

若u为数量函数，$\boldsymbol{A}$为矢量函数，有以下运算规则：

①$\nabla u=\left(\frac{\partial}{\partial x}\boldsymbol{i}+\frac{\partial}{\partial y}\boldsymbol{j}+\frac{\partial}{\partial z}\boldsymbol{k}\right)u=\frac{\partial u}{\partial x}\boldsymbol{i}+\frac{\partial u}{\partial y}\boldsymbol{j}+\frac{\partial u}{\partial z}\boldsymbol{k}$；

②$\nabla\cdot\boldsymbol{A}=\left(\frac{\partial}{\partial x}\boldsymbol{i}+\frac{\partial}{\partial y}\boldsymbol{j}+\frac{\partial}{\partial z}\boldsymbol{k}\right)\cdot(A_x\boldsymbol{i}+A_y\boldsymbol{j}+A_z\boldsymbol{k})=\frac{\partial A_x}{\partial x}+\frac{\partial A_y}{\partial y}+\frac{\partial A_z}{\partial z}$；

③$\nabla\times\boldsymbol{A}=\begin{vmatrix}\boldsymbol{i}&\boldsymbol{j}&\boldsymbol{k}\\\frac{\partial}{\partial x}&\frac{\partial}{\partial y}&\frac{\partial}{\partial z}\\A_x&A_y&A_z\end{vmatrix}=\left(\frac{\partial A_z}{\partial y}-\frac{\partial A_y}{\partial z}\right)\boldsymbol{i}+\left(\frac{\partial A_x}{\partial z}-\frac{\partial A_z}{\partial x}\right)\boldsymbol{j}+\left(\frac{\partial A_y}{\partial x}-\frac{\partial A_x}{\partial y}\right)\boldsymbol{k}$。

若设C为常数，u,v为数量函数，梯度的基本运算公式有：

①$\nabla C=0$；

②$\nabla Cu=C\nabla u$；

③$\nabla(u\pm v)=\nabla u\pm\nabla v$；

④$\nabla(uv)=u\nabla v+v\nabla u$；

⑤$\nabla F(u)=F'(u)\nabla u$；

⑥$\nabla\left(\dfrac{u}{v}\right)=\dfrac{v\,\nabla u-u\,\nabla v}{v^2}$。

这些公式用梯度的定义和函数的运算规则很容易证明。

3. 矢量场

矢量场是用矢量表示的场。从矢量场的几何描述、数学表达和特性几方面来介绍矢量场。分布在矢量场中各点处的矢量 $\boldsymbol{A}$ 是场中的点 M 的函数 $\boldsymbol{A}=\boldsymbol{A}(M)$，$\boldsymbol{A}=\boldsymbol{A}(x,y,z)$ 的直角坐标表达式为

$$\boldsymbol{A}=A_x(x,y,z)\boldsymbol{i}+A_y(x,y,z)\boldsymbol{j}+A_z(x,y,z)\boldsymbol{k} \tag{2.2.10}$$

式中，函数 A_x，A_y，A_z 为矢量 $\boldsymbol{A}$ 的三个坐标，假定它们为单值、连续且有一阶连续偏导数。

(1)矢量线与矢量面

在矢量线上每一点处，场中每一个点的矢量都位于该点处的切线上。矢量场中每一点均有一条矢量线通过，如图 2.2.6 所示。例如流速场中的流线。已知矢量场 $\boldsymbol{A}(x,y,z)$，确定其矢量线的微分方程。设点 $M(x,y,z)$ 为矢量线上任一点，其矢径为 $\boldsymbol{r}=x\boldsymbol{i}+y\boldsymbol{j}+z\boldsymbol{k}$，其微分为

$$\mathrm{d}\boldsymbol{r}=\mathrm{d}x\boldsymbol{i}+\mathrm{d}y\boldsymbol{j}+\mathrm{d}z\boldsymbol{k}$$

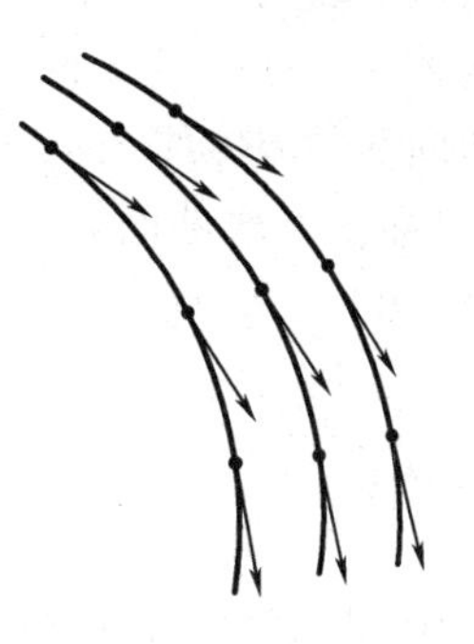

图 2.2.6　矢量线

矢径的微分按其几何意义为在点 M 处与矢量线相切的矢量。根据矢量线的定义，由于 $\mathrm{d}\boldsymbol{r}$ 无限小，故它必定在点 M 处与场的矢量

$$\boldsymbol{A}=\boldsymbol{A}_x(x,y,z)\boldsymbol{i}+A_y(x,y,z)\boldsymbol{j}+A_z(x,y,z)\boldsymbol{k}$$

共线，即与矢量 $\boldsymbol{A}(x,y,z)$ 方向一致，有 $\mathrm{d}\boldsymbol{r}\times\boldsymbol{A}=0$，即

$$\begin{vmatrix}\boldsymbol{i} & \boldsymbol{j} & \boldsymbol{k}\\ \mathrm{d}x & \mathrm{d}y & \mathrm{d}z\\ A_x & A_y & A_z\end{vmatrix}=0$$

因此得矢量线方程为

$$\frac{\mathrm{d}x}{A_x}=\frac{\mathrm{d}y}{A_y},\quad \frac{\mathrm{d}y}{A_y}=\frac{\mathrm{d}z}{A_z}$$

这就是矢量线所应满足的微分方程。求解该方程，可得矢量线族。

例如，在三维瞬时流动中，速度为 $\boldsymbol{u}=u\boldsymbol{i}+v\boldsymbol{j}+w\boldsymbol{k}$，在给定的某一瞬时 t，取流场流线上的任一点 M，流场中流线上的每一个流体质点的流速方向必定在该点 M 处与该曲线的切线相重合。由矢量线方程，可得流线的微分方程

$$\frac{\mathrm{d}x}{u}=\frac{\mathrm{d}y}{v},\quad \frac{\mathrm{d}z}{w}=\frac{\mathrm{d}y}{v}$$

当矢量 $\boldsymbol{A}$ 的三个坐标函数 A_x，A_y，A_z 为单值、连续且有一阶连续偏导数时，这族矢量线充满了矢量场所在的空间，而且互不相交。对于场中任一条非矢量曲线 C 上的每一点处仅有一条矢量线通过，这些矢量线的全体构成一个通过非矢量曲线 C 的称为矢量面的曲面，如图 2.2.7 所示。在矢量面上的任一点 M 处，场的对应矢量 $\boldsymbol{A}(M)$ 都位于该矢量面在该点的切平面内。通过一封闭曲线 C 的矢量面构成一管形曲面，称之为矢量管，如图 2.2.8 所示。

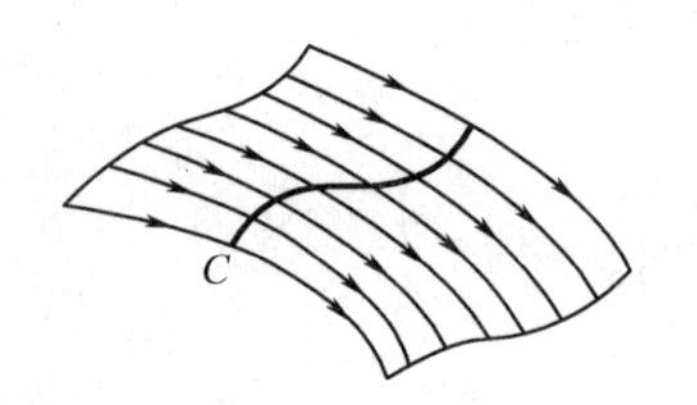

图 2.2.7 矢量面

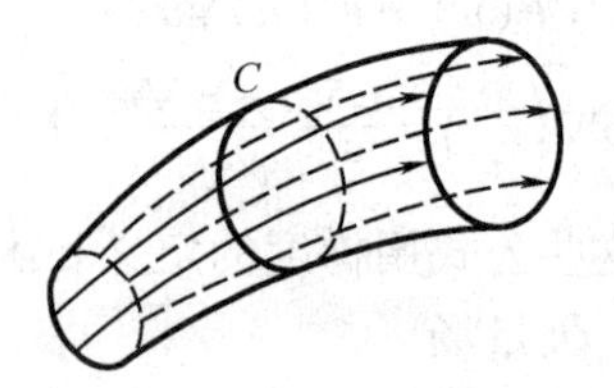

图 2.2.8 矢量管

(2)矢量场的通量和散度

设有不可压缩流体的流速场 $\boldsymbol{u}(M)=\boldsymbol{u}(x,y,z)$，假定其密度为 1，流场中有一有向曲面 S，规定法矢量指向正侧(如曲面是封闭的，按习惯总是取其外侧为正侧)。求在单位时间内流体向正侧穿过 S 的流量 q，即单位时间内穿过此曲面的流体体积 q_v = 体积/时间。如图2.2.9所示，在 S 上取曲面元素 $\mathrm{d}\boldsymbol{S}$，M 为 $\mathrm{d}\boldsymbol{S}$ 上任一点，当 $\mathrm{d}\boldsymbol{S}\to 0$ 时，速度矢量 $\boldsymbol{u}$ 和法向矢量 $\boldsymbol{n}$ 近似地不变化，这样单位时间 $\mathrm{d}t$ 内穿过 $\mathrm{d}\boldsymbol{S}$ 流体的流量近似地等于

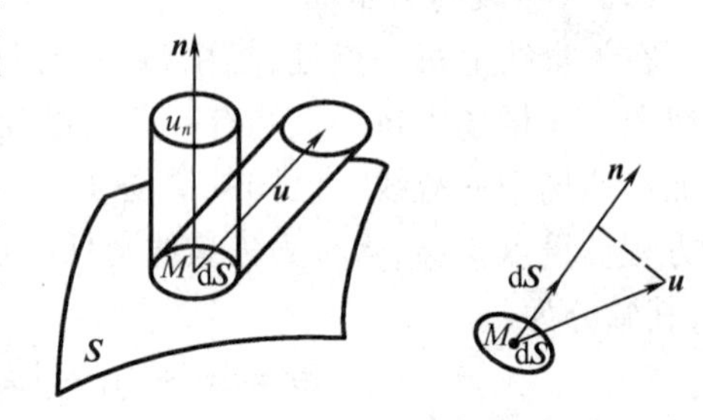

图 2.2.9 曲面元素上的流量

$$\mathrm{d}q=\mathrm{d}V/\mathrm{d}t=h\mathrm{d}\boldsymbol{S}/\mathrm{d}t=u_n\mathrm{d}\boldsymbol{S}$$

式中，$\mathrm{d}V$ 为斜体体积，其为柱体高与底面积的乘积。

若以 $\boldsymbol{n}$ 表示点 M 处的单位法矢量，$\mathrm{d}\boldsymbol{S}$ 是点 M 处的一个矢量，其方向与 $\boldsymbol{n}$ 一样，其模等于面积 $\mathrm{d}\boldsymbol{S}$，有 $\mathrm{d}\boldsymbol{S}=\boldsymbol{n}\mathrm{d}\boldsymbol{S}$。用 u_n 表示速度 $\boldsymbol{u}$ 在 $\boldsymbol{n}$ 上投影，这样单位时间 $\mathrm{d}t$ 内穿过 $\mathrm{d}\boldsymbol{S}$ 流体的流量近似地等于以 $\mathrm{d}\boldsymbol{S}$ 为底面积、u_n 为高的柱体体积，流量表示为

$$\mathrm{d}q=u_n\mathrm{d}\boldsymbol{S}=\boldsymbol{u}\cdot\mathrm{d}\boldsymbol{S}$$

则在单位时间内向正侧通过整个曲面 S 的流量用曲面积分表示为

$$q=\iint_S u_n\mathrm{d}\boldsymbol{S}=\iint_S \boldsymbol{u}\cdot\mathrm{d}\boldsymbol{S}$$

面积分称为流量通量，其为数量。

数学上把这类积分概括为通量的概念。许多学科中广泛使用通量的概念，如物理学中电场的电通量 $\boldsymbol{\Phi}_{\mathrm{e}}$ 和磁场中磁通量 $\boldsymbol{\Phi}_{\mathrm{m}}$ 分别为

$$\boldsymbol{\Phi}_{\mathrm{e}}=\iint_S D_n\mathrm{d}\boldsymbol{S}=\iint_S \boldsymbol{D}\cdot\mathrm{d}\boldsymbol{S},\boldsymbol{\Phi}_{\mathrm{m}}=\iint_S B_n\mathrm{d}\boldsymbol{S}=\iint_S \boldsymbol{B}\cdot\mathrm{d}\boldsymbol{S}$$

式中 $\boldsymbol{D}$——电场中的电位移矢量；

$\boldsymbol{B}$——磁场中的磁感应强度矢量。

定义 2.2.3(通量的定义) 设有矢量场 $\boldsymbol{A}(x,y,z)$，沿其中某一有向曲面 S 的曲面积分

$$\boldsymbol{\Phi}=\iint_S A_n\mathrm{d}\boldsymbol{S}=\iint_S \boldsymbol{A}\cdot\mathrm{d}\boldsymbol{S} \tag{2.2.11}$$

称为矢量 $\boldsymbol{A}(x,y,z)$ 向正侧穿过曲面 S 的通量。

若
$$\boldsymbol{A}=\boldsymbol{A}_1+\boldsymbol{A}_2+\boldsymbol{A}_3+\cdots+\boldsymbol{A}_n=\sum_{i=1}^{n}\boldsymbol{A}_i$$

则

$$\Phi = \iint_S \boldsymbol{A} \cdot \mathrm{d}\boldsymbol{S} = \iint_S \left(\sum_{i=1}^{n} \boldsymbol{A}_i \right) \cdot \mathrm{d}\boldsymbol{S} = \sum_{i=1}^{n} \iint_S \boldsymbol{A}_i \cdot \mathrm{d}\boldsymbol{S} = \sum_{i=1}^{n} \boldsymbol{\Phi}_i \tag{2.2.12}$$

此式表明,通量是一个可叠加的数量。

以流体流动为例,u 是流速,则 $\mathrm{d}q = \boldsymbol{u} \cdot \mathrm{d}\boldsymbol{S}$ 是一个数量,如图2.2.10所示,有 $\mathrm{d}q = u \cdot \mathrm{d}\boldsymbol{S} > 0$ 为正流量,$\boldsymbol{u}$ 是从 $\mathrm{d}\boldsymbol{S}$ 的负侧穿到 $\mathrm{d}\boldsymbol{S}$ 的正侧,$\boldsymbol{u}$ 与 $\boldsymbol{n}$ 相交成锐角;$\mathrm{d}q = \boldsymbol{u} \cdot \mathrm{d}\boldsymbol{S} < 0$ 为负流量,$\boldsymbol{u}$ 是从 $\mathrm{d}\boldsymbol{S}$ 的正侧穿到 $\mathrm{d}\boldsymbol{S}$ 的负侧,$\boldsymbol{u}$ 与 $\boldsymbol{n}$ 相交成钝角。

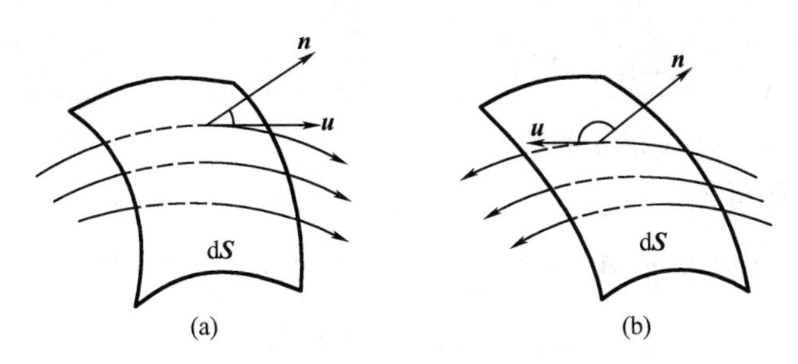

图2.2.10　流量

(a)正流量;(b)负流量

对于总流量 $q = \oint_S \mathrm{d}q$,当 $q > 0$ 时,流出多于流入,如 S 为一闭合曲线,在 S 内必有产生流体的泉源(源);当 $q < 0$ 时,流出少于流入,在 S 内有吸入流体的汇(涵)。$q = 0$ 流出等于流入,闭合曲线 S 内无源无汇。

使用高等数学面积分的知识进行通量的计算。在直角坐标系中,若矢量

$$\boldsymbol{A} = P(x,y,z)\boldsymbol{i} + Q(x,y,z)\boldsymbol{j} + R(x,y,z)\boldsymbol{k}$$

$$\mathrm{d}\boldsymbol{S} = \boldsymbol{n}\mathrm{d}\boldsymbol{S} = \mathrm{d}\boldsymbol{S}\cos(\boldsymbol{n},x)\boldsymbol{i} + \mathrm{d}\boldsymbol{S}\cos(\boldsymbol{n},y)\boldsymbol{j} + \mathrm{d}\boldsymbol{S}\cos(\boldsymbol{n},z)\boldsymbol{k} = \mathrm{d}y\mathrm{d}z\boldsymbol{i} + \mathrm{d}x\mathrm{d}z\boldsymbol{j} + \mathrm{d}x\mathrm{d}y\boldsymbol{k}$$

则通量可写成

$$\Phi = \iint_S \boldsymbol{A} \cdot \mathrm{d}\boldsymbol{S} = \iint_S (P\mathrm{d}y\mathrm{d}z + Q\mathrm{d}x\mathrm{d}z + R\mathrm{d}x\mathrm{d}y)$$

式中　$\mathrm{d}S\cos(\boldsymbol{n},x)$——$\mathrm{d}\boldsymbol{S}$ 在 yOz 平面上投影,是 yOz 平面上面积元;

$\mathrm{d}S\cos(\boldsymbol{n},y)$——$\mathrm{d}\boldsymbol{S}$ 在 xOz 平面上投影,是 xOz 平面上面积元;

$\mathrm{d}S\cos(\boldsymbol{n},z)$——$\mathrm{d}\boldsymbol{S}$ 在 xOy 平面上投影,是 xOy 平面上面积元。

要计算通过曲面 S 的通量,除了要知道矢量 $\boldsymbol{A}(x,y,z)$ 的具体表达式外,还要知道法矢量的表达式。这里以曲面的形式分类,介绍以下两种计算方法:

①如曲面表达式为 $F(x,y,z) = 0$,则

$$\boldsymbol{A} \cdot \mathrm{d}\boldsymbol{S} = (P\cos\alpha + Q\cos\beta + R\cos\gamma)\mathrm{d}S$$

式中,法矢量的具体表达式为

$$n = (\cos\alpha, \cos\beta, \cos\gamma)$$

$$= \pm\left[\frac{\frac{\partial F}{\partial x}}{\sqrt{\left(\frac{\partial F}{\partial x}\right)^2 + \left(\frac{\partial F}{\partial y}\right)^2 + \left(\frac{\partial F}{\partial z}\right)^2}}, \frac{\frac{\partial F}{\partial y}}{\sqrt{\left(\frac{\partial F}{\partial x}\right)^2 + \left(\frac{\partial F}{\partial y}\right)^2 + \left(\frac{\partial F}{\partial z}\right)^2}}, \frac{\frac{\partial F}{\partial z}}{\sqrt{\left(\frac{\partial F}{\partial x}\right)^2 + \left(\frac{\partial F}{\partial y}\right)^2 + \left(\frac{\partial F}{\partial z}\right)^2}}\right]$$

②如曲面表达式为 $z = z(x,y)$ 或 $z - z(x,y) = 0$,则

$$\mathrm{d}z - \frac{\partial z}{\partial x}\mathrm{d}x - \frac{\partial z}{\partial y}\mathrm{d}y = 0$$

可以表示成内积的形式

$$\left(\frac{\partial z}{\partial x},\frac{\partial z}{\partial y},-1\right)\cdot(\mathrm{d}x,\mathrm{d}y,\mathrm{d}z)=0$$

法矢量的具体表达式为

$$\begin{aligned}\boldsymbol{n}&=(\cos\alpha,\cos\beta,\cos\gamma)\\&=\pm\left[\frac{\frac{\partial z}{\partial x}}{\sqrt{1+\left(\frac{\partial z}{\partial x}\right)^2+\left(\frac{\partial z}{\partial y}\right)^2}},\frac{\frac{\partial z}{\partial y}}{\sqrt{1+\left(\frac{\partial z}{\partial x}\right)^2+\left(\frac{\partial z}{\partial y}\right)^2}},\frac{-1}{\sqrt{1+\left(\frac{\partial z}{\partial x}\right)^2+\left(\frac{\partial z}{\partial y}\right)^2}}\right]\end{aligned}$$

式中，$\cos\alpha,\cos\beta,\cos\gamma$ 为法矢量 $\boldsymbol{n}$ 的分量。

因此通量可具体写成

$$\begin{aligned}\Phi&=\iint_S\boldsymbol{A}\cdot\mathrm{d}\boldsymbol{S}=\iint_S(P\mathrm{d}y\mathrm{d}z+Q\mathrm{d}x\mathrm{d}z+R\mathrm{d}x\mathrm{d}y)\\&=\iint_S(P\cos\alpha+Q\cos\beta+R\cos\gamma)\mathrm{d}S\end{aligned}\tag{2.2.13}$$

由上可知，矢量场 $\boldsymbol{A}(x,y,z)$ 向正侧穿过闭合曲面 S，通量 Φ 的大小和正负值可以宏观地描述该通量。但是无法了解该量在闭合曲面 S 的分布情况和变化的强弱程度。

为了解源或汇在 S 内的分布情况及强弱程度，引入矢量场散度的概念。

定义 2.2.4（散度的定义） 若闭曲面 S 向其围成的域 Ω 中某点 M 无限缩小时，矢量场 $\boldsymbol{A}$ 在这个闭曲面上的通量与该曲面所包围空间 Ω 的体积之比的极限存在，则称此极限为矢量 $\boldsymbol{A}$ 在点 M 处的散度，记为

$$\mathrm{div}\boldsymbol{A}=\lim_{\Omega\to M}\frac{\Delta\Phi}{\Delta V}=\lim_{\Omega\to M}\frac{\oiint\boldsymbol{A}\cdot\mathrm{d}\boldsymbol{S}}{\Delta V}\tag{2.2.14}$$

散度为数量，表示在场中一点处闭曲面通量对体积的变化率，亦即在该点处对单位体积边界上所穿越的通量，常称为该点处源的强度。

$\mathrm{div}\boldsymbol{A}=0$ 的矢量场 $\boldsymbol{A}$ 为无源场，$\mathrm{div}\boldsymbol{A}>0$ 的矢量场 $\boldsymbol{A}$ 为散发通量之正源，$\mathrm{div}\boldsymbol{A}<0$ 的矢量场 $\boldsymbol{A}$ 为吸收通量之负源。

如果把矢量场 $\boldsymbol{A}$ 中每一点的散度与场中的点一一对应起来，就得到一个数量场，称为由此矢量场产生的散度场，即 $\mathrm{div}\boldsymbol{A}=\nabla\cdot\boldsymbol{A}$ 是一个数量场。

在直角坐标系中，矢量场 $\boldsymbol{A}=P(x,y,z)\boldsymbol{i}+Q(x,y,z)\boldsymbol{j}+R(x,y,z)\boldsymbol{k}$ 在任一点 $M(x,y,z)$ 处的散度为

$$\mathrm{div}\boldsymbol{A}=\frac{\partial P}{\partial x}+\frac{\partial Q}{\partial y}+\frac{\partial R}{\partial z}\tag{2.2.15}$$

利用高等数学中学习过的奥－高公式可证明上式。首先将面积分转化为体积积分：

$$\Delta\Phi=\oiint_{\Delta S}\boldsymbol{A}\cdot\mathrm{d}\boldsymbol{S}=\oiint_{\Delta S}P\mathrm{d}y\mathrm{d}z+Q\mathrm{d}x\mathrm{d}z+R\mathrm{d}x\mathrm{d}y=\iiint_{\Delta\Omega}\left(\frac{\partial P}{\partial x}+\frac{\partial Q}{\partial y}+\frac{\partial R}{\partial z}\right)\mathrm{d}V$$

假设 M^* 为空间 $\Delta\Omega$ 内的一点，应用中值定理，得

$$\Delta\Phi=\left[\frac{\partial P}{\partial x}+\frac{\partial Q}{\partial y}+\frac{\partial R}{\partial z}\right]_{M^*}\Delta V$$

由散度定义得

$$\mathrm{div}\boldsymbol{A}=\lim_{\Delta\Omega\to M}\frac{\Delta\Phi}{\Delta V}=\lim_{\Delta\Omega\to M}\left[\frac{\partial P}{\partial x}+\frac{\partial Q}{\partial y}+\frac{\partial R}{\partial z}\right]_{M^*}\tag{2.2.16}$$

推论　①奥-高公式可写成矢量形式：

$$\oint\!\!\!\!\oint_S \boldsymbol{A}\cdot \mathrm{d}\boldsymbol{S}=\iiint_\Omega \mathrm{div}\boldsymbol{A}\mathrm{d}V=\iiint_\Omega \nabla\cdot \boldsymbol{A}\mathrm{d}V$$

②若在封闭曲面内处处有 $\mathrm{div}\boldsymbol{A}=0$，则

$$\oint\!\!\!\!\oint_S \boldsymbol{A}\cdot \mathrm{d}\boldsymbol{S}=0$$

③若在场内某些点(或区域上)有 $\mathrm{div}\boldsymbol{A}\neq 0$ 或 $\mathrm{div}\boldsymbol{A}$ 不存在，而在其他点上都有 $\mathrm{div}\boldsymbol{A}=0$，则穿出包围这些点(或区域)的任一封闭曲面的通量都相等，即为一常数。

求证　令 $\mathrm{div}\boldsymbol{A}\neq 0$ 或 $\mathrm{div}\boldsymbol{A}$ 不存在的点在区域 R 内，则在 S_1，S_2 所包围的区域 Ω 上，处处有 $\mathrm{div}\boldsymbol{A}=0$。

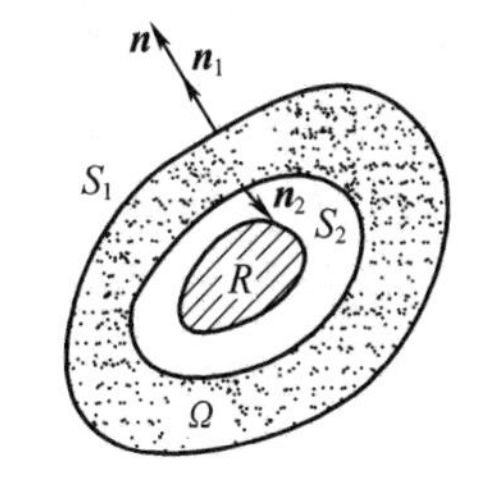

图2.2.11　两个不相交的封闭曲面

证明　设在区域 R 内 $\mathrm{div}\boldsymbol{A}\neq 0$ 或 $\mathrm{div}\boldsymbol{A}$ 不存在，在 R 外作两个互不相交的封闭曲面 S_1 与 S_2，$\boldsymbol{n}_1$ 和 $\boldsymbol{n}_2$ 分别为这两个曲面的外向法矢量，如图2.2.11所示。由于在曲面 S_1 与 S_2 所包围的区域 Ω 上，处处有 $\mathrm{div}\boldsymbol{A}=0$，因此由奥-高公式：

$$\oint\!\!\!\!\oint_{S_1+S_2} \boldsymbol{A}\cdot \mathrm{d}\boldsymbol{S}=\iiint_\Omega \mathrm{div}\boldsymbol{A}\mathrm{d}V=0$$

得

$$\oint\!\!\!\!\oint_{S_1+S_2} A_n \mathrm{d}\boldsymbol{S}=0$$

式中，A_n 为矢量 $\boldsymbol{A}$ 在边界曲面的外向法矢量 $\boldsymbol{n}$ 方向上的投影，$\boldsymbol{n}$ 与 $\boldsymbol{n}_1$ 指向相同，与 $\boldsymbol{n}_2$ 相反，因此有 $\oint\!\!\!\oint_{S_1} A_{n_1}\mathrm{d}\boldsymbol{S}-\oint\!\!\!\oint_{S_2} A_{n_2}\mathrm{d}\boldsymbol{S}=0$，因此 $\oint\!\!\!\oint_{S_1} A_{n_1}\mathrm{d}\boldsymbol{S}=\oint\!\!\!\oint_{S_2} A_{n_2}\mathrm{d}\boldsymbol{S}$。

散度的基本运算公式：

若 C 为常数，u 为数量函数，$\boldsymbol{A}$，$\boldsymbol{B}$ 为矢量函数，散度运算公式有：

①$\mathrm{div}(C\boldsymbol{A})=C\mathrm{div}\boldsymbol{A}$　（C 为常数）

②$\mathrm{div}(\boldsymbol{A}\pm\boldsymbol{B})=\mathrm{div}\boldsymbol{A}\pm\mathrm{div}\boldsymbol{B}$

③$\mathrm{div}(u\boldsymbol{A})=u\mathrm{div}\boldsymbol{A}+\boldsymbol{A}\cdot\mathrm{grad}u=u\nabla\cdot\boldsymbol{A}+\boldsymbol{A}\cdot\nabla u$

④
$$\begin{aligned}\oint\!\!\!\!\oint_S A\cdot \mathrm{d}\boldsymbol{S}&=\oint\!\!\!\!\oint_S A_x\mathrm{d}y\mathrm{d}z+A_y\mathrm{d}x\mathrm{d}z+A_z\mathrm{d}x\mathrm{d}y\\&=\iiint_\Omega\left(\frac{\partial A_x}{\partial x}+\frac{\partial A_y}{\partial y}+\frac{\partial A_z}{\partial z}\right)\mathrm{d}x\mathrm{d}y\mathrm{d}z=\iiint_\Omega \nabla\cdot A\mathrm{d}V\end{aligned}$$

(3)矢量场的环量和旋度

设力场 $\boldsymbol{F}(M)$，$\boldsymbol{l}$ 为场中的一条封闭的有向曲线，τ 为 $\boldsymbol{l}$ 的单位切向矢量，曲线的微分 $\mathrm{d}\boldsymbol{l}=\tau\mathrm{d}l$ 是一个方向与 τ 一致、模等于弧长 $\mathrm{d}l$ 的矢量。讨论一个质点 M 在场力 $\boldsymbol{F}$ 的作用下，沿封闭曲线 $\boldsymbol{l}$ 运转一周时场力 $\boldsymbol{F}$ 所做的功(图2.2.12)，可用闭曲线积分表示为

$$W=\oint_l \boldsymbol{F}_\tau \mathrm{d}\boldsymbol{l}=\oint_l \boldsymbol{F}\cdot\mathrm{d}\boldsymbol{l}\tag{2.2.17}$$

数学上把形如上述的一类曲线积分概括成为环量的概念。由上式可知环量是个数量。例如在流速场 $\boldsymbol{u}(M)$ 中，积分 $\oint_l \boldsymbol{u}\cdot\mathrm{d}\boldsymbol{l}$ 表示在单位时间内沿闭路正向流动的环流 q。

定义2.2.5(环量的定义)　设有矢量场变量 $\boldsymbol{A}(x,y,z)$ 沿场中某一封闭的有向曲线 $\boldsymbol{l}$ 的曲线积分：

$$\Gamma=\oint_l \boldsymbol{A}\cdot\mathrm{d}\boldsymbol{l}\tag{2.2.18}$$

称为此矢量场按积分所取方向沿曲线 $\boldsymbol{l}$ 的环量。规定逆时针方向积分为正。

在直角坐标系中,设矢量 $\boldsymbol{A}=P(x,y,z)\boldsymbol{i}+Q(x,y,z)\boldsymbol{j}+R(x,y,z)\boldsymbol{k}$,有弧长

$$\mathrm{d}\boldsymbol{l}=\mathrm{d}l\cos(\tau,x)\boldsymbol{i}+\mathrm{d}l\cos(\tau,y)\boldsymbol{j}+\mathrm{d}l\cos(\tau,z)\boldsymbol{k}=\mathrm{d}x\boldsymbol{i}+\mathrm{d}y\boldsymbol{j}+\mathrm{d}z\boldsymbol{k}$$

式中,$\cos(\tau,x)$,$\cos(\tau,y)$,$\cos(\tau,z)$ 为 $\boldsymbol{l}$ 的切向矢量 $\boldsymbol{\tau}$ 的方向余弦,环量可写成

$$\Gamma=\oint_l \boldsymbol{A}\cdot\mathrm{d}\boldsymbol{l}=\oint_l P\mathrm{d}x+Q\mathrm{d}y+R\mathrm{d}z \tag{2.2.19}$$

为了研究环量的强度,引入环量面密度的概念。首先讨论环量对面积的变化率。在矢量场 $\boldsymbol{A}$ 中一点 M 处任取一面积为 ΔS 的微小曲面 $\Delta\boldsymbol{S}$,n 为其在点 M 处的法矢量,曲面 $\Delta\boldsymbol{S}$ 的边界线 Δl 的正向与法矢量 $\boldsymbol{n}$ 构成右手螺旋关系,如图 2.2.13 所示。矢量场 $\boldsymbol{A}$ 沿它的边界线 Δl 的正向的环量 $\Delta\Gamma$ 与面积 $\Delta\boldsymbol{S}$ 之比,当曲面 $\Delta\boldsymbol{S}$ 在保持 M 点于其上的条件下,沿着自身缩向 M 点时,若 $\Delta\Gamma/\Delta S$ 的极限存在,则称其为矢量场 $\boldsymbol{A}$ 在点 M 处沿方向 $\boldsymbol{n}$ 的环量面密度,即环量强度,记为

$$\mathrm{rot}_n\boldsymbol{A}=\lim_{\Delta S\to 0}\frac{\oint_{\Delta l}\boldsymbol{A}\cdot\mathrm{d}\boldsymbol{l}}{\Delta S}$$

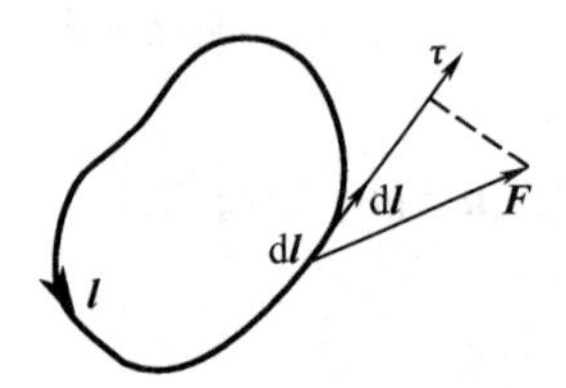

图 2.2.12 环量的几何表示

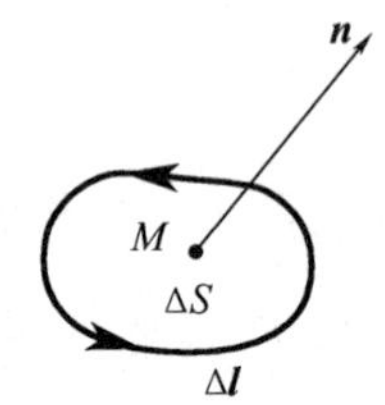

图 2.2.13 边界线的正向与法矢量构成右手螺旋关系

在直角坐标系中,设矢量 $\boldsymbol{A}=P(x,y,z)\boldsymbol{i}+Q(x,y,z)\boldsymbol{j}+R(x,y,z)\boldsymbol{k}$,运用高等数学的斯托克斯公式,将曲线积分转化为曲面积分:

$$\begin{aligned}\oint_l \boldsymbol{A}\cdot\mathrm{d}\boldsymbol{l}&=\iint_{\Delta S}(R_y-Q_z)\mathrm{d}y\mathrm{d}z+(P_z-R_x)\mathrm{d}x\mathrm{d}z+(Q_x-P_y)\mathrm{d}x\mathrm{d}y\\&=\iint_{\Delta S}[(R_y-Q_z)\cos(\boldsymbol{n},x)+(P_z-R_x)\cos(\boldsymbol{n},y)+(Q_x-P_y)\cos(\boldsymbol{n},z)]\mathrm{d}\boldsymbol{S}\end{aligned}$$

将上式运用环量面密度的定义,得到环量面密度在直角坐标系下的计算公式:

$$\mathrm{rot}_n\boldsymbol{A}=(R_y-Q_z)\cos\alpha+(P_z-R_x)\cos\beta+(Q_x-P_y)\cos\gamma$$

式中,$\cos\alpha$,$\cos\beta$,$\cos\gamma$ 为 $\Delta\boldsymbol{S}$ 在点 M 处的法矢量 $\boldsymbol{n}$ 的方向余弦。注意 R_y 表示$\frac{\partial R}{\partial y}$。

例如,在流速场 $\boldsymbol{u}$ 中,$\mathrm{rot}_n\boldsymbol{u}=\frac{\mathrm{d}q_l}{\mathrm{d}S}$为在 M 点处与法矢量 $\boldsymbol{n}$ 成右手螺旋方向的环流对面积的变化率,称为环流密度(或环流强度)。

环量面密度和数量场的方向导数一样,与方向有关。从场中任一点出发有无穷多个方向,矢量场在同一点对各个方向的环量面密度可能会不同。

为了确定其中最大的一个,引入旋度概念。比较环量面密度和方向导数的计算公式,可以看出这两个公式很类似。

若令式中的三个数(R_y-Q_z),(P_z-R_x),(Q_x-P_y)构成矢量 $\boldsymbol{R}$,其表达式为

$$\boldsymbol{R}=(R_y-Q_z)\boldsymbol{i}+(P_z-R_x)\boldsymbol{j}+(Q_x-P_y)\boldsymbol{k}$$

且 $\boldsymbol{R}$ 在给定处为固定矢量,则式 $\mathrm{rot}_n\boldsymbol{A}=(R_y-Q_z)\cos\alpha+(P_z-R_x)\cos\beta+(Q_x-P_y)\cos\gamma$ 可写成

$$\mathrm{rot}_n\boldsymbol{A}=\boldsymbol{R}\cdot\boldsymbol{n}=|\boldsymbol{R}|\cdot\cos(\boldsymbol{R},\boldsymbol{n})$$

式中,$\boldsymbol{n}=\cos\alpha\boldsymbol{i}+\cos\beta\boldsymbol{j}+\cos\gamma\boldsymbol{k}$。

在给定点处,$\boldsymbol{R}$ 在任一方向 $\boldsymbol{n}$ 上的投影,就给出该方向上的环量面密度。当 $\boldsymbol{R}$ 的方向与 $\boldsymbol{n}$ 方向一致时,环量面密度取最大数值。

定义 2.2.6(旋度定义)　若在矢量场 $\boldsymbol{A}$ 中的一点 M 处存在这样的一个矢量 $\boldsymbol{R}$,$\boldsymbol{A}$ 在点 M 处沿其方向的环量密度为最大,这个最大的数值正好是 $|\boldsymbol{R}|$,矢量 $\boldsymbol{R}$ 为矢量 $\boldsymbol{A}$ 在点 M 处的旋度,记为 $\mathrm{rot}\boldsymbol{A}=\boldsymbol{R}$。

$\boldsymbol{R}$ 的方向为环量面密度最大的方向,其模为最大环量面密度的数值。此时称矢量 $\boldsymbol{R}$ 就是矢量场 $\boldsymbol{A}$ 的旋度。

旋度是一个矢量场,旋度矢量在任一方向 $\boldsymbol{n}$ 上的投影,等于该方向上的环量面密度。例如,在流速场 $\boldsymbol{u}$ 中,$\mathrm{rot}\boldsymbol{u}$ 在任一方向上的投影,给出该方向上的环流密度。旋度矢量在数值和方向上表出了最大的环量面密度,它与坐标系无关。

在直角坐标系中,旋度计算式为

$$\mathrm{rot}\boldsymbol{A}=\nabla\times\boldsymbol{A}=(R_y-Q_z)\boldsymbol{i}+(P_z-R_x)\boldsymbol{j}+(Q_x-P_y)\boldsymbol{k}\tag{2.2.20}$$

或写成

$$\mathrm{rot}\boldsymbol{A}=\begin{vmatrix}\boldsymbol{i}&\boldsymbol{j}&\boldsymbol{k}\\ \dfrac{\partial}{\partial x}&\dfrac{\partial}{\partial y}&\dfrac{\partial}{\partial z}\\ P&Q&R\end{vmatrix}$$

斯托克斯公式可写成矢量形式

$$\oint_l\boldsymbol{A}\cdot\mathrm{d}\boldsymbol{l}=\iint_S(\mathrm{rot}\boldsymbol{A})\cdot\mathrm{d}\boldsymbol{S}\tag{2.2.21}$$

对于二维平面,有格林定理

$$\oint_l\boldsymbol{A}\cdot\mathrm{d}\boldsymbol{l}=\int_l(P\mathrm{d}x+Q\mathrm{d}y)=\iint_S\left(\frac{\partial Q}{\partial x}-\frac{\partial P}{\partial y}\right)\mathrm{d}x\mathrm{d}y\tag{2.2.22}$$

旋度的基本运算公式:

若 C 为常数,u 为数量函数,$\boldsymbol{A}$,$\boldsymbol{B}$ 为矢量,旋度的基本运算公式有:

①$\mathrm{rot}(C\boldsymbol{A})=C\mathrm{rot}\boldsymbol{A}$;

①$\mathrm{rot}(\boldsymbol{A}\pm\boldsymbol{B})=\mathrm{rot}\boldsymbol{A}\pm\mathrm{rot}\boldsymbol{B}$;

③$\mathrm{rot}(u\boldsymbol{A})=u\mathrm{rot}\boldsymbol{A}+\mathrm{grad}\mathrm{div}(\boldsymbol{A}\times\boldsymbol{B})=\boldsymbol{B}\cdot\mathrm{rot}\boldsymbol{A}-\boldsymbol{A}\cdot\mathrm{rot}\boldsymbol{B}$;

④$\mathrm{rot}(\mathrm{grad}\boldsymbol{u})=\nabla\times(\nabla u)=0$;

⑤$\mathrm{div}(\mathrm{rot}\boldsymbol{A})=\nabla\cdot(\nabla\times\boldsymbol{A})=0$。

4. 正交曲线坐标系中梯度、散度和旋度

在工程中常常使用柱坐标系和球坐标系,如图 2.2.14 所示的柱坐标系和球坐标系的三条坐标轴不全是直线,它们是互相正交的曲线坐标系。

(1)柱坐标系和球坐标系

在空间里的任一点 M 处,各坐标曲线在该点的切线互相正交,相应地各坐标曲面在相交点处的法线互相正交,即各坐标曲面互相正交,这种坐标系称为正交曲线坐标系。以 q_1,q_2,q_3 表示正交曲线坐标,直角坐标系与其有如下关系:

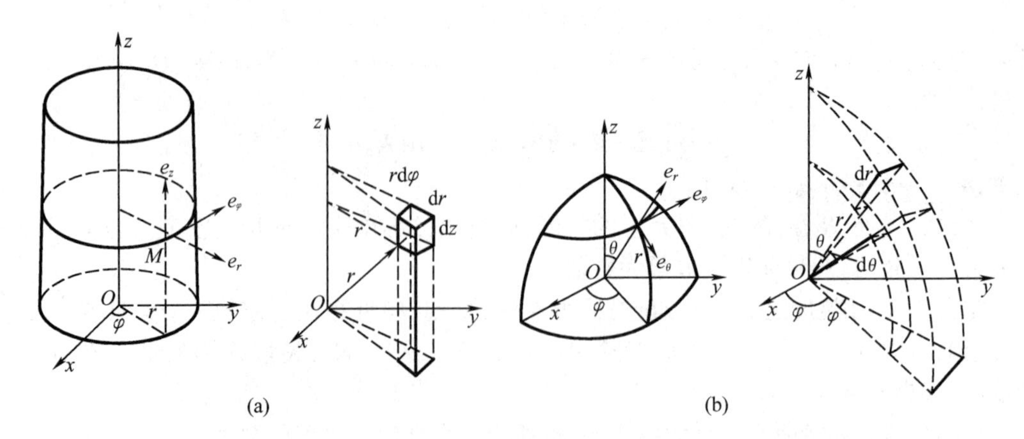

图 2.2.14 正交曲线坐标系

(a)柱坐标;(b)球坐标

$$x=x(q_1,q_2,q_3),y=y(q_1,q_2,q_3),z=z(q_1,q_2,q_3)$$
$$q_1=q_1(x,y,z),q_2=q_2(x,y,z),q_3=q_3(x,y,z)$$

柱坐标系和球坐标系的三条坐标轴不全是直线,但它们是互相正交的,属于正交曲线坐标系。

柱坐标系的曲线坐标 $q_1=r,q_2=\varphi,q_3=z$ 与直角坐标系坐标 x,y,z 的关系为

$$x=r\cos\varphi,y=r\sin\varphi,z=z$$

r,φ,z 的变化范围是

$$0\leqslant r<\infty,0\leqslant\varphi<2\pi,-\infty<z<\infty$$

球坐标系的曲线坐标 r,θ,φ 与直角坐标系的关系是

$$x=r\sin\theta\cos\varphi,y=r\sin\theta\sin\varphi,z=r\cos\theta$$

r,θ,φ 的变化范围是

$$0\leqslant r<\infty,0\leqslant\theta\leqslant\pi,0\leqslant\varphi<2\pi$$

讨论正交曲线坐标的弧微分。空间曲线的弧微分用直角坐标表示为

$$\mathrm{d}s=\pm\sqrt{(\mathrm{d}x)^2+(\mathrm{d}y)^2+(\mathrm{d}z)^2}$$

设空间两点有相同的坐标 q_2,q_3,而另一坐标 q_1 相差微量 $\mathrm{d}q_1$,两点的距离为

$$\mathrm{d}s_1=\pm\sqrt{(\mathrm{d}x)^2+(\mathrm{d}y)^2+(\mathrm{d}z)^2}=\sqrt{\left(\frac{\partial x}{\partial q_1}\right)^2+\left(\frac{\partial y}{\partial q_1}\right)^2+\left(\frac{\partial z}{\partial q_1}\right)^2}\mathrm{d}q_1$$

令
$$h_1=\sqrt{\left(\frac{\partial x}{\partial q_1}\right)^2+\left(\frac{\partial y}{\partial q_1}\right)^2+\left(\frac{\partial z}{\partial q_1}\right)^2}$$

代入上式,两点的距离写为

$$\mathrm{d}s_1=h_1\mathrm{d}q_1$$

假设有相同的坐标 q_3,q_1,而另一坐标 q_2 两点相差微量的距离 $\mathrm{d}q_2$,两点的距离为

$$\mathrm{d}s_2=h_2\mathrm{d}q_2,\quad h_2=\sqrt{\left(\frac{\partial x}{\partial q_2}\right)^2+\left(\frac{\partial y}{\partial q_2}\right)^2+\left(\frac{\partial z}{\partial q_2}\right)^2}$$

假设有相同坐标 q_1,q_2,而另一坐标 q_3 两点相差微量的距离 $\mathrm{d}q_3$,两点的距离为

$$\mathrm{d}s_3=h_3\mathrm{d}q_3,\quad h_3=\sqrt{\left(\frac{\partial x}{\partial q_3}\right)^2+\left(\frac{\partial y}{\partial q_3}\right)^2+\left(\frac{\partial z}{\partial q_3}\right)^2}$$

写成统一的表达形式

$$h_i = \sqrt{\left(\frac{\partial x}{\partial q_i}\right)^2 + \left(\frac{\partial y}{\partial q_i}\right)^2 + \left(\frac{\partial z}{\partial q_i}\right)^2} \quad (i=1,2,3)$$

$$ds_i = h_i dq_i$$

式中，h_i 为拉梅(G. Lame)系数或度规系数，$h_i = h_i(q_1, q_2, q_3)$。

【例 2.2.1】 分别确定柱坐标系和球坐标系的拉梅系数、弧长和体积分。

解 如图 2.2.14 所示，柱坐标系的曲线坐标 $q_1 = r, q_2 = \varphi, q_3 = z$，与直角坐标系的关系为 $x = r\cos\varphi, y = r\sin\varphi, z = z$，得

$$h_1 = \sqrt{\left(\frac{\partial x}{\partial q_1}\right)^2 + \left(\frac{\partial y}{\partial q_1}\right)^2 + \left(\frac{\partial z}{\partial q_1}\right)^2} = \sqrt{\cos^2\varphi + \sin^2\varphi + 0} = 1$$

同理可求出 $h_2 = r, h_3 = 1$。得弧长的微分为

$$ds_1 = dr, \quad ds_2 = r d\varphi, \quad ds_3 = dz$$

单位弧长为

$$ds^2 = dr^2 + r^2 d\varphi^2 + dz^2$$

柱单元体的体积分为

$$dV = H_r H_\varphi H_z dr d\varphi dz = r dr d\varphi dz$$

在球坐标系中，曲线坐标 $q_1 = r, q_2 = \theta, q_3 = \varphi$，与直角坐标系的关系为

$$x = r\sin\theta\cos\varphi, \quad y = r\sin\theta\sin\varphi, \quad z = r\cos\theta$$

可求出

$$h_1 = 1, \quad h_2 = r, \quad h_3 = r\sin\theta$$

得弧长的微分为

$$ds_1 = dr, \quad ds_2 = r d\theta, \quad ds_3 = r\sin\theta d\varphi$$

球单元体的弧长

$$ds^2 = dr^2 + r^2 d\theta^2 + r^2\sin^2\theta d\varphi^2$$

球单元体的体积分

$$dV = H_r H_\theta H_\varphi dr d\theta d\varphi = r^2 \sin\theta dr d\theta d\varphi$$

(2)正交曲面坐标系中梯度

用上面的知识确定曲线坐标梯度的表达式。假设 $dq_2 = dq_3 = 0$，在坐标曲线 q_1 上数量函数 $u(q_1, q_2, q_3)$ 的微分为

$$du = \frac{\partial u}{\partial q_1} dq_1$$

而

$$ds_1 = h_1 dq_1, \quad \frac{du}{ds_1} = \frac{1}{h_1}\frac{\partial u}{\partial q_1}$$

即

$$(\nabla u)_1 = \frac{1}{h_1}\frac{\partial u}{\partial q_1}$$

同理

$$(\nabla u)_2 = \frac{1}{h_2}\frac{\partial u}{\partial q_2}, \quad (\nabla u)_3 = \frac{1}{h_3}\frac{\partial u}{\partial q_3}$$

即数量场 $u(q_1, q_2, q_3)$ 的梯度在 q_1, q_2 和 q_3 增长方向的分量分别等于 u 在这些方向的变化率，计算变化率时考虑距离的度规系数，得到正交曲线坐标系中哈密顿算子∇为

$$\nabla = e_1 \frac{1}{h_1}\frac{\partial}{\partial q_1} + e_2 \frac{1}{h_2}\frac{\partial}{\partial q_2} + e_3 \frac{1}{h_3}\frac{\partial}{\partial q_3}$$

$$\mathrm{grad}u=\frac{1}{h_1}\frac{\partial u}{\partial q_1}e_1+\frac{1}{h_2}\frac{\partial u}{\partial q_2}e_2+\frac{1}{h_3}\frac{\partial u}{\partial q_3}e_3$$

得到柱坐标系梯度表达式为

$$\nabla u=\frac{\partial u}{\partial r}e_r+\frac{1}{r}\frac{\partial u}{\partial \varphi}e_\varphi+\frac{\partial u}{\partial z}e_z$$

同理得到球坐标系的梯度表达式

$$\nabla u=\frac{\partial u}{\partial r}e_r+\frac{1}{r}\frac{\partial u}{\partial \theta}e_\theta+\frac{1}{r\sin\theta}\frac{\partial u}{\partial \varphi}e_\varphi$$

(3)正交曲线坐标系中散度

在正交曲线坐标系中,矢量场的散度为

$$\nabla\cdot\boldsymbol{A}=\frac{1}{q_1q_2q_3}\left[\frac{\partial}{\partial q_1}(h_2h_3A_1)+\frac{\partial}{\partial q_2}(h_3h_1A_2)+\frac{\partial}{\partial q_3}(h_1h_2A_3)\right]$$

应用上式,得到柱坐标系中散度表达式为

$$\nabla\cdot\boldsymbol{A}=\frac{1}{r}\frac{\partial}{\partial r}(rA_r)+\frac{1}{r}\frac{\partial A_\varphi}{\partial \varphi}+\frac{\partial A_z}{\partial z}$$

球坐标系中散度表达式为

$$\nabla\cdot\boldsymbol{A}=\frac{1}{r^2}\frac{\partial}{\partial r}(r^2A_r)+\frac{1}{r\sin\theta}\frac{\partial}{\partial \theta}(A_\theta\sin\theta)+\frac{1}{r\sin\theta}\frac{\partial A_\varphi}{\partial \varphi}$$

(4)正交曲线坐标系中旋度

正交曲线坐标系中旋度公式为

$$\nabla\times\boldsymbol{A}=\frac{1}{h_1h_2}\left[\frac{\partial}{\partial q_2}(h_3A_3)-\frac{\partial}{\partial q_3}(h_2A_2)\right]e_1+\frac{1}{h_3h_1}\left[\frac{\partial}{\partial q_3}(h_1A_1)-\frac{\partial}{\partial q_1}(h_3A_3)\right]e_2+$$

$$\frac{1}{h_1h_2}\left[\frac{\partial}{\partial q_1}(h_2A_2)-\frac{\partial}{\partial q_2}(h_1A_1)\right]e_3=\frac{1}{h_1h_2h_3}\begin{vmatrix}h_1e_1 & h_2e_2 & h_3e_3\\ \frac{\partial}{\partial q_1} & \frac{\partial}{\partial q_2} & \frac{\partial}{\partial q_3}\\ h_1A_1 & h_2A_2 & h_3A_3\end{vmatrix}$$

应用上式得到柱坐标系中旋度为

$$\nabla\times\boldsymbol{A}=\left(\frac{\partial A_r}{r\partial\varphi}-\frac{\partial A_\varphi}{\partial z}\right)e_r+\left(\frac{\partial A_r}{\partial z}-\frac{\partial A_z}{\partial r}\right)e_\varphi+\frac{1}{r}\left(\frac{\partial (rA_\varphi)}{\partial \varphi}-\frac{\partial A_z}{\partial \varphi}\right)e_z$$

在球坐标系中旋度为

$$\nabla\times\boldsymbol{A}=\frac{1}{r\sin\theta}\left(\frac{\partial}{\partial\theta}(A_\varphi\sin\theta)-\frac{\partial A_\theta}{\partial\varphi}\right)e_r+\frac{1}{r}\left(\frac{\partial A_r}{\sin\theta\partial\varphi}-\frac{\partial}{\partial r}(rA_\varphi)\right)e_\theta+$$

$$\frac{1}{r}\left(\frac{\partial}{\partial r}(rA_\varphi)-\frac{\partial A_r}{\partial\theta}\right)e_\varphi$$

5. 张量

数量是在空间没有取向的物理量。它的基本特征是,只需要一个数表示,当坐标系转动时,这个数保持不变,例如质量、密度、温度和电荷等。

矢量是在空间有一定取向的物理量。它的基本特征是,需要三个数量(分量)来表示,当坐标系转动时,这三个数量按一定的规律变换,例如压力和速度等矢量。但是,任何矢量的模和方向在坐标变换时都保持不变。

下面介绍矢量变换的规律。把直角坐标轴记为 x_1,x_2,x_3 轴,把矢量的角码记为1,2,3,

把基本矢量写为 $\boldsymbol{e}_1,\boldsymbol{e}_2,\boldsymbol{e}_3$。如图 2.2.15 所示，$Ox_1x_2x_3$ 为原来的坐标系 Σ，$Ox'_1x'_2x'_3$ 为转动后的坐标系 Σ'。用 β_{ij} 表示 x'_i 轴相对于 x_j 轴的方向余弦，θ_{ij} 表示 x'_i 轴与 x_j 轴的夹角，则 $\cos\theta_{ij}=\beta_{ij}$。设矢量 $\boldsymbol{a}$ 在 Σ 系的分量为 a_1,a_2,a_3，在 Σ' 系的分量为 a'_1,a'_2,a'_3，则

$$\boldsymbol{a}=a_1\boldsymbol{e}_1+a_2\boldsymbol{e}_2+a_3\boldsymbol{e}_3,\quad \boldsymbol{a}'=a'_1\boldsymbol{e}_1+a'_2\boldsymbol{e}_2+a'_3\boldsymbol{e}_3 \tag{2.2.23}$$

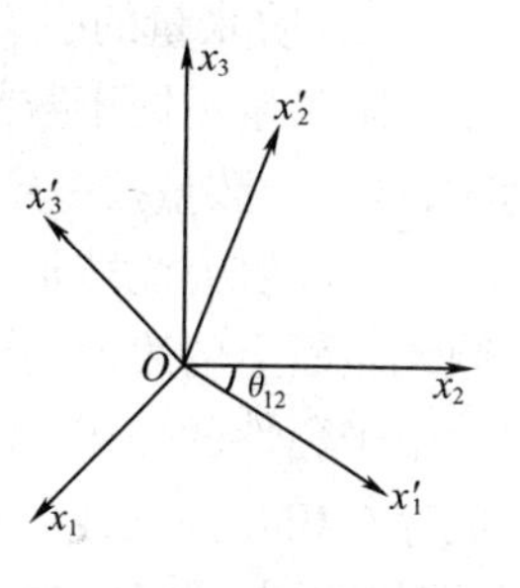

图 2.2.15　坐标的变换

式中，

$$\begin{aligned}a'_1&=\boldsymbol{a}\cdot\boldsymbol{e}'_1=(a_1\boldsymbol{e}_1+a_2\boldsymbol{e}_2+a_3\boldsymbol{e}_3)\cdot\boldsymbol{e}'_1\\&=a_1\boldsymbol{e}_1\cdot\boldsymbol{e}'_1+a_2\boldsymbol{e}_2\cdot\boldsymbol{e}'_1+a_3\boldsymbol{e}_3\cdot\boldsymbol{e}'_1\\&=\beta_{11}a_1+\beta_{12}a_2+\beta_{13}a_3\end{aligned}$$

同理可得

$$a'_2=\beta_{21}a_1+\beta_{22}a_2+\beta_{23}a_3$$
$$a'_3=\beta_{31}a_1+\beta_{32}a_2+\beta_{33}a_3$$

将上述三个变换式统一写为

$$a'_i=\sum_j\beta_{ij}a_j\quad(i,j=1,2,3) \tag{2.2.24}$$

如果约定以重复的角码作为求和的标志，可以省去求和符号，上式简写为

$$a'_i=\beta_{ij}a_j \tag{2.2.25}$$

式中　i——自由标；

　j——哑标。

运用空间解析几何知识可证明变换系数 β_{ij} 满足如下条件

$$\sum_k\beta_{ik}\beta_{jk}=\delta_{ij}$$

或

$$\sum_k\beta_{ki}\beta_{kj}=\delta_{ij}$$

式中

$$\delta_{ij}=\begin{cases}1&(i=j)\\0&(i\neq j)\end{cases}$$

δ_{ij} 称为克罗内克符号。

如果假设 Σ' 系为原来的坐标系，Σ 系为转动后的坐标系，可得类似的推理：

$$a_i=\sum_j\beta_{ji}a'_j\quad(i=1,2,3)$$

设 $\sum\limits_i a_i=a_1+a_2+a_3$，$\sum\limits_j b_j=b_1+b_2+b_3$，下面给出求和符号的两个规则：

$$\sum_j b_j\sum_i a_i=(b_1+b_2+b_3)(a_1+a_2+a_3)$$

$$\sum_{i,j}a_ib_j=\sum_i\sum_j a_ib_j=\sum_i(a_ib_1+a_ib_2+a_ib_3)=(b_1+b_2+b_3)(a_1+a_2+a_3)$$

显然 $\sum\limits_j b_j\sum\limits_i a_i=\sum\limits_{i,j}a_ib_j$。可见只要保持求和符号在它的有关角码之前，各求和符号及被加项的各个因子都可交换次序。另外

$$\sum_{i,j}\delta_{ij}a_ib_j=\sum_i a_ib_i=a_1b_1+a_2b_2+a_3b_3$$

上式说明二重求和的被加项如果有与角码对应的克罗内克符号，便可化为单连加，舍去克罗内克符号，将角码改为其中的任一个。

(1)二阶张量的引入

二阶张量不同于数量和矢量,它要由九个分量来表示,由九个数量组成。当坐标系转动时,这九个数量按一定的规律变换。

下面以研究流体形变的应力引入二阶张量。在没有黏性的理想运动流体中,作用在流体微元表面上的表面力只有与表面相垂直的压强,而且压应力又具有一点上各向同性的性质。由于黏性的作用,流体运动时,流体微元的平移、旋转和剪切变形运动使流体微元内部一般存在相互挤压或拉伸和剪切的作用。在一般情况下,不但流体内各处的内力千差万别,即使在同一位置,通过面积相等但取向不同面元的力也是不相同的。也就是说,作用力与截面的取向有关。如果在流体内某点通过任意取向的单位面积的力能够计算出来,那么对该点的相互挤压或拉伸和剪切的作用就完全清楚了。

在流体内取定一点 M,包围 M 作一个四面体元 $ABCD$,如图 2.2.16 所示。ABC 面取任意方向,其余三面分别垂直于 x_1,x_2,x_3 轴。规定 ABC 面以外侧为正,$\boldsymbol{n}$ 是它的外法线;其余三个侧面分别以 x_1,x_2,x_3 轴的正方向为正。设 ABC 面元矢量 $\mathrm{d}\boldsymbol{S}_n=\mathrm{d}S_1\boldsymbol{e}_1+\mathrm{d}S_2\boldsymbol{e}_2+\mathrm{d}S_3\boldsymbol{e}_3$,则

$$\begin{cases}\mathrm{d}S_1=\beta_{n1}\mathrm{d}\boldsymbol{S}_n\\ \mathrm{d}\boldsymbol{S}_2=\beta_{n2}\mathrm{d}\boldsymbol{S}_n\\ \mathrm{d}\boldsymbol{S}_3=\beta_{n3}\mathrm{d}\boldsymbol{S}_n\end{cases}\tag{2.2.26}$$

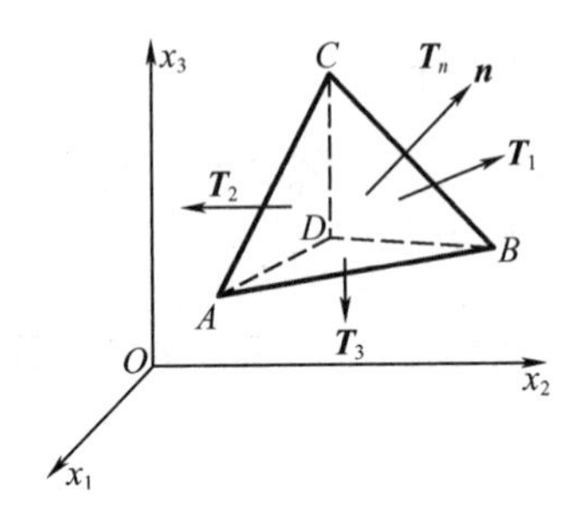

图 2.2.16 四面体元

式中,β_{ni}为 n 与 x_i 轴夹角的余弦。在 n 与 x_i 轴呈锐角的情况下,$\mathrm{d}S_i$ 就是垂直于 x_i 轴的那个侧面的面积;在呈钝角的情况下,二者有一符号之差。

设矢量 $\boldsymbol{T}_1,\boldsymbol{T}_2,\boldsymbol{T}_3$ 分别为朝坐标轴正向通过三个侧面的单位面积力,$\boldsymbol{T}_n$ 为朝 $\boldsymbol{n}$ 方向通过 ABC 面单位面积的力。四面体元通过三个侧面所受到的力分别是 $\mathrm{d}S_1\boldsymbol{T}_1,\mathrm{d}S_2\boldsymbol{T}_2,\mathrm{d}S_3\boldsymbol{T}_3$。略去自重等体力比侧面力高一阶的无穷小量。由四面体元力的平衡条件,得

$$\mathrm{d}S_1\boldsymbol{T}_1+\mathrm{d}S_2\boldsymbol{T}_2+\mathrm{d}S_3\boldsymbol{T}_3-\mathrm{d}S_n\boldsymbol{T}_n=0$$

得

$$\boldsymbol{T}_n=\beta_{n1}\boldsymbol{T}_1+\beta_{n2}\boldsymbol{T}_2+\beta_{n3}\boldsymbol{T}_3$$

设矢量 $\boldsymbol{T}_1,\boldsymbol{T}_2,\boldsymbol{T}_3$ 的分量分别为 $T_{11},T_{12},T_{13};T_{21},T_{22},T_{23};T_{31},T_{32},T_{33}$,代入上式得

$$\begin{aligned}\boldsymbol{T}_n&=\beta_{n1}(T_{11}\boldsymbol{e}_1+T_{12}\boldsymbol{e}_2+T_{13}\boldsymbol{e}_3)+\beta_{n2}(T_{21}\boldsymbol{e}_1+T_{22}\boldsymbol{e}_2+T_{23}\boldsymbol{e}_3)+\beta_{n3}(T_{31}\boldsymbol{e}_1+T_{32}\boldsymbol{e}_2+T_{33}\boldsymbol{e}_3)\\&=\sum_{i,j}\beta_{ni}T_{ij}\boldsymbol{e}_j\end{aligned}$$

由此可见,如果上式中的九个数量 T_{ij}为已知,则通过任意给定取向面元上单位面积的力便可计算出来。

当考察通过黏性流体内任一面元的力时,既要考虑这个面元的方向,又要考虑通过这个面元的力的方向。这种二重取向的特殊性使得这类物理量在三维空间中要九个数量表示。在直角坐标系中,取出边长 $\mathrm{d}x,\mathrm{d}y,\mathrm{d}z$ 的六面体流体微元,由于黏性的影响,作用在微元体 $ABCDEFGH$ 上的表面力就不但有压应力 $\boldsymbol{p}$,而且也有切应力 $\boldsymbol{\tau}$,共有九个数量,将它们分别标注在包含 $A(x,y,z)$点在内的三个微元表面上,如图 2.2.17 所示。A 点上的应力可用九个元素组成的一个应力矩阵表示。一般用大写的拉丁字母 $\boldsymbol{T}$ 表示,即

$$\boldsymbol{T}=\begin{bmatrix} p_{xx} & \tau_{xy} & \tau_{xz} \\ \tau_{yx} & p_{yy} & \tau_{yz} \\ \tau_{zx} & \tau_{zy} & p_{zz} \end{bmatrix}$$

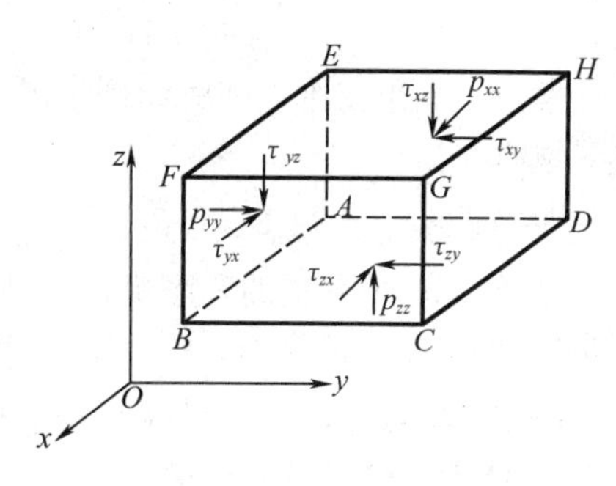

图 2.2.17　流体微元上的应力

式中，应力的第一个下标表示应力作用面的法向方向，第二个下标表示应力的方向。应力张量描述了点 $A(x,y,z)$ 处的相互挤压或拉伸和剪切的作用。这里假定外界对微元这三个表面的法向应力都沿坐标的正向，切向应力都沿坐标的负向。

弹塑性材料受到外界力的作用时，物体内任意一点的应力也是一个张量，由九个应力分量组成。流体运动时，动量是矢量，动量流密度既要反映动量迁移的方向，又要反映被迁移的动量本身的方向，因此动量流密度也是二阶张量，其分量为 p_{ij}。单位时间内朝 $\boldsymbol{n}$ 方向通过面元 ABC 的单位面积的动量可表示为

$$\boldsymbol{P}_n=\beta_{n1}\boldsymbol{P}_1+\beta_{n2}\boldsymbol{P}_2+\beta_{n3}\boldsymbol{P}_3=\sum_{i,j}\beta_{ni}P_{ij}e_j$$

动量流密度也可表示为

$$\boldsymbol{P}_n=\begin{bmatrix} P_{11} & P_{12} & P_{13} \\ P_{21} & P_{22} & P_{23} \\ P_{31} & P_{32} & P_{33} \end{bmatrix}$$

(2)二阶张量的变换

将坐标系 $Ox_1x_2x_3$ 转动成为 $Ox'_1x'_2x'_3$，二阶张量的九个分量就要发生变化，因此有必要确定 T_{ij} 和 T'_{ij} 的变换关系。

第一步：首先找出朝 x'_i 轴的正方向通过新的侧面上单位面积的力 $\boldsymbol{T}'_i$ 与原来的力 $\boldsymbol{T}_i$ 之间的关系。分别可得

$$\begin{cases} \boldsymbol{T}'_1=\beta_{11}\boldsymbol{T}_1+\beta_{12}\boldsymbol{T}_2+\beta_{13}\boldsymbol{T}_3 \\ \boldsymbol{T}'_2=\beta_{21}\boldsymbol{T}_1+\beta_{22}\boldsymbol{T}_2+\beta_{23}\boldsymbol{T}_3 \\ \boldsymbol{T}'_3=\beta_{31}\boldsymbol{T}_1+\beta_{32}\boldsymbol{T}_2+\beta_{33}\boldsymbol{T}_3 \end{cases}$$

第二步：利用矢量的变换式 $a'_1=\beta_{11}a_1+\beta_{12}a_2+\beta_{13}a_3$，以上式中第一式为例，把 $\boldsymbol{T}'_1$ 分别向 x'_1,x'_2,x'_3 轴投影，把 $\beta_{11}\boldsymbol{T}_1+\beta_{12}\boldsymbol{T}_2+\beta_{13}\boldsymbol{T}_3$ 分别向 x_1,x_2,x_3 轴投影，可得

$$\begin{aligned} T'_{11}&=\beta_{11}(\beta_{11}T_{11}+\beta_{12}T_{12}+\beta_{13}T_{13})+\beta_{12}(\beta_{11}T_{21}+\beta_{12}T_{22}+\beta_{13}T_{23})+ \\ &\quad\beta_{13}(\beta_{11}T_{31}+\beta_{12}T_{32}+\beta_{13}T_{33}) \\ &=\sum_{k,j}\beta_{1k}\beta_{1l}T_{kl} \end{aligned}$$

这就得到了 T'_{11} 的变换式。用同样的方法可找到其余八个分量的变换式。

以上过程也可统一推导如下。把第一步式子写成统一的形式

$$T'_i=\sum_k\beta_{ik}T_k$$

把上式两边都看作矢量 $\boldsymbol{a}$，分别代入式 $a'_j=\sum_l\beta_{jl}a_l$ 的两边，得

$$T'_{ij}=\sum_{k,l}\beta_{ik}\beta_{jl}T_{kl}$$

或 $$T'_{ij}=\beta_{ik}\beta_{jl}T_{kl}$$

推论 如果三维空间的物理量需用 3^n 个数量表达,当正交坐标系转动后,这些数量按以下规律变换:

$$T'_{i_1i_2\cdots i_n}=\beta_{i_1j_1}\beta_{i_2j_2}\cdots\beta_{i_nj_n}T_{j_1j_2\cdots j_n}\quad (i_1,i_2,\cdots,i_n=1,2,3;j_1,j_2,\cdots,j_n=1,2,3)\tag{2.2.27}$$

这样的 3^n 个数量的有序集合就是三维空间的一个 $\boldsymbol{n}$ 阶张量。在这种定义下,数量是零阶张量,矢量是一阶张量。

【例 2.2.2】 已知矢量 $\boldsymbol{a}=a_1\boldsymbol{e}_1+a_2\boldsymbol{e}_2+a_3\boldsymbol{e}_3$ 和 $\boldsymbol{b}=b_1\boldsymbol{e}_1+b_2\boldsymbol{e}_2+b_3\boldsymbol{e}_3$,试证明 $a_ib_j(i,j=1,2,3)$ 为二阶张量的分量。

证明 将坐标系 $Ox_1x_2x_3$ 转动成为 $Ox'_1x'_2x'_3$ 后,有变换式

$$a'_i=\sum_{k=1}^{3}\beta_{ik}a_k\quad (i=1,2,3)$$

$$b'_j=\sum_{l=1}^{3}\beta_{jl}b_l\quad (j=1,2,3)$$

有 $$a'_ib'_j=\sum_k\beta_{ik}a_k\sum_l\beta_{jl}b_l=\sum_{k,l}\beta_{ik}\beta_{jl}a_kb_l$$

由此可见,a_ib_j 按二阶张量的变换规律式变换,故为二阶张量的分量。通常将这种二阶张量记为 $\boldsymbol{ab}$,称为并矢量。必须注意 $\boldsymbol{ab}\neq\boldsymbol{ba}$。

(3)二阶张量表示法

二阶张量可简称为张量,常用大写的拉丁字母 $\boldsymbol{T},\boldsymbol{P},\boldsymbol{J}$ 等符号表示。张量的分量形式常用解析式或方阵来表示。其解析式为

$$\begin{aligned}\boldsymbol{T}&=T_{11}\boldsymbol{e}_1\boldsymbol{e}_1+T_{12}\boldsymbol{e}_1\boldsymbol{e}_2+T_{13}\boldsymbol{e}_1\boldsymbol{e}_3+T_{21}\boldsymbol{e}_2\boldsymbol{e}_1+T_{22}\boldsymbol{e}_2\boldsymbol{e}_2+T_{23}\boldsymbol{e}_2\boldsymbol{e}_3+\\&\quad T_{31}\boldsymbol{e}_3\boldsymbol{e}_1+T_{32}\boldsymbol{e}_3\boldsymbol{e}_2+T_{33}\boldsymbol{e}_3\boldsymbol{e}_3\\&=\sum_{i,j}T_{ij}\boldsymbol{e}_i\boldsymbol{e}_j\end{aligned}\tag{2.2.28}$$

式中,$\boldsymbol{e}_i\boldsymbol{e}_j$ 是并矢量,不能写为 $\boldsymbol{e}_j\boldsymbol{e}_i$。

方阵表示式为

$$\boldsymbol{T}=\begin{bmatrix}T_{11}&T_{12}&T_{13}\\T_{21}&T_{22}&T_{23}\\T_{31}&T_{32}&T_{33}\end{bmatrix}$$

又如并矢量 $\boldsymbol{ab}$ 的方阵式为

$$\boldsymbol{ab}=\begin{bmatrix}a_1b_1&a_1b_2&a_1b_3\\a_2b_1&a_2b_2&a_2b_3\\a_3b_1&a_3b_2&a_3b_3\end{bmatrix}$$

矢量 $\boldsymbol{T}_i$ 表示式为

$$\boldsymbol{T}=\boldsymbol{e}_1\boldsymbol{T}_1+\boldsymbol{e}_2\boldsymbol{T}_2+\boldsymbol{e}_3\boldsymbol{T}_3$$

两个相等的张量,这两个张量的分量必须分别对应相等。

单位张量 $\boldsymbol{I}$ 的分量为 δ_{ij},表达式为

$$\boldsymbol{I}=\begin{bmatrix}1&0&0\\0&1&0\\0&0&1\end{bmatrix}=\boldsymbol{e}_1\boldsymbol{e}_1+\boldsymbol{e}_2\boldsymbol{e}_2+\boldsymbol{e}_3\boldsymbol{e}_3$$

注意：式中 $\boldsymbol{e}_i\boldsymbol{e}_j$ 也是并矢量，不能写为 $\boldsymbol{e}_j\boldsymbol{e}_i$。

(4)对称张量与共轭张量

具有如下形式：

$$\boldsymbol{T}_{ij}=\begin{bmatrix} T_{11} & T_{12} & T_{13} \\ T_{12} & T_{22} & T_{23} \\ T_{13} & T_{23} & T_{33} \end{bmatrix}$$

的张量，该张量只有六个独立分量，称 $T_{ij}=T_{ji}$的张量为对称张量。

具有如下形式：

$$\boldsymbol{T}=\begin{bmatrix} 0 & T_{12} & T_{13} \\ -T_{12} & 0 & T_{23} \\ -T_{13} & -T_{23} & 0 \end{bmatrix}$$

的张量，该张量除零外，只有三个独立分量，称 $T_{ij}=-T_{ji}$的张量为反对称张量。

如果张量 $\boldsymbol{T}$ 和 $\boldsymbol{T}_c$ 的表达式分别为

$$\boldsymbol{T}=\begin{bmatrix} T_{11} & T_{12} & T_{13} \\ T_{12} & T_{22} & T_{23} \\ T_{13} & T_{23} & T_{33} \end{bmatrix},\boldsymbol{T}_c=\begin{bmatrix} T_{11} & T_{21} & T_{31} \\ T_{12} & T_{22} & T_{32} \\ T_{13} & T_{23} & T_{33} \end{bmatrix} \tag{2.2.29}$$

则称张量 $\boldsymbol{T}$ 与张量 $\boldsymbol{T}_c$ 共轭，从式中可看出共轭是相互的，即

$$(\boldsymbol{T}_c)_c=\boldsymbol{T}$$

【例 2.2.3】　当坐标系转动时，如果一个张量的分量保持不变，那么称此张量为对这种变换的不变张量。试证明单位张量为不变张量。

证明　将坐标系 $Ox_1x_2x_3$ 转动成为 $Ox_1'x_2'x_3'$后，单位张量的分量 δ_{ij}用 δ_{ij}'表示，有

$$\delta_{ij}'=\sum_{k,l}\beta_{ik}\beta_{jl}\delta_{kl}=\sum_{k}\beta_{ik}\beta_{jk}=\delta_{ij}$$

由上式可见，单位张量的分量保持不变，因此单位张量为不变张量。

(5)张量的基本代数运算

下面介绍张量的基本代数运算。

①张量相加减

定义 2.2.7　张量 $\boldsymbol{T}$ 与张量 $\boldsymbol{S}$ 之和或差是以$(T_{ij}\pm S_{ij})$为分量的张量，即

$$\boldsymbol{T}\pm\boldsymbol{S}=\sum_{i,j}(T_{ij}\pm S_{ij})\boldsymbol{e}_i\boldsymbol{e}_j$$

上述定义可推广到多个张量的相加减。由定义可知，张量的加法服从交换律和结合律。

②数量与张量相乘

定义 2.2.8　数量 u 与张量 $\boldsymbol{T}$ 的乘积为以 uT_{ij}为分量的张量，即

$$u\boldsymbol{T}=\sum_{i,j}uT_{ij}\boldsymbol{e}_i\boldsymbol{e}_j$$

③矢量对张量点积

定义 2.2.9　矢量 $\boldsymbol{a}$ 对张量 $\boldsymbol{T}$ 的点积为矢量，即

$$\boldsymbol{a}\cdot\boldsymbol{T}=a_1\boldsymbol{T}_1+a_2\boldsymbol{T}_2+a_3\boldsymbol{T}_3=\sum_{i,j}a_iT_{ij}\boldsymbol{e}_j$$

现在证明 $\boldsymbol{a}\cdot\boldsymbol{T}$ 为矢量。将坐标系 $Ox_1x_2x_3$ 转动成为 $Ox_1'x_2'x_3'$后，有变换式：

$$\sum_i a_i' T_{ij}' = \sum_i \left(\sum_k \beta_{ik} a_k \right) \left(\sum_{l,m} \beta_{il} \beta_{jm} T_{lm} \right) = \sum_{k,l,m} \left(\sum_i \beta_{ik} \beta_{il} \right) (\beta_{jm} a_k T_{lm})$$

$$= \sum_{k,l,m} \delta_{kl} a_k \beta_{jmjm} T_{lmlm} = \sum_m \beta_{jm} \left(\sum_k a_k T_{km} \right) = \sum_m \beta_{jm} \boldsymbol{a} \cdot \boldsymbol{T}$$

上面的结果符合矢量的变换规律，故 $\boldsymbol{a} \cdot \boldsymbol{T}$ 是矢量。

从定义可知矢量对张量的点积服从结合律。

矢量对张量的点积常用来表示通过面元的矢量。例如前面所述，朝 $\boldsymbol{n}$ 方向通过面元 ABC 的力为

$$\mathrm{d}\boldsymbol{F}_n = \mathrm{d}S_n \boldsymbol{T}_n = \mathrm{d}S_1 \boldsymbol{T}_1 + \mathrm{d}S_2 \boldsymbol{T}_2 + \mathrm{d}S_3 \boldsymbol{T}_3 = \mathrm{d}\boldsymbol{S} \cdot \boldsymbol{T}$$

④张量对矢量点积

定义 2.2.10 张量 $\boldsymbol{T}$ 对矢量 $\boldsymbol{a}$ 的点积为矢量

$$\boldsymbol{T} \cdot \boldsymbol{a} = (\boldsymbol{T}_1 \cdot \boldsymbol{a})\boldsymbol{e}_1 + (\boldsymbol{T}_2 \cdot \boldsymbol{a})\boldsymbol{e}_2 + (\boldsymbol{T}_3 \cdot \boldsymbol{a})\boldsymbol{e}_3 = \sum_{i,j} a_i T_{ji} \boldsymbol{e}_j$$

同样可以证明，$\boldsymbol{T} \cdot \boldsymbol{a}$ 为矢量。从定义可知张量对矢量的点积服从结合律。

⑤张量与张量点积

定义 2.2.11 张量 $\boldsymbol{T}$ 与张量 $\boldsymbol{R}$ 的一次点积为张量

$$\boldsymbol{T} \cdot \boldsymbol{R} = \sum_{i,j} \left(\sum_k T_{ik} R_{kj} \right) \boldsymbol{e}_i \boldsymbol{e}_j$$

可以证明 $\boldsymbol{T} \cdot \boldsymbol{R}$ 服从张量变换规律。从定义可知张量与张量的一次点积服从结合律，不服从交换律。

定义 2.2.12 张量 $\boldsymbol{T}$ 与张量 $\boldsymbol{R}$ 的二次点积为数量

$$\boldsymbol{T} : \boldsymbol{R} = \sum_{i,j} T_{ij} R_{ji} \tag{2.2.30}$$

读者可证明 $\boldsymbol{T} : \boldsymbol{R}$ 为坐标系变换的不变量，即为数量。

本节没有介绍矢量对张量的叉乘、张量对矢量的叉乘。

(6)张量场

如果在全部空间或部分空间里的每一点，都有一个确定的张量与之对应，就称这个空间里确定了一个张量场。例如流体运动时发生的不均匀形变，其中各点的应力构成应力张量场 $\boldsymbol{T}(x,y,z)$。在流动过程中动量流密度既是位置的函数，又是时间的函数，动量流密度构成张量场 $\boldsymbol{P}(x,y,z,t)$。

与时间有关的张量场为非稳定张量场，与时间无关的张量场为稳定张量场。数量是零阶张量，矢量是一阶张量，因此，数量场和矢量场也属于张量场。

①矢量场的梯度

前面已定义了数量场 $u(x_1,x_2,x_3)$ 的梯度

$$\nabla u = \boldsymbol{e}_1 \frac{\partial u}{\partial x_1} + \boldsymbol{e}_2 \frac{\partial u}{\partial x_2} + \boldsymbol{e}_3 \frac{\partial u}{\partial x_3}$$

数量场对任一方向的方向导数有

$$\frac{\partial u}{\partial l} = l^0 \cdot \nabla u$$

类似地，可定义矢量场的梯度为

$$\nabla \boldsymbol{A} = \boldsymbol{e}_1 \frac{\partial \boldsymbol{A}}{\partial x_1} + \boldsymbol{e}_2 \frac{\partial \boldsymbol{A}}{\partial x_2} + \boldsymbol{e}_3 \frac{\partial \boldsymbol{A}}{\partial x_3} \tag{2.2.31}$$

上示是张量。因此在确定了矢量场的梯度 $\nabla \boldsymbol{A}$ 以后，就能运用上式求出矢量场对任一方向

的方向导数,有

$$\frac{\partial \boldsymbol{A}}{\partial l}=\boldsymbol{l}^0\cdot\nabla\boldsymbol{A}=\frac{\partial \boldsymbol{A}}{\partial x_1}\cos\alpha+\frac{\partial \boldsymbol{A}}{\partial x_2}\cos\beta+\frac{\partial \boldsymbol{A}}{\partial x_3}\cos\gamma \tag{2.2.32}$$

式中,$\cos\alpha$,$\cos\beta$,$\cos\gamma$ 为 $\boldsymbol{l}$ 的方向余弦,即为单位矢量 $\boldsymbol{l}^0$ 的分量。

矢量场 $\boldsymbol{A}$ 的梯度也可表示为

$$\nabla\boldsymbol{A}=\sum_i \boldsymbol{e}_i\frac{\partial \boldsymbol{A}}{\partial x_i}=\sum_{i,j}\frac{\partial A_j}{\partial x_i}\boldsymbol{e}_i\boldsymbol{e}_j \tag{2.2.33}$$

或

$$\nabla\boldsymbol{A}=\begin{bmatrix}\dfrac{\partial A_1}{\partial x_1} & \dfrac{\partial A_2}{\partial x_1} & \dfrac{\partial A_3}{\partial x_1}\\ \dfrac{\partial A_1}{\partial x_2} & \dfrac{\partial A_2}{\partial x_2} & \dfrac{\partial A_3}{\partial x_2}\\ \dfrac{\partial A_1}{\partial x_3} & \dfrac{\partial A_2}{\partial x_3} & \dfrac{\partial A_3}{\partial x_3}\end{bmatrix}$$

由矢量场梯度的定义可得运算式

$$\nabla(\boldsymbol{A}\pm\boldsymbol{B})=\nabla\boldsymbol{A}\pm\nabla\boldsymbol{B}$$

②张量场的散度

面元矢量 $\mathrm{d}\boldsymbol{S}$ 与该面元处的矢量场的点积表示该面元上通过的某种数量。例如 $\mathrm{d}\boldsymbol{S}\cdot\boldsymbol{u}$ 表示通过 $\mathrm{d}\boldsymbol{S}$ 的流量;$\mathrm{d}\boldsymbol{S}\cdot\boldsymbol{I}$ 表示通过 $\mathrm{d}\boldsymbol{S}$ 的电流强度;$\mathrm{d}\boldsymbol{S}\cdot\varepsilon$ 表示单位时间内通过 $\mathrm{d}\boldsymbol{S}$ 的能量。

面元矢量对该面元处的张量场的点积表示该面元上通过的某种矢量。例如 $\mathrm{d}\boldsymbol{S}\cdot\boldsymbol{T}$ 表示通过 $\mathrm{d}\boldsymbol{S}$ 的弹性力;$\mathrm{d}\boldsymbol{S}\cdot\boldsymbol{P}$ 表示单位时间内通过 $\mathrm{d}\boldsymbol{S}$ 的动量。在 2.1.1.3 节介绍了矢量场 $\boldsymbol{A}$ 在有向曲面 S 上的通量 $\iint_S \mathrm{d}\boldsymbol{S}\cdot\boldsymbol{A}$。

定义矢量场的散度为

$$\nabla\cdot\boldsymbol{A}=\lim_{\Delta V\to 0}\frac{\oiint_S \mathrm{d}\boldsymbol{S}\cdot\boldsymbol{A}}{\Delta V} \tag{2.2.34}$$

用张量运算符表示

$$\mathrm{div}\boldsymbol{A}=\nabla\cdot\boldsymbol{A}=\frac{\partial A_i}{\partial x_i} \tag{2.2.35}$$

定义张量场 $\boldsymbol{T}$ 在有向曲面 $\boldsymbol{S}$ 上的矢通量为

$$\iint_S \mathrm{d}\boldsymbol{S}\cdot\boldsymbol{T}$$

定义 2.2.13　张量场在闭合曲面的矢通量与该曲面所包围空间的体积之比的极限(当曲面向一点无限缩小时)为张量场的散度,记为 $\mathrm{div}\boldsymbol{T}$ 或 $\nabla\cdot\boldsymbol{T}$,即

$$\nabla\cdot\boldsymbol{T}=\lim_{\Delta V\to 0}\frac{\oiint_S \mathrm{d}\boldsymbol{S}\cdot\boldsymbol{T}}{\Delta V} \tag{2.2.36}$$

在直角坐标系中

$$\mathrm{d}\boldsymbol{S}\cdot\boldsymbol{T}=\sum_{i,j}\mathrm{d}S_i T_{ij}\boldsymbol{e}_j$$

在闭合曲面上积分上式,再运用奥 - 高公式将曲面积分化为曲面所包围区域 Ω 的体积分

$$\oiint_S \mathrm{d}\boldsymbol{S}\cdot\boldsymbol{T} = \sum_j \left[\oiint_S \left(\sum_i T_{ij}\right)\mathrm{d}\boldsymbol{S}_i\right]\boldsymbol{e}_j = \sum_j \left[\iiint_\Omega \left(\sum_i \frac{\partial T_{ij}}{\partial x_i}\right)\mathrm{d}V\right]\boldsymbol{e}_j$$

对上式中的体积分运用中值定理,然后取极限

$$\lim_{\Delta V\to 0}\frac{\oiint_S \mathrm{d}\boldsymbol{S}\cdot\boldsymbol{T}}{\Delta V} = \sum_j \left[\sum_i \lim_{\Delta V\to 0}\frac{\iiint_\Omega \frac{\partial T_{ij}}{\partial x_i}\mathrm{d}V}{\Delta V}\right]\boldsymbol{e}_j = \sum_{j,i}\frac{\partial T_{ij}}{\partial x_i}\boldsymbol{e}_j$$

比较上边两式,得

$$\nabla\cdot\boldsymbol{T} = \sum_{j,i}\frac{\partial T_{ij}}{\partial x_i}\boldsymbol{e}_j$$

由矢量变换关系式可以证明,$\nabla\cdot\boldsymbol{T}$ 为矢量。

由上述定义可得运算式:

$$\nabla\cdot(\boldsymbol{R}\pm\boldsymbol{S}) = \nabla\cdot\boldsymbol{R}\pm\nabla\cdot\boldsymbol{S}$$

$$\iiint_\Omega \nabla\cdot\boldsymbol{T}\mathrm{d}V = \oiint_S \mathrm{d}\boldsymbol{S}\cdot\boldsymbol{T} \tag{2.2.37}$$

这是奥-高公式的另一种表示形式。

矢量场 $\boldsymbol{A}$ 的拉普拉斯表示式被定义为矢量 $\boldsymbol{A}$ 的梯度场的散度,即

$$\nabla^2\boldsymbol{A} = \nabla\cdot(\nabla\boldsymbol{A})$$

在直角坐标系中,有

$$\nabla\boldsymbol{A} = \sum_{j,i}\frac{\partial A_j}{\partial x_i}\boldsymbol{e}_i\boldsymbol{e}_j$$

得

$$\nabla\cdot(\nabla\boldsymbol{A}) = \sum_{j,i}\frac{\partial^2 A_j}{\partial {x_i}^2}\boldsymbol{e}_j$$

写成对应于直角坐标 x,y,z 轴的形式为

$$\begin{aligned}\nabla^2\boldsymbol{A} &= \left(\frac{\partial^2 A_x}{\partial x^2}+\frac{\partial^2 A_x}{\partial y^2}+\frac{\partial^2 A_x}{\partial z^2}\right)\boldsymbol{i}+\left(\frac{\partial^2 A_y}{\partial x^2}+\frac{\partial^2 A_y}{\partial y^2}+\frac{\partial^2 A_y}{\partial z^2}\right)\boldsymbol{j}+\left(\frac{\partial^2 A_z}{\partial x^2}+\frac{\partial^2 A_z}{\partial y^2}+\frac{\partial^2 A_z}{\partial z^2}\right)\boldsymbol{k}\\ &= \nabla^2 A_x\boldsymbol{i}+\nabla^2 A_y\boldsymbol{j}+\nabla^2 A_z\boldsymbol{k}\end{aligned}$$

可以用定义证明式

$$\nabla^2\boldsymbol{A} = \nabla(\nabla\cdot\boldsymbol{A}) - \nabla\times(\nabla\times\boldsymbol{A})$$

在柱坐标系的拉普拉斯表示式

$$\nabla^2\boldsymbol{A} = \nabla^2 A_r - \frac{A_r}{r^2} - \frac{2}{r^2}\frac{\partial A_\varphi}{\partial\varphi} + \nabla^2 A_\varphi - \frac{A_\varphi}{r^2} + \frac{2}{r^2}\frac{\partial A_r}{\partial\varphi} + \nabla^2 A_z$$

在球坐标系中的拉普拉斯表示式

$$\begin{aligned}\nabla^2\boldsymbol{A} = {}& \nabla^2 A_r - \frac{2}{r^2}A_r - \frac{2}{r^2\sin\theta}\frac{\partial}{\partial\theta}(A_\theta\sin\theta) - \frac{2}{r^2\sin\theta}\frac{\partial A_\varphi}{\partial\varphi} + \\ & \nabla^2 A_\theta - \frac{1}{r^2\sin^2\theta}A_\theta + \frac{2}{r^2}\frac{\partial A_r}{\partial\theta} - \frac{2\cos\theta}{r^2\sin^2\theta}\frac{\partial A_\varphi}{\partial\varphi} + \\ & \nabla^2 A_\varphi - \frac{2}{r^2\sin^2\theta}A_\varphi + \frac{2}{r^2\sin\theta}\frac{\partial A_r}{\partial\varphi} + \frac{2\cos\theta}{r^2\sin^2\theta}\frac{\partial A_\theta}{\partial\varphi}\end{aligned}$$

6. 化学工程中常用的矢量场

场论中有几种重要的矢量场为有势场、管形场、调和场，化学工程中也常用这几种场描述问题。先介绍在三维空间里单连域与复连域的概念。

①如果在一个空间区域 Ω 内，任何一条简单闭曲线 l，都可以作出一个以 Γ 为边界且全部位于区域 Ω 内的曲面 S，则称此区域 Ω 为线单连域；否则，称为线复连域。例如空心球体是线单连域，而环面体则为线复连域。

②如果在一个空间区域 Ω 内，任一简单闭曲面 S 所包围的全部点，都在区域 Ω 内（即 S 内没有洞），则称此区域 Ω 为面单连域；否则，称为面复连域。例如环面体是面单连域，而空心球体是面复连域，如图2.2.18所示。

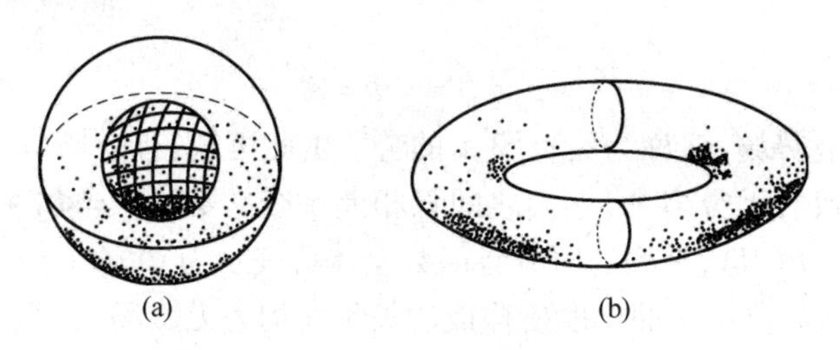

图2.2.18　单连域与复连域

(a)空心球体；(b)环面体

显然，有许多空间区域既是线单连域，同时又是面单连域，例如实心球体、椭球体、圆柱体和平行六面体等。

(1)无旋场（有势场）

定义2.2.14　若有矢量场 $\boldsymbol{A}(M)$，在其所定义的区域里的各点的旋度都等于零，即 $\nabla\times\boldsymbol{A}=0$，则该矢量场称为无旋场，也称为有势场。

无旋场在其所定义的区域里各点的旋度都等于零，即

$$\mathrm{rot}\boldsymbol{A}=\nabla\times\boldsymbol{A}=0 \tag{2.2.38}$$

由斯托克斯公式的矢量式

$$\oint_l \boldsymbol{A}\cdot\mathrm{d}\boldsymbol{l}=\iint_S(\mathrm{rot}\boldsymbol{A})\cdot\mathrm{d}\boldsymbol{S}=0$$

这个事实等价于曲线积分 $\int_{M_0M}\boldsymbol{A}\cdot\mathrm{d}\boldsymbol{l}$ 与路径无关，其积分值只取决于积分的起点 $M_0(x_0,y_0,z_0)$ 和终点 $M(x,y,z)$ 的位置，将这个函数记作 $u(x,y,z)$，即

$$u(x,y,z)=\int_{(x_0,y_0,z_0)}^{(x,y,z)}P\mathrm{d}x+Q\mathrm{d}y+R\mathrm{d}z \tag{2.2.39}$$

这个函数具有下面的性质

$$\frac{\partial u}{\partial x}=P(x,y,z),\quad \frac{\partial u}{\partial y}=Q(x,y,z),\quad \frac{\partial u}{\partial z}=R(x,y,z)$$

此性质表明：

①$\boldsymbol{A}\cdot\mathrm{d}\boldsymbol{l}=P\mathrm{d}x+Q\mathrm{d}y+R\mathrm{d}z=\frac{\partial u}{\partial x}\mathrm{d}x+\frac{\partial u}{\partial y}\mathrm{d}y+\frac{\partial u}{\partial z}\mathrm{d}z=\mathrm{d}u$，由此式可知表达式 $\boldsymbol{A}\cdot\mathrm{d}\boldsymbol{l}=P\mathrm{d}x+Q\mathrm{d}y+R\mathrm{d}z$ 为函数 u 的全微分。

②对无旋场的线积分仅取决于积分的起点和终点，与积分路径无关。称这种具有曲线

积分$\int_{M_0M} \boldsymbol{A} \cdot \mathrm{d}\boldsymbol{l}$与路径无关性质的矢场为有势场，也称为保守场。

也可以说，场无旋、场有势（梯度场）、曲线积分$\int_{M_1}^{M_2} \boldsymbol{A} \cdot \mathrm{d}\boldsymbol{l}$与路径无关，以及表达式$\boldsymbol{A} \cdot \mathrm{d}\boldsymbol{l} = P\mathrm{d}x + Q\mathrm{d}y + R\mathrm{d}z$是某个数量函数的全微分，这四者是等价的。有计算公式：

$$u(x,y,z) = \int_{x_0}^{x} P(x,y_0,z_0)\,\mathrm{d}x + \int_{y_0}^{y} Q(x,y,z_0)\,\mathrm{d}y + \int_{z_0}^{z} R(x,y,z)\,\mathrm{d}z$$

用此公式，就可比较方便地求出函数 u 来。

定理 2.2.2 在线单连域内矢量场 $\boldsymbol{A}$ 为有势场的充要条件是其旋度在场内处处为零。

任何无旋场都可以表示某个数量函数 Φ 的梯度，即如果$\nabla \times \boldsymbol{A} = 0$，则存在单值数量场 Φ 满足

$$\mathrm{grad}\boldsymbol{\Phi} = \nabla\boldsymbol{\Phi} = \boldsymbol{A}$$

此矢量场 $\boldsymbol{A}$ 为有势场，Φ 称为矢量场 $\boldsymbol{A}$ 的势。由此可知，有势场是一个梯度场。

有势场的势函数有无穷多个，它们之间只相差一个常数，$\Phi_1 = \Phi_2 + C$。若已知有势场 $\boldsymbol{A}(M)$的一个势函数 $\Phi(M)$，则场的所有势函数全体可表示为 $\Phi(M) + C$（C 为任意常数）。

很容易证明任何数量场 u 的梯度所构成的矢量场均为无旋场，有

$$\nabla \times \nabla u = 0$$

(2)无源场（管形场）

定义 2.2.15 设有矢量场 $A(M)$，在其所定义的区域里的各点的散度都等于零，即 $\mathrm{div}\boldsymbol{A} = 0$，该矢量场称为无源场，也称为管形场。

由矢量场的旋度定义很容易证明任何矢量场的旋度所构成的矢量场都是无源场，有 $\nabla \cdot (\nabla \times \boldsymbol{A}) \equiv 0$。矢量场为无源场的充要条件，即在其所定义的区域里对任何闭合曲面的通量等于零。

无源场的矢势 任何无源场都可表示为某一个矢量场的旋度。如果$\nabla \cdot \boldsymbol{A} = 0$，则存在矢量场 $\boldsymbol{B}$，$\nabla \times \boldsymbol{B} = \boldsymbol{A}$。$\boldsymbol{B}$ 称为无源场 $\boldsymbol{A}$ 的矢势。

定理 2.2.3 矢量场 $\boldsymbol{A}$ 为无源场的充要条件是它为另一矢量场 $\boldsymbol{B}$ 的旋度场。

由定理可知，因为 $\mathrm{rot}\boldsymbol{B} = \boldsymbol{A}$，$\boldsymbol{B}$ 称为无源场 $\boldsymbol{A}$ 的矢势，也可表示为

$$\mathrm{div}\boldsymbol{A} = \mathrm{div}(\mathrm{rot}\boldsymbol{B}) = 0 \tag{2.2.40}$$

即

$$\nabla \cdot (\nabla \times \boldsymbol{B}) = 0$$

由奥－高公式可知

$$\iiint_{\Omega} \nabla \cdot \boldsymbol{A}\mathrm{d}V = \oiint_{S} \boldsymbol{A} \cdot \mathrm{d}\boldsymbol{S} = 0 \tag{2.2.41}$$

此式表明无源场在其所定义的区域里，对任何闭合曲面的通量都等于零。例如当不可压缩流体流过管子时，则通过任何截面的流体的通量都应相等。

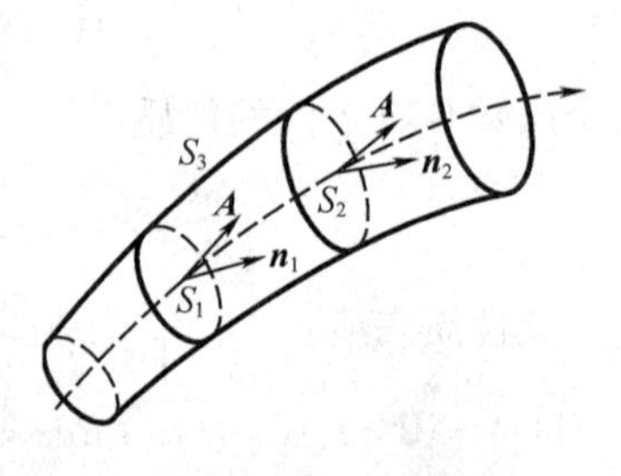

图 2.2.19 矢量管

定理 2.2.4 设管形场 $\boldsymbol{A}$ 所在的空间区域是面单连域，在场中任取一个矢量管（即由矢量线所组成的管形曲面），如图 2.2.19 所示，假定 S_1 与 S_2 是它的任意两个横断面，其法矢量 $\boldsymbol{n}_1$ 与 $\boldsymbol{n}_2$ 都朝向矢量 $\boldsymbol{A}$ 所指的一侧，则有

$$\iint_{S_1} \boldsymbol{A} \cdot \boldsymbol{n}_1 \mathrm{d}S = \iint_{S_2} \boldsymbol{A} \cdot \boldsymbol{n}_2 \mathrm{d}S \tag{2.2.42}$$

上式表明,在无源场所定义的区域里取定任意的有向闭合曲面,无源场的面积分只取决于曲面的边界,与曲面的形状无关。

(3)调和场

定义2.2.16 如果在矢量场中同时有 $\mathrm{div}\boldsymbol{A}=0$ 和 $\mathrm{rot}\boldsymbol{A}=0$,则称此矢量场 $\boldsymbol{A}$ 为调和场,亦即调和场是既无源又无旋的矢量场。

①调和函数

设矢量场 $\boldsymbol{A}$ 为调和场,$\mathrm{rot}\boldsymbol{A}=0$,因为存在函数 u 满足 $\boldsymbol{A}=\mathrm{grad}u$,又按定义有 $\mathrm{div}\boldsymbol{A}=0$,于是有

$$\mathrm{div}(\mathrm{grad}u)=0 \tag{2.2.43}$$

即

$$\nabla\cdot(\nabla u)=0$$

在直角坐标系中

$$\left(\boldsymbol{i}\frac{\partial}{\partial x}+\boldsymbol{j}\frac{\partial}{\partial y}+\boldsymbol{k}\frac{\partial}{\partial z}\right)\cdot\left(\frac{\partial u}{\partial x}\boldsymbol{i}+\frac{\partial u}{\partial y}\boldsymbol{j}+\frac{\partial u}{\partial z}\boldsymbol{k}\right)=\frac{\partial^2 u}{\partial x^2}+\frac{\partial^2 u}{\partial y^2}+\frac{\partial^2 u}{\partial z^2}=0$$

这个二阶偏微分方程称为拉普拉斯(Laplace)方程,满足拉普拉斯方程的函数 u 称为调和函数。拉普拉斯引入了一个数性微分算子

$$\Delta=\frac{\partial^2}{\partial x^2}+\frac{\partial^2}{\partial y^2}+\frac{\partial^2}{\partial z^2}$$

称为拉普拉斯算子,它与哈密顿算子 ∇ 的关系为

$$\Delta=\nabla\cdot\nabla=\nabla^2$$

上述方程式可写成 $\Delta u=0$,Δu 称为调和量。数量场的拉普拉斯算子,其结果为数量。

矢量场 $\boldsymbol{A}$ 梯度的散度 $\nabla\cdot(\nabla\boldsymbol{A})$ 称为 $\boldsymbol{A}$ 的拉普拉斯算子,记为

$$\nabla\cdot(\nabla\boldsymbol{A})=\nabla^2\boldsymbol{A}=\Delta\boldsymbol{A}$$

上式中矢量场 $\boldsymbol{A}$ 的梯度是张量。矢量场的拉普拉斯算子,其结果为矢量

$$\nabla^2\boldsymbol{A}=\nabla(\nabla\cdot\boldsymbol{A})-\nabla\times(\nabla\times\boldsymbol{A})$$

对于曲线坐标系中,对数量函数 u 求梯度后再求散度,得调和量

$$\Delta u=\frac{1}{q_1q_2q_3}\left[\frac{\partial}{\partial q_1}\left(\frac{h_2h_3}{h_1}\frac{\partial u}{\partial q_1}\right)+\frac{\partial}{\partial q_2}\left(\frac{h_1h_3}{h_2}\frac{\partial u}{\partial q_2}\right)+\frac{\partial}{\partial q_3}\left(\frac{h_1h_2}{h_3}\frac{\partial u}{\partial q_3}\right)\right]$$

柱坐标系中调和量

$$\nabla^2 u=\frac{1}{r}\frac{\partial}{\partial r}\left(r\frac{\partial u}{\partial r}\right)+\frac{1}{r^2}\frac{\partial^2 u}{\partial\varphi^2}+\frac{\partial^2 u}{\partial z^2}$$

球坐标系中调和量

$$\nabla^2 u=\frac{1}{r^2}\frac{\partial}{\partial r}\left(r^2\frac{\partial u}{\partial r}\right)+\frac{1}{r^2\sin\theta}\frac{\partial}{\partial\theta}\left(\sin\theta\frac{\partial u}{\partial\theta}\right)+\frac{1}{r^2\sin^2\theta}\frac{\partial^2 u}{\partial\varphi^2}$$

②平面调和场

平面调和场是指既无源又无旋的平面矢量场。与空间调和场相比,它具有某些特殊性质。当研究对象在某一维尺度特别地大,大于另外二维的尺度,也可以说,当研究对象某一维边界的影响可忽略不用考虑时,该问题可简化为平面问题。由于工程中很多问题可以简化为二维问题,平面调和场在工程中应用很多。以一个二维不可压缩流体的平面流动为例,$\boldsymbol{u}=u\boldsymbol{i}+v\boldsymbol{j}$ 为无源无旋的调和场。由于

$$\mathrm{rot}\boldsymbol{u}=\left(\frac{\partial v}{\partial x}-\frac{\partial u}{\partial y}\right)\boldsymbol{k}=0$$

即有
$$\frac{\partial v}{\partial x}-\frac{\partial u}{\partial y}=0$$
一定存在势函数 Φ 满足
$$\boldsymbol{u}=\nabla\Phi=\frac{\partial\Phi}{\partial x}\boldsymbol{i}+\frac{\partial\Phi}{\partial y}\boldsymbol{j}$$
即有
$$u=\frac{\partial\Phi}{\partial x},\quad v=\frac{\partial\Phi}{\partial y}$$
其中,势函数可用如下的积分求出:
$$\Phi(x,y)=\int_{x_0}^{x}u(x,y_0)\mathrm{d}x+\int_{y_0}^{y}v(x,y)\mathrm{d}y$$

因为 $\mathrm{div}\boldsymbol{u}=0$,即
$$\frac{\partial u}{\partial x}+\frac{\partial v}{\partial y}=0$$
将此式与$\frac{\partial v}{\partial x}-\frac{\partial u}{\partial y}=0$ 比较,它表示以 $-v$ 和 u 为坐标的矢量 $\boldsymbol{B}=-v\boldsymbol{i}+u\boldsymbol{j}$ 的旋度
$$\mathrm{rot}\boldsymbol{B}=\left[\frac{\partial u}{\partial x}-\frac{\partial(-v)}{\partial y}\right]\boldsymbol{k}=0$$
必然存在一个函数 ψ 满足 $\boldsymbol{u}=\mathrm{grad}\psi$,即有
$$-v=\frac{\partial\psi}{\partial x},\quad u=\frac{\partial\psi}{\partial y}$$
函数 ψ 称为平面调和场 $\boldsymbol{u}$ 的力函数(如流场中为流函数),用如下积分求出
$$\psi(x,y)=\int_{x_0}^{x}-v(x,y_0)\mathrm{d}x+\int_{y_0}^{y}u(x,y)\mathrm{d}y$$
得
$$\frac{\partial\psi}{\partial x}=-\frac{\partial\Phi}{\partial y},\quad\frac{\partial\psi}{\partial y}=\frac{\partial\Phi}{\partial x}$$
这就是流函数 ψ 与势函数 Φ 之间的关系式,可得
$$\frac{\partial^2\Phi}{\partial x^2}+\frac{\partial^2\Phi}{\partial y^2}=0,\quad\frac{\partial^2\psi}{\partial x^2}+\frac{\partial^2\psi}{\partial y^2}=0$$
这两个方程都是二维拉普拉斯方程。Φ 与 ψ 都是调和函数,Φ 与 ψ 为共轭调和函数。

力函数和势函数的等值线分别为
$$\psi(x,y)=C_1,\quad\Phi(x,y)=C_2$$
分别称为平面调和场的力线和等势线。力线是场的矢量线。

例如,设二维流动的速度为 $\boldsymbol{u}=u\boldsymbol{i}+v\boldsymbol{j}$,将流函数定义式代入不可压缩流体的连续性方程$\nabla\cdot\boldsymbol{u}=0$,得
$$\frac{\partial}{\partial x}\left(\frac{\partial\psi}{\partial y}\right)+\frac{\partial}{\partial y}\left(-\frac{\partial\psi}{\partial x}\right)=0$$
说明了流函数 ψ 满足流体的连续性方程,即
$$\mathrm{d}\psi=\frac{\partial\psi}{\partial x}\mathrm{d}x+\frac{\partial\psi}{\partial y}\mathrm{d}y=-v\mathrm{d}x+u\mathrm{d}y$$

若流函数 $\psi(x,y)$ 为常数,则有
$$\mathrm{d}\psi=-v\mathrm{d}x+u\mathrm{d}y=0$$

由上式得到流线方程(Stream Line Equation):

$$\frac{dx}{u}=\frac{dy}{v}$$

流线是同一时刻不同质点所组成的曲线(图 2.2.20),它给出该时刻不同流体质点的运动方向。流线有以下特点:

a. 在某一给定时刻 t,流场中任一空间点都有一条流线流过,流场中的流线是曲线族。流线不相交,即流体不能穿过流线流动。

b. 非稳定场中任一空间点的流速大小和方向都随时间改变,流线和迹线不重合。稳定场中任一空间点处只能有一条流线通过,流线和迹线重合。

c. 流线疏密表示流速大小,流线密处流速度大。绘出流线图,即表示了流速场。$|\psi_1-\psi_2|$为两流线之间的体积流量之差。

交叉相乘后,得

$$\frac{\partial \Phi}{\partial x}\frac{\partial \psi}{\partial x}+\frac{\partial \Phi}{\partial y}\frac{\partial \psi}{\partial y}=0$$

即

$$\nabla\Phi\cdot\nabla\psi=0$$

此式说明等势线族 $\Phi(x,y)=C$ 和等力线族 $\psi(x,y)=C$ 是正交的,即等势线和流线互相垂直。在平面上可将等势线族和流线族构成正交网络,在流体力学中称为流网,在图 2.2.21中虚线代表等势线,它与流线组成一个处处正交的流网。在实验室中常用一种所谓“水电比拟仪”绘制流网。它是根据水流与电流的相似性,用在相同边界条件下绘制等电位线的办法来绘制水流的等势线。

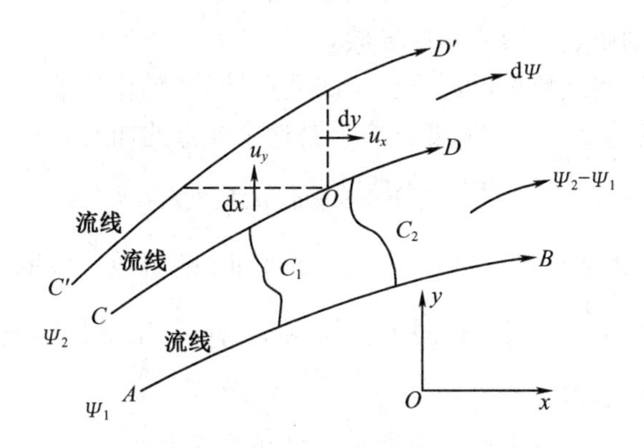

图 2.2.20　流线

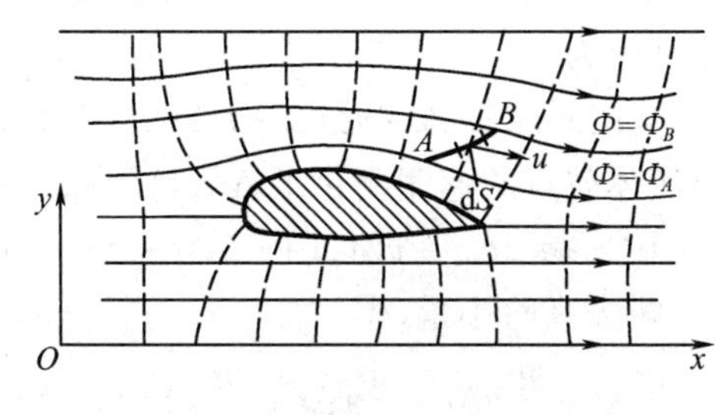

图 2.2.21　流网

等势线即为过水断面线。这种正交流网提供了图解平面势流的一个途径，可以大致描绘流场的形象。节点处等势线垂直于流线，根据这一重要性质，当知道某一流动的流线时，可以利用正交性质求其等势线，或者相反。由上述可知，流场中求解速度场 $\boldsymbol{u}$ 的问题已经转化为求解流函数 $\psi(x,y)$ 和速度势 $\Phi(x,y)=C$，未知数的数目由三个减少到一个。由于拉普拉斯方程在数学物理方程中研究得比较透彻，给出确定的边界条件，函数 $\psi(x,y)$ 和 $\Phi(x,y)=C$ 是可解的。如果一个问题既可用流函数 ψ 来建立数学模型，又可用 Φ 来建立数学模型，则 ψ 比 Φ 所得到的边界条件更简单。

2.2.1.2 场论在化学工程中的应用

1. 描述流动运动的基本方法

描述流体的运动要表示空间点的位置、速度和加速度。为了研究流体的运动，已确立了描述流体运动的拉格朗日法（Lagrange）和欧拉法（Euler）两种基本研究方法。首先介绍这两种基本方法。相关研究方法请参考相关高等数学课本。在此仅做简单说明。

在工程中，常常需要研究速度场、压力场、密度场等物理量随时间和空间位置的变化。若场内函数不依赖于矢径 $\boldsymbol{r}$ 称为均匀场；反之则称为不均匀场。若场内函数不依赖于时间 t 称为定常（稳定）场；反之则称为不定常（非稳定）场。工程中必须进一步考察运动中的流体质点所具有的物理量 N（如速度、压强、密度、温度、质量、动量、动能等）对时间的变化率。

$$\frac{\mathrm{d}N}{\mathrm{d}t}=\lim_{\Delta t\to 0}\frac{\Delta N}{\Delta t} \tag{2.2.44}$$

该变化率称为物理量的质点导数或随体导数。

分别用拉格朗日法和欧拉法讨论物理量的质点导数（随体导数）。在拉格朗日法中，任一流体质点 (a,b,c) 的速度对于时间变化率就是这个质点的加速度

$$\frac{\mathrm{d}\boldsymbol{u}(a,b,c,t)}{\mathrm{d}t}=\boldsymbol{a}(a,b,c,t)$$

在欧拉法中，物理量是空间坐标 q_1,q_2,q_3 及时间 t 的函数。以速度为例，$\boldsymbol{u}=\boldsymbol{u}(q_1,q_2,q_3,t)$，它对于时间的导数 $\frac{\mathrm{d}\boldsymbol{u}}{\mathrm{d}t}$ 只表示在固定空间点 q_1,q_2,q_3 上流体的速度对时间的变化率，而不是某个确定的流体质点的速度对于时间的变化率。

下面用欧拉法来讨论流体质点的速度对于时间的变化率。

设在 t 时刻空间点 $P(x,y,z)$ 上，流体质点速度为 $\boldsymbol{u}_P=\boldsymbol{u}(x,y,z,t)$，经过时间间隔 Δt 之后，此流体质点位移一段距离 $\boldsymbol{u}\Delta t$ 后，从而占据了 $P'(x+u\Delta t,y+v\Delta t,z+w\Delta t)$ 点。

P' 点上这个流体质点速度应为

$$u_{P'}=u(x+u\Delta t,y+v\Delta t,z+w\Delta t,t+\Delta t)$$

经过了 Δt 时间间隔后，这个流体质点的速度变化了 $\Delta\boldsymbol{u}$，计算如下：

$$\Delta\boldsymbol{u}=\boldsymbol{u}_{P'}-\boldsymbol{u}_P=\boldsymbol{u}(x+u\Delta t,y+v\Delta t,z+w\Delta t,t+\Delta t)-\boldsymbol{u}(x,y,z,t)$$

用泰勒公式展开上式右侧，并略去高阶小量，得

$$\Delta\boldsymbol{u}=\frac{\partial\boldsymbol{u}}{\partial t}\Delta t+\frac{\partial\boldsymbol{u}}{\partial x}u\Delta t+\frac{\partial\boldsymbol{u}}{\partial y}v\Delta t+\frac{\partial\boldsymbol{u}}{\partial z}w\Delta t+o(\Delta t^2)$$

对速度的增量与时间增量比值求极限，得到该质点的加速度为

$$\boldsymbol{a}=\lim_{\Delta t\to 0}\frac{\Delta\boldsymbol{u}}{\Delta t}=\frac{\mathrm{d}\boldsymbol{u}}{\mathrm{d}t}=\frac{\partial\boldsymbol{u}}{\partial t}+u\frac{\partial\boldsymbol{u}}{\partial x}+v\frac{\partial\boldsymbol{u}}{\partial y}+w\frac{\partial\boldsymbol{u}}{\partial z}$$

用矢量运算符,上式可表示为

$$\boldsymbol{a}=\frac{\mathrm{d}\boldsymbol{u}}{\mathrm{d}t}=\frac{\partial \boldsymbol{u}}{\partial t}+(\boldsymbol{u}\cdot\nabla)\boldsymbol{u}$$

简单介绍欧拉法表示流体质点的物理量对于时间变化率的物理意义。在 t 时刻流体质点 M,从点 $A(x,y,z)$ 以速度 $\boldsymbol{u}(x)=u(t)\boldsymbol{i}+v(t)\boldsymbol{j}+w(t)\boldsymbol{k}$ 携带着某个物理量 $N(x,y,z)$ 在流场中运动。$t+\Delta t$ 时刻流体质点 M 到达点 $B(x+\Delta x,y+\Delta y,z+\Delta z)$。因为流场的不定常性和非均匀性,质点 M 所具有的物理量 N 有以下两种变化:

(1)时间过去了 Δt,由于场的不定常性,速度将发生变化;

(2)与此同时,M 点在场内沿迹线移动了 MM',即空间距离 $\Delta s=\Delta x\boldsymbol{i}+\Delta y\boldsymbol{j}+\Delta z\boldsymbol{k}$,由于场的不均匀性也将引起速度的变化。

由此可见,用一个公式表示数量场的质点导数,而矢量场的质点导数有三个分量。以直角坐标系中的速度场 $\boldsymbol{u}=u\boldsymbol{i}+v\boldsymbol{j}+w\boldsymbol{k}$ 为例,速度的质点导数(随体导数)有三个分量,分别为

$$\frac{\mathrm{D}u}{\mathrm{D}t}=\frac{\partial u}{\partial t}+u\frac{\partial u}{\partial x}+v\frac{\partial u}{\partial y}+w\frac{\partial u}{\partial z}=\frac{\partial u}{\partial t}+(\boldsymbol{u}\cdot\nabla)u$$

$$\frac{\mathrm{D}v}{\mathrm{D}t}=\frac{\partial v}{\partial t}+u\frac{\partial v}{\partial x}+v\frac{\partial v}{\partial y}+w\frac{\partial v}{\partial z}=\frac{\partial v}{\partial t}+(\boldsymbol{u}\cdot\nabla)v$$

$$\frac{\mathrm{D}w}{\mathrm{D}t}=\frac{\partial w}{\partial t}+u\frac{\partial w}{\partial x}+v\frac{\partial w}{\partial y}+w\frac{\partial w}{\partial z}=\frac{\partial w}{\partial t}+(\boldsymbol{u}\cdot\nabla)w$$

在直角坐标系中,确定质点导数的算符为

$$\frac{\mathrm{D}}{\mathrm{D}t}=\frac{\partial}{\partial t}+u\frac{\partial}{\partial x}+v\frac{\partial}{\partial y}+w\frac{\partial}{\partial z}$$

在任意正交曲线坐标系中,不进行详细推导,仅给出确定质点导数的算符为

$$\frac{\mathrm{D}}{\mathrm{D}t}=\frac{\partial}{\partial t}+v_1\frac{\partial}{h_1\partial q_1}+v_2\frac{\partial}{h_2\partial q_2}+v_3\frac{\partial}{h_3\partial q_3}$$

在柱坐标系中确定质点导数的算符为

$$\frac{\mathrm{D}}{\mathrm{D}t}=\frac{\partial}{\partial t}+v_r\frac{\partial}{\partial r}+v_\varphi\frac{1}{r}\frac{\partial}{\partial \varphi}+v_z\frac{\partial}{\partial z}$$

在球坐标系中确定质点导数的算符为

$$\frac{\mathrm{D}}{\mathrm{D}t}=\frac{\partial}{\partial t}+v_r\frac{\partial}{\partial r}+v_\theta\frac{1}{r}\frac{\partial}{\partial \theta}+v_\varphi\frac{1}{r\sin\theta}\frac{\partial}{\partial \varphi}$$

2. 建立数学物理模型的步骤

在学习描述流体运动基本方法的基础上,介绍化学工程中一般数理模型化方法的步骤,重点讨论如何运用场论建立化工系统中动量、热量和质量传递的数学物理模型。

(1)确立研究的系统,给出简化假设条件

当分析一个化工问题时,首先确定研究的系统,给出假设条件简化问题。

①画出略图,列出所有的数据,确定研究的系统。包含着确定不变的物质的任何集合,称之为系统。

建模工作重要的第一步是运用工程判断力推断任何使问题简化的可能性,做出合理必要的简化假设。所谓合理是说简化后的模型能够反映过程的本质,满足应用的需要。所谓必要是为了求解方便和可能。假设是对模型的人为限制,在评价模型模拟效果时要考虑简

化假设的影响。

②确定自变量与因变量,自变量与因变量这些变量由具体问题的类型而定。对于非稳定过程,时间是自变量。

如图2.2.22(a)所示,对于一个搅拌良好的槽,槽内溶液可选为系统。因在槽内任一处浓度都均匀,此搅拌槽系统为体积系统。

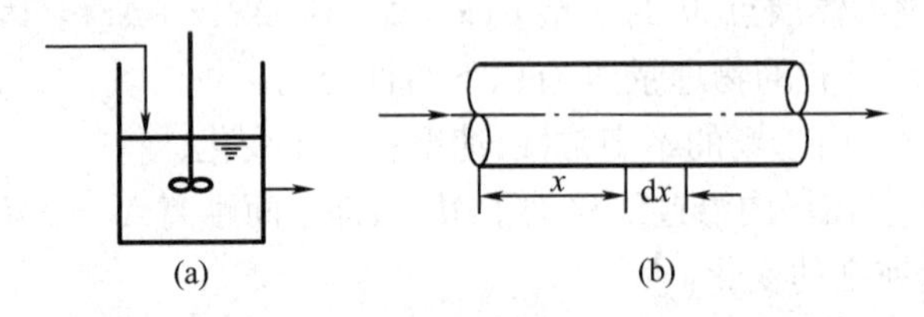

图2.2.22 搅拌槽系统

(a)体积系统;(b)一维分布系统

又如一个蒸气套管,若 x 为至入口距离,系统可选无限小的 dx。因浓度随位置而改变,此系统为一维分布系统,如图2.2.22(b)所示。

(2)建立平衡关系

进行总平衡及其特定物质的物料平衡(动量、质量、能量守恒),由平衡关系建立微分方程。建立微分方程,往往是最难的一步,没有一定的原则可循,应从问题本身考虑。仔细观察要研究的问题。对系统做平衡时,应注意流动和非流动过程,区别质量、热量和动量,并考虑它们的数量关系,一般有如下几种关系:

①非流动过程

进入系统物理量的数值减去离开系统物理量的数值等于系统内该物理量累积的数值。

②流动过程

流入系统物理量的速率减去离开系统物理量的速率等于系统内物理量累积的速率。

充分地考虑所有可能应用的定理。对于化学和化学工程问题,经常用以下几种基本定律和有关原理。

a. 质量守恒定律

从以下两个方面考虑系统的质量守恒:

(进入系统的质量) - (离开系统的质量) = (系统内质量的累积) - (系统内生成的质量)

(流入系统的质量流率) - (离开系统的质量流率) = (系统内质量累积速率) - (系统内质量生成速率)

b. 能量守恒定律

当能量处在一个系统内,由热力学第一定律,即系统的内能、动能和位能通量的改变,等于加进系统内的热量与系统对外界所做功之差。用这一定律,很容易导出系统的热量平衡:

(由输送和扩散而进入系统的内能、动能和位能通量) - (由输送和扩散而离开系统的内能、动能和位能通量) + (由传导、辐射及反应加给系统的热量通量) - (系统对外做功) = (系统的内能、动能和位能的变化)

c. 速率方程式

当问题包含有时间因素时,应考虑物理量的速率,例如热传导中的传递速率,吸收与蒸馏的传质速率、化学反应速率等。可利用动量守恒定律建立平衡关系式。

d. 化学物理量的平衡

利用包括反应动力学、化学平衡和相平衡等所有的物理化学基本原理,建立数学物理模型。

e. 利用已知基本方程建立工程问题适用的模型

利用已知成熟可靠的数学物理方程,将方程简化为自己研究问题的数理模型。

(3)确定初始条件和边界条件

初始条件考虑和研究对象的初始时刻的状态,即在初始时刻物理量的初始状态。通常初始条件是已知的。要注意的是,初始条件给定的是整个系统的状态,而不是某个局部的状态。对于稳定场问题,就不存在初始条件。给出边界上自变量数值所对应的因变量值,即边界条件。边界条件是考虑工程问题本身所产生的,而不是由数学考虑产生的。

同一个基本方程可以描述不同工程问题的传递现象。一个描述工程问题完整的数学模型必须包括基本方程和描述某一过程特点的初始条件和边界条件。在数学上只有给定了初始条件和边界条件,基本方程才能有唯一确定的解。对于常微分方程,边界条件的数目应等于微分方程的阶数。

(4)模型的求解

建立数理模型时,注意模型的数学一致性。对于多变量的复杂系统,模型方程建立以后,一定要检查一下方程的数目是否与自变量个数相等。总之要使系统的自由度为零。一定要考虑模型的可解性,并选择求解的方法。解析法给出系统变量的连续函数解,可以准确地分析变量间相互关系。由于工程问题的复杂性,有许多问题不得不使用数值法求解。

(5)模型解的验证

数理模型是对系统过程经过简化假设得到的物理模型的数学抽象,它反映过程本质特征,但它毕竟是一种近似,不可避免地存在一定差异或偏离。数理模型的可靠性与精确度除了取决于建模假设偏离真实条件程度外,还依赖于基础数据的精度,因此模型模拟的结果必须用实验或生产现场数据来考核。假如存在一定差距,则需要修改数学模型或校验基础数据,逐步完善,使该数理模型的解能用于工程实际。

3. 工程中连续性方程、运动方程及传递方程的建立

本节的最后一部分运用矢量分析的方法,介绍如何建立工程中的连续性方程,以及动量、热量和质量传递等方程。

(1)连续性方程

质量守恒定律阐明,质量无论经过什么样的运动,机械的、物理的、化学的,物体的总质量保持不变。从质量守恒定律出发建立连续性方程。在宏观运动中,同一流体的质量在运动过程中不生不灭,即

$$(\text{输出的质量流率})-(\text{输入的质量流率})+(\text{累计的质量流率})=0$$

①运用欧拉法推导连续性方程

在直角坐标系中,取一微元体 dx,dy,dz,如图 2.2.23 所示。设流体的密度 $\rho=\rho(x,y,z,t)$,任一点的速度 $\boldsymbol{u}=u\boldsymbol{i}+v\boldsymbol{j}+w\boldsymbol{k}$。沿各坐标轴的质量通量分别为 $\rho u,\rho v$ 和 ρw,对微元体进行质量衡算。

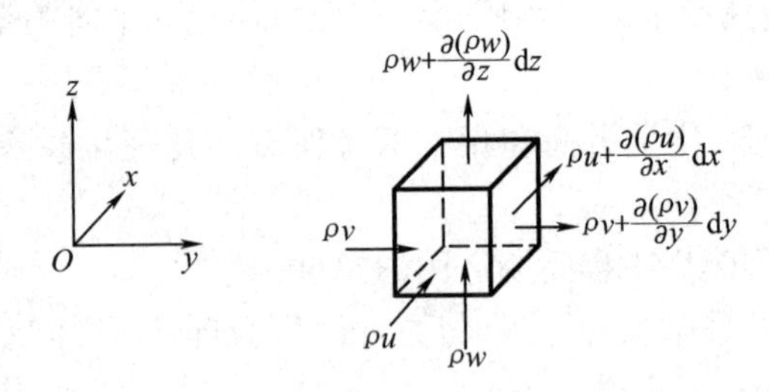

图 2.2.23 直角坐标系中质量衡算微元体

在 x 方向上，通过侧面流入微元体的质量流率为 $\rho u\mathrm{d}y\mathrm{d}z$，流出微元体的质量流率为 $\left[\rho u+\frac{\partial(\rho u)}{\partial x}\mathrm{d}x\right]\mathrm{d}y\mathrm{d}z$。在 x 方向上净质量流率为

$$\left[\rho u+\frac{\partial(\rho u)}{\partial x}\mathrm{d}x\right]\mathrm{d}y\mathrm{d}z-\rho u\mathrm{d}y\mathrm{d}z=\frac{\partial(\rho u)}{\partial x}\mathrm{d}x\mathrm{d}y\mathrm{d}z$$

同理 y 方向上净质量流率为

$$\frac{\partial(\rho v)}{\partial y}\mathrm{d}x\mathrm{d}y\mathrm{d}z$$

z 方向上净质量流率为

$$\frac{\partial(\rho w)}{\partial z}\mathrm{d}x\mathrm{d}y\mathrm{d}z$$

流体总的净质量流率为

$$\left[\frac{\partial(\rho u)}{\partial x}+\frac{\partial(\rho v)}{\partial y}+\frac{\partial(\rho w)}{\partial z}\right]\mathrm{d}x\mathrm{d}y\mathrm{d}z$$

微元体内累积的质量速率为

$$\frac{\partial\rho}{\partial t}\mathrm{d}x\mathrm{d}y\mathrm{d}z$$

得

$$\left[\frac{\partial(\rho u)}{\partial x}+\frac{\partial(\rho v)}{\partial y}+\frac{\partial(\rho w)}{\partial z}\right]\mathrm{d}x\mathrm{d}y\mathrm{d}z+\frac{\partial\rho}{\partial t}\mathrm{d}x\mathrm{d}y\mathrm{d}z=0$$

将上式化简后，得到直角坐标系中的表达式为

$$\frac{\partial\rho}{\partial t}+\frac{\partial(\rho u)}{\partial x}+\frac{\partial(\rho v)}{\partial y}+\frac{\partial(\rho w)}{\partial z}=0$$

用矢量表示为

$$\frac{\partial\rho}{\partial t}+\nabla\cdot(\rho\boldsymbol{u})=0$$

在柱坐标系中的表达式为

$$\frac{\partial\rho}{\partial t}+\frac{1}{r}\frac{\partial}{\partial r}(r\rho u_r)+\frac{1}{r}\frac{\partial}{\partial\varphi}(\rho u_\varphi)+\frac{\partial}{\partial z}(\rho u_z)=0$$

在球坐标系中表达式为

$$\frac{\partial\rho}{\partial t}+\frac{1}{r^2}\frac{\partial}{\partial r}(r^2\rho u_r)+\frac{1}{r\sin\theta}\frac{\partial}{\partial\theta}(\rho u_\theta\sin\theta)+\frac{1}{r\sin\theta}\frac{\partial}{\partial\varphi}(\rho u_\varphi)=0$$

②用拉格朗日法推导连续性方程

对流体有限体积内的质量运用拉格朗日法推导连续性方程。考虑流体质量为 δ_m 的有限体积元 δ_V，对有限体积元的质量 δ_m 运用质量守恒定律，有

$$\frac{\mathrm{D}}{\mathrm{D}t}\delta_m = 0$$

若流体的密度为 ρ，则 $\delta_m = \rho\delta_V$，将其代入上式，有 $\frac{\mathrm{D}}{\mathrm{D}t}\rho\delta_V = 0$，即

$$\rho\frac{\mathrm{D}}{\mathrm{D}t}\delta_V + \delta_V\frac{\mathrm{D}\rho}{\mathrm{D}t} = 0$$

或写成

$$\frac{1}{\rho}\frac{\mathrm{D}\rho}{\mathrm{D}t} + \frac{1}{\delta_V}\frac{\mathrm{D}}{\mathrm{D}t}\delta_V = 0$$

式中，$\frac{1}{\delta_V}\frac{\mathrm{D}}{\mathrm{D}t}\delta_V$ 为相对体积膨胀速度，即为速度的散度 $\mathrm{div}\boldsymbol{u}$，上式改写为

$$\frac{1}{\rho}\frac{\mathrm{D}\rho}{\mathrm{D}t} + \mathrm{div}\boldsymbol{u} = 0$$

或写成

$$\frac{\mathrm{D}\rho}{\mathrm{D}t} + \rho\nabla\cdot\boldsymbol{u} = 0$$

$$\frac{\partial\rho}{\partial t} + \boldsymbol{u}\cdot\nabla\rho + \rho\nabla\cdot\boldsymbol{u} = 0$$

下面介绍在特殊的情况下连续性方程的应用。

a. 稳定场，由于密度不随时间变化，即 $\frac{\partial\rho}{\partial t} = 0$，连续性方程简化为

$$\nabla\cdot(\rho\boldsymbol{u}) = 0$$

此式说明，流体定常运动时单位体积流进和流出的流体质量应相等。

b. 不可压缩流体，密度等于常数，即 $\rho = C$，$\frac{\mathrm{D}\rho}{\mathrm{D}t} = 0$，得到不可压缩流体的连续性方程

$$\mathrm{div}\boldsymbol{u} = 0$$

即

$$\nabla\cdot\boldsymbol{u} = 0$$

直角坐标系中的表达式

$$\frac{\partial u}{\partial x} + \frac{\partial v}{\partial y} + \frac{\partial w}{\partial z} = 0$$

当 $\rho = C$ 时为不可压缩流体，由于流体微元的密度和质量在随体运动中都不变，流体微元的体积在随体运动中也不发生变化，即速度的散度为零。也就是说，流体体积膨胀速率为三个方向上线变形速率之和，等于零。$\nabla\cdot\boldsymbol{u} = 0$ 说明不可压缩流体的速度场为无源场。

(2)流体流动的运动方程

描述流体运动的状态。用流速 $\boldsymbol{u}(x,y,z,t) = u\boldsymbol{i} + v\boldsymbol{j} + w\boldsymbol{k}$，压力分布 $p(x,y,z,t)$ 和密度函数 $\rho(x,y,z,t)$ 来描述流场。这里有五个变量 u,v,w,p,ρ。建立流体动力学的五个方程的依据是质量守恒、动量守恒、能量守恒。

第一个方程是前面已介绍的由质量守恒得到的连续性方程，即

$$\frac{\partial\rho}{\partial t} + \mathrm{div}(\rho\boldsymbol{u}) = 0$$

第二个方程是关联密度和压力的状态方程，对不同热力学假设将有不同的状态方程，这里不做详细介绍，一般的关联密度和压力的状态方程为

$$F(p,\rho)=0$$

对于理想气体有

$$\rho=\frac{pM}{RT},\quad \rho=\rho_0\frac{p}{p_0}\frac{T_0}{T}\quad (\text{理想气体})$$

第三个至第五个方程是将动量定理用于流体微元运动得到的运动方程。在空间中任取一个以控制面 S 为界的有限控制体,有限控制体的封闭表面积为 S,体积为 V。根据动量定理,体积微元 V 中流体动量的变化率等于作用在该体积微元上的质量力和面力之和,推导可得到流体力学中著名的奈维－斯托克斯方程,简称为 N－S 方程。

对不可压缩流体,运动方程也可写为矢量形式:

$$\frac{\partial \boldsymbol{u}}{\partial t}+\boldsymbol{u}\cdot\nabla\boldsymbol{u}=-\frac{1}{\rho}\nabla p+\upsilon\nabla^2\boldsymbol{u}+\boldsymbol{f}$$

式中,υ 为运动黏度。等号两边分别为与时间有关的力,等号右边为惯性力;等号左边的项分别为压力、黏性力和体积力。在直角坐标系中,N－S 方程写成分量形式:

$$\begin{cases}\dfrac{\partial u}{\partial t}+u\dfrac{\partial u}{\partial x}+v\dfrac{\partial u}{\partial y}+w\dfrac{\partial u}{\partial z}=-\dfrac{1}{\rho}\dfrac{\partial p}{\partial x}+\upsilon\nabla^2u+f_x\\ \dfrac{\partial v}{\partial t}+u\dfrac{\partial v}{\partial x}+v\dfrac{\partial v}{\partial y}+w\dfrac{\partial v}{\partial z}=-\dfrac{1}{\rho}\dfrac{\partial p}{\partial y}+\upsilon\nabla^2v+f_y\\ \dfrac{\partial w}{\partial t}+u\dfrac{\partial w}{\partial x}+v\dfrac{\partial w}{\partial y}+w\dfrac{\partial w}{\partial z}=-\dfrac{1}{\rho}\dfrac{\partial p}{\partial z}+\upsilon\nabla^2w+f_z\end{cases}$$

N－S 方程式的惯性力项是非线性项,不能用解析法求解。

在特定的条件下,该方程可简化为解析求解的方程。下面介绍该方程在特殊情况下的简化。

①如果流速很小,可忽略惯性力项,且 $f=0$,则 N－S 方程式简化为

$$\frac{\partial \boldsymbol{u}}{\partial t}=-\frac{1}{\rho}\nabla p+\upsilon\nabla^2\boldsymbol{u}$$

对上式求旋度,得

$$\frac{\partial}{\partial t}(\nabla\times\boldsymbol{u})=-\frac{1}{\rho}\nabla(\nabla\times p)+\upsilon\nabla^2\nabla\times\boldsymbol{u}$$

令 $\boldsymbol{\omega}=\nabla\times\boldsymbol{u}$ 为涡流强度,因梯度的旋度为零,即 $\nabla\times\nabla p=0$,得到的二阶线性偏微分方程是涡流运动方程

$$\frac{\partial\boldsymbol{\omega}}{\partial t}=\upsilon\nabla^2\boldsymbol{\omega}$$

它与后面给出的热传导方程、扩散方程形式上是相同的。

②对于理想流体,假设流体黏性很小,忽略黏性力项,即 $\upsilon\nabla^2\boldsymbol{u}\to 0$,N－S 方程式可简化为

$$\frac{\partial \boldsymbol{u}}{\partial t}+\boldsymbol{u}\cdot\nabla\boldsymbol{u}=-\frac{1}{\rho}\nabla p$$

由矢量运算知 $\frac{1}{2}\nabla\boldsymbol{u}^2=\boldsymbol{u}\times(\nabla\times\boldsymbol{u})+(\boldsymbol{u}\cdot\nabla)\boldsymbol{u}$,将其代入上式,得

$$\frac{\partial \boldsymbol{u}}{\partial t}+\frac{1}{2}\nabla\boldsymbol{u}^2-\boldsymbol{u}\times(\nabla\times\boldsymbol{u})+\frac{\nabla p}{\rho}=0$$

③若流场是定常场,即 $\frac{\partial \boldsymbol{u}}{\partial t}=0$,且流场为无旋场,即 $\nabla\times\boldsymbol{u}=0$,在同一流线上,积分上式,

得到伯努利方程

$$\frac{1}{2}\boldsymbol{u}^2+\frac{p}{\rho}=C\quad (C\text{ 为常数})$$

该方程是能量守恒定律在流体力学中的应用。在理想流体流动中求解连续性方程得到速度后,可用于求解压强。

(3)热传导方程

应用傅里叶定律推导热传导方程。假设温度场 $T(M,t)$,M 为空间任意一点。在空间中任取包含点 $M(x,y,z)$ 的任一闭曲面 S 为界的有限控制体,有限控制体的封闭表面积为 S,体积为 V,$\boldsymbol{n}$ 为 S 外法向单位矢量。由于温度不均匀,考虑时间由 t 到 $(t+\mathrm{d}t)$ 时场中的能量变化,由傅里叶定律“在场中任一点处,沿任一方向的热流强度,即在该点处单位时间内垂直流过单位面积的热量与该方向上的温度变化率、传热系数 k 成正比”,得

$$\mathrm{d}Q_1=-k_1\mathrm{d}t\mathrm{d}S\frac{\delta T}{\delta n}$$

由梯度定义,得

$$\frac{\delta T}{\delta n}=\nabla T\cdot\boldsymbol{n}$$

并积分,得经闭曲面 S 流出的总热量为

$$Q_1=-\mathrm{d}t\iiint_{\Omega}\nabla\cdot(k_1\nabla T)\mathrm{d}V$$

在体积元 $\mathrm{d}V$ 内流出的热量使体内温度降低

$$\mathrm{d}Q_2=-k_2\mathrm{d}t\rho\frac{\partial T}{\partial t}\mathrm{d}V$$

积分上式,得到在域 W 内所散发的总热量为

$$Q_1=-\mathrm{d}t\iiint_{\Omega}\left(k_2\rho\frac{\partial T}{\partial t}\right)\mathrm{d}V$$

由热量守恒 $Q_1=Q_2$,消去 $\mathrm{d}t$,得

$$\iiint_{\Omega}\left[k_2\rho\frac{\partial T}{\partial t}-\nabla\cdot(k_1\nabla T)\right]\mathrm{d}V=0$$

由于体积元是任意的,为使积分为零,令上式中的 $k_2\rho\frac{\partial T}{\partial t}-\nabla\cdot(k_1\nabla T)=0$,得

$$\frac{\partial T}{\partial t}=\frac{k_1}{k_2\rho}\nabla^2T$$

令 $\frac{k_1}{k_2\rho}=a$,a 为热扩散率,令 $a=\alpha^2$,将其代入上式,则得

$$\frac{\partial T}{\partial t}=\alpha^2\nabla^2T$$

在直角坐标系中的表达式为

$$\frac{\partial T}{\partial t}=\alpha^2\left(\frac{\partial^2T}{\partial x^2}+\frac{\partial^2T}{\partial y^2}+\frac{\partial^2T}{\partial z^2}\right)$$

对定常场 $T\neq T(t)$,简化为拉普拉斯方程

$$\frac{\partial^2T}{\partial x^2}+\frac{\partial^2T}{\partial y^2}+\frac{\partial^2T}{\partial z^2}=0$$

或写成矢量形式

$$\nabla^2 \boldsymbol{T}=0$$

也可采用类似推导连续性方程的办法,用微元体分析方法推导热传导方程。

【例 2.2.4】 设 ρ 为流体的密度,传热系数 k 为常数,μ 为黏度系数,R_A 为反应速度,H 为反应生成焓,扩散系数 D 为常数,c_p 为比定压热容。试分别建立流体流过直圆管时的动量平衡方程、热量(焓)平衡方程和质量平衡方程。

解 设 $u(r,z)$ 为流体在管内的速度,u_r 为流体速度在 r 方向的分量,c_A 为流体组分 A 的浓度。

流体流过圆管时的动量平衡、热量(焓)平衡或质量平衡可用下式表示:

总体流动流入速率 - 总体流动流出速率 + 扩散进来的速率 - 扩散出去的速率 + 产生的速率 = 累计的速率 ①

第一步,动量平衡方程的建立。

在圆管中取一个高 Δz、宽 Δr 的圆环小单元体,总体流动流入速率为

$$\rho u_r u(r,z) 2\pi r\Delta r$$

总体流动流出速率为

$$\rho u_r u(r,z+\Delta z) 2\pi r\Delta r$$

扩散进来的速率为

$$2\pi r\Delta z\left(-\mu\frac{\partial u(r,z)}{\partial r}\right)+p(z)2\pi r\Delta r$$

扩散出去的速率为

$$2\pi(r+\Delta r)\Delta z\left(-\mu\frac{\partial u(r+\Delta r,z)}{\partial r}\right)+p(z+\Delta z)2\pi r\Delta r$$

产生的速率为

$$\rho g 2\pi r\Delta r\Delta z$$

累计的速率为

$$2\pi r\Delta r\Delta z\rho\frac{\partial u(r,z)}{\partial t}$$

将以上各式代入到式①中,除以 $2\pi r\Delta r\Delta z$,并简化取极限,得到流体运动方程

$$\frac{\mu}{r}\frac{\partial u(r,z)}{\partial r}+\mu\frac{\partial^2 u(r,z)}{\partial r^2}-\rho u_r\frac{\partial u(r,z)}{\partial z}-\frac{\partial p}{\partial z}+\rho g=\rho\frac{\partial u(r,z)}{\partial t} \quad ②$$

第二步,热量(焓)平衡方程的建立。

总体流动流入的热速率为

$$u_r\rho c_p[T(r,z)-T]2\pi r\Delta r$$

总体流动流出热速率为

$$u_r\rho c_p[T(r,z+\Delta z)-T]2\pi r\Delta r$$

扩散进来的热速率为

$$2\pi r\Delta z\left(-k\frac{\partial T(r,z)}{\partial r}\right)+2\pi r\Delta r\left(-k\frac{\partial T(r,z)}{\partial z}\right)$$

扩散出去的热速率为

$$2\pi(r+\Delta r)\Delta z\left(-k\frac{\partial T(r+\Delta r,z)}{\partial r}\right)+2\pi r\Delta r\left(-k\frac{\partial T(r,z+\Delta z)}{\partial z}\right)$$

产生焓的速率为

$$-\Delta HR_{\mathrm{A}}2\pi r\Delta z\Delta r$$

累计的热速率为

$$2\pi r\Delta r\Delta z\rho c_{\mathrm{p}}\frac{\partial T(r,z)}{\partial t}$$

将以上各式代入式①中,并简化取极限,得到传热方程

$$k\frac{\partial^2 T(r,z)}{\partial z^2}+\frac{k}{r}\frac{\partial T(r,z)}{\partial r}+k\frac{\partial^2 T(r,z)}{\partial r^2}-u_r\rho c_{\mathrm{p}}\frac{\partial T(r,z)}{\partial z}+(-\Delta H)R_{\mathrm{A}}=\rho c_{\mathrm{p}}\frac{\partial T(r,z)}{\partial t} \quad ③$$

第三步,质量平衡方程的建立。

流体流过圆管时的质量平衡可用式①表示。总体流动流入质量速率为

$$u_r c_{\mathrm{A}}(r,z)2\pi r\Delta r$$

总体流动流出质量速率为

$$u_r c_{\mathrm{A}}(r,z+\Delta z)2\pi r\Delta r$$

扩散进来的质量速率为

$$2\pi r\Delta z\left(-D\frac{\partial c_{\mathrm{A}}(r,z)}{\partial r}\right)+2\pi r\Delta r\left(-D\frac{\partial c_{\mathrm{A}}(r,z)}{\partial z}\right)$$

扩散出去的质量速率为

$$2\pi(r+\Delta r)\Delta z\left(-D\frac{\partial c_{\mathrm{A}}(r+\Delta r,z)}{\partial r}\right)+2\pi r\Delta r\left(-D\frac{\partial c_{\mathrm{A}}(r,z+\Delta z)}{\partial z}\right)$$

产生的质量速率为

$$R_{\mathrm{A}}(2\pi r\Delta z\Delta r)$$

累计的质量速率为

$$2\pi r\Delta r\Delta z\frac{\partial c_{\mathrm{A}}(r,z)}{\partial t}$$

将以上各式代入式①中,并简化取极限,得到传质方程

$$D\frac{\partial^2 c_{\mathrm{A}}(r,z)}{\partial z^2}+\frac{D}{r}\frac{\partial c_{\mathrm{A}}(r,z)}{\partial r}+D\frac{\partial^2 c_{\mathrm{A}}(r,z)}{\partial r^2}-u_r\frac{\partial c_{\mathrm{A}}(r,z)}{\partial z}+R_{\mathrm{A}}=\frac{\partial c_{\mathrm{A}}(r,z)}{\partial t} \quad ④$$

【例2.2.5】 保险丝广泛地应用于生产与生活中,是控制电路最大电流进而保证电路安全的重要元件。通常保险丝的规格中有最大电流(即熔断电流),此处通过理论推导计算保险丝的熔断电流,与保险丝出厂规格中的值进行比较。可以用稳态导热方法计算保险丝的熔断电流。

解 保险丝通常用铅锑合金,合金中铅的含量(质量分数)在98%以上,锑的含量在0.3%~1.5%之间,其余还有极少量的砷、硒等非金属元素,不多于0.5%(质量分数)。此种合金熔断性能极好,熔点仅为246 ℃。合金丝的外面是一个有玻璃包围的惰性气体(可以是氮气或稀有气体)环境,防止保险丝被氧化以及高温时被点燃。在电路中电流增大时,保险丝温度迅速提高至熔点,电路断开,达到保护作用。在不同的场合,熔断电流有不同值,如家庭电路的熔断电流为2~3 A,而工厂中的熔断电流可高达几百安培。不同保险丝有不同熔断电流,主要通过保险丝直径来调节。表2.2.1为常用保险丝的规格。

表 2.2.1 常用保险丝的规格

直径/mm	额定电流/A	熔断电流/A	直径/mm	额定电流/A	熔断电流/A
0.28	1	2	0.81	3.75	7.5
0.32	1.1	2.2	0.98	5	10
0.35	1.25	2.5	1.02	6	12
0.36	1.35	2.7	1.25	7.5	15
0.40	1.5	3	1.51	10	20
0.46	1.85	3.7	1.67	11	22
0.52	2	4	1.75	12.5	25
0.54	2.25	4.5	1.98	15	30
0.60	2.5	5	2.40	20	40
0.71	3	6	2.78	25	50

本例题取家庭中常用的额定电流为 2 A、熔断电流为 4 A 的保险丝进行计算。通过稳态导热的方法计算其熔断电流，并与规格中的值进行比较。此种保险丝直径为 0.52 mm，保险丝外是玻璃包围的气体环境，玻璃的外面是空气。有如图 2.2.24 所示一种型号的保险丝，玻璃壳外径为 5.2 mm，其中玻璃壁厚度 0.1 mm。

$\phi 5.2\times 20$ mm

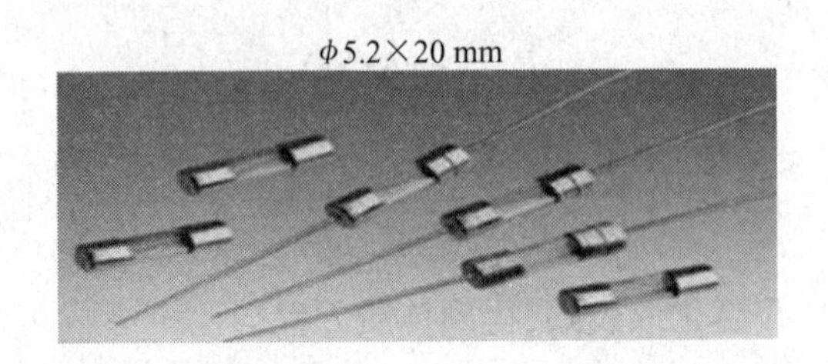

图 2.2.24 一种型号的保险丝

下面叙述解决此问题的主要思路，保险丝通入一稳定电流后，在保险丝内、保护气内及玻璃壁中产生一温度分布。求解一个电流值，此值产生的温度分布恰使保险丝内处处温度达到熔点，即保险丝最外侧温度达到熔点。则此时保险丝熔断，此电流值即为熔断电流。

做如下几点假设：

①电流增大到熔断电流时，会经历一段非稳态过程达到导热平衡。但一般功能较好的保险丝为实现其功能，此段时间很短。所以近似认为电流为熔断电流时导热即刻达到热平衡。

②保险丝、玻璃、保护气内的物质分布可能不均匀，使得导热在各向异性环境中进行。但这种不均匀程度很小，故近似认为保险丝、玻璃、保护气均为各向同性。

③若使保险丝最外面的部分熔化，则中心处已经熔化，熔化后的合金导热性能、电阻率等发生变化。同上面的稳态假设，不同处熔化的时间间隔极短，故直至保险丝全部熔化前认为保险丝仍为各向同性。

下面进行计算，首先确定各部分材料的物性。

保险丝：熔点 246 ℃，电阻率取铅的物性，查得 100 ℃时 $\rho = 2.64 \times 10^{-7}\ \Omega \cdot \mathrm{m}$。但实际上保险丝的温度要高于此温度，电阻率要比这个数值更大一些。导热系数亦取铅的物性，但它随温度变化而变化，此处计算认为室温为 20 ℃，熔解时温度为 246 ℃，故取定性温度为 133 ℃，插值得此温度下 $k_1 = 32.72\ \mathrm{W/(m \cdot K)}$。

保护气：此处选保护气是氮气，其导热系数亦随温度变化，但随压力变化不明显，仍选取定性温度为 133 ℃，由气体导热系数共线图得 $k_2 = 0.120\ \mathrm{W/(m \cdot K)}$。

玻璃：其内表面与氮气接触，外侧与环境接触，定性温度应略高于环境温度，取 30 ℃，此温度下 $k_3 = 1.093\ \mathrm{W/(m \cdot K)}$。

下面建立模型并计算，关键是求取保险丝的温度分布进而求出保险丝最外侧温度，因为与截面半径相比，保险丝足够长，故认为只有径向导热，如图 2.2.25 所示。

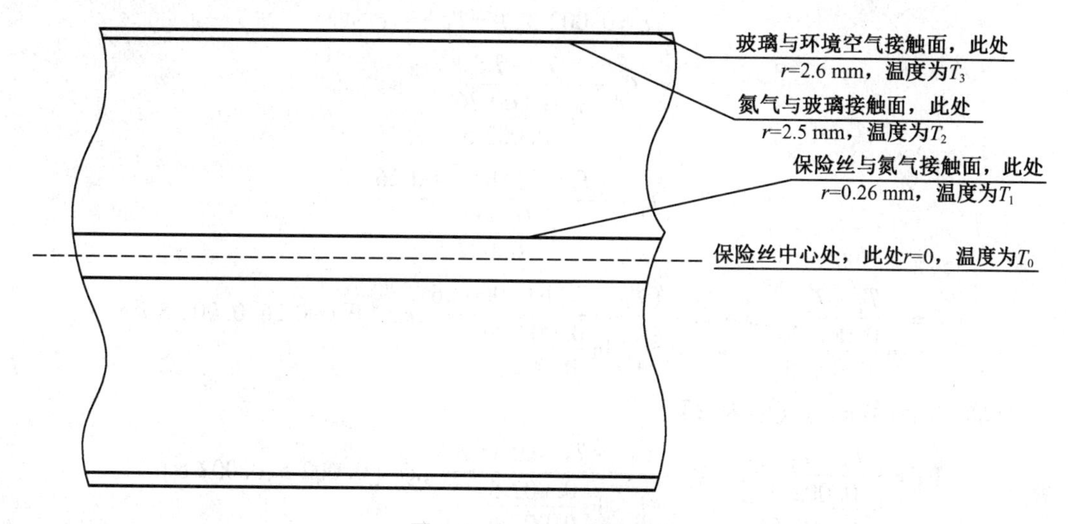

图 2.2.25　保险丝模型图

在保险丝内，由稳态导热，只有 r 方向传热，有内热源，导热基本微分方程可化为

$$\frac{1}{r}\frac{\mathrm{d}}{\mathrm{d}r}\left(r\frac{\mathrm{d}T}{\mathrm{d}r}\right) + \frac{\dot{q}}{k_1} = 0$$

式中，内热源

$$\dot{q} = \frac{I^2 R}{LS} = \frac{I^2 \rho L/S}{LS} = \frac{I^2 \rho}{S^2}$$

微分方程化为

$$r\frac{\mathrm{d}T}{\mathrm{d}r} = -\frac{\dot{q}}{2k_1}r^2 + C_1$$

由 $r = 0$ 处的边界条件 $\frac{\mathrm{d}T}{\mathrm{d}r} = 0$，得

$$C_1 = 0$$

进而得

$$T = -\frac{\dot{q}}{4k_1}r^2 + C_2$$

由 $r = 0.000\,26$ 处边界条件 $T = T_1$，得

$$C_2 = T_1 - 0.000\,26^2\ \frac{\dot{q}}{4k_1}$$

进而得

$$T=T_1+\frac{\dot{q}}{4k_1}(0.000\,26^2-r^2),r\in[0,0.000\,26]$$

在氮气层内，由于氮气量有限，被封闭在玻璃内，其换热不可看为对流换热，以导热方式计算。此段无内热源，导热微分方程化为

$$\frac{1}{r}\frac{\mathrm{d}}{\mathrm{d}r}\left(r\frac{\mathrm{d}T}{\mathrm{d}r}\right)=0$$

解得

$$T=C_3\ln r+C_4$$

边界条件：

$$r=0.000\,26,T=T_1$$

$$r=0.002\,5,T=T_2$$

得

$$C_3=\frac{T_1-T_2}{\ln\frac{0.000\,26}{0.002\,5}}$$

$$C_4=T_1-\frac{(T_1-T_2)\ln 0.000\,26}{\ln\frac{0.000\,26}{0.002\,5}}$$

故

$$T=\frac{T_1-T_2}{\ln\frac{0.000\,26}{0.002\,5}}\ln r+T_1-\frac{(T_1-T_2)\ln 0.000\,26}{\ln\frac{0.000\,26}{0.002\,5}},r\in[0.000\,26,0.002\,5]$$

玻璃层内计算同氮气层内，得

$$T=\frac{T_2-T_3}{\ln\frac{0.002\,5}{0.002\,6}}\ln r+T_2-\frac{(T_2-T_3)\ln 0.002\,5}{\ln\frac{0.002\,5}{0.002\,6}},r\in[0.002\,5,0.002\,6]$$

玻璃层外表面与空气进行对流换热，依据经验，空气对流换热系数 $h=8\ \mathrm{W/(m^2\cdot K)}$，空气温度取为 $T_\infty=20\ ℃$，则有 $-k_3\left.\frac{\mathrm{d}T}{\mathrm{d}r}\right|_{r=0.002\,6}=h(T_3-T_\infty)$，即

$$-k_3\frac{T_2-T_3}{0.002\,6\ln\frac{0.002\,5}{0.002\,6}}=h(T_3-T_\infty) \quad ①$$

在玻璃层与氮气层交界处，即 $r=0.002\,5$ 处，$k_3\left.\frac{\mathrm{d}T}{\mathrm{d}r}\right|_{r=0.002\,5^+}=k_2\left.\frac{\mathrm{d}T}{\mathrm{d}r}\right|_{r=0.002\,5^-}$，即

$$k_3\frac{T_2-T_3}{0.002\,5\ln\frac{0.002\,5}{0.002\,6}}=k_2\frac{T_1-T_2}{0.002\,5\ln\frac{0.0002\,6}{0.002\,5}} \quad ②$$

在氮气层与保险丝交界处，即 $r=0.000\,26$ 处

$$k_2\left.\frac{\mathrm{d}T}{\mathrm{d}r}\right|_{r=0.000\,26^+}=k_1\left.\frac{\mathrm{d}T}{\mathrm{d}r}\right|_{r=0.000\,26^-}$$

即

$$-\frac{0.000\,26\,\dot{q}}{2}=k_2\frac{T_1-T_2}{0.000\,26\ln\frac{0.000\,26}{0.002\,5}} \quad ③$$

将①②③联立，代入 h,k_1,k_2,k_3，可解得

$$T_3=\frac{25\times0.000\ 26^2\dot{q}}{26\times2\times0.002\ 5\times8}+20$$

$$T_2=\frac{80\times25\times\left(\ln\frac{25}{26}\right)\times0.000\ 26^2\times0.002\ 6\dot{q}}{2\times8\times0.002\ 5\times1.093}+\frac{25\times0.000\ 26^2\dot{q}}{26\times2\times0.002\ 5\times8}+20$$

$$T_1=-\frac{0.000\ 26^2\dot{q}\ln\frac{26}{250}}{0.12\times2}+\frac{80\times25\times\left(\ln\frac{25}{26}\right)\times0.000\ 26^2\times0.002\ 6\dot{q}}{2\times8\times0.002\ 5\times1.093}+$$

$$\frac{25\times0.000\ 26^2\dot{q}}{26\times2\times0.002\ 5\times8}+20$$

T_1,T_2,T_3 的单位是℃。

假设保险丝全部熔化后才熔断，若计算熔断电流，只需计算保险丝最外侧温度（即 T_1）达熔点时的电流，令 $T_1=246$ ℃，得 $\dot{q}=1.004\times10^8$ W/m^3，则熔断电流

$$I=\sqrt{\frac{S^2\dot{q}}{\rho}}=\sqrt{\frac{\pi^2R^4\dot{q}}{\rho}}=\sqrt{\frac{3.14^2\times0.000\ 26^4\times1.004\times10^8}{2.64\times10^{-7}}}=4.142\ \text{A}$$

出厂规格中所给的熔断电流值为 4 A，故相对偏差为$\frac{4.142-4}{4}\times100\%=3.54\%$，偏差较小，故用稳态法计算的结果比较真实。

分析此结果，用稳态导热算出的熔断电流稍大的主要原因有如下几点：

（1）实际过程并不是稳态，而是经一段时间保险丝熔断，有一个热量积累的过程，所以电流值较小。

（2）物性参数均是估算值，与真实过程中的物性有差别。如电阻率，过程中保险丝温度肯定高于 100 ℃，电阻率也必然比计算时所用到的值高。还有导热系数、对流换热系数等，它们都是随温度变化而变化的，计算时都把它们当作常数处理。

（3）真实元件所用的保护气和玻璃可能与计算中所选用的材料不同。

（4）保险丝内部开始熔化而未熔断时，保险丝的物性发生巨大变化，时间很短，但对导热可能有较大影响。

2.2.2 积分变换

2.2.2.1 常见的积分变换

1. 积分变换的概念

积分变换是通过积分将某一个函数类中的函数变换为另一个函数类中的函数的方法。如下含参变量 s 形式的积分

$$T[f(x)]=\int_a^b K(s,x)f(x)\mathrm{d}x=F(s) \tag{2.2.45}$$

称为积分变换。

式中　$K(s,x)$——积分变换的核函数，它是 s 和 x 的已知函数；

　　$F(s)$——原函数（或象原函数）$f(x)$ 的象函数。

若 a 和 b 为有限值，则式（2.2.45）称为有限积分变换，一般情况下，$f(x)$ 和 $F(s)$ 是一一对应的。

2. 常见的积分变换方法

根据原函数的不同,常见的积分变换有以下几种:

(1)傅里叶(Fourier)变换

当自变量的变化范围是$(-\infty,\infty)$时,则可采用

$$F(s)=\int_{-\infty}^{\infty}e^{-isx}f(x)dx,\quad K(s,x)=e^{-isx} \tag{2.2.46}$$

(2)拉普拉斯(Laplace)变换

当自变量的变化范围是$(0,\infty)$时,则可采用

$$F(s)=\int_{0}^{\infty}e^{-sx}f(x)dx,\quad K(s,x)=e^{-sx} \tag{2.2.47}$$

(3)汉开尔(Hankel)变换

当自变量的变化范围是$(0,\infty)$,且对柱面坐标的边界条件$r=0,r=\infty$时,$f=0$,则有

$$F(s)=\int_{0}^{\infty}xJ_n(sx)f(x)dx,\quad K(s,x)=xJ_n(sx) \tag{2.2.48}$$

式中,$J_n(sx)$是第一类n阶贝塞尔(Bessel)函数。

(4)梅林(Mellin)变换

当自变量的变化范围是$(0,\infty)$时,微分方程中有变系数,则可采用

$$F(s)=\int_{0}^{\infty}x^{s-1}f(x)dx,\quad K(s,x)=x^{s-1} \tag{2.2.49}$$

(5)傅里叶正弦与余弦变换

当自变量的变化范围是$(0,\infty)$,且函数$f(x)$在$x=0$处的函数值已知时,则可采用

$$F(s)=\int_{0}^{\infty}\sin(sx)f(x)dx,\quad K(s,x)=\sin(sx) \tag{2.2.50}$$

当自变量的变化范围是$(0,\infty)$,且函数$\frac{\partial f}{\partial x}$在$x=0$处的函数值已知时,则可采用

$$F(s)=\int_{0}^{\infty}\cos(sx)f(x)dx,\quad K(s,x)=\cos(sx) \tag{2.2.51}$$

(6)有限的傅里叶正弦和余弦变换

当自变量的变化范围是$(0,a)$(a为有限值),且函数$f(x)$在$x=0$处的函数值及a已知时,则可采用

$$F(s)=\int_{0}^{a}\sin\left(\frac{s\pi x}{a}\right)f(x)dx,\quad K(s,x)=\sin\left(\frac{s\pi x}{a}\right) \tag{2.2.52}$$

当自变量的变化范围是$(0,a)$(a为有限值),且函数$\frac{\partial f}{\partial x}$在$x=0,a$已知,则可采用

$$F(s)=\int_{0}^{a}\cos\left(\frac{s\pi x}{a}\right)f(x)dx,\quad K(s,x)=\cos\left(\frac{s\pi x}{a}\right) \tag{2.2.53}$$

3. 利用积分变换求解化学与化工问题的步骤

(1)利用积分变换将描述问题的微分方程转化为代数方程,n个自变量的偏微分方程转化为$(n-1)$个自变量的方程或降阶的微分方程;

(2)在象域内求解积分变换后的象函数$F(s)$;

(3)对象域内的象函数$F(s)$做逆变换以获得原微分方程的解$f(x)$。

积分变换最初是由求解微分方程的需要而产生和发展起来的。现在,积分变换广泛地应用于电学、光学、声学、通信、振动、现代统计学以及化学与化工等多个领域。在化学与化

工问题中,积分变换是一种非常有用的数学方法。以下简单地阐述在化学与化工中常用的拉普拉斯变换。

2.2.2.2 拉普拉斯变换

对函数 $\varphi(t)u(t)e^{-\beta t}(\beta>0)$ 取傅里叶变换,可得

$$G_\beta(\omega)=\int_{-\infty}^{\infty}\varphi(t)u(t)e^{-\beta t}e^{-i\omega t}dt=\int_0^{\infty}f(t)e^{-(\beta+i\omega)t}dt=\int_0^{\infty}f(t)e^{-st}dt$$

式中,$s=\beta+i\omega\ (\beta>0)$,$f(t)=\varphi(t)u(t)$。

若设

$$F(s)=G_\beta\left(\frac{s-\beta}{i}\right)$$

则得

$$F(s)=\int_0^{\infty}f(t)e^{-st}dt$$

由此式所确定的变换称为拉普拉斯(Laplace)变换,简称为拉氏变换。

设实变函数或复变函数 $f(t)$ 当 $t\geqslant 0$ 时有定义,且积分 $\int_0^{\infty}f(t)e^{-st}dt$ 在 s 的某一域内收敛,则该积分确定的函数可写作

$$F(s)=\int_0^{\infty}f(t)e^{-st}dt$$

称 $F(s)$ 为 $f(t)$ 的拉普拉斯变换或象函数,记为 $F(s)=\mathscr{L}[f(t)]$。而 $f(t)$ 称为 $F(s)$ 的拉普拉斯逆变换或象原函数,记为

$$f(t)=\mathscr{L}^{-1}[F(s)]=\frac{1}{2\pi i}\int_{\beta-i\infty}^{\beta+i\infty}F(s)e^{st}ds\quad(t>0,\mathrm{Re}s=\beta>\beta_0)$$

式中,s 是复参变量,因为 $s=\beta+i\omega$,所以 $F(s)=\int_0^{\infty}f(t)e^{-\beta t}e^{-i\omega t}dt$,仅当积分收敛(即 $|F(s)|<\infty$)时,变换才有定义,即

$$\left|\int_0^{\infty}f(t)e^{-\beta t}e^{-i\omega t}dt\right|<\infty \text{ 或 } \iint_0^{\infty}f(t)e^{-st}dt<\infty$$

上式为求拉普拉斯逆变换的公式,也称为梅林公式。

定理2.2.5(拉普拉斯变换的存在定理) 假设 $f(t)$ 满足下列条件:

①$t<0$ 时,$f(t)=0$,$t\geqslant 0$ 时的任一有限区间上分段连续;

②若存在实常数 $M,\beta_0\geqslant 0$,t 充分大时,使

$$|f(t)\leqslant Me^{\beta_0 t}|$$

式中,β_0 为它的增长指数,则 $f(t)$ 的拉普拉斯变换

$$F(s)=\int_0^{\infty}f(t)e^{-st}dt$$

在半平面 $\mathrm{Re}s=\beta>\beta_0$ 上是绝对一致收敛的。在这半平面内,$F(s)$ 为解析函数。

1. 简单函数的拉普拉斯变换

若 a 是常数,由拉普拉斯变换的定义,可得下列简单函数的拉普拉斯变换公式:

(1) $\mathscr{L}(e^{-at})=\int_0^{\infty}e^{-ar}e^{-st}dt=\int_0^{\infty}e^{-(a+s)t}dt=\left.\frac{e^{-(s+a)t}}{-(s+a)}\right|_0^{\infty}=\frac{1}{s+a}$,$\mathscr{L}(e^{at})=\frac{1}{s-a}$ $(\mathrm{Re}s>a)$;

(2) $\mathscr{L}(\sin at)=\int_0^{\infty}\sin at e^{-st}dt=\frac{a}{s^2+a^2}\quad(\mathrm{Re}s>0)$;

(3) $\mathscr{L}(\cos at) = \int_0^\infty \cos at e^{-st} dt = \frac{s}{s^2 + a^2} \quad (\mathrm{Re}s > 0)$；

(4) $\mathscr{L}(\mathrm{sh}at) = \int_0^\infty \mathrm{sh}at e^{-st} dt = \frac{a}{s^2 - a^2} \quad (\mathrm{Re}s > a)$；

(5) $\mathscr{L}(\mathrm{ch}at) = \int_0^\infty \mathrm{ch}at e^{-st} dt = \frac{s}{s^2 - a^2} \quad (\mathrm{Re}s > a)$；

(6) $\mathscr{L}(t) = \int_0^\infty t e^{-st} dt = \frac{1}{s^2} \quad (\mathrm{Re}s > 0)$。

2. 特殊函数的拉普拉斯变换

(1)阶跃函数

$$f(t) = \begin{cases} 0 & (0 < t < a) \\ Q & (t \geqslant a) \end{cases}$$

其变换为

$$\mathscr{L}[f(t)] = \int_0^\infty f(t) e^{-st} dt = \int_a^\infty Q e^{-st} dt = \frac{Q}{s} e^{-sa}$$

同理,可以得到其他阶跃函数的拉普拉斯变换。

海维塞(Heaviside)单位阶跃函数

$$f(t) = u(t-a) = \begin{cases} 0 & (0 < t < a) \\ 1 & (t \geqslant a) \end{cases}$$

$$\mathscr{L}[f(t)] = \frac{1}{s} e^{-sa}$$

在原点的阶跃函数

$$f(t) = \begin{cases} 0 & (t < 0) \\ Q & (t \geqslant 0) \end{cases}$$

$$\mathscr{L}[f(t)] = \frac{Q}{s} \quad (\mathrm{Re}s > 0)$$

单位阶跃函数(单位函数)

$$f(t) = \begin{cases} 0 & (t < 0) \\ 1 & (t \geqslant 0) \end{cases}$$

$$\mathscr{L}[f(t)] = \frac{1}{s} \quad (\mathrm{Re}s > 0)$$

梯形函数

$$f(t) = \begin{cases} 1 & (0 \leqslant t < a) \\ 2 & (a \leqslant t < 2a) \\ 3 & (2a \leqslant t \leqslant 3a) \\ \vdots & \end{cases}$$

$$\mathscr{L}[f(t)] = \frac{1}{s(1 - e^{-sa})}$$

(2)脉冲函数

一般脉冲函数

$$f(t)=\begin{cases} q & (t<a) \\ q+Q & (a\leqslant t<b) \\ q & (t\geqslant b) \end{cases}$$

其拉普拉斯变换为

$$\begin{aligned} \mathscr{L}[f(t)] &= \int_0^\infty f(t)\mathrm{e}^{-st}\mathrm{d}t \\ &= \int_0^a q\mathrm{e}^{-st}\mathrm{d}t + \int_a^b (q+Q)\mathrm{e}^{-st}\mathrm{d}t + \int_b^\infty q\mathrm{e}^{-st}\mathrm{d}t = \frac{Q}{s}(\mathrm{e}^{-sa}+\mathrm{e}^{-sb}) + \frac{q}{s} \end{aligned}$$

(3)δ 函数

$$\mathscr{L}[\delta(t)] = \int_0^\infty \delta(t)\mathrm{e}^{-st}\mathrm{d}t = \mathrm{e}^{-st}\Big|_{t=0} = 1$$

(4)误差函数

误差函数定义为

$$\mathrm{erf}(t) = \frac{2}{\sqrt{\pi}}\int_0^t \mathrm{e}^{-u^2}\mathrm{d}u$$

其拉普拉斯变换为

$$\mathscr{L}[\mathrm{erf}(t)] = \frac{1}{s}\mathrm{e}^{s^2/4}\mathrm{erfc}\left(\frac{s}{2}\right)$$

式中,$\mathrm{erfc}(t)$为余误差函数,其定义为

$$\mathrm{erfc}(t) = 1-\mathrm{erf}(t) = \frac{2}{\sqrt{\pi}}\int_t^\infty \mathrm{e}^{-u^2}\mathrm{d}u$$

由拉普拉斯变换的定义可得

$$\mathscr{L}[\mathrm{erf}(\sqrt{t})] = \frac{1}{s(s+1)^{1/2}}$$

(5)伽马函数

由伽马函数定义

$$\Gamma(n) = \int_0^\infty t^{n-1}\mathrm{e}^{-t}\mathrm{d}t \quad (n>0)$$

再由分部积分容易得到伽马函数的递推公式

$$\begin{aligned} \Gamma(n) &= \int_0^\infty t^{n-1}\mathrm{e}^{-t}\mathrm{d}t = -t^{n-1}\mathrm{e}^{-1}\Big|_0^\infty + (n-1)\int_0^\infty t^{n-2}\mathrm{e}^{-t}\mathrm{d}t \\ &= (n-1)\Gamma(n-1) \end{aligned}$$

而 $\Gamma(1) = \int_0^\infty \mathrm{e}^{-t}\mathrm{d}t = 1$,利用误差函数可求出

$$\Gamma(1/2) = \sqrt{\pi}$$

代入递推公式,可得到两个常用的公式

$$\Gamma(n+1) = n!$$

$$\Gamma\left(n+\frac{1}{2}\right) = \frac{(2n-1)!!}{2^n}\sqrt{\pi}$$

式中　$(2n-1)!! = (2n-1)(2n-3)\cdots$

由于数学家出色的工作,有现成的拉普拉斯变换表可查,就如同使用积分表一样方便。掌握了拉普拉斯变换的一些性质,利用查表的方法就能较快找到所求函数的拉普拉斯变换和逆变换。

3. 拉普拉斯变换的性质

在拉普拉斯变换的实际应用中拉普拉斯变换的几个重要性质是很重要的。若 $\mathscr{L}[f(t)]=F(s)$ 存在,则有以下性质。

(1)线性性质:拉普拉斯变换是线性变换。设 $\mathscr{L}[f_1(t)]=F_1(s)$,$\mathscr{L}[f_2(t)]=F_2(s)$,$\alpha$ 和 β 是常数,则有

$$\begin{cases}\mathscr{L}[\alpha f_1(t)\pm\beta f_2(t)]=\alpha F_1(s)\pm\beta F_2(s)\\ \mathscr{L}^{-1}[\alpha F_1(s)\pm\beta F_2(s)]=\alpha\mathscr{L}^{-1}[F_1(s)]\pm\beta\mathscr{L}^{-1}[F_2(s)]\end{cases}$$

上式表明函数线性组合的拉普拉斯变换等于几个函数拉普拉斯变换的线性组合。

(2)位移性质:一个象原函数乘以指数函数 e^{at} 等于其象函数作位移,有

$$\mathscr{L}[e^{at}f(t)]=F(s-a)\quad(\mathrm{Re}(s-a)>\beta_0)$$

(3)延迟性质:若 τ 为任一实数,且 $t<0$ 时,$f(t)=0$,则用

$$\begin{cases}\mathscr{L}[f(t-\tau)]=e^{-s\tau}F(s)\quad(\mathrm{Re}(s-a)>\beta_0)\\ \mathscr{L}^{-1}[F(s-a)]=e^{at}f(t)\end{cases}$$

函数 $f(t)$ 是从 $t=0$ 开始有非零数值,而函数 $f(t-\tau)$ 是从 $t=\tau$ 开始才有非零值,即延迟了一个时间 τ。延迟性质表明,时间函数延迟 τ 相当于它的象函数乘以指数因子 $e^{-s\tau}$。

(4)微分性质:若 $\mathscr{L}[f(t)]=F(s)$,则有

$$\mathscr{L}[f'(t)]=sF(s)-f(0)$$

这个性质表明函数一阶导数的拉普拉斯变换等于(6.3.21)该函数的拉普拉斯变换乘以参变量 s,再减去函数的初值。

由拉普拉斯变换的定义很容易证明式(6.3.21),因为

$$\begin{aligned}\mathscr{L}[f'(t)]&=\int_0^\infty e^{-st}\frac{df}{dt}dt=\int_0^\infty e^{-st}df=[f(t)e^{-st}]\Big|_0^\infty+s\int_0^\infty e^{-st}f(t)dt\\&=\lim_{t\to\infty}f(t)e^{-st}-f(0)e^{-s\cdot 0}+s\mathscr{L}[f(t)]=s\mathscr{L}[f(t)]-f(0)\end{aligned}$$

推论

$$\mathscr{L}[f''(t)]=s^2F(s)-sf(0)-f'(0)$$

$$\mathscr{L}[f^{(n)}(t)]=s^nF(s)-s^{n-1}f(0)-s^{n-2}f'(0)-\cdots-f^{(n-1)}(0)$$

特别地,当初值 $f(0)=f'(0)=\cdots=f^{(n-1)}(0)=0$ 时,有

$$\begin{cases}\mathscr{L}[f'(t)]=sF(s)\\ \mathscr{L}[f''(t)]=s^2F(s)\\ \quad\vdots\\ \mathscr{L}[f^{(n)}(t)]=s^nF(s)\end{cases}$$

由拉普拉斯变换存在定理,还可得到象函数的微分性质。

若 $\mathscr{L}[f(t)]=F(s)$,则有象函数的微分性质

$$F'(s)=\mathscr{L}[-tf(t)]$$

$$F^{(n)}(s)=\mathscr{L}[(-t)^nf(t)]$$

$$\mathscr{L}^{-1}[F^{(n)}(s)]=(-1)^nt^nf(t)$$

(5)积分性质：

$$\mathscr{L}\left[\int_0^t f(\tau)\,\mathrm{d}\tau\right]=\frac{1}{s}f(s)$$

一般地，有

$$\mathscr{L}\left[\int_0^t \mathrm{d}\tau\int_0^t \mathrm{d}\tau\cdots\int_0^t f(\tau)\,\mathrm{d}\tau\right]=\frac{1}{s^n}F(s)\quad(n\text{ 次积分})$$

(6)象函数积分性质：

$$\int_s^\infty F(s)\,\mathrm{d}s=\mathscr{L}\left[\frac{1}{t}f(t)\right]$$

一般地，有

$$\int_s^\infty \mathrm{d}s\int_s^\infty \mathrm{d}s\cdots\int_s^\infty F(s)\,\mathrm{d}s=\mathscr{L}\left[\frac{1}{t^n}f(t)\right]\quad(n\text{ 次积分})$$

$$\mathscr{L}^{-1}\left[\int F(s)\,\mathrm{d}s\right]=\frac{1}{t}f(t)$$

(7)相似性质：设 α 为任意正常数，则对于 $\mathrm{Re}s>\beta_0$，得

$$\mathscr{L}\left[f\left(\frac{t}{\alpha}\right)\right]=\alpha F(\alpha s)$$

$$\mathscr{L}[f(\alpha t)]=\frac{1}{\alpha}F\left(\frac{s}{\alpha}\right)$$

(8)与 t^n 乘积的拉氏变换：

$$\mathscr{L}[t^n f(t)]=(-1)^n\frac{\mathrm{d}^n}{\mathrm{d}s^n}F(s)$$

$$\mathscr{L}^{-1}[sF(s)]=f'(t)$$

(9) 除以 t 的拉氏变换：若 $\lim\limits_{t\to0}\dfrac{f(t)}{t}$ 存在，则有

$$\mathscr{L}\left[\frac{f(t)}{t}\right]=\int_s^\infty F(s)\,\mathrm{d}s$$

$$\mathscr{L}^{-1}\left[\frac{F(s)}{s}\right]=\int_0^t f(u)\,\mathrm{d}u$$

(10)初值定理：若极限 $\lim\limits_{s\to\infty}F(s)$ 存在，则有下列关系

$$\lim_{t\to0}f(t)=\lim_{s\to\infty}sF(s)$$

此性质建立了函数 $f(t)$ 在原点的值与它的象函数 $F(s)$ 乘以 s 在无穷远点的值之间的关系。

(11)终值定理：若极限 $\lim\limits_{s\to0}sF(s)$ 存在，则有下列关系

$$\lim_{t\to\infty}f(t)=\lim_{s\to0}sF(s)$$

该性质表明 $f(t)$ 在 $t\to\infty$ 时的数值可通过 $f(t)$ 的拉氏变换乘以 s，取 $s\to0$ 的极限值得到。

(12)卷积定理：若已知函数 $f_1(t)$，$f_2(t)$，则积分

$$f_1(t)*f_2(t)=\int_{-\infty}^{\infty}f_1(\tau)f_2(t-\tau)\,\mathrm{d}\tau$$

称为函数 $f_1(t)$ 和 $f_2(t)$ 傅里叶变换的卷积。因此，有

$$f_1(t)*f_2(t)=\int_{-\infty}^{\infty}f_1(\tau)f_2(t-\tau)\mathrm{d}\tau$$
$$=\int_{-\infty}^{0}f_1(\tau)f_2(t-\tau)\mathrm{d}\tau+\int_0^t f_1(\tau)f_2(t-\tau)\mathrm{d}\tau+\int_t^{\infty}f_1(\tau)f_2(t-\tau)\mathrm{d}\tau$$

如果$f_1(t)$和$f_2(t)$都满足条件:当$t<0$时,$f_1(t)=f_2(t)=0$,上式可写成

$$f_1(t)*f_2(t)=\int_0^t f_1(\tau)f_2(t-\tau)\mathrm{d}\tau$$

由于拉普拉斯变换的象原函数只限在$t\geqslant 0$有定义,假定这些函数在$t<0$时恒为零。它们的卷积都定义为

$$\mathscr{L}[f_1(t)*f_2(t)*\cdots*f_n(t)]=F_1(s)\cdot F_2(s)\cdot\cdots\cdot F_n(s)$$

卷积满足:

①交换律 $f_1(t)*f_2(t)=f_2(t)*f_1(t)$

②结合律 $f_1(t)*[f_2(t)*f_3(t)]=[f_1(t)*f_2(t)]*f_3(t)$

③分配律 $f_1(t)*[f_2(t)+f_3(t)]=f_1(t)*f_2(t)+f_1(t)*f_3(t)$

定理2.2.6(卷积定理) 若$f_1(t)$和$f_2(t)$满足拉普拉斯变换存在定理中的条件,且$\mathscr{L}[f_1(t)]=F_1(s)$,$\mathscr{L}[f_2(t)]=F_2(s)$,则$f_1(t)*f_2(t)$的拉普拉斯变换一定存在,且

$$\begin{cases}\mathscr{L}[f_1(t)*f_2(t)]=F_1(s)\cdot F_2(s)\\ \mathscr{L}^{-1}[F_1(s)\cdot F_2(s)]=f_1(t)*f_2(t)\end{cases}$$

$$F_1(s)\cdot F_2(s)=\int_0^{\infty}\left[\int_0^t f_1(\tau)f_2(t-\tau)\mathrm{d}\tau\right]\mathrm{e}^{-st}\mathrm{d}t$$

主要用来确定象原函数。

如果象原函数是两个s函数的乘积,且每一个象原函数容易求解的话,该式使用起来十分方便。

2.2.2.3 拉普拉斯逆变换

将工程实际中的问题经过拉普拉斯变换后,转化为易求解的方程,求解此方程,得到原问题的象函数,为了求出象原函数就必须对象函数进行拉普拉斯逆变换,由已知象函数求出象原函数$f(t)$。拉氏逆变换的公式为拉普拉斯变换反演的积分式

$$f(t)=\frac{1}{2\pi\mathrm{i}}\int_{\beta-\mathrm{i}\infty}^{\beta+\mathrm{i}\infty}F(s)\mathrm{e}^{st}\mathrm{d}s\quad(t>0,\mathrm{Re}s>\beta_0)\tag{2.2.54}$$

也称为梅林公式。

若函数$f_1(t)$和$f_2(t)$满足拉普拉斯变换存在定理中的条件,且$\mathscr{L}[f_1(t)]=F_1(s)$,$\mathscr{L}[f_2(t)]=F_2(s)$,有拉普拉斯变换的卷积计算式:

$$\mathscr{L}[f_1(t)*f_2(t)]=F_1(s)\cdot F_2(s)=\frac{1}{2\pi\mathrm{i}}\int_{\beta-\mathrm{i}\infty}^{\beta+\mathrm{i}\infty}F_1(s_1)F_2(s-s_1)\mathrm{d}s_1\tag{2.2.55}$$

式中,$\beta>\beta_1$,$\mathrm{Re}s>\beta_2+\beta_1$,$\beta_1$和$\beta_2$分别为$f_1(t)$和$f_2(t)$的增长指数。

拉普拉斯变换反演积分公式和拉普拉斯变换的卷积计算式都是复变函数的积分,计算起来比较困难。当$F(s)$满足一定条件时,由象函数$F(s)$求它的象原函数$f(t)$,可用留数来计算。

定理2.2.7 若$s_1,s_2,\cdots,s_n$是函数$F(s)$的所有奇点(适当选取β,使这些奇点全在

Res $<\beta$的范围内)，且当 $s\to\infty$ 时，$F(s)\to 0$，则有

$$f(t)=\frac{1}{2\pi \mathrm{i}}\int_{\beta-\mathrm{i}\infty}^{\beta+\mathrm{i}\infty}F(s)\mathrm{e}^{st}\mathrm{d}s=\sum_{k=1}^{n}\mathrm{Res}[F(s_k)\mathrm{e}^{s_k t}] \tag{2.2.56}$$

即

$$f(t)=\sum_{k=1}^{n}\mathrm{Res}[F(s_k)\mathrm{e}^{s_k t}]\quad (t>0)$$

证明从略。

下面介绍几种求拉氏逆变换的方法。

1. 留数法

若 $F(s)$是有理函数：$F(s)=\dfrac{A(s)}{B(s)}$，式中 $A(s)$，$B(s)$是不可约的多项式，$B(s)$的次数是 n，而 $A(s)$的次数小于 $B(s)$的次数，在此情况下，$F(s)$都可写成有理式之和，即海维赛(Heaviside)展开式或部分式，形如$\dfrac{C}{(as+b)^n}$或$\dfrac{C_1 s+C_0}{(as^2+bs+c)^n}$的分式之和，用待定系数法定出系数 C,C_1,C_0。可用留数法求每个有理分式的拉普拉斯逆变换。就可得到 $F(s)$的拉普拉斯逆变换。

下面分几种情况讨论。

(1)若 $B(s)$有 n 个单零点 $s_1,s_2,\cdots,s_n$，都是$\dfrac{A(s)}{B(s)}$的单极点，$F(s)$表示成

$$\frac{A(s)}{B(s)}=\frac{C_1}{s-s_1}+\frac{C_2}{s-s_2}+\cdots+\frac{C_n}{s-s_n}=\sum_{k=1}^{n}\frac{C_k}{s-s_k}$$

式中，C_k 为系数，有

$$C_k=\lim_{s\to s_k}\frac{A(s)}{B(s)}(s-s_k)=\lim_{s\to s_k}A(s)\frac{(s-s_k)}{B(s)}=\frac{A(s_k)}{B'(s_k)}$$

得

$$\frac{A(s)}{B(s)}=\sum_{k=1}^{n}\frac{C_k}{s-s_k}=\sum_{k=1}^{n}\frac{A(s_k)}{B'(s_k)(s-s_k)}$$

根据留数定理，单极点 $s=s_k$ 点的留数为

$$\operatorname*{Res}_{s=s_k}\left[\frac{A(s)}{B(s)}\mathrm{e}^{st}\right]=\frac{A(s_k)}{B'(s_k)}\mathrm{e}^{s_k t}$$

得 $F(s)$的逆变换

$$f(t)=\operatorname*{Res}_{s=s_k}\left[\frac{A(s)}{B(s)}\mathrm{e}^{st}\right]=\sum_{k=1}^{n}C_k\mathrm{e}^{s_k t}\quad (t>0)$$

(2)若 s_1 是 $B(s)$的一个 m 阶零点，即 s_1 是$\dfrac{A(s)}{B(s)}$的 m 阶极点；$s_{m+1},s_{m+2},\cdots,s_n$ 是 $B(s)$ 的单零点，即 $s_k(k=m+1,m+2,\cdots,n)$是它的单极点，则 $F(s)$表示成

$$\frac{A(s)}{B(s)}=\frac{C_1}{(s-s_1)^m}+\frac{C_2}{(s-s_1)^{m-1}}+\cdots+\frac{C_m}{s-s_1}+\frac{C_{m+1}}{s-s_{m+1}}+\frac{C_{m+2}}{s-s_{m+2}}+\cdots+\frac{C_n}{s-s_n}$$

$$=\sum_{k=1}^{m}\frac{C_k}{(s-s_1)^{m-k+1}}+\sum_{k=m+1}^{n}\frac{C_k}{s-s_k}=F_1(s)+F_2(s)$$

根据 m 阶极点的留数计算法，得

$$f_1(t)=\operatorname*{Res}_{s=s_1}[F_1(s)\mathrm{e}^{st}]=\lim_{s\to s_1}\frac{1}{(m-1)!}\frac{\mathrm{d}^{m-1}}{\mathrm{d}s^{m-1}}\left[(s-s_1)^m\frac{A(s)}{B(s)}\mathrm{e}^{st}\right]$$

令上式中

$$C_m = \lim_{s \to s_1} \frac{1}{(m-1)!} \frac{\mathrm{d}^{m-1}}{\mathrm{d}s^{m-1}}\left[(s-s_1)^m \frac{A(s)}{B(s)}\right]$$

可写成另一种形式

$$f_1(t) = \operatorname*{Res}_{s=s_1}\left[\frac{A(s)}{B(s)}\mathrm{e}^{st}\right] = \mathrm{e}^{s_1 t}\sum_{k=1}^{m}\frac{C_k t^{m-k}}{(m-k)!}$$

计算 $s_k(k=m+1,m+2,\cdots,n)$ 是单极点的留数，得

$$f_2(t) = \mathscr{L}[F_2(s)] = \operatorname*{Res}_{s=s_k}\left[\frac{A(s)}{B(s)}\mathrm{e}^{st}\right] = \sum_{k=m+1}^{n}\frac{A(s_k)}{B'(s_k)}\mathrm{e}^{s_k t}$$

相加，得

$$f(t) = \sum_{k=m+1}^{n}\frac{A(s_k)}{B'(s_k)}\mathrm{e}^{s_k t} + \lim_{s \to s_1}\frac{1}{(m-1)!}\frac{\mathrm{d}^{m-1}}{\mathrm{d}s^{m-1}}\left[(s-s_1)^m\frac{A(s)}{B(s)}\right]\mathrm{e}^{s_1 t} \quad (t>0)$$

上述两式称为海维赛展开式。用拉普拉斯变换解常微分方程时常使用它。

(3)假设 $\alpha \pm \mathrm{i}\beta$ 是 $B(s)=0$ 的共轭复根，则

$$F(s) = \frac{A(s)}{B(s)} = \frac{T(s)}{(s-\alpha)^2+\beta^2} = \frac{C_1 s + C_0}{[s-(\alpha+\mathrm{i}\beta)][s-(\alpha-\mathrm{i}\beta)]} + R(s)$$

式中，设 $T(s)$，$R(s)$ 的分母都没有 $\alpha \pm \mathrm{i}\beta$ 的复根。

同乘 $[s-(\alpha+\mathrm{i}\beta)]$，可得

$$\frac{T(s)}{s-(\alpha-\mathrm{i}\beta)} = \frac{C_1 s + C_0}{s-(\alpha-\mathrm{i}\beta)} + R(s)[s-(\alpha+\mathrm{i}\beta)]$$

取极限，得

$$\lim_{s \to \alpha+\mathrm{i}\beta}\frac{T(s)}{s-(\alpha-\mathrm{i}\beta)} = \lim_{s \to \alpha+\mathrm{i}\beta}\frac{C_1 s + C_0}{s-(\alpha-\mathrm{i}\beta)}$$

整理后得到

$$T(\alpha+\mathrm{i}\beta) = C_1(\alpha+\mathrm{i}\beta) + C_0 = C_1\alpha + C_0 + \mathrm{i}C_1\beta$$

其实部和虚部分别为

$$\mathrm{Re}T = C_1\alpha + C_0, \quad \mathrm{Im}T = C_1\beta$$

解出

$$C_1 = \mathrm{Im}T/\beta, C_0 = (\beta\mathrm{Re}T - \alpha\mathrm{Im}T)/\beta$$

代入得到

$$F(s) = \frac{A(s)}{B(s)} = \frac{T(s)}{(s-\alpha)^2+\beta^2} = \frac{C_1 s + C_0}{(s-\alpha)^2+\beta^2} = \frac{(s-\alpha)\mathrm{Im}T/\beta + \mathrm{Re}T}{(s-\alpha)^2+\beta^2}$$

由拉普拉斯变换的反演公式，得到

$$f(t) = \frac{1}{\beta}(\mathrm{Re}T\sin\beta t + \mathrm{Im}T\cos\beta t)\mathrm{e}^{at}$$

2. 部分分式法和查表法

$F(s)$ 为有理函数，可写成有理式之和，将有理函数 $F(s)=\frac{A(s)}{B(s)}$ 写成部分分式形式，利用现成公式查表求解每一分式的拉普拉斯逆变换，最后可得 $\frac{A(s)}{B(s)}$ 的拉普拉斯逆变换。

3. 卷积定理法

卷积定理的公式为

$$\begin{cases}\mathscr{L}[f_1(t)*f_2(t)]=F_1(s)\cdot F_2(s)\\ \mathscr{L}^{-1}[F_1(s)\cdot F_2(s)]=f_1(t)*f_2(t)\end{cases}$$

上式表明两个函数卷积的拉普拉斯变换等于这两个函数拉普拉斯变换的乘积。用这一公式求有限个函数乘积的拉普拉斯逆变换是很方便的。

4. 级数法

若一个函数可展开成级数形式,则可逐项利用公式求其拉普拉斯逆变换。

5. 微分方程法

【例 2.2.6】　求象函数 $F(s)=\mathrm{e}^{-k\sqrt{s}}/\sqrt{s}$ 的拉普拉斯逆变换。

解　用测试法求出 $F(s)=\mathrm{e}^{-k\sqrt{s}}/\sqrt{s}$ 满足微分方程

$$4sF''(s)+6F'(s)-k^2F(s)=0 \quad ①$$

利用拉普拉斯变换的性质

$$\mathscr{L}[t^2f'(t)]=sF''(s)+2sF'(s),\quad \mathscr{L}[tf(t)]=-F'(s)$$

对式①求拉普拉斯逆变换,得

$$4t^2f'(t)+(2t-k^2)f(t)=0 \quad ②$$

在 $k=0$ 时,$f(t)=1/\sqrt{\pi t}$,以此为定解条件,解常微分方程式②,得

$$f(t)=\frac{1}{\sqrt{\pi t}}\mathrm{e}^{-\frac{k^2}{4t}}$$

因此象函数的拉普拉斯逆变换

$$\mathscr{L}^{-1}(\mathrm{e}^{-k\sqrt{s}}/\sqrt{s})=\frac{1}{\sqrt{\pi t}}\mathrm{e}^{-\frac{k^2}{4t}}$$

2.2.2.4　拉普拉斯变换的应用

拉普拉斯变换可将常微分方程简化成简单的代数方程,将变系数微分方程简化为降阶的常微分方程,将偏微分方程转化为降阶或同阶的常微分方程。因此拉普拉斯变换在工程实践上得到了广泛的应用。用拉普拉斯变换求解微分方程的步骤如图 2.2.26 所示。

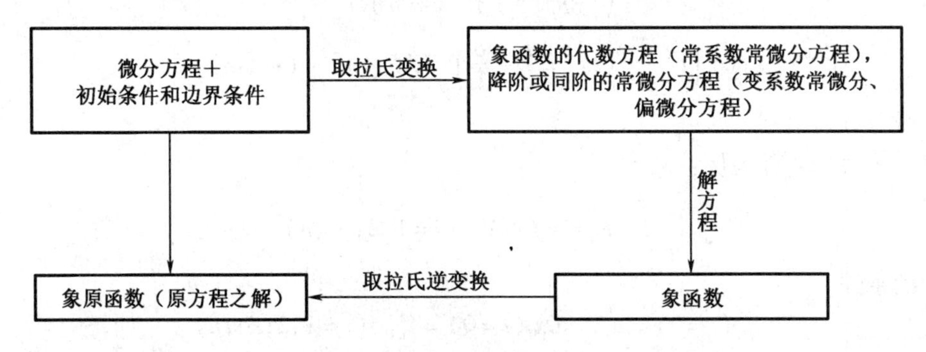

图 2.2.26　用拉普拉斯变换解微分方程的步骤

1. 解常微分方程

对常微分方程取拉普拉斯变换，将其变成简单的代数方程，先求出象函数 $Y(s)$，再对 $Y(s)$ 做拉普拉斯逆变换可得原方程的解。

(1) 常系数微分方程为

$$a_1y'' + a_2y' + a_3y = f(t)$$

对方程两端取拉普拉斯变换

$$\int_0^\infty a_1y''\mathrm{e}^{-st}\mathrm{d}t + \int_0^\infty a_2y'\mathrm{e}^{-st}\mathrm{d}t + \int_0^\infty a_3y\mathrm{e}^{-st}\mathrm{d}t = \int_0^\infty f(t)\mathrm{e}^{-st}\mathrm{d}t$$

得到象函数的代数方程

$$a_1[s^2Y(s) - sy(0) - y'(0)] + a_2[sY(s) - y(0)] + a_3Y(s) = F(s)$$

简化后

$$(a_1s^2 + a_2s + a_3)Y(s) = F(s) + a_1[sy(0) + y'(0)] + a_2y(0)$$

求出象函数为

$$Y(s) = \frac{F(s) + a_1[sy(0) + y'(0)] + a_2y(0)}{a_1s^2 + a_2s + a_3}$$

若已知 $y(0)$ 和 $y'(0)$，对上式求拉普拉斯逆变换就可求出微分方程的解 $y(t)$。

(2) 变系数微分方程为

$$a(x)y'' + b(x)y' + c(x)y = d(x)$$

对方程两端取拉普拉斯变换，得

$$\int_0^\infty [a(x)y'' + b(x)y' + c(x)y]\mathrm{e}^{-sx}\mathrm{d}x = \int_0^\infty d(x)\mathrm{e}^{-sx}\mathrm{d}x$$

用分部积分法确定象函数 $Y(s)$，再对 $Y(s)$ 做拉普拉斯逆变换可得原方程的解。若微分方程的变系数为多项式，可用拉普拉斯变换公式求解 $Y(s)$。

常用的公式为

$$\mathscr{L}[t^nf(t)] = (-1)^n\frac{\mathrm{d}^nf(s)}{\mathrm{d}s^n}$$

$$\mathscr{L}[t^{-n}f(t)] = \int_s^\infty\int_{s_n}^\infty\cdots\int_{s_2}^\infty F(s_1)\mathrm{d}s_1\mathrm{d}s_2\cdots\mathrm{d}s_n$$

$$\mathscr{L}\left[\left(t\frac{\mathrm{d}}{\mathrm{d}t}\right)^nf(t)\right] = \left(-s\frac{\mathrm{d}}{\mathrm{d}s}\right)^nF(s)$$

$$\mathscr{L}\left[t^m\frac{\mathrm{d}^n}{\mathrm{d}t^n}f(t)\right] = \left(-\frac{\mathrm{d}}{\mathrm{d}s}\right)^m[s^nF(s)] \quad (m > n)$$

2. 微分方程组

以二阶微分方程为例：

$$\sum_{i=1}^n K_{ij}x_i = f_j(t) \quad (j = 1,2,\cdots,n)$$

初始条件

$$x_i(t=0) = u_i, \quad Dx_i(t=0) = V_i \quad (i = 1,2,\cdots,n)$$

式中，$K_{ij} = a_{ij}D^2 + b_{ij}D + c_{ij}$，$D$ 为微分运算符。

对原方程取拉普拉斯变换，得

$$\sum_{i=1}^n s_{ij}X_j = F_j(s) + \sum_{i=1}^n[(a_{ij}s + b_{ij})u_j + a_{ij}V_j] \quad (j = 1,2,\cdots,n)$$

式中，$s_{ij}=a_{ij}s^2+b_{ij}s+c_{ij}$。

解出 $X_1(s),X_2(s),\cdots,X_n(s)$，再求其拉普拉斯逆变换，即得 $x_1(t),x_2(t),\cdots,x_n(t)$。

3. 偏微分方程

$$\frac{\partial^2 u}{\partial x^2}+A_2(x)\frac{\partial^2 u}{\partial t^2}+A_1(x)\frac{\partial u}{\partial t}+A_0(x)u=B(x,t)$$

初始条件

$$u(x,t=0)=u_0(x),\quad \frac{\partial u(x,t=0)}{\partial t}=u_1(x)$$

边界条件

$$G(x)u+H(x)\frac{\partial u}{\partial x}=K(x,t)$$

对原方程变量 t 取拉普拉斯变换，令 $\mathscr{L}[u(x,t)]=U(x,s)$，应用初始条件得

$$\frac{\mathrm{d}^2 U}{\mathrm{d}x^2}+[A_2(x)s^2+A_1(x)s+A_0(x)]U$$
$$=A_2(x)(su_0+u_1)+A_1(x)u_0+\int_0^\infty \mathrm{e}^{-st}B(x,t)\,\mathrm{d}t$$

对边界条件取拉普拉斯变换，得

$$G(x)U+H(x)\frac{\mathrm{d}U}{\mathrm{d}x}=\int_0^\infty \mathrm{e}^{-st}K(x,t)\,\mathrm{d}t$$

可解出 $U(x,s)$，再对 $U(x,s)$ 做拉普拉斯逆变换得原方程的解。

4. 解积分方程或求积分

有时用拉普拉斯变换求积分比直接求更容易。例如求 $\int_0^\infty f(t)\,\mathrm{d}t$，可利用下面的拉普拉斯变换：

$$\mathscr{L}[f(t)]=\int_0^\infty f(t)\mathrm{e}^{-st}\mathrm{d}t=F(s)$$

则

$$\int_0^\infty f(t)\,\mathrm{d}t=\lim_{s\to 0}\int_0^\infty f(t)\mathrm{e}^{-st}\mathrm{d}t=\lim_{s\to 0}F(s)=F(0)$$

【例 2.2.7】　求解积分方程 $y(t)=at+\int_0^t \sin(t-\tau)y(\tau)\,\mathrm{d}\tau$。

解　运用卷积公式，将原方程改写成

$$y(t)=at+\sin t * y(t) \tag{①}$$

对式①两边取拉普拉斯变换

$$\mathscr{L}[y(t)]=\mathscr{L}(at)+\mathscr{L}[\sin t * y(t)]$$

设 $Y(s)=\int_0^\infty y(t)\mathrm{e}^{-st}\mathrm{d}t$，又知 $\mathscr{L}(at)=\frac{a}{s^2}$，$\mathscr{L}(\sin t)=\frac{1}{s^2+1}$，得

$$Y(s)=\frac{a}{s^2}+\frac{1}{s^2+1}Y(s)$$

由上式解出象函数

$$Y(s)=a\left(\frac{1}{s^2}+\frac{1}{s^4}\right) \tag{②}$$

运用公式

$$\mathscr{L}^{-1}\left(\frac{1}{s^n}\right)=\frac{t^{n-1}}{(n-1)!}$$

对式②求拉普拉斯逆变换，得

$$y(t)=\mathscr{L}^{-1}\left(\frac{a}{s^2}+\frac{a}{s^4}\right)=a\left(t+\frac{t^3}{6}\right)$$

【例 2.2.8】 用积分变换法求偏微分方程

$$\frac{\partial^2 u}{\partial x\partial y}=1 \quad (x>0,y>0) \qquad ①$$

$$u|_{x=0}=y+1,\quad u|_{y=0}=1 \qquad ②$$

解 设 $\mathscr{L}=[u(x,y)]=U(x,s)=\int_0^{\infty}u(x,y)\mathrm{e}^{-sy}\mathrm{d}y$，方程两边对 y 取拉普拉斯变换，应用拉普拉斯变换的微分性质式，同时考虑初始条件 $u|_{y=0}=1$，得

$$\mathscr{L}\left[\frac{\partial u}{\partial y}(x,y)\right]=sU(x,s)-u(x,0)=sU(x,s)-1$$

因为 $\mathscr{L}[1]=\frac{1}{s}$，式①可化为

$$\frac{\mathrm{d}}{\mathrm{d}x}[sU(x,s)-1]=\frac{1}{s},\quad \frac{\mathrm{d}U}{\mathrm{d}x}=\frac{1}{s^2}$$

求出象函数

$$U(x,s)=\frac{x}{s^2}+C \qquad ③$$

利用边界条件 $u|_{x=0}=y+1$，确定积分常数 C，先将边界条件取拉普拉斯变换

$$\mathscr{L}(u|_{x=0}=y+1)=U(x,s)|_{x=0}=\int_0^{\infty}(y+1)\mathrm{e}^{-sy}\mathrm{d}y=\int_0^{\infty}y\mathrm{e}^{-sy}\mathrm{d}y+\int_0^{\infty}\mathrm{e}^{-sy}\mathrm{d}y=\frac{1}{s^2}+\frac{1}{s} \qquad ④$$

比较式③与式④，确定积分常数 $C=U(0,s)=\frac{1}{s^2}+\frac{1}{s}$，代入式③，得象函数

$$U(x,s)=\frac{x}{s^2}+\frac{1}{s^2}+\frac{1}{s} \qquad ⑤$$

查表得

$$\mathscr{L}^{-1}(1/s)=1,\quad \mathscr{L}^{-1}(1/s^2)=y$$

对式⑤取拉普拉斯逆变换，得原方程的解

$$u(x,y)=\mathscr{L}[U(x,s)]=xy+1+y$$

5. 拉普拉斯变换在化学工程中的应用

化工上有许多的问题，例如瞬时传热和热交换，以及蒸馏、不稳定的吸收和萃取等传质问题，此类问题的微分方程可用拉普拉斯变换求解。下面例题说明拉普拉斯变换在化学工程中的应用。

【例 2.2.9】 一半无限体 $x>0$，开始温度为零，由 $t=0$ 开始，使 $x=0$ 的表面温度为 $T_0>0$，求物体在任意时间 $t>0$ 时的温度分布。

解 该问题为一半无限体非稳态的热传导问题，定解问题的方程

$$\frac{\partial T}{\partial t}=\alpha^2\frac{\partial^2 T}{\partial x^2} \quad (x>0,t>0)$$

$$T(x,0)=0,\quad T(0,t)=T_0,\quad T(\infty,t)\text{有界}$$

设 $\mathscr{L}[T(x,t)]=\overline{T}(x,s)$，对原方程取拉普拉斯变换，并运用初始条件，原方程和边界条件转化为

$$s\,\overline{T}=\alpha^2\frac{\mathrm{d}^2\overline{T}}{\mathrm{d}x^2},\quad \overline{T}(0,s)=\frac{T_0}{s}$$

求解此方程，得

$$\overline{T}(x,s)=\frac{T_0}{s}\mathrm{e}^{-\frac{x\sqrt{s}}{\alpha}}$$

再对 $\overline{T}(x,s)$ 做拉普拉斯逆变换，因为

$$\mathscr{L}^{-1}\left(\frac{\mathrm{e}^{-b\sqrt{s}}}{s}\right)=\mathrm{erfc}\left(\frac{b}{2\sqrt{t}}\right)$$

得原方程的解

$$T(x,t)=\mathscr{L}^{-1}[\overline{T}(x,s)]=T_0\mathrm{erfc}\left(\frac{x}{2\alpha\sqrt{t}}\right)$$

2.3　无界空间的定解问题、图论应用、人工智能与专家系统

2.3.1　无界空间的定解问题

本节介绍用积分变换法对无界空间的定解问题的一般求法，其中包括分离变量法、傅里叶变换法、拉普拉斯变换法，并以一维空间的热传导问题为例分别用三种变换法进行求解，得到了相同的结果，并分析了不同方法的特点和适用条件。

2.3.1.1　积分变换法求解定解问题的步骤

在化工生产中，经常会遇到求无界空间的定解问题。对于无界或半无界的定解问题，用积分变换来求解，最合适不过。用积分变换求解定解问题的步骤一般如下：

(1)根据自变量的变化范围和定解条件确定选择适当的积分变换：对于自变量在 $(-\infty,+\infty)$ 内变化的定解问题（如无界域的坐标变量）常采用傅里叶变换；而自变量在 $(0,+\infty)$ 内变化的定解问题（如时间变量）常采用拉普拉斯变换。

(2)取积分变换，将一个含两个自变量的偏微分方程化为一个含参量的常微分方程。

(3)对定解条件取相应的变换，导出常微分方程的定解条件。

(4)求解常微分方程的解，即为原定解问题的变换。

(5)对所得解取逆变换，最后得原定解问题的解。

2.3.1.2 一维无界空间热传导初值问题

根据实际问题的差别，所采用的积分变换方法也不尽相同。本书将以一维无界空间的热传导初值问题为例，介绍如何用不同的积分变换来求解，并对求解结果和不同方法的适用范围进行分析总结。

设有一均匀无限长细杆，杆上无热源，杆的初始温度为 $\varphi(x)$，求 $t>0$ 时杆上温度的分布规律。

现导出其定解问题：热传导的起源是温度 $u(x,t)$ 不均匀。根据能量守恒定律和热传导定律，可导出没有热源的一维无界空间热传导的方程：

$$u_t(x,t)=a^2u_{xx}(x,t)\quad(-\infty<x<+\infty,t>0)$$

因初始温度值为

$$u(x,0)=\varphi(x)$$

从而得到一维无界空间热传导初值问题：

$$\begin{cases}u_t(x,t)=a^2u_{xx}(x,t)\quad(-\infty<x<+\infty,t>0)\\u(x,0)=\varphi(x)\end{cases}$$

下面将用求解数学物理方程的三种不同方法对这定解问题进行解析。

1. 分离变量法求解

以分离变量形式的试探解：

$$u(x,t)=X(x)T(t)$$

代入得

$$XT'=a^2X''T$$

即

$$\frac{T'}{a^2T}=\frac{X''}{X}$$

两边分别是时间 t 和坐标 x 的函数，不可能相等，除非两边实际上是同一个常数。把这个常数记作 $-\omega^2$，则

$$\frac{T'}{a^2T}=\frac{X''}{X}=-\omega^2$$

这可分解为关于 T 和关于 X 的常微分方程：

$$T'+\omega^2a^2T=0$$

$$X''+\omega^2X=0$$

从这两个方程解得

$$X=Ce^{i\omega x}$$

$$T=Ae^{-\omega^2a^2i}$$

则分离变量形式的解是

$$u(x,t;\omega)=A(\omega)e^{-\omega^2a^2i}e^{i\omega x}$$

式中 ω 可取任意实数。一般解是线性叠加即积分：

$$u(x,t)=\int_{-\infty}^{+\infty}A(\omega)e^{-\omega^2a^2i}e^{i\omega x}d\omega$$

为了确定 $A(\omega)$，把上式代入初始条件，得

$$\int_{-\infty}^{+\infty}A(\omega)e^{-\omega^2a^2i}e^{i\omega x}d\omega=\varphi(x)$$

把右边的 $\varphi(x)$ 也展开为傅里叶积分，然后把两边加以比较，从而可得

$$A(\omega)=\frac{1}{2\pi}\int_{-\infty}^{+\infty}\varphi(\xi)\mathrm{e}^{-\mathrm{i}\omega\xi}\mathrm{d}\xi$$

所求解则为

$$u(x,t)=\int_{-\infty}^{+\infty}\varphi(\xi)\left[\frac{1}{2\pi}\int_{-\infty}^{+\infty}\mathrm{e}^{-\omega^2a^2\mathrm{i}}\mathrm{e}^{\mathrm{i}\omega(x-\xi)}\mathrm{d}\omega\right]\mathrm{d}\xi$$

引用定积分公式：

$$\int_{-\infty}^{+\infty}\mathrm{e}^{-\omega^2a^2}\mathrm{e}^{\beta\omega}\mathrm{d}\omega=\frac{\sqrt{\pi}}{a}\mathrm{e}^{\frac{\beta^2}{4a^2}}$$

所求解表示为

$$u(x,t)=\int_{-\infty}^{+\infty}\varphi(\xi)\left[\frac{1}{2a\sqrt{\pi t}}\mathrm{e}^{-\frac{(x-\xi)^2}{4a^2t}}\right]\mathrm{d}\xi$$

2. 傅里叶变换法求解

令 $\mathscr{F}[u(x,t)]=\tilde{u}(\lambda,t)$，以 t 为参量，对变量 x 做傅里叶变换，得到 $\tilde{u}(\lambda,t)$ 的定解问题：

$$\begin{cases}\dfrac{\mathrm{d}\tilde{u}(\lambda,t)}{\mathrm{d}t}=-a^2\lambda^2\tilde{u}(\lambda,t)\\ \tilde{u}(\lambda,0)=\varphi(\lambda)\end{cases}$$

又以 λ 为参量，解上式常微分方程的初始问题，解得

$$\tilde{u}(\lambda,t)=\tilde{\varphi}(\lambda)\mathrm{e}^{-a^2\lambda^2t}$$

再以 t 为参量，对象函数 $\tilde{u}(\lambda,t)$ 关于变量 λ 进行反演，按卷积定理，有

$$\tilde{u}(\lambda,t)=\varphi(x)\mathscr{F}^{-1}(\mathrm{e}^{-a^2\lambda^2t})$$

而

$$\mathscr{F}^{-1}(\mathrm{e}^{-a^2\lambda^2t})=\frac{1}{2\pi}\int_{-\infty}^{+\infty}\mathrm{e}^{-a^2\lambda^2t}\mathrm{e}^{\mathrm{i}\lambda x}\mathrm{d}\lambda=\frac{1}{2\pi}\int_{-\infty}^{+\infty}\mathrm{e}^{-a^2\lambda^2t}\cos x\lambda\mathrm{d}\lambda=\frac{1}{2\pi}\sqrt{\frac{\pi}{a^2t}}\mathrm{e}^{-\frac{x^2}{4a^2t}}$$

于是得到所求解为

$$u(x,t)=\varphi(x)\frac{1}{2a\sqrt{\pi t}}\mathrm{e}^{-\frac{x^2}{4a^2t}}=\frac{1}{2a\sqrt{\pi t}}\int_{-\infty}^{+\infty}\varphi(\xi)\mathrm{e}^{-\frac{(x-\xi)^2}{4a^2t}}\mathrm{d}\xi$$

3. 拉普拉斯变换法求解

令 $\mathscr{L}[u(x,t)]=\tilde{u}(x,p)$，以 x 为参量，对方程做拉普拉斯变换，得

$$\mathrm{P}[\tilde{u}(x,p)]-\tilde{u}(x,0)=a^2\tilde{u}_{xx}(x,p)$$

将初始条件代入上式，得

$$\mathrm{P}[\tilde{u}(x,p)]-u(x,0)=a^2\tilde{u}_{xx}(x,p)$$

即

$$a^2\tilde{u}_{xx}-\mathrm{P}(\tilde{u})=-\varphi(x)$$

对应的齐次方程的解是

$$y=A\mathrm{e}^{\frac{\sqrt{p}}{a}x}+B\mathrm{e}^{-\frac{\sqrt{p}}{a}x}$$

式中的 A 和 B 是积分常数。为求得其特解,把参数 A 和 B 看作是 x 的函数,用参数变量法求其特解,得

$$y_{特} = -\frac{1}{2a\sqrt{p}}\mathrm{e}^{\frac{\sqrt{p}}{a}x}\int \mathrm{e}^{-\frac{\sqrt{p}}{a}x}\varphi(\xi)\mathrm{d}\xi + \frac{1}{2a\sqrt{p}}\mathrm{e}^{-\frac{\sqrt{p}}{a}x}\int \mathrm{e}^{\frac{\sqrt{p}}{a}x}\varphi(\xi)\mathrm{d}\xi$$

从而得到通解为

$$\begin{aligned} y &= A\mathrm{e}^{\frac{\sqrt{p}}{a}x} + B\mathrm{e}^{-\frac{\sqrt{p}}{a}x} - \frac{1}{2a\sqrt{p}}\mathrm{e}^{\frac{\sqrt{p}}{a}x}\int \mathrm{e}^{-\frac{\sqrt{p}}{a}x}\varphi(\xi)\mathrm{d}\xi + \frac{1}{2a\sqrt{p}}\mathrm{e}^{-\frac{\sqrt{p}}{a}x}\int \mathrm{e}^{\frac{\sqrt{p}}{a}x}\varphi(\xi)\mathrm{d}\xi \\ &= A\mathrm{e}^{\frac{\sqrt{p}}{a}x} + B\mathrm{e}^{-\frac{\sqrt{p}}{a}x} - \frac{1}{2a}\mathrm{e}^{\frac{\sqrt{p}}{a}x}\int \frac{1}{\sqrt{p}}\mathrm{e}^{-\frac{\sqrt{p}}{a}x}\varphi(\xi)\mathrm{d}\xi + \frac{1}{2a}\mathrm{e}^{-\frac{\sqrt{p}}{a}x}\int \frac{1}{\sqrt{p}}\mathrm{e}^{\frac{\sqrt{p}}{a}x}\varphi(\xi)\mathrm{d}\xi \end{aligned}$$

为了使解在 $x\to\pm\infty$ 时有限,必须取 $A=B=0$,所以

$$\tilde{u}(x,p) = \frac{1}{2a}\int_x^{\infty}\frac{1}{\sqrt{p}}\mathrm{e}^{-\frac{\sqrt{p}}{a}(\xi-x)}\varphi(\xi)\mathrm{d}\xi + \frac{1}{2a}\int_{-\infty}^{x}\frac{1}{\sqrt{p}}\mathrm{e}^{-\frac{\sqrt{p}}{a}(\xi-x)}\varphi(\xi)\mathrm{d}\xi$$

根据拉普拉斯变换:

$$\frac{\mathrm{e}^{-a\sqrt{p}}}{\sqrt{p}} = \frac{1}{\sqrt{\pi t}}\mathrm{e}^{\frac{a2}{4t}}$$

进行反演,得

$$\frac{\mathrm{e}^{\pm\frac{(x-\xi)}{a}\sqrt{p}}}{\sqrt{p}} = \frac{1}{\sqrt{\pi t}}\mathrm{e}^{\frac{(x-\xi)2}{4a2t}}$$

则得到所求解为

$$\begin{aligned} \tilde{u}(x,t) &= \frac{1}{2a}\int_x^{\infty}\frac{\varphi(\xi)}{\sqrt{\pi t}}\mathrm{e}^{-\frac{(x-\xi)2}{4a2t}}\mathrm{d}\xi + \frac{1}{2a}\int_{-\infty}^{x}\frac{\varphi(\xi x)}{\sqrt{\pi t}}\mathrm{e}^{-\frac{(x-\xi)2}{4a2t}}\mathrm{d}\xi \\ &= \frac{1}{2a\sqrt{\pi t}}\int_{-\infty}^{+\infty}\varphi(\xi)\mathrm{e}^{-\frac{(x-\xi)2}{4a2t}}\mathrm{d}\xi \end{aligned}$$

2.3.1.3 结果及适用范围分析

由上述可知,不但能用分离变量法、傅里叶变换法和拉普拉斯变换法分别求解出一维无界空间热传导初值问题,而且其解形式完全相同。同时又对比了分离变量法、傅里叶变换法和拉普拉斯变换法的各自特点。现分析如下:

分离变量法主要用于解有限空间的定解问题。用分离变量法求解有界空间的定解问题,得到的解是傅里叶级数形式。分离变量法也可求解无界空间中的定解问题,但因为边界条件从有界空间转到无界空间,所以解的形式也就从傅里叶级数转化为傅里叶积分。

傅里叶变换是对定义在无界空间的函数施行的积分变换,因此傅里叶变换法适用于求解无界空间的定解问题。傅里叶变换法的好处是可以将偏微分方程变成常微分方程,或使偏微分方程减少自变量的个数,而且某些奇异函数如 δ 函数经过变换后变成一普通函数,从而对求解十分有利。但是,傅里叶变换要求所处理的函数有无界区间$(-\infty,+\infty)$绝对可积。这个要求是苛刻的,相当多的常见函数如多项式函数、三角函数等都不满足傅里叶变换的条件。

拉普拉斯变换对被变换的函数的要求要比傅里叶变换宽得多。而且,跟分离变量法不同,拉普拉斯变换法并不要求边界条件是齐次的,不管边界条件是否是齐次的,也不管泛定

方程是否是齐次的,拉普拉斯变换法用同样的办法处理它们。由于拉普拉斯变换是对时间函数的积分变换,所以适合求解常微分方程和偏微分方程的初值问题。但是拉普拉斯变换反演计算有时显得繁杂。

除分离变量法外,傅里叶变换法和拉普拉斯变换法都要进行积分变换。那么,如何选取恰当的积分变换呢? 一般来说,要从两方面考虑,首先考虑自变量的变化范围,傅里叶变换要求做变换的自变量在$(-\infty, +\infty)$内变化,拉普拉斯变换要求做变换的自变量在$(0,\infty)$内变化。其次,要注意定解条件的形式,要关于某个变量做拉普拉斯变换,必须在定解条件中给出该变量为零时的函数值及有关导数值。同时,凡是对方程取变换时没有用到的定解条件都必须变换,使它转变为新方程的定解条件,而已经用过的定解条件就不要再做变换了。至于如何由象函数求原函数,这主要是利用积分变换表和各种积分变换的性质,有时也需要直接用到求逆变换的公式。

综上所述,同一定解问题能用不同的方法求出完全相同的解,而不同的方法所选取的积分变换不同。如何选取恰当的积分变换,取决于自变量的变化范围和定解条件的形式。这是采用什么方法的关键所在。

2.3.2　图论应用

本节主要介绍了图论的起源与发展及其若干应用,如渡河问题、旅游推销员问题、最小生成树问题、四色问题、安排问题、中国邮递员问题;同时也涉及了几种在图论中应用比较广泛的方法,如最邻近法、求最小生成树的方法、求最优路线的方法等;最后介绍了图论及其方法在化工中的应用。

图论是数学的一个分支,以图为研究对象。图论中的图是若干给定的点及连接两点的线所构成的图形,这种图形通常用来描述某些事物之间的某种特定关系,用点代表事物,用连接两点的线代表相应的两个事物间具有这种关系。这种图中点的位置和线的长短曲直无关紧要。

有些专家认为图论是关于网络的数学理论,也有专家认为图论是研究离散对象之间的关系。图论与数学的其他分支不同,不像群论、拓扑学等其他学科那样有一整套较完整的理论体系和解决问题的系统方法。图论所涉及的问题比较广泛,解决问题的方法也多种多样,常常是一种问题一种解法,而这些方法之间又缺乏必然联系。许多数学分支是由计算、运动、测量问题引起的,促使图论产生和发展的却是一些数学游戏问题。尽管这些游戏表面简朴,实质却能激发数学家的兴趣。图论发源于 18 世纪东普鲁士(Eastern Prussia)的柯尼斯堡(Konigsbrg),至今已有 200 多年的历史。

2.3.2.1　图论的起源

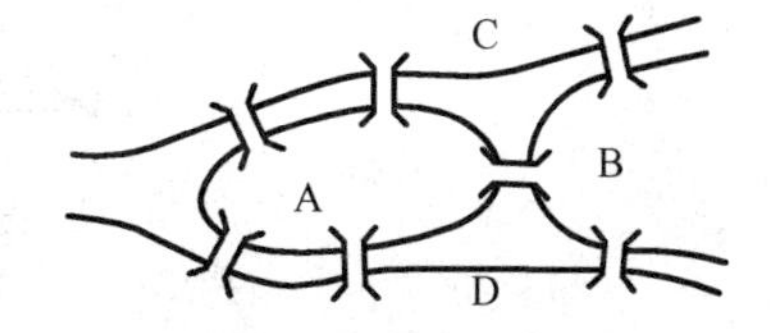

图 2.3.1　七桥问题

柯尼斯堡始建于 1308 年,作为东普鲁氏王朝的都市,后来归于俄罗斯叫加里宁格勒。城内的一条河的两条支流绕过一个岛,有七座桥横跨这两支流,如图 2.3.1 所示。当地市民们有一项消遣活动,就是试图将河上的每座桥恰好走过一遍并回到原出发点,然而无数次的尝试从来没有人成功。

直到 1736 年,欧拉(L. Euler,1707—1783)解决了这一问题。他将这个问题转化为图论问题,即把每一块陆地用一个点来代替,将每一座桥用连接相应两个点的一条线来代替,从而得到一个点线图。欧拉证明了柯尼斯堡七桥问题没有解,并且推广了这个问题,给出了任意一种河-桥图能否全部不重复、不遗漏走一次的判定法则:如果通过奇数座桥连接的地方不止两个,满足要求的路线不存在;如果只有两个地方通过奇数座桥连接,则可从其中任一地方出发找到所要求的路线;如果没有一个地方通过奇数座桥连接,则从任一地出发,所求路线都能实现。他还说明怎样快速找到所要的路线,并为此设计了一个 15 座桥的问题。

欧拉的论文在圣彼得堡科学院做了报告,成为图论历史上第一篇重要文献。这项工作使欧拉成为图论(及拓扑学)的创始人。那时不少问题都是围绕游戏而产生的。柯尼斯堡七桥问题就是图论发展萌芽时期最具代表性的问题。但当时数学界并未对欧拉解决七桥问题的意义有足够认识,甚至仅仅视其为一个游戏而已。

2.3.2.2 图论的发展

图论的产生和发展经历了 200 多年的历史,大体上可以分为三个阶段。

第一阶段是从 1736 年到 19 世纪中叶。1750 年,欧拉和他的一个朋友哥德巴赫(C. Goldbach)通信时说发现了多面体的一个公式:设多面体的顶点数为 N_v,棱数为 N_e,面数为 N_f,则有 $N_v-N_e+N_f=2$。欧拉多面体公式表述了几何图形的一个基本组合性质,其目的是利用这一关系将多面体进行分类。这类问题成为 19 世纪后半叶拓扑学研究的主要问题。由它还可派生出许多同样美妙的东西,堪称“简单美”的典范。例如:连通平面图的点数 n、边数 e、面数 f 满足 $n-e+f=2$,它是近代数学两个重要分支——拓扑学与图论的基本公式。由这个公式得到的许多结论,对拓扑学与图论的发展都起了很大的作用。

从 19 世纪中叶开始,图论进入第二个发展阶段。这一时期图论问题大量出现,诸如关于地图染色的四色问题、由“周游世界”游戏发展起来的哈密顿问题以及与之相关联的可平面图问题等。最早记载四色猜想问题的是英国伦敦大学的数学教授德摩根(De Morgan)。他在 1852 年 10 月 23 日写给哈密顿(William Rowan Hamilton)的信中记载了他的学生格斯里(Frederick Guthrie)向他请教的一个问题:任何地图,是否至多用四种颜色就可以把每个国家的领土染上一种颜色,且使相邻之国异色。图 2.3.2 所示为唯一的四着色图。

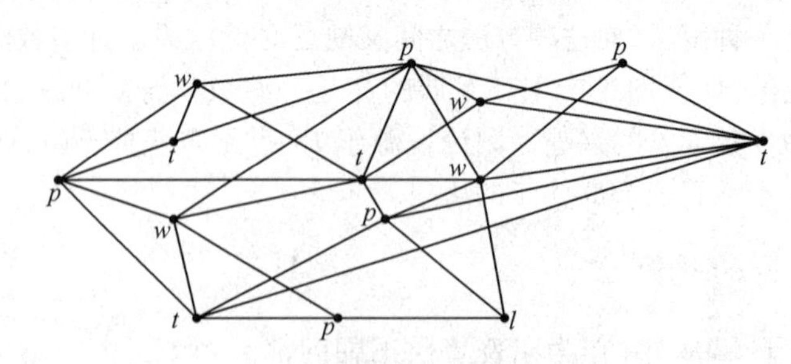

图 2.3.2 唯一的四着色图

德摩根不能判断这个猜想是否成立,于是写信给哈密顿。这个问题很快在数学界流传开来。后来成为一个具有世界意义的重要数学问题。经过多少代人的努力,最后在 20 世纪 70 年代,美国伊利斯诺大学教授阿佩尔(K. Appel)和哈肯(W. Haken)开始利用改进的放电过程进行证明。1976 年 1 月到 6 月,阿佩尔和哈肯利用三部计算机运转了一千二百个小时，分析了两千多个构形的可约性，并通过人工分析了约一万个带正电顶点的邻近区域，终于用不可避免组的方法证明了四色问题。四色问题的研究对平面图理论、代数拓扑学、有限射影几何和计算机编码程序设计等理论的发展起了推动作用。

“周游世界”问题最初表述为：在 8×8 格的国际象棋棋盘上，象棋中的马——“骑士”能否从某个格子出发，一次不重复地跳遍所有 64 个格子，最后再回到出发点？该问题又被称为“骑士周游世界问题”。相应的图为 64 个顶点，棋盘上的每个方格为一个顶点，当“骑士”按规则从一个顶点走到另一个顶点时，两点之间连一条边，问题是要求我们选择由 64 条边组成并通过每个顶点的一条轨道。该问题与前面论述的欧拉问题有区别：桥的问题要求依次走过图中的每条边，但一个顶点可以重复走多次，骑士问题只需用其中的一些边通过每个顶点刚好一次。这种不同可以用探险者和旅游者来类比：探险者考察所有可以走的路线，而旅游者只希望恰好参观一次。

1757 年，欧拉在写给哥德巴赫的一封信中给出该问题的一种解法，得到绝对中心对称图。1759 年，欧拉又专门写文章讨论各种棋盘的周游世界问题，指出对那种具有奇数个格子的棋盘，该问题无解。1771 年，法国数学家旺德蒙德（Vandermonde）在巴黎法国科学院一份学报上发表论文，将几何问题划归为算术问题，引入坐标概念和特殊符号表示覆盖棋盘的“路”，得到周游世界问题的一般方法和多种答案。1857 年，英国数学家哈密顿将这类问题扩展为立体形式，发明一种被称为真正的“周游世界问题”。哈密顿最初研究的是非交换代数，即在乘法运算中不一定满足。有许多非交换组，其中一个哈密顿用规则的十二面体图解释说明。1856 年 10 月 7 日，他在一封信中首次陈述了这个发现，接着发表文章。后来，哈密顿以这个图的解释为原则设计了一种游戏，称为“Iconsian 游戏”。1857 年，他在都柏林不列颠协会上展示了这种游戏，并且十分骄傲地将该专利以 25 英镑的价格转让给一位批发贸易商。这个游戏 1859 年上市，附带有哈密顿亲自编写的印刷体说明手册。读者会明白该游戏的目的，即在十二面体图上找到满足某种具体条件的轨道和回路。其中，第一个问题就是沿着各边通过每个顶点刚好走一次的回路。哈密顿游戏的另一种说法是：用一个规则的实心正十二面体，将它的 20 个顶点标以世界著名的 20 个城市，每个顶点用钉子标记，一条线顺着这些钉子绕过表示一条回路或轨道，要求游戏者找一条沿着各边并通过每个顶点刚好一次的闭回路，即“周游世界”。用图论的语言来说，游戏的目的是在正十二面体的图中找出一个哈密顿圈。这个问题被称为哈密顿问题。由于运筹学、计算机科学和编码理论中的很多问题都可以化为哈密顿问题，从而引起广泛的注意和深入研究。

有一个古典难题涉及嵌入问题与平面图，名叫“三井三屋”问题。问题是要求把 3 口井与 3 间屋对应连接起来，使得连接的管线都不相交。如果这种图存在，则称它是一个平面图。一般地，如果一个图 G 可以画在一个曲面 S 上，使得任何两边都不相交，则称 G 可以嵌入到 S 内。如果一个图可以嵌入到平面内，则说它是一个可平面图。嵌入概念反映了两个图之间的同构对应关系。三井三屋问题在平面上无法实现，即它是不可平面的。很多人致力于图的可平面性研究，1930 年波兰数学家 C. K. 库拉托夫斯基（Kuratowski）提出可平面图的一个重要条件，1973 年中国数学家吴文俊用代数拓扑方法给出了解决平面制定问题的新途径。平面图问题的研究成果已经在交通网络和印刷线路的设计等方面得到应用。

早期图论主要用来讨论游戏中存在的问题。这个时期也出现了以图为工具去解决其他领域中一些问题的成果，比如把树的理论应用到化学和电网络分析等。1847 年，德国数学家基尔霍夫（Kirchhoff）应用图论的方法分析电网络，奠定了现代网络理论的基础，就是电工原理中的基尔霍夫电流定律和基尔霍夫电压定律,这是图论在工程技术领域的第一次应用。1857 年,英国数学家凯莱(Cayley)在试算饱和碳化氢的同分异构体时,提出了"树"的概念,同时概述了一种求无根树个数的方法。他把这一类化合物的记数问题抽象为计算某类树的个数问题,在这类树中,要求关联到每个点线的条数是 1 或 4,树上的点对应一个氢原子或一个碳原子。这一问题成为图的记数理论的起源。1936 年,匈牙利数学家哥尼格(DenesKonig)发表了第一本图论专著《有限与无限图理论》。他总结了图论 200 多年的成果,是图论发展史上的一座里程碑,并标志着图论成为一门独立的数学分支。

此后图论进入第三个发展阶段。20 世纪 40 ~ 60 年代,拟阵理论、超图理论、极图理论以及代数图论、拓扑图论等都有很大的发展。由于生产管理、军事、交通运输、计算机和通信网络等方面提出大量实际问题的需要,特别是许多离散化问题的出现,以及由于大型高速电子计算机的问世使得许多大规模计算问题的求解成为可能,图论的理论及其应用研究得到飞速发展。尤其是网络理论的建立,图论与线性规划、动态规划等优化理论和方法的互相渗透,丰富了图论研究的内容并促进了其应用领域。近几十年来,图论在通信网络的设计分析、电网络分析、印刷线路板分析、信号流图与反馈理论、计算机流程图等众多领域都大显身手,进入发展与突破的快车道。现代图论已是数学中的重要学科,并繁衍出许多新分支,如算法图论、极值图论、网络图论、代数图论、随机图论、模糊图论、超图论等。

著名数学家、沃尔夫奖获得者罗瓦兹(Lovasz)教授在 2011 年发表的《图论 45 年的发展》(*Graph Theory Over 45 Years*)中曾这样评价:"在过去的十年里,图论已经变得越来越重要,无论是它的应用还是它跟数学其他分支的紧密联系方面。"他还在文章中通过对图论跟组合优化、拓扑、代数、概率论、计算机科学等众多学科之间的联系做了详细的描述,足以呈现图论在数学中的地位。

目前现代图论已是数学中的重要学科,因为研究方法和内容不同,已繁衍出许多新的分支,如拓扑图论、代数图论、随机图论、拟阵理论、模糊图论、超图论,等等,这些分支在 20 世纪中期都有了很大的发展。原因有两个:一是由于高速电子计算机的问世,交通运输、军事、生产管理等方面提出了大量实际问题,尤其是离散化问题的出现,使得许多大型计算问题的求解成为可能,图论的理论和应用的研究得到空前发展;二是因为网络理论的建立,图论与线性规划、动态规划等学科分支的互相渗透,丰富了图论研究的内容,促进了图论的广泛应用。

近半个世纪以来,图论在计算机流程图、通信网络的设计分析、信号流图与反馈理论、印刷线路板分析、电网络分析等众多领域都有了快速的突破和发展。

图论作为 20 世纪成立的新分支,在近代却有着飞速的发展,主要体现在以下几个方面:

(1)图论发展呈现蓬勃和活跃的态势。据统计,图论在 20 世纪 60 年代末一天发表的论文,相当于 1936 年以前一年的论文发表数量,其发展态势可见一斑。

(2)图论和组合学杂志的创刊有如雨后春笋。从 20 世纪 60 年代开始,为适应图论论文急剧增长的需要,图论方面的刊物和杂志层出不穷。如:1966 年由塔特创立的国际性组合理论杂志(Journal of Combinatorial theory);1971 年创刊的"离散数学"(Discrete Mathematics)及"网络"(Networks)国际性杂志;1976 年联合创办的"组合方法"(Ars Combinatorica)及次年创立的"图论杂志"(Journal of Graph Theory)和"离散数学年刊"(Annals of DiscreteMathematics);1979 年的"离散应用数学"(Discrete Applied Mathe - matics);1980 年的"欧洲组合学杂志"(European Journal of Combinatorics)及"组合学"

(Combinatoric)杂志。这些组合学和图论杂志的发行在另一方面也促进着图论的长期蓬勃发展。

(3)国际间的学术交流活动相当频繁。自1963年以来,很多国家相继举行组合学及图论方面的学术会议,且呈现逐年增长的趋势。如从1970年开始,美国东南部每年都会举行关于图论、组合学及计算的会议;加拿大的滑铁卢大学、美国的西密歇根大学也接连举行关于图论及组合学的会议。据统计,从1963年起的18年里,国际上共举行了关于图论及组合学的学术会议达100多次,由此可见国际学术交流的活跃程度,而且每次会后都会出版相应的会议记录或专著。

(4)从国际上学术交流活动情况来看,许多研究力量比较强的国家,都形成了图论方面的研究中心以及学派,如以塔特为首的加拿大学派,以爱多士为首的匈牙利学派,以伯奇(C. Berge)为首的法国学派和以哈拉里(F. Harary)为首的密歇根学派。这些图论方面的学派促进了国际间的学术交流,对图论的发展也起到了积极的推动作用。

2.3.2.3　图论的应用

图论不但能应用于自然科学,也能应用于社会科学。例如广泛应用于电信网络、电力网络、运输能力、开关理论、控制论、反馈理论、随机过程、可靠性理论、化学化合物的辨认、计算机程序设计、故障诊断、人工智能、印制电路板设计、图案识辨、地图着色、情报检索,也应用于诸如语言学、社会结构、经济学、兵站学(Logistics,亦叫后勤学)、遗传学等方面。计算机科学、运筹学以及编码理论中的诸多问题也经常转化为图论问题来解决。图论与计算机的发展也有着密切的联系。在计算机充斥的时代,图论与我们的生活和工作都息息相关。如:毕业生的招聘问题即可运用图论中的匈牙利算法求得所需结果;欧拉路可以应用到城市道路的通行问题;城市的交通网络可以转化为支撑树问题来解决;最大网络流量则可以应用于商品的运输问题;最小生成树的算法可应用于修筑铁路问题,亦可应用于最佳追捕问题。此外,图论已渗透到运筹论、矩阵论、组合学、计算机科学、管理科学、群论、系统工程等许多领域。在网络技术与信息科学迅猛发展的时代,图论强大的逻辑、直观的图形、精湛的技巧,越来越受到广大学者的青睐。

1. 渡河问题

(1)基本理论

定义有向图:一个有向图是一个有序的二元组 $<V,E>$,记作 D,其中:

①$V\neq\varphi$ 称为顶点集,其元素称为顶点或节点;

②E 为边集,它是笛卡尔积 $V\times V$ 的多重子集,其元素称为有向边,简称边。

(2)应用举例

【例2.3.1】　(渡河问题)一个摆渡人要把一只狼、一只羊和一捆菜运过河去,由于船很小,每次摆渡人至多只能带一样东西。另外,如果人不在旁时,狼就要吃羊,羊就要吃菜。问这个人怎样才能安全地将它们运过河去?

解　用F表示摆渡人,W表示狼,S表示羊,C表示菜。

若用FWSC表示人和其他三样东西在河的原岸的状态,这样原岸全部可能出现的状态为以下16种:FWSC,FWS,FWC,FSC,WSC,FW,FS,FC,WS,WC,SC,F,W,S,C,ϕ。ϕ表示原岸什么也没有,即人、狼、羊、菜都运到河对岸了。根据题意,我们知道这16种情况中有6种是不允许的,它们是WSC,FW,FC,WS,SC,F。如FC表示人和菜在原岸而狼和羊在对岸,这当然是不允许的。因此,允许出现的情况只有10种,以这10种状态为节点,以摆渡前原岸的一种状态与摆渡一次后出现在原岸的状态所对应的节点之间的连线为边,作有向图2.3.3。

图2.3.3给出了两种方案,图中从FWSC到φ有不同的通路:

①FWSC→ WC→ FWC→ C→ FSC→ S→ FS→ φ;

②FWSC→ WC→ FWC→ W→ FWS→ S→ FS→ φ。

它们的长度均为7,故摆渡人只需摆渡7次就能将它们全部运到对岸,并且羊和菜完好无损。

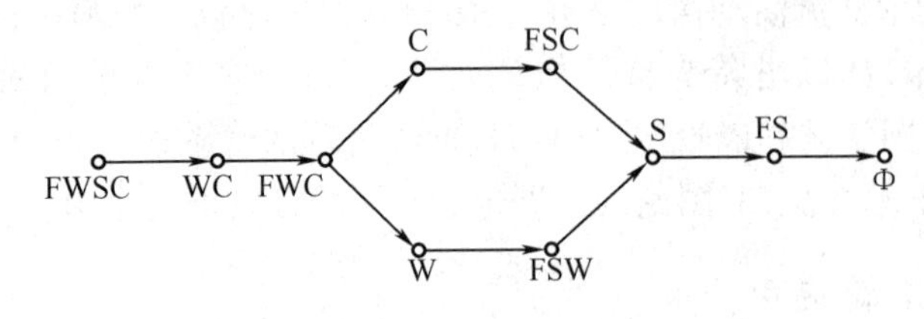

图2.3.3 渡河问题

2. 旅行推销员问题

该问题是说:"给定 n 个城市和它们之间的距离,问如何设计一条路线,使得一个推销员从他所在的城市出发途经其余 $n-1$ 个城市刚好一次,最后回到原驻地并使得行程最短?"

(1)基本理论

定义给定图 $G=<V,E>$(G 为无向图或有向图),设 $W:E\rightarrow R$(R 为实数集),对 G 中任意的边 $e=(v_i,v_j)$(G 为有向图时 $e=<v_i,v_j>$),设 $W(e)=w_{ij}$,称实数 w_{ij} 为边 e 上的权,并将 w_{ij} 标注在边 e 上,称 G 为带权图,此时常将带权图 G 记作 $<V,E,W>$,设 $G'\subseteq G$,称 $\sum\limits_{e\in E(G')} W(e)$ 为 G' 的权,记作 $W(G')$,即 $W(G')=\sum\limits_{e\in E(G')} W(e)$ 。

最邻近法:

①由任意选择的节点开始,找与该点最近(即权最小)的点,形成有一条边的初始路径;

②设 X 表示最新加到这条路上的节点,从不在路上的所有节点中选一个与 X 最靠近的节点,把连接 X 与这一节点的边加到这条路上,重复这一步,直到 G 中所有节点包含在路上;

③将连接起始点与最后加入的节点之间的边加到这条路上,就得到一个圈,即为问题的近似解。

(2)应用举例

【例2.3.2】 某流动售票员居住在A城,为推销货物他要访问B,C,D城后返回A城,若该四城间的距离如图2.3.4所示,找出完成该访问的最短路线。

解 步骤如图2.3.5(a)至(d)所示。

最短距离为:$8+6+7+11=32$。

3. 最小生成树

(1)基本理论

定义2.3.1 设 $G=<V,E>$,$G'=<V',E'>$ 为两个图(同为无向图或同为有向图),

若 $V' \subseteq V$ 且 $E' \subseteq E$，则称 G' 是 G 的子图，G 为 G' 的母图，记作 $G' = G$；又若 $V' \subseteq V$ 或 $E' \subseteq E$，则称 G' 为 G 的真子图；若 $V' = V$，则称 G' 为 G 的生成子图。

定义 2.3.2　不含圈的连通图称为树。

定义 2.3.3　如果 T 是 G 的一个生成子图而且又是一棵树，则称 T 是图 G 的一棵生树。

定义 2.3.4　设无向连通带权图 $G = <V,E,W>$，T 是 G 的一棵生成树，T 的各边权之和称为 T 的权。G 的所有生成树中，权最小的生成树称为 G 的最小生成树。

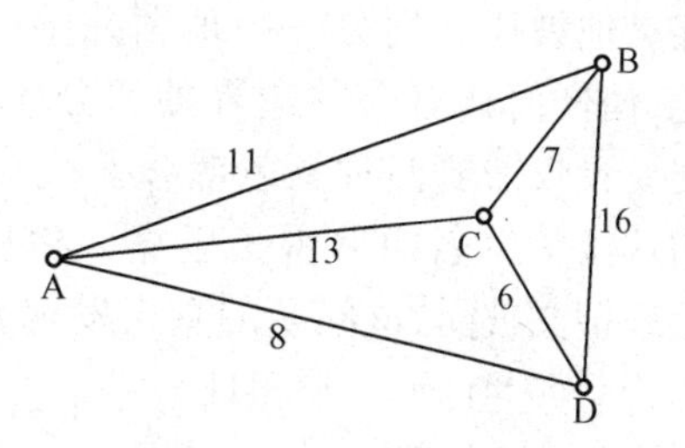

图 2.3.4　旅行推销员问题

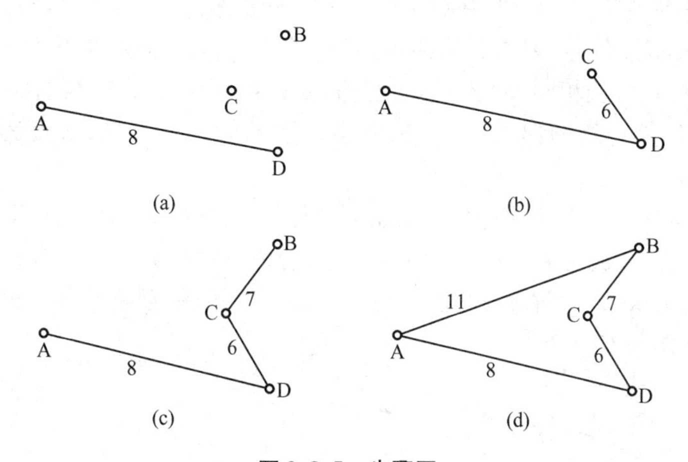

图 2.3.5　步骤图

①破圈法

在 G 中任取一个圈，去掉其中一条边，然后再取一个圈，再去掉这个圈中的一条边，如此继续下去，最后得到的连通图的无圈的生成子图就是 G 的一棵生成树。

②用破圈法求带权的最小生成树的方法

在赋权图 G 中任取一个圈，然后去掉这个圈中权最大的边，如此继续进行直到 G 中不再有圈时为止，这时剩下的边组成的子图就是最小树。

(2)应用举例

旅游线路中的最短问题：对于旅客来说，要求在最短的时间内用最少的钱来游览最多的景点，考虑到无论采取哪种方案，在门票的花费均相同且路费在速度恒定的情况下可由路程的多少来求得，从而把问题转化为求最短的旅游路线的问题。

【例 2.3.3】　公园的路径系统图如图 2.3.6所示，其中 S 为入口，T 为出口，A，B，C，D，E 为五个景点，现求如何能使观光旅游车从入口 S 到出口 T 所经过的距离最短。

解　用破圈法求带权的最小生成树的方法求解，求解步骤如图 2.3.7(a)至(f)所示。由图2.3.7可知，从入口 S 到出口 T 的最短路径为 S→A→B→E→D→T。

最短距离为：$2 + 2 + 3 + 1 + 5 = 13$。

4. 四色问题

1852 年 10 月 23 日英国数学家德·摩根在写给当时还属于英国的爱尔兰数学家哈密顿的一封信中写道：“我的一位学生今天请我解释一个我过去不知道，现在仍不甚了了的事实。他说任意划分一个地图并给各部分着上颜色，使任何具有公共边界的部分颜色不同，那么需要且仅需要四种颜色就够了。”德·摩根提到的这位学生名叫弗雷德里克·格里斯。而据他后来撰文披露，该问题的真正发现者实际上是他的哥哥弗兰西斯·格里斯。

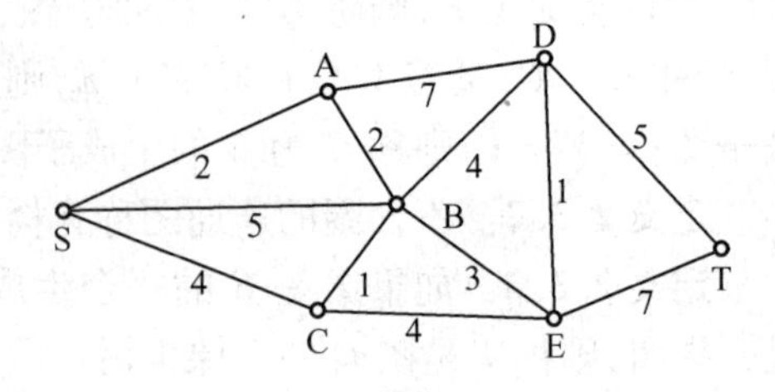

图 2.3.6 公园的路径系统图

(1)基本理论

定义 2.3.5 设 G 为无向标定图，G 中的顶点与边的交替序列 $\Gamma = v_{i0}e_{j1}v_{i1}e_{j2}\cdots e_{jl}v_{il}$ 称为 v_{i0} 到 v_{il} 的通路，其中 v_{ir-1}, v_{ir} 为 e_{jr} 的端点；$r = 1, 2, \cdots, l$；v_{i0}, v_{il} 分别称为 Γ 的始点与终点。Γ 中边的条数称为它的长度，若 $v_{i0} = v_{il}$，则称通路为回路；若 Γ 的所有边各异，则称 Γ 为简单通路，又若 $v_{i0} = v_{il}$，则称 Γ 为简单回路。若 Γ 的所有顶点(除 v_{i0} 与 v_{il} 可能相同外)各异，所有边也各异，则称 Γ 为初级通路或路径，此时又若 $v_{i0} = v_{il}$，则称 Γ 为初级回路或圈，将长度为奇数的圈称为奇圈，长度为偶数的圈称为偶圈。

定义 2.3.6 对无环图 G 的每个顶点涂上一种颜色，使相邻的顶点涂不同的颜色，称为对图 G 的一种着色，若能用 k 种颜色给 G 的顶点着色，就称对 G 进行了 k 着色，也称 G 是 k - 可着色的。若 G 是 k - 可着色的，但不是$(k-1)$可着色的，就称 G 是 k 色图，并称这样的 k 为 G 的色数，记作 $\chi(G) = k$。

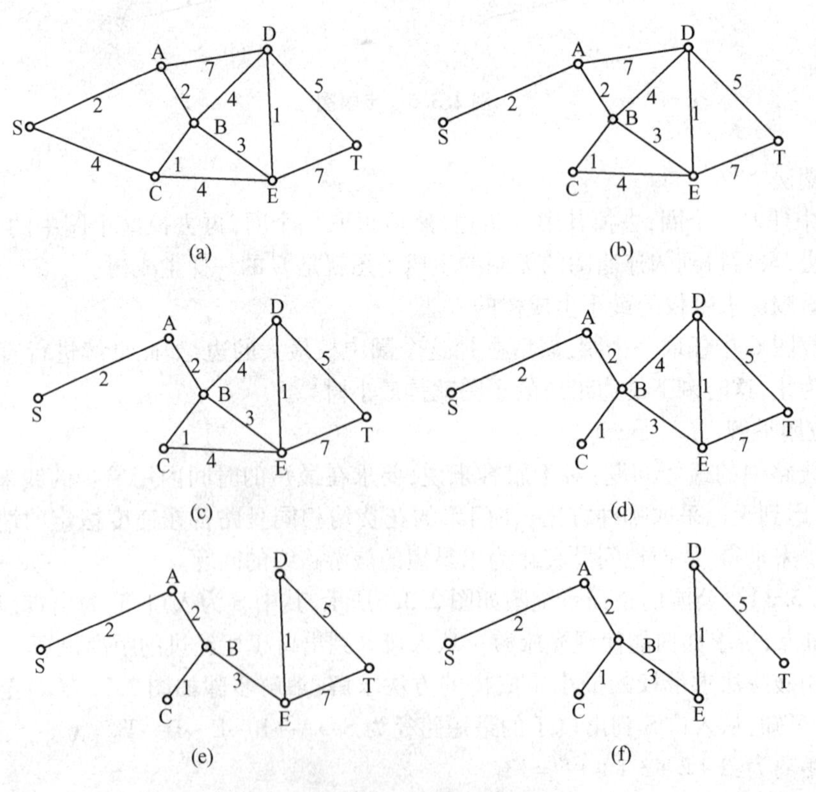

图 2.3.7 步骤图

定义 2.3.7　在 $n-1(n\geqslant4)$ 边形 C_{n-1} 内放置一个顶点，使这个顶点与 C_{n-1} 上的所有顶点均相邻，所得 n 阶简单图称为 n 阶轮图，n 为奇数的轮图称为奇阶轮图；n 为偶数的轮图称为偶阶轮图。

定理 2.3.1(四色定理)　每个平面的色数至多是 4。

定理 2.3.2　奇圈和奇阶轮图的色数均为 3，而偶阶轮图的色数为 4。

(2)应用举例

【例 2.3.4】　有 8 种化学药品需要空运飞越整个国家。运费根据运送的容器数量来确定。运送一个容器需要 125 元。某些药品之间可以发生化学反应，所以把它们放在同一个容器中是很危险的。这些化学药品被标记成 A,B,C,D,E,F,G,H。下面列出的是与某个给定药品能够发生反应的其他药品名称：

A:B,E,F　　B:A,C,E,G　　C:B,D,G

D:C,F,G,H　　E:A,B,F,G,H　　F:A,D,E,H

G:B,C,D,E,H　　H:D,E,F,G

这些化学药品应该如何放置于那些容器中使得运送这些化学药品所需的费用最少？最少是多少？

解　首先构造图 2.3.8，其顶点为这 8 种化学药品。

如果某两种药品能发生化学反应，就在这两个顶点间连一条边。1,2,3,4 表示四种不同的颜色，如 A1 表示 A 用第一种颜色着色，记最小的容器数为 $\chi(H)$。

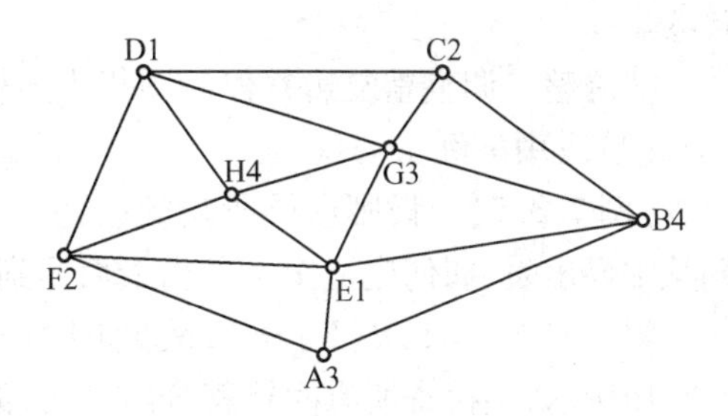

图 2.3.8　化学药品连线

由于 G 中含有奇圈 A,B,G,H,F,A，由定理 2.3.2 知，需要 3 种颜色为该图上的顶点着色。由于 E 与该图上的所有顶点都邻接，所以需要用第四种颜色来为 E 染色，因此 $\chi(H)\geqslant4$；又由定理 2.3.1 知 $\chi(H)\leqslant4$，因而 $\chi(H)=4$。故将这 8 种化学药品放置在四个容器内，安排方法为：

第一个容器：D,E

第二个容器：C,F

第三个容器：A,G

第四个容器：B,H

最少费用为 $4\times125=500$(元)。

5. 中国邮递员问题

中国邮递员问题即为邮递员路线问题。邮递员从邮局出发，经过他所投递范围的每一条街道至少一次，完成邮件的投递任务以后返回邮局。如何安排邮递员的行走路线，以使总路程最短，这个问题是中国学者管梅谷 1962 年首先提出，并给出了一个解法，被国际上称为中国邮递员问题。

(1)基本理论

定义 2.3.8　在图上，从某个顶点出发，对各条边只通过一次，这样的迹称为 Euler 迹。闭 Euler 迹叫作 Euler 环游。一个图若包含 Euler 环游，则这个图称为 Euler 图。

定义 2.3.9　将边 e 的两个端点再用一条权同样为 $w(e)$ 的新边连接，即得重复边。

定理 2.3.3 若 G 是 Euler 图,则 G 中任意用 Fleury 算法做出的迹都是 Euler 环游。

定理 2.3.4 设赋权图 G 经添加重复边集 E_p 后得到赋权欧拉图 G_E,重复边集 E_p 权值总和最小的充要条件是:每条边最多重复一次,并且 G_E 中任一个圈 C,其所含重复边的权值之和都不大于所在圈 C 中所有边权值的二分之一。

Fleury 算法:

①任意选取一个顶点 v_0,置 $W_0 = v_0$。

②假设迹 $W_i = v_0 e_1 v_1 \cdots e_i v_i$ 已经选定,那么按下述方法从 $E \backslash \{e_1, e_2, \cdots, e_i\}$ 中选取边 e_{i+1}:

a. e_{i+1} 和 v_i 相关联;

b. 除非没有别的边可选择,否则 e_{i+1} 不是 $G_i = G \backslash \{e_1, e_2, \cdots, e_i\}$ 的割边。

③当 b 项不能再执行时,算法停止,得到 G 中一条迹。

非 Euler 图求最优环游的算法步骤:

①开始。任给一个初始方案,使非 Euler 赋权图各顶点变为偶点,得到一个初始赋权 Euler图。

②检查。检查各圈是否满足圈中"重复边总权值小于或等于非重复边总权值"的最优解条件,若条件已满足,则现行方案为最优解,再由 Fleury 算法得到一条最优环游,否则转③。

③调整。调整重复边并保持图仍为赋权 Euler 图。转②。

(2)应用举例

【例 2.3.5】 设邮递员所辖的投递区如图 2.3.9 所示,其中边旁的数字为街道长度。问从邮局出发,如何走遍全区各街最后回到邮局 A 而又最短的路径。

解 $d(\mathrm{A}) = 1, d(\mathrm{F}) = 1$,故此图为非欧拉图。添加重复边使其变为欧拉图,如图 2.3.10所示,经检查所有圈皆符合欧拉图,故该图为最优方案。

按 *Fleury* 算法可得到一条最优环游,这条最优环游是:A B C E F E C B D E B A。

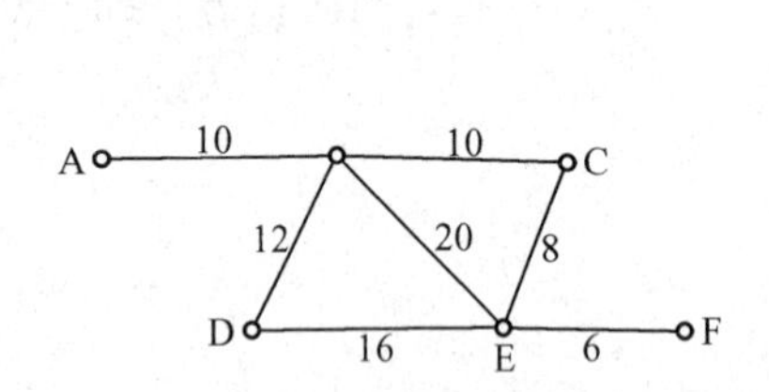

图 2.3.9 邮递员路线

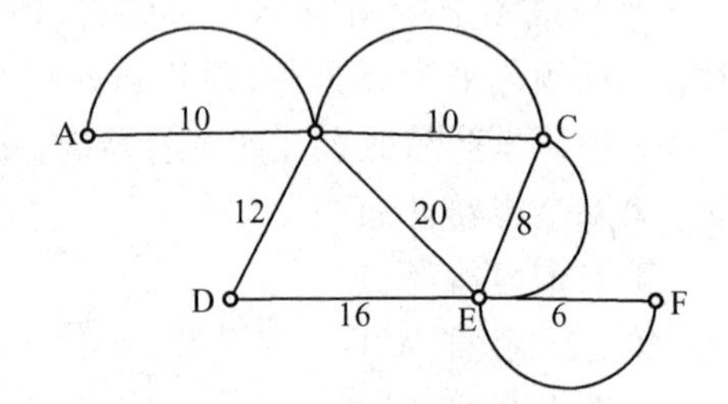

图 2.3.10 构造欧拉图

6. 图论在化学工业和工程中的应用

化工流程的研究要分几个阶段进行。初级阶段,不管是对新开发的工艺过程,还是已投入运转的工艺过程,都只要做简单的物料平衡就足够了。如果考虑一个已运转着的工厂的物料平衡,可以取自工厂数据;而对开发一个新的工艺流程,则可取自工程经验数据、中试或小试数据。在以后的高级阶段中,就要做比较详细的全流程的物料和能量平衡。这就需要正确的物性数据、反应动力学数据和装置的操作数据,等等。

在一个典型的工艺流程开发过程中,往往要做多次的平衡计算,因为工艺流程需要不断修改和提炼才能趋于完全。到目前为止,广泛采用的计算物料方法有两类。一类称为串联解法，其又有回路物流迭代解法和劈分物流解法之分。后者是由 Rosen 提出的。这种方法是沿着流程中物料流动的方向，一个模块（指设备的数学模型）接着一个模块地计算，遇到物料在系统中有返回和混合时，采用劈分物流和迭代技术。这种方法的缺点是由于迭代而引起的收敛问题。如果收敛慢的话要占用许多机时。何况它收敛与否以及收敛的快慢都不能事先估计。这种方法是利用了流程网络结构的特点，可没有利用问题的线性本质。第二类方法是 Hutchinson 提出的联立解法，他把流程中所有未知物流的全部组分流率看作自变量，根据质量守恒原理建立一个庞大的线性代数方程组，然后联立求解，一举拿到全部物流解。这种方法避免了迭代技术和收敛慢的问题，但是它要求在计算机内装配和存储一个很大的线性代数方程组，还要使用稀疏矩阵的技术。这种方法没有利用流程网络结构的特殊性。

而根据拓扑学的一个分枝——图的理论，将图论中的接合矩阵和联系矩阵用于系统工程中，提出一个新的化工模拟流程物料平衡的计算方法。它克服了传统方法的缺点，既利用了流程结构特点，又充分地利用了问题的线性特性。只要联立解不多几个独立回路点上的物流。剩下的物流进行纯粹串联解法，不必使用迭代技术。在计算机上实施起来，其优点是计算时间短，占有存储容量少。

(1)UMBP 的图论应用基础

如果一个化工流程中没有中间物料的返回，或者不使用混合器的话，其计算相当简单。只要从过程输入流开始一个模块一个模块按物流方向串联地计算下去，直至过程输出流为止，无需迭代或解线性代数方程组。但是，在化工流程中经常有物料返回，而且有多股物流返回。返回物流一定经过混合器或虚拟混合器进入系统，构成物流回路，使流程复杂化。

显然，如果流程中所有的混合器输出流是已知的话，其他物流又可串联地计算得到。正如这些混合器输出流（对应于混合点）中还存在一些基本混合器输出流（对应于独立回路点），只要它们一旦已知后，则流程中其他物流（包括非基本混合器输出流在内）就能串联地算出。于是问题归结为沿独立回路建立以基本混合器输出流为未知变量的物料平衡方程组，它是线性代数方程组形式。它的求解原则上已不困难了。

总之，含有回路的化工流程的 UMBP 的焦点是在基本混合器输出流求解上。现将 UMBP 的整个求解总结成如下计算步骤：

①建立化工流程的拓扑图，以流程中管道物流为元素（点），以变换矩阵作映射；

②建立流程拓扑图的联系矩阵，求出基本混合点；

③建立流程拓扑图的接合矩阵，求出全部独立回路向量和确定独立回路点；

④建立独立回路点的线性代数方程组，联立求解；

⑤计算其他点上的物流。

(2)应用举例

【例 2.3.6】　以氧化乙烯（SD）制乙醛的工艺过程为例，它的工艺过程如图 2.3.11 所示。在构筑图时，要注意：当两股以上物料同时进入一个设备，则在它们前面加一个虚拟混合器 M。

第一步，根据流程图构造拓扑图，如图 2.3.12 所示。

第二步，由拓扑图建立联系矩阵，求基本混合点。

表 2.3.1 中阴影列所对应的点是非回路点，右边 Σ_i 列数据是第 i 次对联系矩阵按行求和的结果。表中最后一行（ Σ 行）数据表明混合点是 x_2, x_4, x_9 和 x_{12}。由它们构成子图的联

系矩阵如表 2. 3. 2 所示。得到基本混合点 x_4 和 x_{12}。

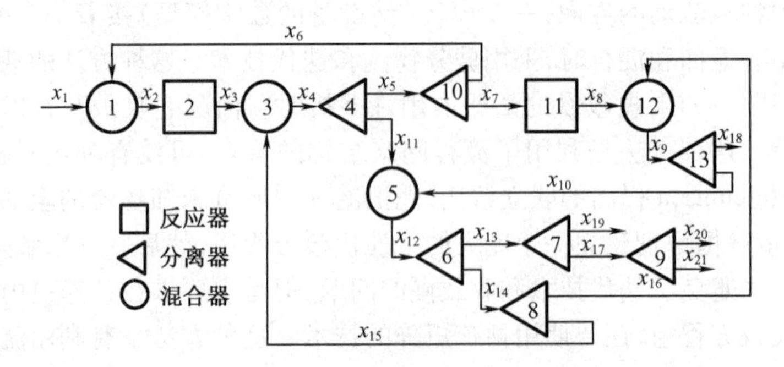

图 2.3.11 氧化乙烯(SD)制乙醛的工艺

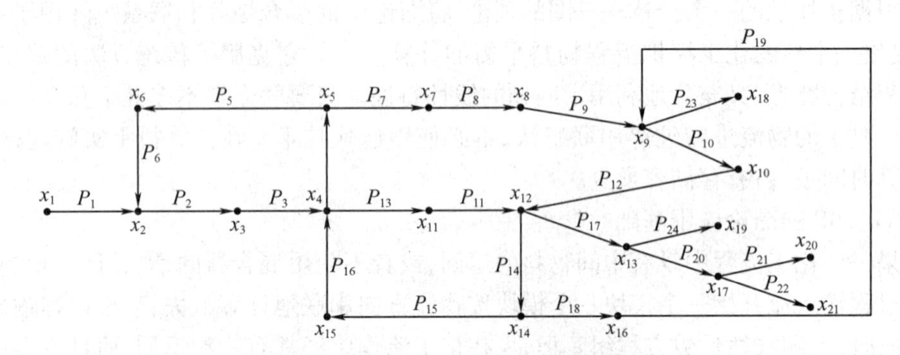

图 2.3.12 氧化乙烯(SD)的拓扑图

表 2.3.1 联系矩阵

x \ x	1	2	3	4	5	6	7	8	9	10	11	12	13	14	15	16	17	18	19	20	21	Σ_1	Σ_2	Σ_3	Σ_4
1		1																				1	1	1	1
2			1																			1	1	1	1
3				1																		1	1	1	1
4					1						1											2	2	2	2
5						1	1															2	2	2	2
6		1																				1	1	1	1
7								1														1	1	1	1
8									1													1	1	1	1
9										1			1					1				2	1	1	1
10												1										1	1	1	1
11												1										1	1	1	1
12													1	1								2	2	2	2
13																	1		1			2	1	0	0
14															1	1						2	2	2	2
15				1																1		1	1	1	1
16									1													1	1	1	1
17																				1	1	2	0	0	0
18																						0	0	0	0
19																						0	0	0	0
20																						0	0	0	0
21																						0	0	0	0
Σ	0	2	1	2	1	1	1	1	2	1	1	2	1	1	1	1	1	1	1	1	1				

表 2.3.2　混合点的联系矩阵

x \ x	2	4	9	12	Σ
2					0
4	1		1	1	3
9				1	1
12		1	1		2

第三步，建立拓扑图的接合矩阵，求出独立回路。

如表 2. 3. 3 所示，表中阴影部分是非回路上的点与弧。得到四个独立回路：$(u_2u_3u_4u_8u_6)$，$(u_{13}u_{11}u_{14}u_{15}u_{16})$，$(u_{12}u_{14}u_{18}u_{19}u_{10})$，$(u_4u_7u_8u_9u_{10}u_{12}u_{14}u_{18}u_{16})$，两个独立回路点 x_4 和 x_{12}。

第四步，建立独立回路点 x_4 和 x_{12} 的物料平衡方程：

$$\begin{cases} x_4 = P_3P_2(P_6P_5P_4x_4 + P_1x_1) + P_{16}P_{15}P_{14}x_{12} \\ x_{12} = P_{11}P_{13}x_4 + P_{12}P_{10}(P_{19}P_{18}P_{14}x_{12} + P_9P_8P_7P_4x_4) \end{cases}$$

如果 UMBP 提法是适定的，则线性代数方程组的系数矩阵是满秩的，则它有唯一解。

第五步，从已知 x_1，x_4 和 x_{12} 出发，求出其他各物流。

表 2.3.3　接合矩阵

x \ u	1	2	③	4	5	⑥	7	8	⑨	10	⑪	⑫	13	14	15	⑯	17	18	⑲	20	21	22	23	24
1	1																							
2	−1	1				−1																		
3		−1	1																					
4			−1	1									1			−1								
5				−1	1		1																	
6					−1	1																		
7							−1	1																
8								−1	1															
9									−1	1									−1				1	
10										−1		1												
11											1		−1											
12											−1	−1		1			1							
13																	−1			1				1
14														−1	1			1						
15															−1	1								
16																		−1	1					
17																				−1	1	1		
18																							−1	
19																								−1
20																					−1			
21																						−1		
	0	1	1	1	1	1	0	0	0	0	0	0	0	0	0	0	0	0	0	0	0	0	0	0
	0	0	0	0	0	0	0	0	0	0	1	0	1	1	1	1	0	0	0	0	0	0	0	0
	0	0	0	0	0	0	0	0	0	1	0	1	0	1	0	0	0	1	1	0	0	0	0	0
	0	0	0	1	0	0	1	1	1	1	1	0	1	0	1	1	1	0	0	0	0	0	0	0

*带圈的号码表示混合点的输入弧。

从1736年欧拉发表的图论首篇论文《哥尼斯堡七桥问题无解》至今，图论已发展成为一门独立的数学分支，成为离散数学的重要组成部分。近百年来，在对图论的研究过程中，许多数学家引入了很多方法来解决图论中的问题。如：基尔霍夫于1845年发表的基尔霍夫电路定律是较早的应用代数方法解决图论问题的代表；1860—1930年间，卡米尔·若尔当、库拉托夫斯基、惠特尼都从之前独立于图论而发展的拓扑学中汲取了大量的内容进入图论，对图论发展的贡献是不可估量的；现代代数方法的使用也让图论与拓扑走上了共同发展的道路；图论中概率方法的引入，尤其是爱多士和阿尔弗雷德·莱利关于随机图连通的渐进概率的研究使得图论产生了新的分支随机图论。

近半个世纪以来，随着计算机科学的发展，图论更以惊人的速度向前发展，已衍生出更多新的分支，如拓扑图论、代数图论、算法图论、应用图论、极值图论、拟阵理论、模糊图论、网络图论、超图论等，在20世纪中期都有了很大的发展。此外，图论已渗透到运筹论、矩阵论、组合学、计算机科学、管理科学、群论、系统工程等许多领域，可以说是异军突起，活跃非凡。所以说，图论既是一个历史悠久又是一个近些年飞速发展的数学分支，图的理论及其在各个领域的广泛应用越来越受到数学界和其他科学界的重视。

本书在对图论发展史籍资料收集和整理的基础上，以时间顺序为主线对矩阵的历史发展进行了全面的分析与研究。着重梳理了图论的历史起源和发展脉络，探讨了图论思想的历史发展过程，研究了一些重要数学家对图论所做的贡献，力求恢复图论发展历史的本来面目，展现图论思想方法演进过程中的科学思想和人文背景，构建出立体的科学思想的演变画卷。

2.3.3 专家系统与人工智能

人工智能和专家系统可以为化工产业提供高效的生产参数，以及为化工生产的各个过程提供自动化的设计、检测和排障等一系列支持。本节旨在介绍人工智能和专家系统的基础上，分别列举其在苯-甲苯和润滑油生产中的实际应用，以使读者更好地了解此交叉领域的进展和应用现状。

2.3.3.1 专家系统

1. 概念

专家系统是一个智能计算机程序系统，其内部含有大量的某个领域专家水平的知识与经验，能够利用人类专家的知识和解决问题的方法来处理该领域问题。

可以认为，专家系统是一个具有大量的专门知识与经验的程序系统，它应用人工智能技术和计算机技术，根据某领域一个或多个专家提供的知识和经验，进行推理和判断，模拟人类专家的决策过程，以便解决那些需要人类专家处理的复杂问题。简言之，专家系统是一种模拟人类专家解决领域问题的计算机程序系统。

化工生产过程比较复杂、变量多，精确的数学模型难以建立。在化工过程的各项控制与诊断中，基于知识的专家系统是一种较好的解决方法。

2. 构成

专家系统通常由人机交互界面、知识库、推理机、解释器、综合数据库和知识获取六部分构成，不同的专家系统体系结构随系统类型、功能和规模不同而有所差异，但知识库与推理机都是不可缺少的构成成分。

(1)知识库

知识库用来存放专家提供的知识。专家系统的问题求解过程是通过知识库中的知识来模拟专家的思维方式的,因此知识库是专家系统质量优越与否的关键所在。

一般来说,专家系统中的知识库与专家系统程序是相互独立的,用户可以通过改变、完善知识库中的知识内容来提高专家系统的性能。

(2)推理机

推理机针对当前问题的条件或已知信息,反复匹配知识库中的规则,获得新的结论以得到问题求解结果。推理方式可以有正向推理和反向推理两种。

正向链的策略是寻找出可以同数据库中的事实或断言相匹配的那些规则,并运用冲突的消除策略,从这些都可满足的规则中挑选出一个执行,从而改变原来数据库的内容。这样反复地进行寻找,直到数据库的事实与目标一致即找到解答,或者到没有规则可以与之匹配时才停止。

逆向链的策略是从选定的目标出发,寻找执行后果可以达到目标的规则。如果这条规则的前提与数据库中的事实相匹配,问题就得到解决;否则把这条规则的前提作为新的子目标,并对新的子目标寻找可以运用的规则,执行逆向序列的前提,直到最后运用的规则的前提可以与数据库中的事实相匹配,或者直到没有规则再可以应用时,系统便以对话形式请求用户回答并输入必需的事实。

由此可见,推理机就如同专家解决问题的思维方式,知识库就是通过推理机来实现其价值的。

3. 工作过程

专家系统的基本结构如图2.3.13所示,其中箭头方向为数据流动的方向。

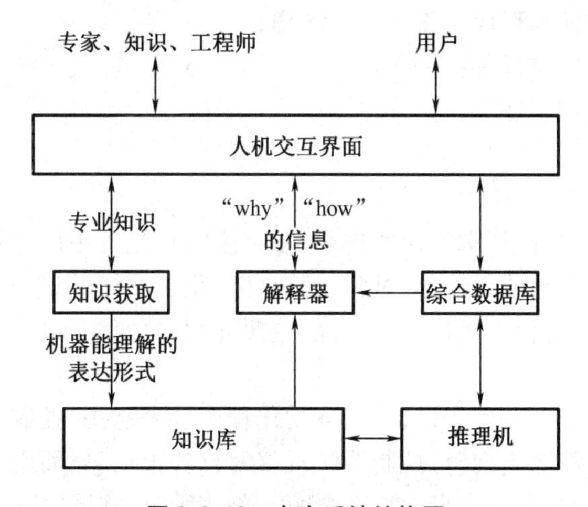

图2.3.13　专家系统结构图

专家系统的基本工作流程是,用户通过人机界面回答系统的提问,推理机将用户输入的信息与知识库中各个规则的条件进行匹配,并把被匹配规则的结论存放到综合数据库中。最后,专家系统将得出最终结论呈现给用户。

4. 功能

根据定义,专家系统应具备以下功能:

(1)存储问题求解所需的知识;

(2)存储具体问题求解的初始数据和推理过程中涉及的各种信息,如中间结果、目标、字母表以及假设等;

(3)根据当前输入的数据,利用已有的知识,按照一定的推理策略去解决当前问题,并能控制和协调整个系统;

(4)能够对推理过程、结论或系统自身行为做出必要的解释,如解决步骤、处理策略、选择处理方法的理由、系统求解某种问题的能力、系统如何组织和管理其自身知识等;

(5)提供知识获取,机器学习及知识库的修改、扩充和完善等维护手段;

(6)提供一种用户接口,既便于用户使用,又便于分析和理解用户的各种要求和请求。

5. 分类

(1)按知识表示技术可分为:

基于逻辑的专家系统;

基于规则的专家系统;

基于语义网络的专家系统;

基于框架的专家系统。

(2)按任务类型可分为:

解释型:可用于分析符号数据,进行阐述这些数据的实际意义;

预测型:根据对象的过去和现在情况来推断对象的未来演变结果;

诊断型:根据输入信息来找到对象的故障和缺陷;

调试型:给出自己确定的故障的排除方案;

维修型:指定并实施纠正某类故障的规划;

规划型:根据给定目标拟订行动计划;

设计型:根据给定要求形成所需方案和图样;

监护型:完成实时监测任务;

控制型:完成实施控制任务;

教育型:诊断型和调试型的组合,用于教学和培训。

6. 专家系统在化工中的应用与举例

随着电子工业及计算机技术的快速进步,专家系统在化工中已经得到了较为广泛的应用,领域也涵盖了包括产品质量预测、过程故障诊断、化工系统调试、化工设备设计、设备运行监护和控制等几乎所有化工流程中。在此,主要介绍一种化工过程实时故障诊断专家系统的进展与应用举例。

化工过程变得日益复杂,生产设备多,自动化程度越来越高,控制系统的结构也日趋大型化、复杂化。当异常情况出现时,控制系统仅仅发出警报信息,而无法给操作人员提供故障产生的原因以及处理建议。因此,实时监测生产过程,并较早诊断故障和分析原因以及给操作人员提供合理建议,对于化工生产过程安全、高效、长周期的运行具有非常重要的意义。

下面介绍一种润滑油生产专家系统。

针对润滑油生产过程,开发了实时故障诊断专家系统。详细讨论了系统结构、知识库和推理机设计以及内存知识库的实现,并提出一种新的知识规则冲突消解策略——前提排序策略以及内存知识库知识规则选择策略。

(1)系统结构

系统由七部分构成:检测模块、推理机、解释器、综合数据库、知识库、知识获取和管理模块以及人机接口,如图2.3.14所示。

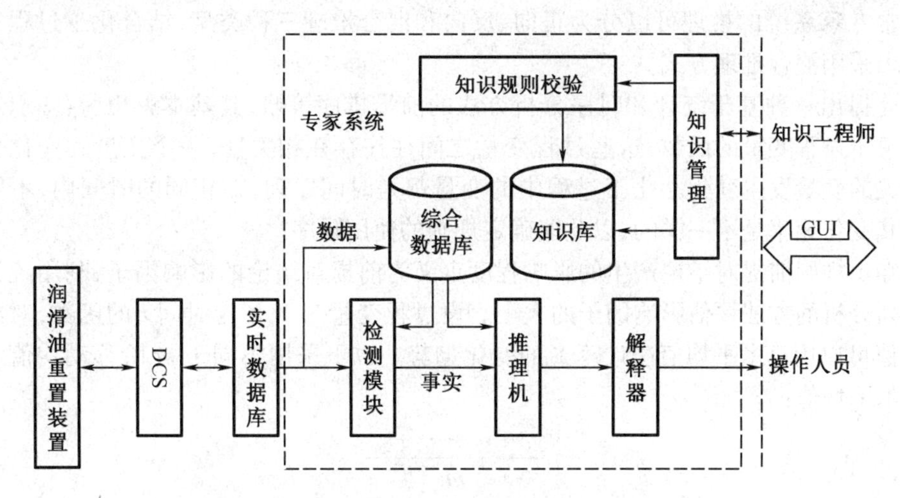

图2.3.14　化工过程实时故障诊断专家系统结构

(2)设计与实现

为满足实时过程故障诊断的要求,系统设计时必须考虑以下问题:

①知识库结构合理、易于表达和管理领域知识;

②故障出现后系统响应时间要符合需求,即要有高效的推理机;

③复杂函数的计算能力。

(3)知识库的建立

化工生产过程具有变量多、计算量大、获取的专家经验复杂的特点,因此本系统采用事实、函数和规则相结合的产生式知识表示方法,表示为IF <前提> THEN <结论>的形式。在此,将知识规则分为三种类型:事实规则、中间规则和结论规则。

(4)知识库的设计

本系统中知识库包括全局知识库和内存知识库,其中内存知识库是全局知识库的局部快照,随全局知识库的变化而实时动态更新。

内存知识库储有全局知识库中20%的事实规则,通过与事实匹配可以确定80%的故障,其中知识规则的选择与规则的可信度以及使用次数有关。设规则的可信度为R_i,使用次数为P_j,则规则选择指标Q_k:

$$Q_k = R_i \times P_j \quad (i,j,k = 1,2,\cdots,n)$$

式中规则的可信度R_i是经验值,使用次数P_j则是动态变化的。对事实规则按其Q_k值降序排列,前20%将被存储到内存知识库。

推理机把异常数据和事实规则相匹配时,优先考虑内存知识库。如果匹配成功,通过对过程变量之间的相关性分析,推理机预先获取相关知识规则作为下一步的推理规则,并把这些规则存储到内存知识库的结论规则区域,直到下一个新的推理过程获取的规则覆盖结论规则区域。

知识的获取和管理模块提供知识规则的维护功能。便于改进和扩充知识库,实现对知识规则的增、删、改等操作。对知识规则的校验也是在这个模块完成,从而保证知识规则的完整性。

(5)推理机的设计

通常专家系统的推理可以分为正向、反向和混合推理三种类型,结合化工过程实时诊断的需求采用混合推理方式。

在此提出一种基于统计和时序分析方法的前提排序策略,其基本思想为:知识规则的前提是关于过程变量的函数,这些过程变量之间往往存在相关性,一个变量的变化会引起与其相关的变量发生变化。化工过程中的变量都是时间序列,在相同的时间内,不同的过程变量其变化速率是不一样的,以此能确定规则的使用顺序。

把知识规则前提对结论产生的影响程度定义为前提对结论的影响因子,利用统计学和时间序列分析的方法评估影响因子的大小。设过程变量为 Y,Y 为时间 t 的函数,对给定的一组 Y 值可以用算术平均值法计算 Y 的变化趋势。以下采用不同于 m 阶移动均值法计算 m 阶算术平均值:

$$\frac{y_1+y_2+\cdots+y_m}{m}$$

$$\frac{y_{m+1}+y_{m+2}+\cdots+y_{m+m}}{m}$$

$$\frac{y_{2m+1}+y_{2m+2}+\cdots+y_{2m+m}}{m}$$

上述 m 阶算术平均值构成的序列相比 m 阶移动平均值序列可以提高数据集中的变化总量,可以增加过程变量的变化量。前提排序策略的主要思想是计算过程变量的变化率。因此,首先计算相邻时刻的变化量,其次把结果与时间的变化量相比就得到了过程变量的变化率。将上式改写为$\{L_1,L_2,L_3,\cdots\}$

$$L_1=\frac{y_1+y_2+\cdots+y_m}{m}$$

$$L_2=\frac{y_{m+1}+y_{m+2}+\cdots+y_{m+m}}{m}$$

$$L_3=\frac{y_{2m+1}+y_{2m+2}+\cdots+y_{2m+m}}{m}$$

计算过程变量的变化率 V_j 需考虑时间因素:

$$V_j=\frac{L_j-L_{j+1}}{T_j-T_{k+1}}\quad(j=1,2,\cdots,n)$$

式中,T_j 是 Y 为 y_j 的时间,T_{k+1}是 Y 为 y_{k+1}的时间。给定过程变量变化率的阈值,那么就可根据不同变化率达到阈值时,在时间上的先后次序进行排序。设 F_i 表示第 i 个前提对后件的影响因子,E_i^k 表示第 i 个前提的过程变量在 k 时刻的值,T_k 表示采样 k 时刻,θ_i 表示第 i 个前提过程变化量的变化率阈值,采用 3 阶算术均值计算第 i 个前提的过程变量在 k 时刻的过程变化率 V:

$$V_i^k=\frac{(E_i^k+E_i^{k+1}+E_i^{k-2})-(E_i^{k-3}+E_i^{k-4}+E_i^{k-5})}{3(T_k-T_{k-3})}$$

$$(i=1,2,\cdots;k=t,t-1,\cdots,t-n)$$

第 i 个前提在 k 时刻的影响因子为

$$F_i^k = (V_i^k, T) = \begin{cases} \frac{1}{p}, 当 |V_i^k| \geq \theta_i \\ 0, 当 |V_i^k| < \theta_i \end{cases}$$

p 是 k 时刻满足条件的前提数量，θ_i 为给定的经验值。则第 i 个前提影响因子 F_i 为

$$F_i = \sum_{k=t}^{t-n} F_i^k \quad (i=1,2,\cdots;k=t,t-1,\cdots,t-n)$$

按照上述公式计算 $k=t$ 时刻前提的影响因子。若前提的影响因子值有相同的情况，则计算 $k=t-1$ 时刻的影响因子；依此类推，计算不同时刻前提的影响因子，最后求和得到前提的影响因子。

按照上述的排序策略，计算前提的影响因子，并根据其值排序得到前提顺序，从而也就确定了相关知识规则的使用顺序，经过推理可获得故障原因出现的次序和处理建议的合理顺序。因此，根据操作建议的顺序，操作人员可以尽快处理发生的故障。

(6)应用举例

润滑油的生产流程主要由糠醛精制、酮苯脱脂等组成。其中糠醛精制是润滑油生产的关键工艺之一。

糠醛精制抽出液气提子系统主要包括抽出液气提塔 405、三效蒸发塔 404 和加热炉 402，它们之间存在耦合关系。与之有关的部分知识规则如表 2.3.4 所示。

表 2.3.4　润滑油抽出液气提系统部分知识规定

Rule 15：IF TI4044 < 158 ℃　THEN 塔 405 底温度低

Rule 16：IF 塔 404 底出口流量突然减少　OR 炉 402 出口温度低　THEN 塔 405 底温度低

Rule 17：IF TIC4007 < 210 ℃　THEN 炉 402 出口温度低

Rule 18：IFΔFIQ4024 < −5 m³/h　THEN 塔 404 底出口流量突然减小

Rule 19：IF 塔 404 压力突然增大　OR 塔 404 进料突然减小　THEN 塔 404 底出口流量突然减小

Rule 20：IFΔ(FIC4005 + FIC4006) < 20 m³/h　THEN 塔 404 进料量突然减小

Rule 21：IFΔPIC4004 > 30 kPa　THEN 塔 404 压力突然增大

Rule 22：IF 瓦斯压力突然下降　OR 炉 402 进料量突然增大　THEN 炉 402 出口温度低

Rule 23：IFΔ(FIC4005 + FIC4006) > 20 m³/h　THEN 炉 402 进料量突然增大

系统初始化，读取 Rule 15 到内存知识库。当事实为 TI4044 = 150 ℃，FIQ4024 = 1.46 m³/h，TIC4007 = 208.3 ℃时，检测发现过程变量出现异常，经推理机与内存知识库匹配，结果为 Rule 15，同时根据过程变量的相关性，Rule 17 和 Rule 18 预先读取到内存知识库的结论规则区域，推理树如图 2.3.15 所示，相关计算数据如表 2.3.5 所示。

表 2.3.5　计算数据

函数值/自变量	TIC4007	FIQ4024
t	208.3	1.46
$t-1$	211.6	6.50

表 2.3.5(续)

函数值/自变量	TIC4007	FIQ4024
$t-2$	215.1	5.71
$t-3$	217.3	6.08
$t-5$	218.5	5.28
$t-6$	222.2	6.67
$t-7$	223.6	7.39

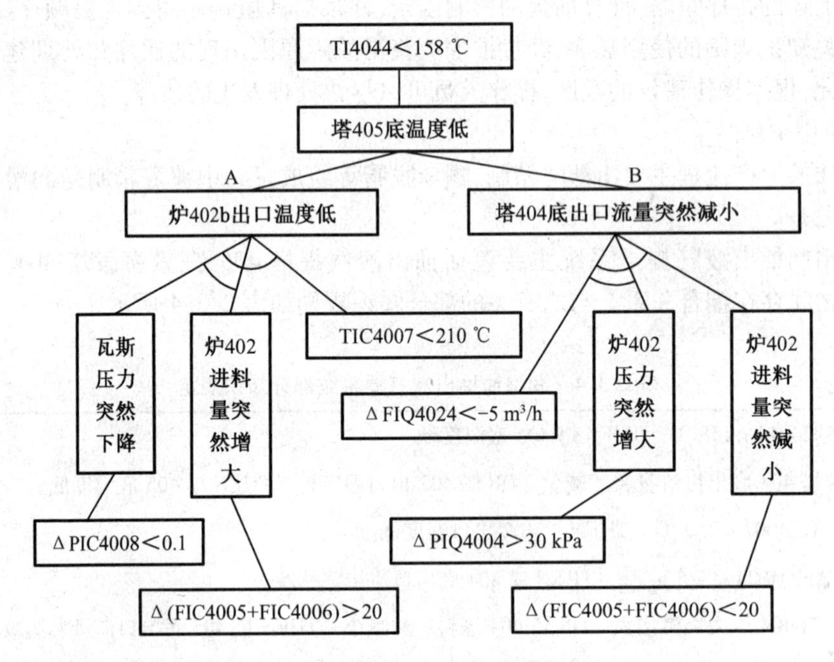

图 2.3.15 推理流程树

计算结果为 $V_1^k = -2.56$ min, $V_1^{k-1} = -2.26$ min, 阈值 $\theta_1 = 2$ min, $V_2^k = -1.03\ \mathrm{m^3/min}$, $V_2^{k-1} = -0.56\ \mathrm{m^3/min}$, 阈值 $\theta_2 = 1\ \mathrm{m^3/min}$, 满足条件 $|V_i^k| \geq \theta_i$ 的前提个数是 2, $p=2$。计算 k 时刻的影响因子, $F_1^k = 0.5$, $F_2^k = 0.5$。两因子相等,需要计算 $k-1$ 时刻的影响因子, $F_1^{k-1} = 1$, $F_2^{k-1} = 0$。最后得到前提的影响因子 $F_1 = F_1^k + F_1^{k-1} = 2/3$, $F_2 = F_2^k + F_2^{k-1} = 1/2$, 因而优先选择 Rule 17。依此类推,可以得到造成故障现象出现的原因序列:瓦斯压力突然下降→炉 402 进料量突然增大→炉 402 出口温度低→塔 404 压力突然增大→塔 404 进料量突然减少→塔404 底出口流量突然减小→塔 405 底温度低。以此可以根据实际情况及时处理故障,在某种程度上减少了故障的传播。

2.3.3.2 人工智能

1. 概念

人工智能是研究、开发用于模拟、延伸和扩展人的智能的理论、方法、技术及应用系统的一门新的技术科学。人工智能从诞生以来,理论和技术日益成熟,应用领域也不断扩大,但没有一个统一的定义。

人工智能的数学基础主要体现为智能算法,智能算法对于解决复杂甚至是混沌的体系具有明显的优势。由于化工过程具有复杂性和一定程度的不确定性,因此智能算法在本领域已经得到了较为广泛的应用。以下主要介绍人工神经网络在化工中的应用进展和智能蚁群算法的应用举例。

2. 人工神经网络

(1)概念

人工神经网络是模仿人类脑神经活动的一种人工智能技术,是由大量的同时也是很简单的处理单元广泛连接构成的复杂网络系统。

人工神经网络的出现为化工过程的发展提供了先进的支撑,具有很大的促进作用。其应用主要在以下几个领域:故障诊断、过程控制、物性估算、专家系统和建筑节能。

(2)故障诊断

当系统的某个环节发生故障时,若不及时处理,就可能引起故障扩大并导致重大事故的发生。故障诊断是人工神经网络(以下简称 ANN)最有应用价值的领域:

①通过训练 ANN,可形成和存储有关过程知识并直接从定量的历史故障信息中学习;

②ANN 具有滤出噪音及在噪音情况下得出结论的能力,使 ANN 适合于在线故障诊断和检测;

③ANN 具有分辨原因及故障类型的能力。

神经网络用于故障诊断和校正不必建立严格的系统公式或其他数学模型,经数据样本训练后可准确、有效地侦破和识别过失误差,同时校正测量数据中的随机误差。与直接应用非线性规划的校正方法相比,神经网络的计算速度快,在化工过程的实时数据校正方面具有明显的优势。

(3)过程控制

随着化学工业的不断发展,对化工过程控制的要求日益严格,而神经网络本身所具有的优点正好能满足控制过程的主要要求:处理日益复杂的系统的需要;过程设计要求日益增高的需要;减少不确定因素及环境要求的需要。

1986 年,Rumelhar 第一次将 ANN 用于控制界。神经元网络用于控制有两种方法:一种用来构造模型,主要利用对象的先验信息,经过误差校正反馈,修正网络权值,最终得到具有因果关系的函数,实现状态估计,进而推断控制;另一种直接充当控制器,就像 PID 控制器那样进行实时控制。神经元网络用于控制,不仅能处理精确知识,也能处理模糊信息。

Edwards 和 Goh 阐述了 ANN 用于优化控制相对其他传统的线性参数模型的一些优点。这种预测控制算法是以模型为基础,同时包含了预测的原理,可以灵活方便地处理输入输出等的约束问题。图 2.3.16 中展示了神经网络的预测控制策略。

(4)物性估算

用神经网络来解决估算物质的性质必须解决三个基本问题:

①对物质的表征问题;

②采用何种神经网络及其算法问题;

③神经网络输入与输出数据的归一化问题。

无论采用哪种方法对数据进行处理,当用经过训练的神经网络进行物性估计时,不能将网络直接的输出值作为物性预估值,而是要进行反归一化处理。

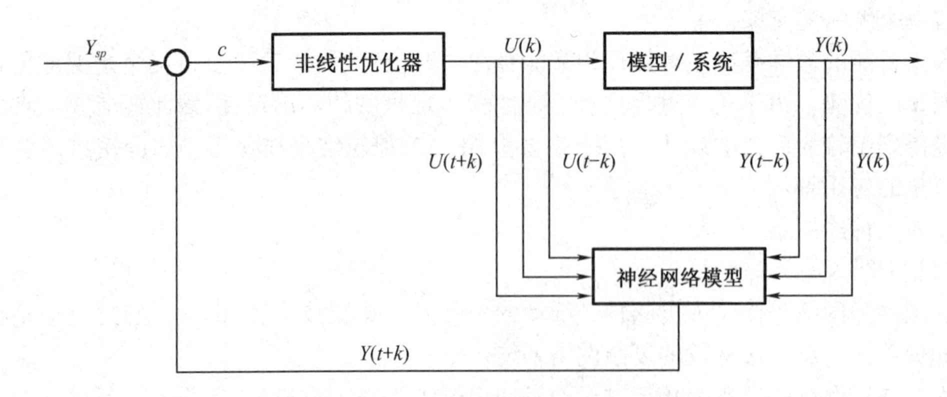

图 2.3.16 神经网络预测控制策略

其中,BP 网络用于物性估算已较为成功,许多学者对网络的收敛策略提出了许多改进方法,使该方法的收敛速度更快。神经网络用于物性估算,目前采用的就是 BP 网络或在此基础上的各种改进形式。

既然网络形式已经确定,下一步的问题就是 BP 网络本身所需要解决的问题。BP 网络进行训练运行时需要解决的问题就是各层的神经元数目,其他问题均可以交给计算机去处理解决。

(5)神经网络在化工领域的应用进展

神经网络在化学工程中得到广泛应用,并得到了丰富与发展。人们对生物神经系统的认识与研究还很不够,所使用的神经元网络模型无论是结构还是网络规模都是真实神经元网络的极简单模拟。神经元网络的研究结果迄今大多停在仿真或实验室研究阶段。完整、系统的理论体系及大量艰难而富有挑战性的理论问题尚未解决,真正应用成功的实例也有待于进一步发展。

人工神经网络在各个领域中的应用都在向人工智能方向发展。不断丰富基础理论和开展应用研究、完善 ANN 技术的可靠性、开发基于 ANN 的智能性化工优化专家系统软件是人工神经网络在化工领域的主要方向。

3. 智能蚁群算法

(1)起源

1991 年,意大利学者 Dorigo 等受蚂蚁觅食行为的启发,并以旅行商问题(TSP)为背景,提出一种新的启发式仿生进化系统——蚂蚁系统(Ant System,AS),它具有分布式计算、信息正反馈和启发式搜索的特征。其求解思路独特,效果良好,备受各界关注,此后经不断改进,逐渐应用于作业调度、二次分配、车辆路由、子集覆盖等组合优化问题。

(2)基本蚁群法的数学模型和求解原理

基本蚁群法的优化数学模型可简化为

$$\min f(S)=f(\{s_1,s_2,\cdots,s_n\})$$

优化求解即为寻找有序结合 S 使函数 $f(S)$ 值最小。S 的容量 n 可为定值或不定值,其个体 s_i 取自集合 $C=\{c_1,c_2,\cdots,c_N\}$。解构造过程可描述为从 C 中逐个选择 $s_i(i=1,2,\cdots,n)$。

若将 c_i 视为节点,c_i 与 c_j 的连线为边 l_{ij},$L=\{l_{ij}|i,j=1,2,\cdots,N,i\neq j\}$ 为边集,基本蚁群法构造解的过程可描述为人工蚂蚁在一完全图 $G=(C,L)$ 上的移动进程。它们从某一节点 c_i 开始,根据启发信息和 l_{ij} 上的信息素浓度,按一定策略选择下一节点 c_j。信息素是蚂蚁在

转移中释放的，是后验的，反映了蚁群搜优的经验积累。人工蚂蚁具有启发计算和记忆能力，能评估拟转移的下一节点对最终解优劣的影响，并记录所经的路径。

每个蚂蚁在个体层面上独立选择环境，通过信息家的更新体现蚂蚁间的相互交流和协作，使蚁群在群体层面上实施自组织过程，形成高度有序的群体行为，称为群智能。其寻优机制包括适应、协作阶段。在适应阶段，各候选解将根据积累的信息素不断调整自身结构，路径上所经的蚂蚁越多，信息家累积量越大，该路径越易被选择。在协作阶段，候选解间将通过信息素交流，以期产生更优解，这类似于学习自动机的学习机制；也体现出一种正反馈，可大大加快全局搜索最优解的速率。

(3)实例仿真

以化工生产过程中苯－甲苯闪蒸过程实例进行优化仿真。苯－甲苯混合物通过一单级绝热闪蒸进行分离，流程如图2.3.17所示。

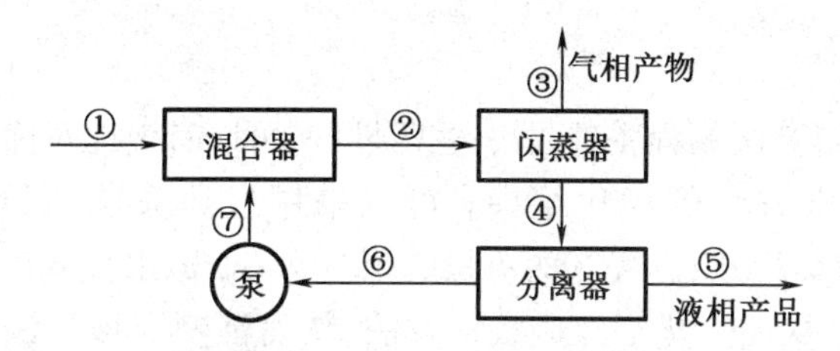

图2.3.17　苯－甲苯闪蒸过程

已知新鲜物料进程①状态如下：温度110 ℃，压力181.8 kPa，苯流量50 kmol/h，甲苯流量50 kmol/h，可认为混合物为理想体系。优化的目的就是调整闪蒸的温度、压力及分流器操作的分流系数（即进程⑤对进程④的流量比），使得气相产物中苯的产量最大。

优化问题的数学模型，其中仿真程序采用MATLAB语言编制，在蚁群算法进程中加入记忆功能，使程序在进程过程中记住优化解。因此，算法进程中的任一个比上一级优化的解都将被记住，从而避免了优化解的遗失，实现了算法的智能化。该改进措施使得程序寻优的过程大为缩短，节省了计算时间，有效地提高了程序运行效率。表2.3.6为5次的仿真结果，表2.3.7为各进程的优化操作条件，分流系数为0.526 2。

表2.3.6　优化仿真结果

次数	T/℃	p/kPa	H/J	$f(x)$ /(kmol·h^{-1})	x_{2b}	x_{3b}	x_{4b}	F_3 /(kmol·h^{-1})	F_4 /(kmol·h^{-1})
1	92.63	100.99	3 942.47	3.703 5	0.494 9	0.704 4	0.489	5.258 2	177.863 8
2	92.56	101.00	3 939.29	3.701 9	0.497 2	0.701 2	0.488	5.249 8	175.156 8
3	92.62	101.01	3 940.94	3.699 2	0.496 4	0.707 2	0.489	5.250 1	182.059 3
4	92.60	100.99	3 941.17	3.691 7	0.497 6	0.702 8	0.488	5.251 8	179.309 8
5	92.61	101.03	3 940.13	3.700 8	0.496 2	0.707 4	0.489	5.248 8	180.964 1

表 2.3.7 各进程优化值

进程	x_b/%	x_t/%	T/℃	p/kPa	H/J	F/(kmol·h^{-1})
1	0.500 0	0.500 0	110.000 0	181.80	4 100.500 0	100.000 0
2	0.495 0	0.505 0	—	181.80	3 940.792 3	185.009 1
3	0.703 9	0.296 1	92.551 0	100.95	10 491.616 3	5.250 1
4	0.489 0	0.511 0	92.551 0	100.95	3 746.984 4	180.010 0
5	0.489 0	0.511 0	92.551 0	100.95	3 746.984 4	94.727 3
6	0.489 0	0.511 0	92.551 0	100.95	3 746.984 4	85.001 0
7	0.489 0	0.511 0	92.551 0	181.80	3 746.984 4	85.001 0

注:F—流量;H—焓;p—闪蒸压力;T—温度;x—物质的量分数;$f(x)$—目标函数(气相产物中苯含量);b—苯;t—甲苯

计算结果表明:蚁群算法的程序进程快,遍历性好,可以有效地对优化对象进行仿真求解,所得结论优于经典数学方法的优化结果。可以采用经典方法所给出的结论:闪蒸温度95.003 2 ℃,闪蒸压力 108.7 kPa,进程③的流量 3.658 3 kmol/h,最优苯产量 2.574 0 kmol/h。而采用蚁群算法仿真的结果明显优于经典数学方法,从而证明了该算法可以有效地用来解决化工生产过程中的优化问题。

化工专家系统和人工智能作为计算机技术与传统化学化工的交叉领域已经取得了较好的研究基础和实际应用。本文列举的润滑油生产控制专家系统和苯-甲苯最优生产参数的智能蚁群算法,以其简便、迅速和准确性高的特点为实际化工生产和设计过程起到了非常强的推动作用,是新型化工产业的发展趋势。

但同时应该注意到,在此领域我国的基础研究深度不足,自主产权较少,实际应用不够广泛,与先进工业化国家存在一定差距。化工产业作为国民经济的基础命脉,在传统产业规模已基本定型的情况下,发展以自动控制和模拟计算为特征的新型化工产业尤为必要,可以产生事半功倍的效果,同时对资源的优化利用以及安全生产也都将起到促进效果。

2.4 化工实验数据处理方法与技巧

2.4.1 实验数据处理以及数据校正技术

化学工程包括单元操作、化学反应工程、传递过程、化工热力学、过程动态学及控制等方面,而这些都是要通过不断地实验才能完成的。数据处理则是这些实验中必不可少的步骤,只有通过有效的数据才能得出结论。本节将介绍常用的化工实验数据处理方法及数据校正技巧,有列表法、图示法和回归分析法。本节内容将介绍一些常用数学软件如MATLAB,Origon 在化工数据处理中的应用。

它是一门研究化学工业和其他过程工业生产中物理过程和化学过程共同规律的工程学科。这些工业包括石油炼制工业、冶金工业、建筑材料工业、食品工业、造纸工业等。它们从石油、煤、天然气、盐、石灰石、其他矿石和粮食、木材、水、空气等基本的原料出发,借助化学过程或物理过程,改变物质的组成、性质和状态,使之成为多种价值较高的产品,如化肥、汽油、润滑油、合成纤维、合成橡胶、塑料、烧碱、纯碱、水泥、玻璃、钢、铁、铝、纸浆,等等。化学过程是指物质发生化学变化的反应过程,如柴油的催化裂化制备高辛烷值汽油是一个化学反应过程。物理过程是指物质不经化学反应而发生的组成、性质、状态、能量变化过程,如原油经过蒸馏的分离而得到汽油、柴油、煤油等产品。至于其他一些领域,诸如矿石冶炼、燃料燃烧、生物发酵、皮革制造、海水淡化等,虽然过程的表现形式多种多样,但均可以分解为上述化学过程和物理过程。实际上,化学过程往往和物理过程同时发生。例如催化裂化是一个典型的化学过程,但辅有加热、冷却和分离,并且在反应进行过程中,也必伴随有流动、传热和传质。所有这些过程,都可通过化学工程的研究,认识和阐释其规律性,并使之应用于生产过程和装置的开发、设计、操作,以达到优化和提高效率的目的。

研究化工的主要目的自然是为了利用探索出的这些规律来解决实际生产过程中出现的化工装置设计开发和操作的问题。从这个意义上说,化工其实是借助了数据和部分物理观念作为其基础,研究在大规模改变物料的物理性能和化学组成时的物化性质的改变,从而为化工工业或者物料工厂提供一个用于控制反应流程的方式。目前,实验研究、理论分析和科学计算已然成为了当代化工研究中最重要的三种研究手段。

化学工程与工艺专业实验是初步了解、学习和掌握化学工程与工艺科学实验研究方法的一个重要的实践性环节。专业实验不同于基础实验,其目的不仅仅是为了验证一个原理、观察一种现象或是寻求一个普遍适用的规律,而应当是为了有针对性地解决一个具有明确工业背景的化学工程与工艺问题。化工实验的特点是流程较长,规模较大,数据处理也较为复杂。因此依靠计算机处理数据会使烦琐的数据处理过程变得简单快捷,大大提高工作效率。

数据处理是每一个化学工程实验必不可少的步骤,也是至关重要的一个步骤。通过实验可以建立过程模型、分析工艺技术的可行条件。但是化工实验数据的处理往往并不是那么简单,它需要通过复杂的数学计算,若仅仅依靠手工计算则需要花费大量的时间,而且化工实验数据的处理量很大、重现性很高,因此应用计算机来处理实验数据可以大大提高工作效率。

化学工程与工艺专业是一个以实验为基础的专业学科。实验的目的是通过有限的实验点去寻找某一对象或某一过程中各参数之间的定量关系,从而揭示某化工过程所遵循的客观规律。由于人力、物力、时间等条件的限制,任何实验所能完成的实验点都是有限的,如何根据这些有限的实验点归纳出各参数之间的关系,便是实验数据的处理问题。

2.4.1.1 实验误差分析

1. 误差的概念

由于实验方法和实验设备的不完善,周围环境的影响,以及人的观察力、测量程序等限制,实验测量值和真值之间总是存在一定的差异,在数值上即表现为误差。为了提高实验的精度,缩小实验观测值和真值之间的差值,需要对实验数据误差进行分析和讨论。

误差是实验测量值(包括间接测量值)与真值(客观存在的准确值)之差别。

2. 误差的种类

误差可以分为下面三类:

(1)系统误差

由某些固定不变的因素引起的。在相同条件下进行多次测量,其误差的数值大小、正负保持恒定,或误差随条件按一定规律变化。

(2)随机误差(偶然误差)

由一些不易控制的因素引起,如测量值的波动、肉眼观察误差等。

(3)过失误差

由实验人员粗心大意,如读数错误、记录错误或操作失误引起。这类误差与正常值相差较大,应在整理数据时加以剔除。

3. 消除误差的措施

误差是可以通过改善化验条件,运用数理统计方法对化验数据误差进行处理等实现消除误差干扰的。因此对于检测人员而言,如何更准确地判断产生误差的原因,分析产生结果的影响,以及给予纠正的方法,进而降低分析中的误差是十分重要的。

在化验分析中取样制样是十分重要的环节,严格按照国家标准采样制样才能从样中选取一定数量,更具有代表性的样品是保证误差见效的重要工序。采样时首先要掌握好采样的位置及采样点;其次,要掌握好将所采样品进行缩小、破碎、混匀以及达到空气平衡等几个基本过程的操作。

我们在实验过程中要采取有效的措施来减小误差,首先,对数据影响到量值的仪器设备要进行校准(如电子天平);其次,消除由于试剂不纯等原因所产生的误差,一般可做空白实验来加以校正;再次,为了保证数据的准确还可采用标准进行对照实验来校正测试结果,消除系统误差;此外,为了减小偶然误差,除了严格执行操作规程外,还要通过多次测量取平均值的方法来做到减小误差。

2.4.1.2　实验数据处理

在整个实验过程中实验数据处理是一个重要的环节。它的目的是使人们清楚地观察到各变量之间的定量关系,以便进一步分析实验现象,得出规律,指导生产设计。

1. 数据处理的方法

(1)列表法

实验数据的初步整理是列表,将实验数据制成表格。它显示了各变量之间的对应关系,反映变量之间的变化规律,是描绘曲线的基础。列表法清晰明了,便于分析比较、揭示规律,也有利于记忆。列表法的局限性在于求解范围小,适用范围狭窄。该方法通常在数据量少时使用。列表时应注意:

①表头列出变量名称、单位。

②数字要注意有效数字,要与测量仪表的精确度相适应。

③数字较大或较小时要用科学记数法,将 $10 \pm n$ 记入表头。注意:参数 $\times (10 \pm n) =$ 表中数据。

④科学实验中,记录表格要正规,原始数据要整齐、规范。

(2)图示法

实验数据的图形表示法的优点是直观清晰,便于比较,容易看出数据中的极值点、转折点、周期性、变化率以及其他特性。将实验数据在坐标纸上绘成曲线,直观而清晰地表达出各变量之间的相互关系,分析极值点、转折点、变化率及其他特性,便于比较,还可以根据曲线得出相应的方程式;某些精确的图形还可用于未知数学表达式情况下进行图解积分和微分。随着计算机在化工生产中的广泛应用,人们可以直接利用计算机处理大量数据,直接得出关系曲线图。常用的图示如折线图、散点图、条形图甚至三维曲线图等,都可以通过计算机轻松实现。

将各离散点连接成光滑曲线时,应使曲线尽可能通过较多的实验点,或者使曲线以外的点尽可能位于曲线附近,并使曲线两侧点的数目大致相等。为了评定所作曲线的质量,应计算出曲线对实验数据的均方误差。均方误差小,曲线质量高。

(3)回归分析法

Kuehn 等 1961 年首先提出化工过程的稳态数据校正问题,其准则为:在满足物料平衡与能量平衡的条件下,要求校正值与其对应的测量值的偏差之平方和最小。此后,国内外学者对数据校正技术做了大量的研究。回归分析中,当研究的因果关系只涉及因变量和一个自变量时,叫作一元回归分析;当研究的因果关系涉及因变量和两个或两个以上自变量时,叫作多元回归分析。此外,回归分析中,又依据描述自变量与因变量之间因果关系的函数表达式是线性的还是非线性的,分为线性回归分析和非线性回归分析。回归分析法预测是利用回归分析方法,根据一个或一组自变量的变动情况预测与其有相关关系的某随机变量的未来值。

传统的回归分析通常是借助于最小二乘法将实验数据进行统计处理,得出最大限度地符合实验数据的拟合方程式,并判断拟合方程的有效性。最小二乘法(又称最小平方法)是一种数学优化技术,它通过最小化误差的平方和寻找数据的最佳函数匹配。利用最小二乘法可以简便地求得未知的数据,并使得这些求得的数据与实际数据之间误差的平方和为最小。

也有学者指出,最小二乘法在测量数据仅有随机误差时效果很好,但是当测量数据存在过失误差时,由于过失误差的影响,采用最小二乘法获得的校正结果却不准确,因此提出了一种准最小二乘法,与传统的最小二乘法结合,以减小过失误差对校正结果的影响。该方法在一些流程工业中取得了一定效果。无论如何,对数据进行回归处理主要还是依靠最小二乘法。

2. 软件的使用举例

由于化工过程的复杂性,实验过程中各参数之间的关系往往是非线性的,数据处理或数据拟合的工作量往往比较大,且计算过程也比较烦琐。化工实验的数据处理并不简单,它需要各种复杂的数学计算才能得到结果,大量的实验数据重现性很高,因此借助计算机处理软件就显得尤为重要。借助数学软件,可以帮助人们处理大量数据,不仅处理结果的准确度很高,还会省下很多不必浪费的人力和时间,大大提高了工作效率。同时,利用软件的强大功能对化工原理实验的后续数据处理进行应用研究,从而减轻工作人员处理数据的负担,并能提高数据的统一性和图表的规范性。

(1)MATLAB 的应用

MATLAB,Mathematica,Maple 并称为三大数学软件。它在数学类科技应用软件中在数值计算方面首屈一指。以 MATLAB 为例,它可以进行矩阵运算、绘制函数和数据、实现算法、创建用户界面、连接其他编程语言的程序等,主要应用于工程计算、控制设计、信号处理与通信、图像处理、信号检测、金融建模设计与分析等领域。MATLAB 具有以下特点:

①高效的数值计算及符号计算功能,能使用户从繁杂的数学运算分析中解脱出来;

②具有完备的图形处理功能,实现计算结果和编程的可视化;

③友好的用户界面及接近数学表达式的自然化语言,使学习者易于学习和掌握;

④功能丰富的应用工具箱(如信号处理工具箱、通信工具箱等),为用户提供了大量方便、实用的处理工具。

MATLAB 软件的应用范围非常广泛,其中包括了图像处理、控制系统设计、财务建模等诸多应用领域。它已经成为国际控制界标准计算软件之一。通过 MATLAB 软件,人们能够从大量的数据处理计算中解脱,直接利用 MATLAB 编写一个数据处理的程序,对于平行实验而言,这种简单的方法使得人们避免大量重复的烦琐的计算。

MATLAB 集数学计算、结果可视化和编程于一身,能够方便地进行科学计算和大量工程运算的工程软件。它简单易用,人机界面良好,能使烦琐的科学计算和编程变得日益简单和准确有效。

(2)Origin 软件的应用

Origin 软件是美国 OriginLab 公司开发的基于 Windows 平台下的专业数据分析和工程绘图软件,具有强大的绘图分析功能,是公认的简单易学、操作灵活、功能强大的软件,既可以满足一般用户的制图需要,也可以满足高级用户数据分析、函数拟合的需要。与 MATLAB,Mathmatica 和 Maple 等软件对比,这些软件虽然功能强大,可满足科技工作中的许多需要,但使用这些软件需要一定的计算机编程知识和矩阵知识,并熟悉其中大量的函数和命令。而使用 Origin 就像使用 Excel 和 Word 那样简单,只需点击鼠标,选择菜单命令就可以完成大部分工作,获得满意的结果。

Origin 提供了广泛的定制功能和各种接口,用户可自定义数学函数、图形样式和绘图模板,可以和各种数据库软件、办公软件、图像处理软件方便地连接,并广泛应用在教学、科研、工程技术等领域。Origin 包括两大类功能:数据分析和绘制图表。Origin 软件的数据分析包括数据的排序、调整、计算、统计、频谱交换、曲线拟合等各种完善的数学分析功能,被公认为是目前最快、最灵活、使用最容易的科技分析绘图软件。此外,Origin 可以导入包括 ASCII,Excel,pClamp 在内的多种数据。另外,它可以把 Origin 图形输出到多种格式的图像文件,譬如 JPEG,GIF,EPS,TIFF 等。

目前 Origin 软件的应用已成为研究的热点之一,并且在多个领域的研究中均得到了较好的效果。穆翠玲等运用计算机数据采集系统改进光电效应实验,以 Origin 软件为平台,用 3 种方法分析处理实验数据,直接得到遏止电压值。羊箭锋等通过使用 Origin 软件处理振动控制实验数据的几个实例,展示了 Origin 软件在振动实验信号处理中强大的绘图功能和数据处理能力。易均辉等介绍了 Origin 软件在物理化学实验数据中的线性拟合和非线性拟合处理方法。应用 origin 软件处理化工原理实验中过滤、蒸馏和传热实验数据也有相关报道。

2.4.2 软件 MATLAB 及在化工中的应用

2.4.2.1 MATLAB 简介

1978 年,美国新墨西哥大学计算机科学系主任 Cleve Moler 教授使用 FORTRAN 编写了用于一组调用 LINPACK 和 EISPACK 程序库的接口,用于矩阵、线性代数和数值分析,这就是 MATLAB。它是取 Matrix Laboratory(矩阵实验室)两个单词的前三个字符组合而成的。

它是一种科学计算软件,专门以矩阵的形式处理数据。

1984 年,斯坦福大学的 Jack Little 使用 C 重写 MATLAB 内核,软件兼具数值分析和数据可视化两大功能,并成立了 MathWorks 公司,将 MATLAB 软件商业化并推向市场。支持 Unix,Linux,Windows 多种操作平台系统。

如今,MATLAB 已经成为具备计算机程序设计语言(Computer Programming Language)和交互软件环境(an Interactive Software Environment)的高效率的计算机语言。它将高性能的数值计算和可视化集成在一起,并提供了大量的内置函数,从而被广泛地应用于科学计算、控制系统、信息处理等领域的分析、仿真和设计工作,而且利用 MATLAB 产品的开放式结构,可以非常容易地对 MATLAB 的功能进行扩充,从而在不断深化对问题认识的同时,不断完善 MATLAB 产品以提高产品自身的竞争能力。目前 MATLAB 产品族广泛用于:数值分析;数值和符号计算;工程与科学绘图;图形用户界面设计、控制系统的设计与仿真;数字图像处理;数字信号处理;通信系统设计与仿真;财务与金融工程等领域。

MATLAB 产品家族的框架结构如图 2.4.1 所示。其中 MATLAB 是 MATLAB 产品家族的基础,它提供了基本的数学算法,例如矩阵运算、数值分析算法,可直接调用600 多个内建 MATLAB 函数。MATLAB 集成了 2D 和 3D 图形功能,以完成相应数值可视化的工作。并且提供了一种交互式的高级编程语言——M 语言,利用 M 语言可以通过编写脚本或者函数文件实现用户自己的算法。

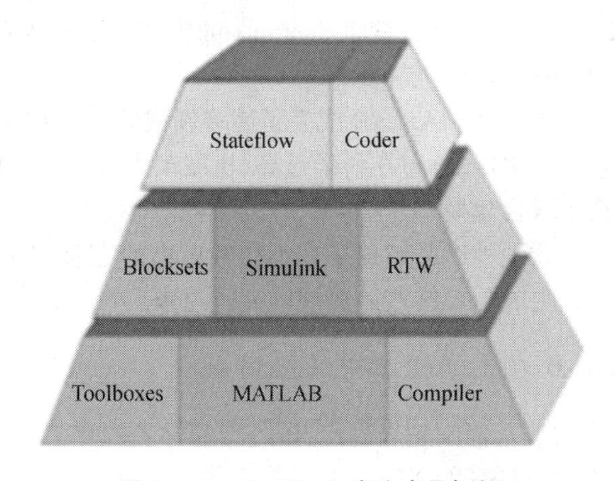

图 2.4.1　MATLAB 家族产品框架

MATLAB Compiler 是一种编译工具,它能够将那些利用 MATLAB 提供的编程语言——M 语言编写的函数文件编译生成为函数库、可执行文件 COM 组件等。这样就可以扩展 MATLAB 功能,使 MATLAB 能够同其他高级编程语言(例如 C/C ++语言)进行混合应用,取长补短,以提高程序的运行效率,丰富程序开发的手段。

利用 M 语言还开发了相应的 MATLAB 专业工具箱函数供用户直接使用。这些工具箱应用的算法是开放的、可扩展的,用户不仅可以查看其中的算法,还可以针对一些算法进行修改,甚至允许开发自己的算法扩充工具箱的功能。目前 MATLAB 产品的工具箱有 40 多个,分别涵盖了数据获取、科学计算(如偏微分方程、最优化、数理统计、样条函数、神经网络等)、控制系统设计与分析、数字信号处理、数字图像处理、金融财务分析以及生物遗传工程等专业领域。

Simulink 是基于 MATLAB 的框图设计环境,可以用来对各种动态系统进行建模、分析和仿真,它的建模范围广泛,可以针对任何能够用数学来描述的系统进行建模,例如航空航天动力学系统、卫星控制制导系统、通信系统、船舶及汽车等,其中包括了连续、离散,条件执行,事件驱动,单速率、多速率和混杂系统等。Simulink 提供了利用鼠标拖放的方法建立系统框图模型的图形界面,而且 Simulink 还提供了丰富的功能块以及不同的专业模块集合,利用 Simulink 几乎可以做到不书写一行代码完成整个动态系统的建模工作。

Stateflow 是一个交互式的设计工具,它基于有限状态机的理论,可以用来对复杂的事件驱动系统进行建模和仿真。Stateflow 与 Simulink 和 MATLAB 紧密集成,可以将 Stateflow 创建的复杂控制逻辑有效地结合到 Simulink 的模型中。

在 MATLAB 产品族中,自动化的代码生成工具主要有 Real - Time Workshop(RTW)和 Stateflow Coder。这两种代码生成工具可以直接将 Simulink 的模型框图和 Stateflow 的状态图转换成高效优化的程序代码。利用 RTW 生成的代码简洁、可靠、易读。目前 RTW 支持生成标准的 C 语言代码,并且具备了生成其他语言代码的能力。整个代码的生成、编译以及相应的目标下载过程都是自动完成的,用户需要做的仅仅是使用鼠标点击几个按钮即可。MathWorks 公司针对不同的实时或非实时操作系统平台,开发了相应的目标选项,配合不同的软硬件系统,可以完成快速控制原型(Rapid Control Prototype)开发、硬件在回路的实时仿真(Hardware - in - Loop)、产品代码生成等工作。

另外,MATLAB 开放性的可扩充体系允许用户开发自定义的系统目标,利用 Real - Time Workshop Embedded Coder 能够直接将 Simulink 的模型转变成效率优化的产品级代码。代码不仅可以是浮点的,还可以是定点的。

MATLAB 开放的产品体系使 MATLAB 成为了诸多领域的开发首选软件,并且 MATLAB 还具有 300 余家第三方合作伙伴,分布在科学计算、机械动力、化工、计算机通信、汽车、金融等领域。接口方式包括了联合建模、数据共享、开发流程衔接等。

MATLAB 结合第三方软硬件产品组成了在不同领域内的完整解决方案,实现了从算法开发到实时仿真再到代码生成与最终产品实现的完整过程。

2.4.2.2 MATALB 在化学化工中的应用

随着 MATLAB 的应用普及范围越来越广,国外专家学者的化工专著中也越来越多地以 MATLAB 为计算平台,代替 FORTRAN。下面就是近年来出版化工类专著中采用 MATLAB 软件作为计算平台的代表。信息来自 MathWorks 公司官方网站:

http://www.mathworks.com/support/books/index_by_category.html? category =0

(1)数值计算

◇Alkis Constantinides, navid Mostoufi. Numerical Methods for Chemical Engineering with MATLAB Applications. Prentice Hall,1999.

◇Michael B. Cutlip & Mordechai Shacham. Problem Solving in Chemical Engineering with Numerical Methods, Prentice Hall,1999.

(2)化工过程动态模拟和控制

◇ W. Fred Ramirez. Computational Methods for Process Simulation. Butterworth - Heinemann,1997.

◇ Coleman Brosilow, Bahu Joseph. Techniques of Model - Based Control. Prentice Hall,2002.

◇Francis J. Doyle III, Edward P. Gatzke. Process Control Modules: A Software Laboratory for Controls Design. Prentice Hall, 2000.

◇Dale E. Seborg, Thomas F. Edgar & Duncan A. Mellichamp. Process Dynamics and Control, 2e. John Wiley & Sons, Inc., 2004.

◇Pao C. Chau. Process Control: A First Course with MATLAB. Cambridge University Press, 2002.

(3)化工热力学

◇Hun Kim, Moon - Gap Kim, Hak - Young Lee, Young - Gu Yeo & Sung - Woo Ham. Thermodynamics in Chemical Engineering Using MATLAB. A - Jin Publishing Co., Ltd., 2002.

(4)传递过程与单元操作

◇James O. Wilkes. Fluid Mechanics for Chemical Engineers. Prentice Hall, 1999.

◇William J. Thomson. Introduction to Transport Phenomena. Prentice Hall, 2000.

◇Jaime Benitez. Principles and Modern Applications of Mass Transfer Operations. John Wiley & Sons, Inc., 2002.

(5)化学反应工程

◇Fogler H S. Elements of Chemical Reaction Engineering. 3e, Prentice Hall, 1999.

◇Amo Löwe. Chemische Reaktionstechnik mit MATLAB und Simulink (Chemical Reaction Techniques with MATLAB and Simulink). Wiley - VCH Verlag GmbH, 2001.

(6)吸附平衡和吸附动力学

◇Duong D. Do. Adsorption Analysis: Equilibria and Kinetics. Imperial College Press, 1998.

(7)化学计量学

◇Richard G. Brereton. Chemometrics: Data Analysis for the Laboratory and Chemical Plant. John Wiley & Sons, Inc., 2003.

◇Foo - tim Chau, Yi - zeng Liang, Junbin Gao & Xue - guang Shao. Chemometrics: From Basics to Wavelet Transform. John Wiley & Sons, Inc., 2004.

2.4.3 软件 Origin 及其在化工中的应用

2.4.3.1 Origin 简介

Origin 是美国 OriginLab 公司(其前身为 Microcal 公司)开发的图形可视化和数据分析软件,是科研人员和工程师常用的高级数据分析和制图工具。Origin 为 OriginLab 公司出品的较流行的专业函数绘图软件,是公认的简单易学、操作灵活、功能强大的软件,既可以满足一般用户的制图需要,也可以满足高级用户数据分析、函数拟合的需要。Origin 自 1991 年问世以来,由于其操作简便,功能开放,很快就成为国际流行的分析软件之一,是公认的快速、灵活、易学的工程制图软件。它的最新的版本号是 8.6SR1,分为普通版和专业版(Pro)两个版本。

当前流行的图形可视化和数据分析软件有 MATLAB, Mathmatica 和 Maple 等。这些软件功能强大,可满足科技工作中的许多需要,但使用这些软件需要一定的计算机编程知识和矩阵知识,并熟悉其中大量的函数和命令。而使用 Origin 就像使用 Excel 和 Word 那样简单,只需点击鼠标,选择菜单命令就可以完成大部分工作,获得满意的结果。像 Excel 和

Word 一样,Origin 是个多文档界面应用程序。它将所有工作都保存在 Project(*. OPJ) 文件中。该文件可以包含多个子窗口,如 Worksheet,Graph,Matrix,Excel 等。各子窗口之间是相互关联的,可以实现数据的即时更新。子窗口可以随 Project 文件一起存盘,也可以单独存盘,以便其他程序调用。

Origin 具有两大主要功能:数据分析和绘图。Origin 的数据分析主要包括统计、信号处理、图像处理、峰值分析和曲线拟合等各种完善的数学分析功能。准备好数据后,进行数据分析时,只需选择所要分析的数据,然后再选择相应的菜单命令即可。Origin 的绘图是基于模板的,Origin 本身提供了几十种二维和三维绘图模板,而且允许用户自己定制模板。绘图时,只要选择所需要的模板就行。用户可以自定义数学函数、图形样式和绘图模板;可以和各种数据库软件、办公软件、图像处理软件等方便地连接。

Origin 可以导入包括 ASCII,Excel,pClamp 在内的多种数据。另外,它可以把 Origin 图形输出到多种格式的图像文件,譬如 JPEG,GIF,EPS,TIFF 等。

Origin 里面也支持编程,以方便拓展 Origin 的功能和执行批处理任务。Origin 里面有两种编程语言——LabTalk 和 Origin C。

在 Origin 的原有基础上,用户可以通过编写 X - Function 来建立自己需要的特殊工具。X - Function 可以调用 Origin C 和 NAG 函数,而且可以很容易地生成交互界面。用户可以定制自己的菜单和命令按钮,把 X - Function 放到菜单和工具栏上,以后就可以非常方便地使用自己的定制工具。(注:X - Function 是从 8.0 版本开始支持的。之前版本的 Origin 主要通过 Add - On Modules 来扩展 Origin 的功能。)

Origin 发展历程最初是一个专门为微型热量计设计的软件工具,是由 MicroCal 公司开发的,主要用来将仪器采集到的数据作图,进行线性拟合以及各种参数计算。1992 年,Microcal 软件公司正式公开发布 Origin,公司后来改名为 OriginLab。公司位于美国马萨诸塞州的汉普顿市。

2.4.3.2 Origin 在化学化工中的应用

1. Origin 的特点

(1)使用简单,采用直观的、图形化的、面向对象的窗口菜单和工具栏操作,全面支持鼠标右键、支持拖放式绘图等。

(2)用户可以自定义数学函数、图形样式和绘图模板。

(3)可以和各种数据库软件、办公软件、图像处理软件等方便地连接。

(4)可以用 C 等高级语言编写数据分析程序,还可以用内置的 Lab Talk 语言编程等。

2. 应用举列

下面举几个例题说明 Origin 在化学化工中的应用。

【例 2.4.1】 通过对硝基苯酚醋酸酯水解的速率常数来简要说明 Origin 的使用步骤。采用初始浓度法,测定金属配合物模拟水解酶催化对硝基苯酚醋酸酯水解的速率常数,实验得到的时间和吸收光度值如表 2.4.1 所示。

表 2.4.1　时间与吸收光度值

$t(s-1)$	120	150	180	210	240	270	300	330	360	390	420	450	480
A	0. 289	0. 337	0. 387	0. 436	0. 485	0. 535	0. 583	0. 631	0. 679	0. 728	0. 776	0. 824	0. 871
$t(s-1)$	510	540	570	600	630	660	690	720	750	780	810	840	—
A	0. 918	0. 964	1. 011	1. 057	1. 102	1. 147	1. 191	1. 235	1. 279	1. 322	1. 366	1. 409	—

Origin 的操作步骤如下：

(1)在“开始”菜单中找到 Origin 程序组，单击 Origin 快捷菜单，启动 Origin。程序启动后，自动建立一个名称为 Data1 的工作表格(Worksheet)。

(2)在工作表格中输入数据。在其中的 A(X)和 B(X)栏分别输入时间和吸光度值，如图 2.4.2 所示，Worksheet 最左边的一列数据的组数，一般默认 A 列和 B 列分别为 X 和 Y 数据。输入方法可以采用依序输入，也可以从其他文件中倒入。

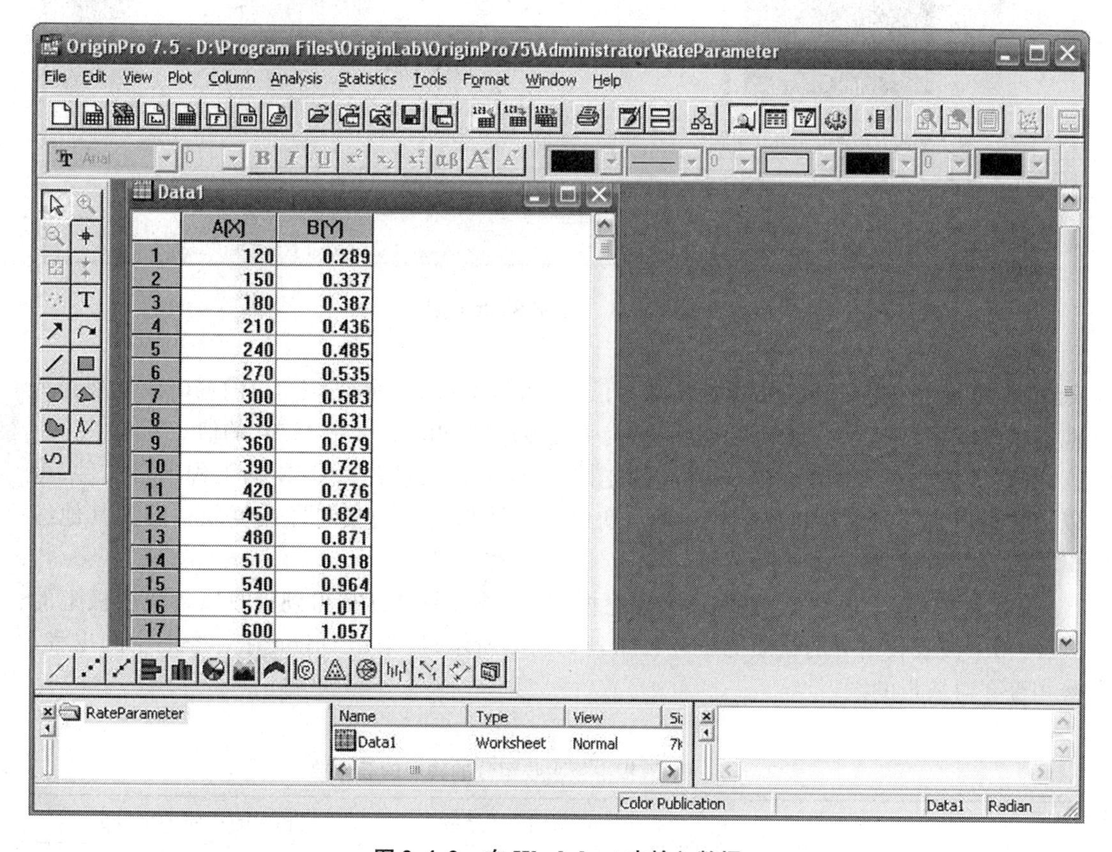

图 2.4.2　在 Worksheet 中输入数据

(3)使用数据绘图。输入相应数据后，使用菜单 Plot 中的 Scatter 命令，或使用绘图工具栏中的 Plot Scatter 按钮绘制出散点图，如图 2.4.3 所示。该图形的点的形状、坐标轴的形式、数据范围等均可通过用鼠标双击相应位置打开的对话框来调整。

(4)回归分析。绘制 Scatter 图后，选择 Analysis 菜单中的 Fit Linear 命令，则在图中会产生拟合的曲线。在 Origin 右下角的 Result Log 窗口给出线性回归求出的参数值，包括斜率、

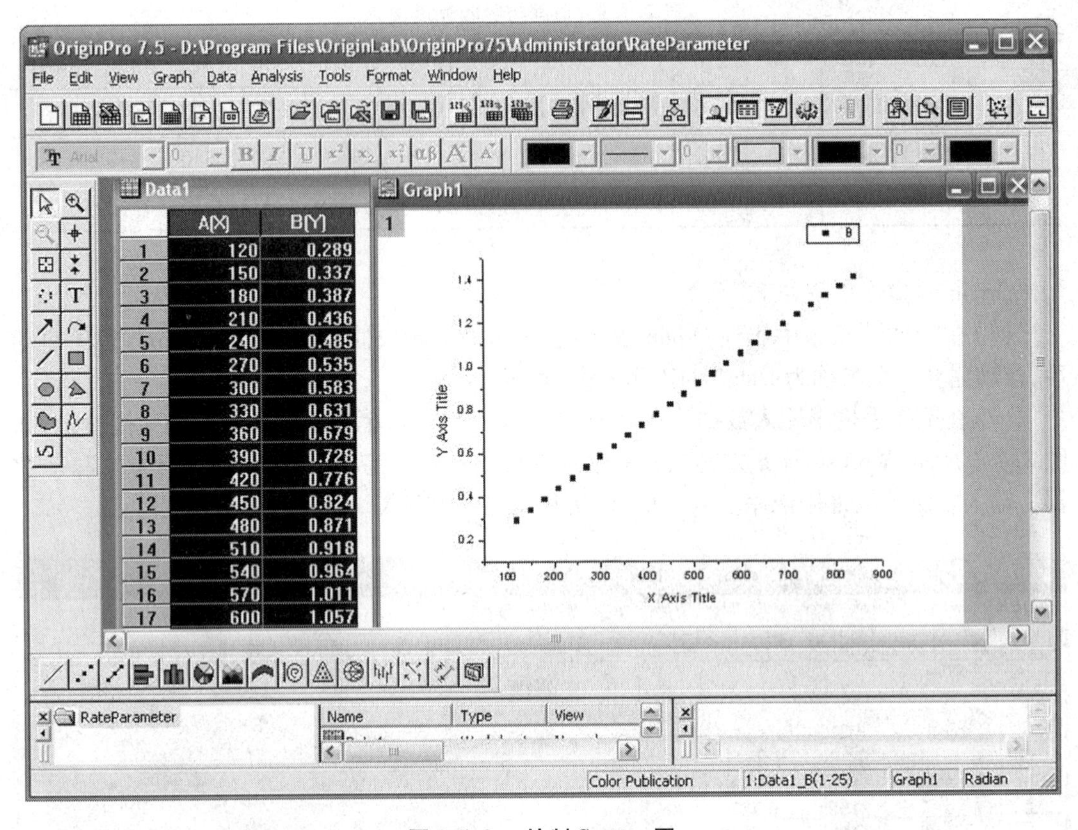

图 2.4.3 绘制 Scatter 图

截距、标准偏差、相关系数、数据点个数等信息，如图 2.4.4 所示。该窗口内容可以复制到其他程序或保存为一个文本文件。其斜率为吸光度随时间的变化率 dA/dt 的值。

(5)文件保存和调用。Origin 可以将图形保存为扩展名为“. OPJ”的工程项目文件，可以随时编辑或处理其中的数据和图形。所绘制的图形可以直接打印或复制粘贴到其他编辑软件(如 Word 等)。

【例 2.4.2】 对于一个采用 6 块理论板的吸收塔，通过计算得到吸收塔各块塔板上的气、液相中被吸收组分的物质的量分数如表 2.4.2 所示，现采用 Origin 在一个图中画出气、液相流率对塔板的图。

表 2.4.2 气、液相中被吸收组分的物质的量分数

塔板位置	液相中的物质的量分数	气相中的物质的量分数
1	0.061 4	0.092 1
2	0.113 56	0.170 34
3	0.1578 8	0.236 82
4	0.195 53	0.293 29
5	0.227 52	0.341 27
6	0.254 69	0.382 04

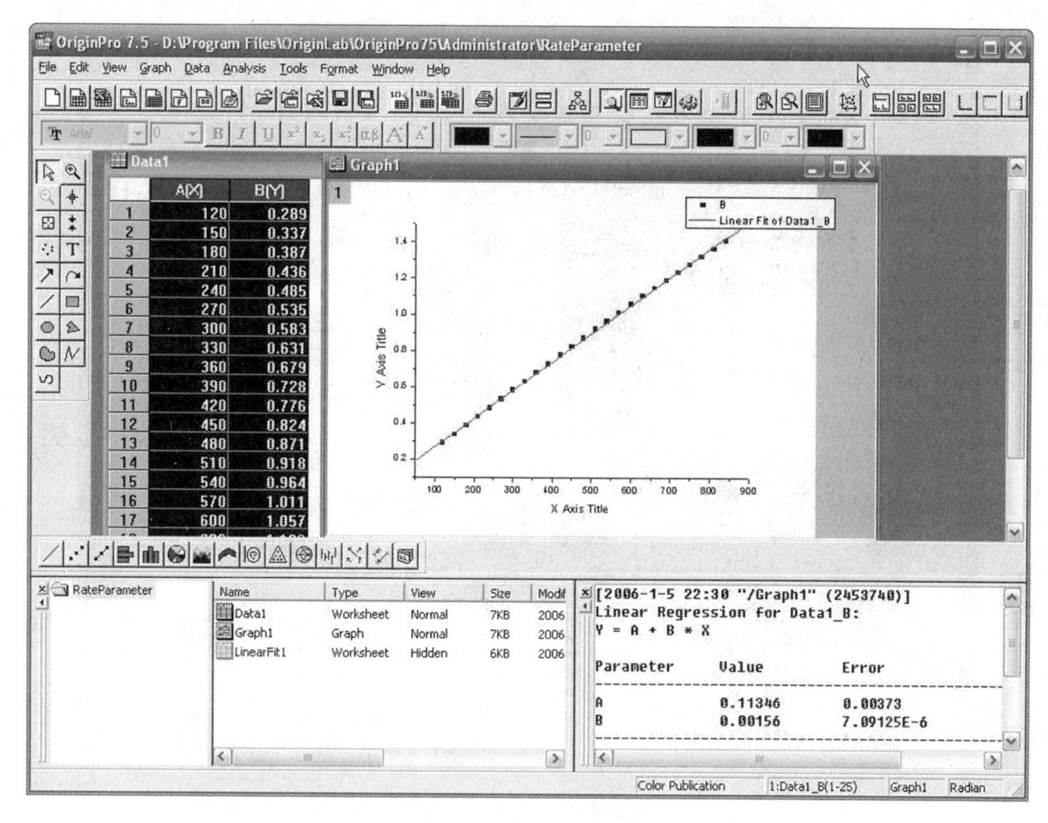

图 2.4.4　线性拟合

步骤如下：

第一步，输入数据。

打开 Origin，新建一个工程文件，在工作表格中输入数据。双击工作表格的表头弹出对话框，对表格和数据进行格式化。例如，对第三列数据的格式化动作如图 2.4.5 所示。

在“Worksheet Column Format”对话框中，在“Column Name”中定义列的名称为 Y，在“Numberic Display”中定义小数点后的位数为 4，在“Column Label”中定义列的标签为 Vapor mole fraction。

第二步，绘制数据的二维图形。

当输入完数据后，就可以开始绘制实验数据曲线图。有两种方法可以实现这个过程：

【方法 1】

激活需要绘图的工作表格，选择要绘图的行、列或单元格范围。在 Plot 菜单中或在工具栏　上选择绘图格式，Origin 就打开一个绘图窗口，图中 X 轴和 Y 轴的数据自动与工作表格中对应的 X 列数据和 Y 列数据。当表格中有多重 X 列时，Origin 也自动进行多重相关。

本例中，选中所有的三列数据。在 Plot 菜单中选择“Scatter + Line”命令或在工具栏上单击　按钮，就可得到如图 2.4.6 所示的数据图。从图 2.4.6 中可以看出，当数据图中有多套数据时，Origin 自动设置每条曲线的颜色、线型和标记符号等，并且在符号的注释中自动将数据栏标签的第一行和第二行作为注解说明。

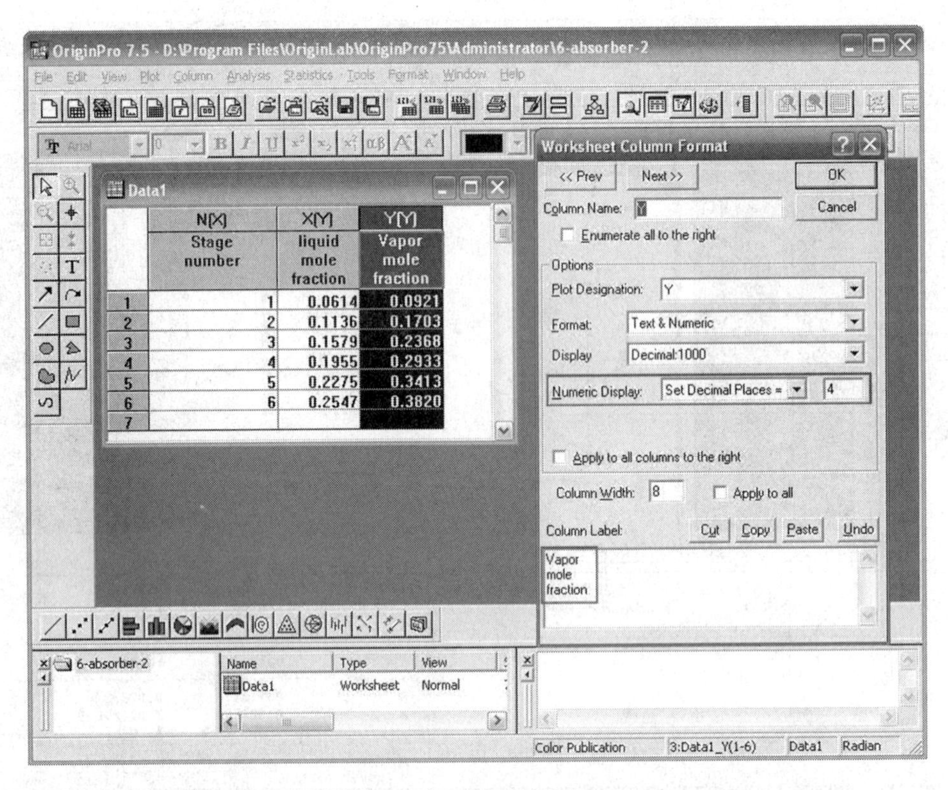

图 2.4.5 数据的格式化

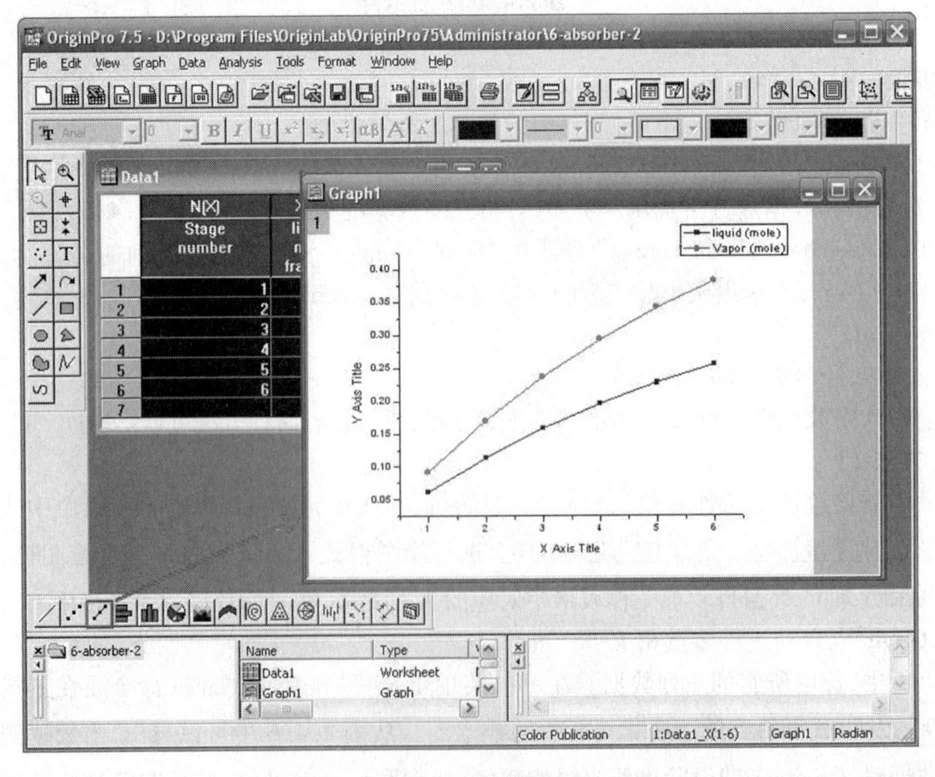

图 2.4.6 二维数据图

【方法 2】

在没有选中数据的情况下，选择 Plot 菜单中的数据图类型，就会打开“Select Columns for Plotting”对话框，在“Data1”栏下选择相应的 X，Y 轴数据绘图，如图 2.4.6 所示。

单击“Add”按钮，将选择的数据加入当前层（Layer1）中，如图 2.4.7 所示。

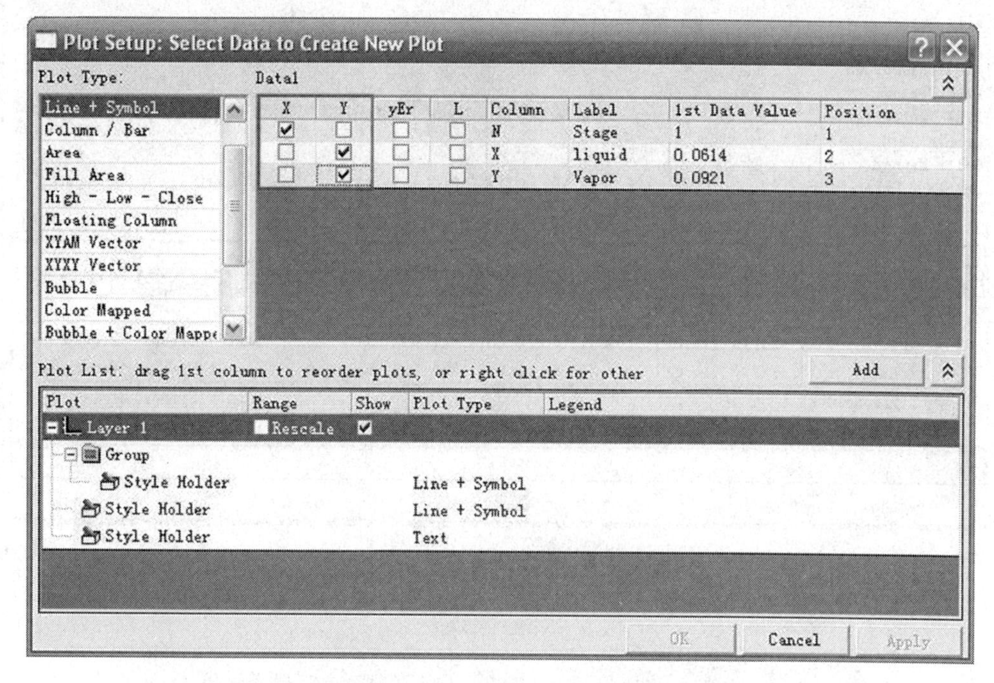

图 2.4.7　为新建数据图的 X，Y 轴选择相应数据

单击“OK”按钮，就可得到与图 2.4.6 中的 Graph1 一样的图。

通过第二种方法也可以向已经存在的数据图中添加新的数据曲线。步骤同上。

第三步，图形的格式化。

图形的格式化包括坐标轴的调整、标题与格式、网格线、线型与图例符号等。通过双击数据图中各元素相应的位置，即可打开其设置对话框，如图 2.4.8 所示。

（1）双击 X 轴标题，在文本框中输入“Stage number”，双击 Y 轴标题，在文本框中输入“Mole fraction”，对坐标轴标题进行设置。

（2）单击 X 轴坐标刻度就可打开 X 轴坐标刻度设置对话框，选中的是“Horizontal”方向，如图 2.4.9 所示。在“From”中输入 0，在“To”中输入 7，“Minor”中输入 0。选中的是“Vertical”方向，打开 Y 轴坐标刻度设置对话框，在“From”中输入 0，在“To”中输入 0.4，在“Increment”中输入 0.05，在“Minor”中输入 0。

单击该对话框的“Title & Format”项，在“Selection”中分别选择“Top”和“Right”，选中其中的“Show Axis & Tick”选项，如图 2.4.10 所示。将数据图封闭起来，其中的“Title”选项就是坐标轴的标题。

单击“OK”完成对坐标刻度的设置。

（3）双击图例对话框，删除“%（1）”，将黑色线的图例名称改为“Liquid”，依此，删除“%（2）”，将红色线的图例名称改为“Vapor”。并且再选中图例对话框，待其周边出现多个黑色矩形框后拖动该图例至数据图的适当位置。

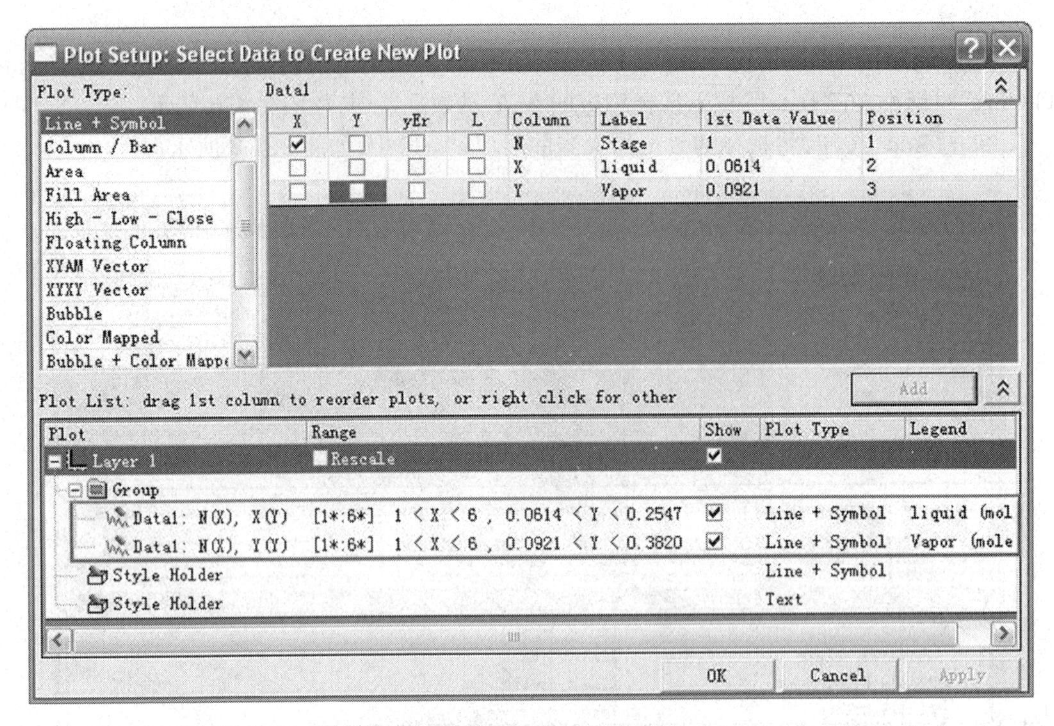

图 2.4.8　选择的数据加入当前层

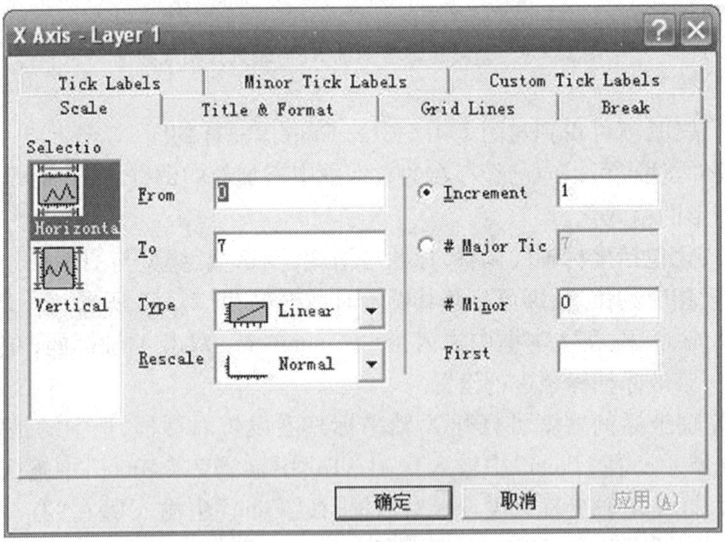

图 2.4.9　X 轴坐标尺度设置对话框

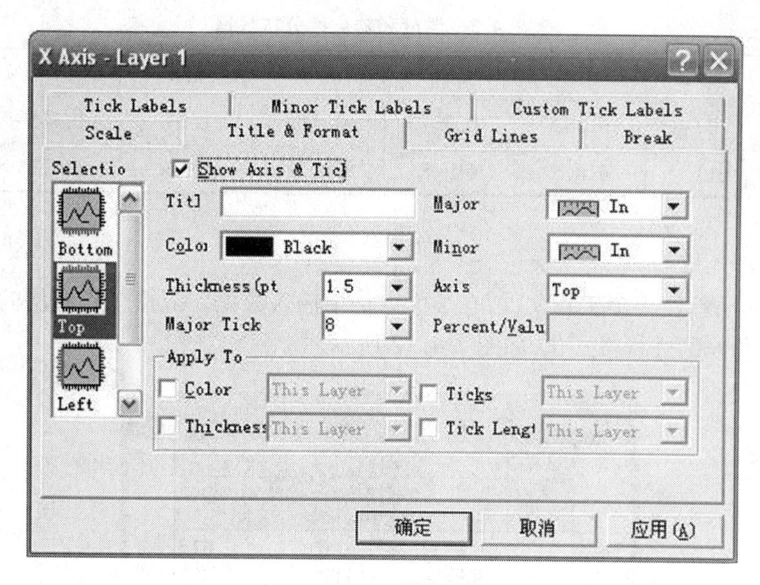

图 2.4.10 封闭坐标轴

(4)选择“Edit”菜单的“Copy Page”命令,将数据图复制至 Word 等其他软件中,最后获得的数据图如图 2.4.11 所示。

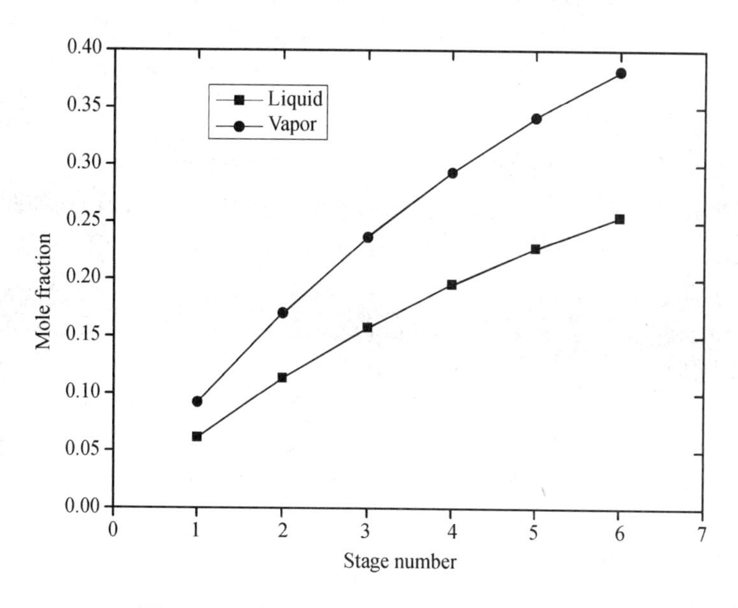

图 2.4.11 使用“Copy Page”命令获得数据图

【例 2.4.3】 某固定床反应器的温度和转化率分布数据如表 2.4.3 所示,采用 Origin 的双 Y 坐标图在一张图上将此分布图绘出来。

表 2.4.3 温度和转化率分布数据

L/m	0	0.2	0.4	0.6	0.8	1	1.2
X_A	0	0.182	0.364	0.529	0.67	0.789	0.814
T/℃	613	618.5	619.1	618.6	617.9	617.1	616.9

第一步,输入数据。

打开 Origin,新建一个工程文件,在工作表格中输入数据。双击工作表格的表头弹出对话框,对表格和数据进行格式化,如图 2.4.12 所示。

Data1

	L(X) Length m	XA(Y) Coversion fraction	T(Y) Temperature K
1	0	0	613
2	0.2	0.182	618.5
3	0.4	0.364	619.1
4	0.6	0.529	618.6
5	0.8	0.67	617.9
6	1	0.789	617.1
7	1.2	0.814	616.9

图 2.4.12 工作数据

第二步,绘制数据的图形。

当输入完数据后,选择菜单命令“Plot → Special line/symbol → Double Y Axis”就可以开始绘制实验数据曲线图。采用上节的方法对图形进行修饰就可以得到如图 2.4.13 所示的图形了,需要注意的是这个图有两个层,下面还会具体介绍层的使用。

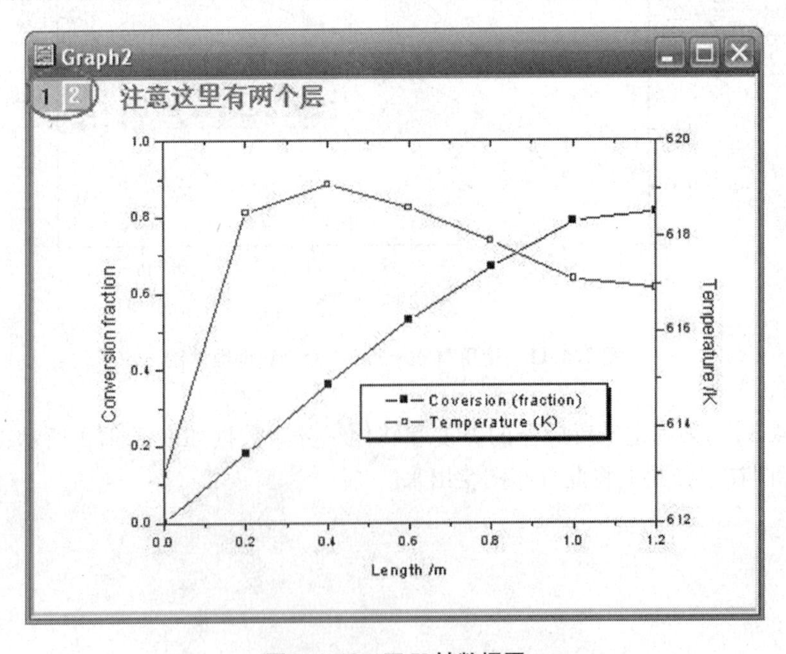

图 2.4.13 双 Y 轴数据图

双击数据曲线就可以获得详细的图的信息，如图2.4.14所示。从图中可以看出，两条曲线分别位于两个层中。双击层的标记可以获得图形的配置信息。由图2.4.15所示，也可以看出两条曲线分别位于两个层中。

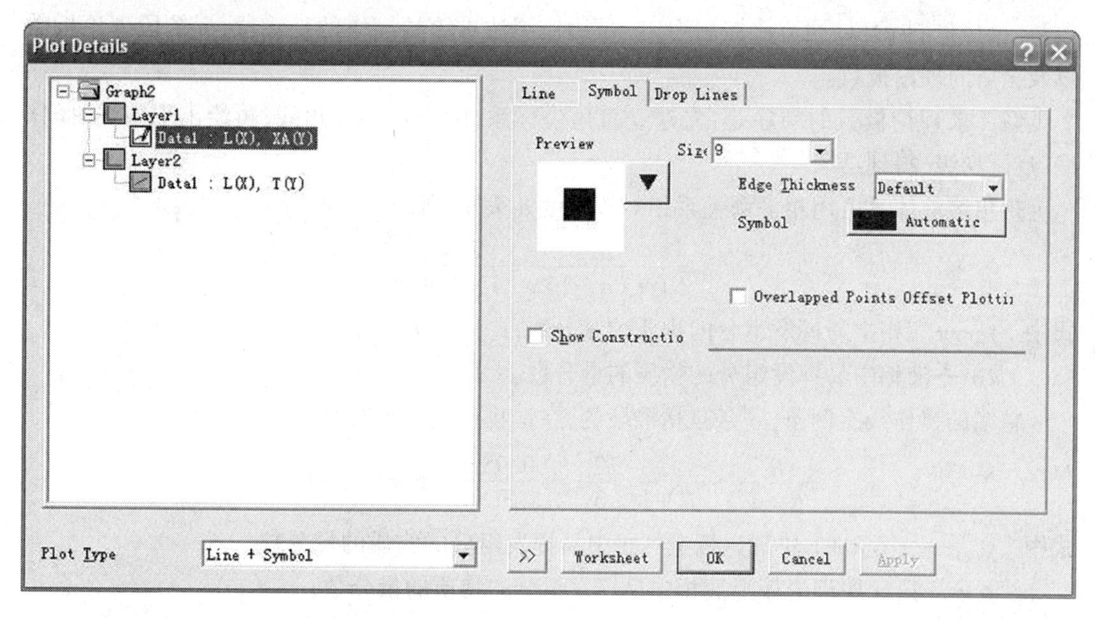

图2.4.14　双Y轴数据图的详细信息

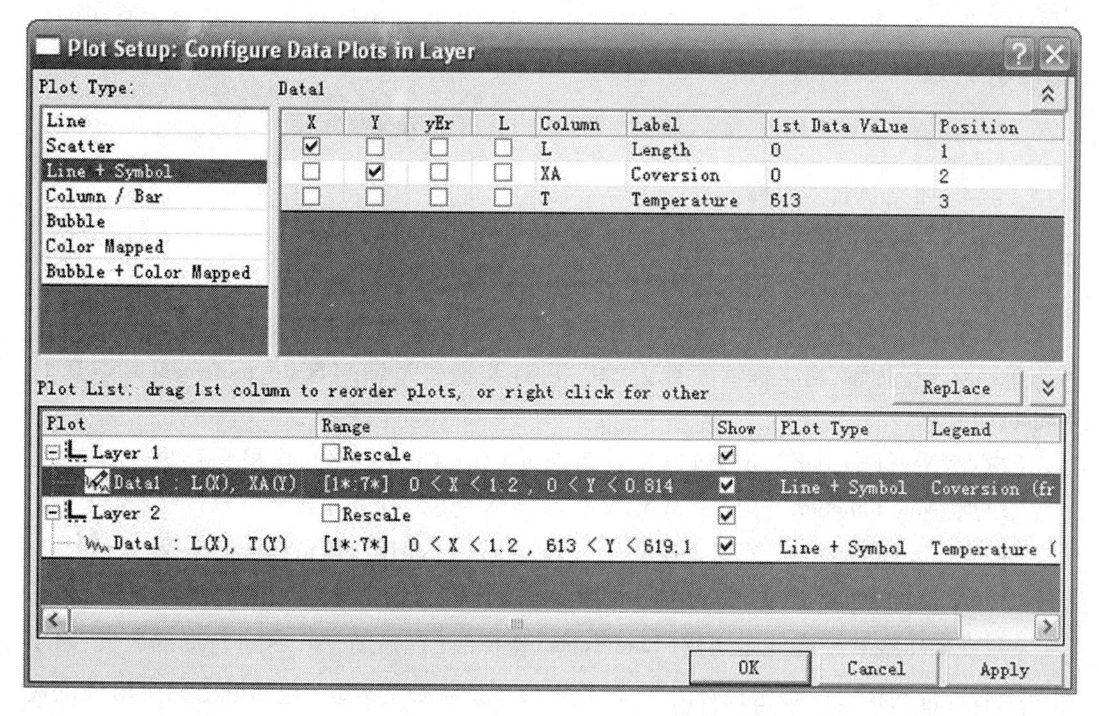

图2.4.15　双Y轴数据图的配置设置

【例 2.4.4】 作图法求两组分连续精馏塔理论板数。

一个连续精馏塔，分离苯－甲苯混合物，其相对挥发对为 2.46。若料液中含苯 0.45，现在要求塔顶产品中含苯不低于 0.95，塔底产品中含苯不高于 0.05（以上均为物理的量分数）。液体进料 $q=1$，回流比控制为 2。试用作图法求该精馏塔的精馏段、提馏段理论板数以及全塔的理论板数。

解 求理论板数的顺序是：先建立直角坐标系，画出辅助对角线，再绘出平衡线、操作线，后画梯级，得到结果。

理想溶液体系可用相平衡关系相对挥发度 α 表示，即

$$y=\frac{\alpha x}{1+(\alpha-1)x}=\frac{2.46x}{1+1.46x}$$

式中 y——气相中易挥发组分的物质的量分数；

x——液相中易挥发组分的物质的量分数。

精馏的操作线有两条，一条是精馏段的，在恒物理的量流时其方程式为

$$y_{n+1}=\frac{R}{R+1}x_n+\frac{x_D}{R+1}=\frac{2}{3}x_n+\frac{0.95}{3}=0.666\,7x_n+0.316\,7$$

式中 y_{n+1}——第 $n+1$ 块理论板上气相中易挥发组分的物质的量分数；

x_n——第 n 块理论板上液相中易挥发组分的物质的量分数；

x_D——塔顶产品中易挥发组分的物质的量分数；

R——回流比。

另一条是提馏段的操作线，它是精馏段操作线与进料方程的交叉点和塔釜产品浓度的坐标点的连线。进料方程又称 q 线方程，即

$$y=\frac{q}{q-1}x-\frac{x_F}{q-1}=2.111x-0.5$$

式中 q——进料热状态参数；

x_F——进料中易挥发组分的摩尔分数。

应用 Origin 软件作梯级求精馏塔理论板数的步骤如下：

（1）从“File”菜单中新建 Function，定义 F1(X)＝X，将横坐标标签改为 X，纵坐标标签改为 Y。双击坐标轴，将坐标轴范围改为 0～1，对 X 轴和 Y 轴的 Scale，Increment 均取 0.1，# minor均取 9。

（2）点“New Function”，定义 F2(X)＝2.46 * X/(1＋1.46 * X)，作相平衡线。

（3）点“New Function”，定义 F3(X)＝2.111 * X－0.5，作相 q 线。

（4）点“New Function”，定义 F4(X)＝0.6667 * X＋0.3167，作精馏塔操作线。

（5）用“Line Tools”连(0.05，0.05)和精馏塔操作线与 q 线的交点得到提馏段操作线。

（6）在操作线和平衡线之间用“Line Tools”作梯级（可借助、进行局部放大、缩小辅助作图），得到精馏段理论板数为 4 块，提馏段理论板数为 6 块（包括塔釜），全塔理论板数为 10 块。单击按钮将图形放大到全页，如图 2.4.16 所示。

将本例题存为模板，稍做修改，即可用于求解类似的分离塔设计问题。保存模板的方法为：选择菜单命令“File→Save Template As”，将模板保存起来，以后就可以用此模板。

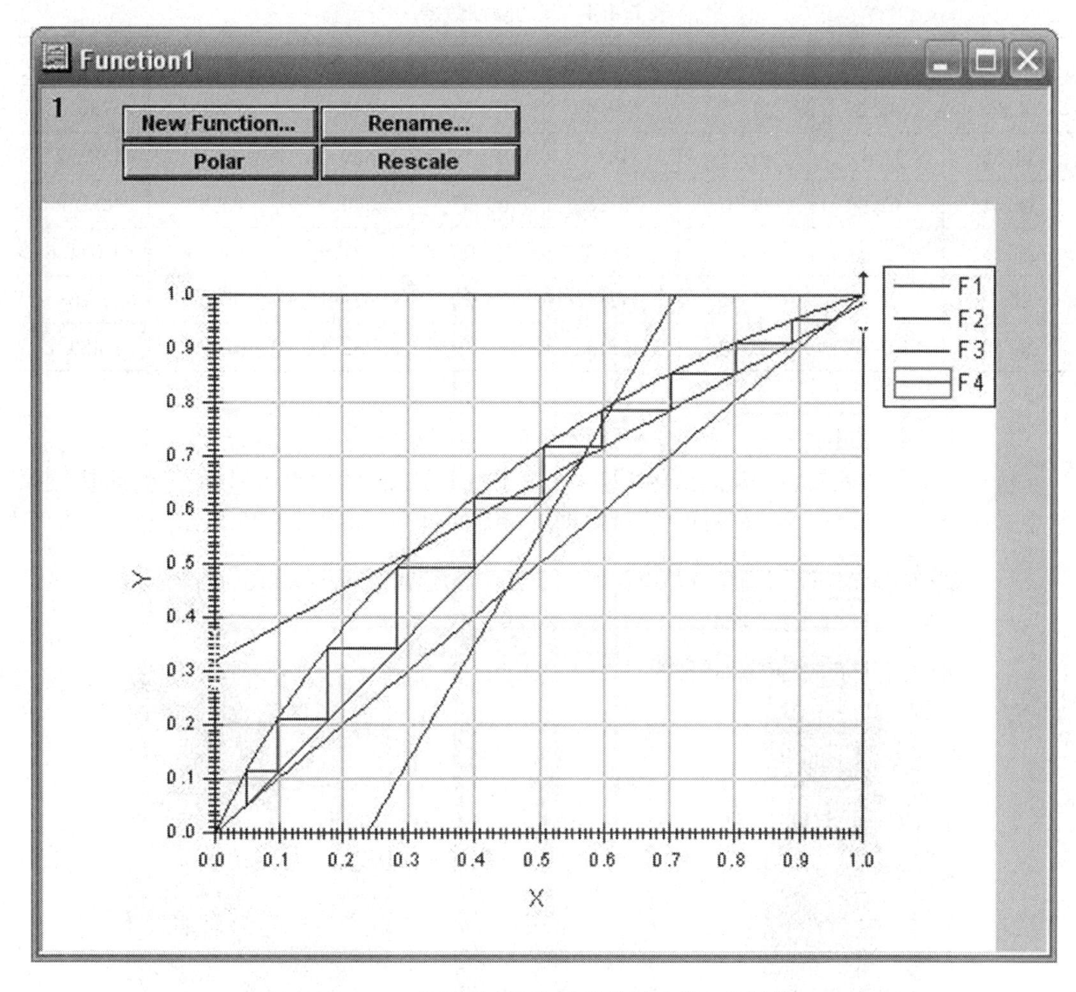

图 2.4.16　作图法求两组分连续精馏塔理论板数

注意:在作图时,Origin 提供了用来读取图形窗口上的数据和坐标的几个工具,它们为屏幕读取工具、数据读取工具和数据选择工具。利用这些工具可以精确地读取数据等。在 Origin 中可以对图形进行寻峰、放大、缩小、读取点数坐标、读取屏幕上任意点的坐标等操作。如可以单击"Tools"工具栏中的放大按钮,然后拖动选择所需区域将其放大。然后可以使用或读取曲线中的数据点或屏幕中的任意点的坐标,这时将显示一个"数据显示"窗口,其中包含有该点的 X 和 Y 坐标值。

【例 2.4.5】　Antoine 参数的估计。用来表示处于温度 t(℃)情况下的纯液体的饱和蒸汽压 p(mmHg)的半经验关系,通常使用 Antoine 公式为 $\ln p = A + B/(t + C)$。

对于苯,数据如表 2.4.4 所示。已知参数的近似值为 $A \approx 16, B \approx -3\ 000, C \approx 230$,参考这些近似值,试推断参数的更精确的值。

表 2.4.4 苯的物性数据

t/℃	p/mmHg	t/℃	p/mmHg	t/℃	p/mmHg	t/℃	p/mmHg
8.86	42.6	35.19	149.4	63.33	437	80	756.2
14.55	57.41	40.25	183	67.13	500.7	81.3	789.2
16.31	62.4	49.07	261.8	69.57	540.9	85.92	906.06
20.59	77.28	50	268.3	74.03	627.9	91.78	1 074.6
26.1	98.4	56.95	347.1	76.22	671.9	97.69	1 268
26.89	103.64	60.78	402.4	78.89	732.1	103.65	1 489.1

第一步，输入数据。

新建一个工作表格，在其中输入数据。并选中所有数据，然后单击鼠标右键，从快捷菜单中选择“Sort Columns → Ascending”对数据进行升序排列，如图 2.4.17 所示。

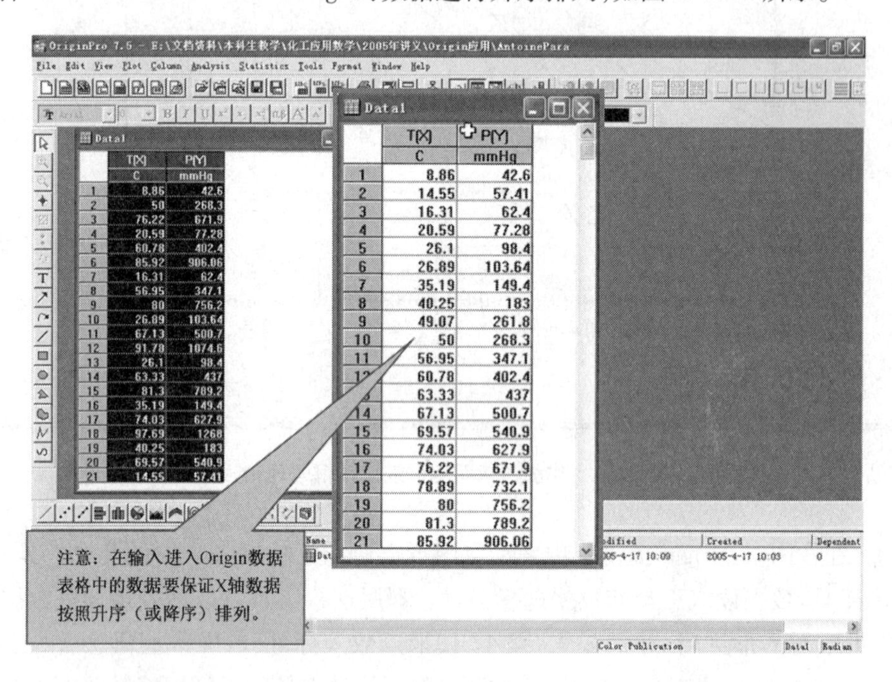

图 2.4.17 工作表格的输入与排序

第二步，自定义函数。

选择“Analysis → Non - linear Curve Fit → Advanced Fitting Tools…”命令打开 NLSF 的“Non - linear Curve Fit”对话框，选择菜单命令“Function → New”新建拟合函数。选中“User Defined Param. Names”，在“Parameter Name”中输入参数名称“A，B，C”，“Independent Var.”中输入自变量名称“x”，“Dependent Var.”中输入因变量名称“y”，函数定义窗口输入拟合函数名称“y = exp(A + B/(x * C))”。单击“Edit in Code Builder”按钮可以查看拟合函数的定义代码，如图 2.4.18 所示。

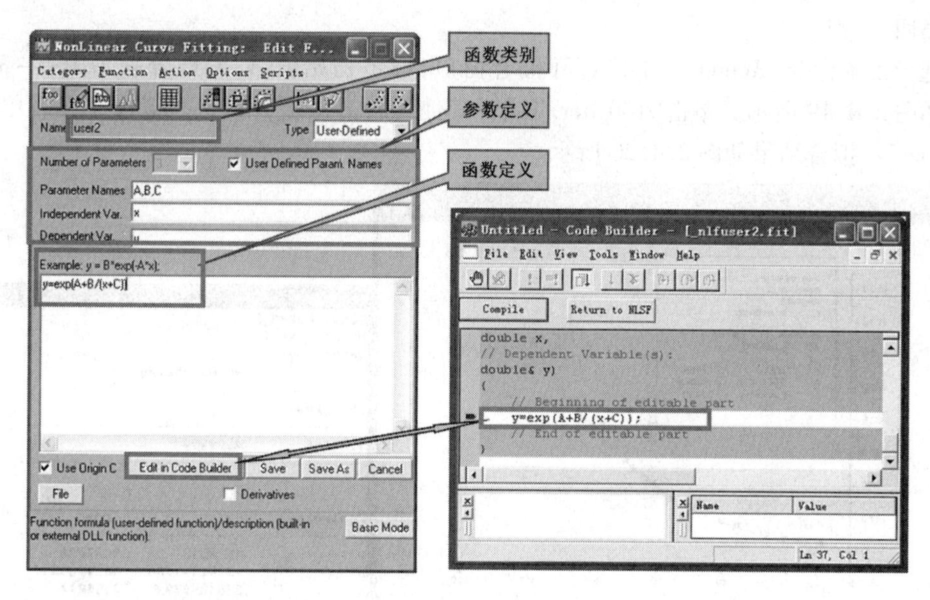

图 2.4.18　自定义拟合函数

第三步，数据集匹配。

选择菜单命令“Action → Dataset”打开数据集匹配窗口，进行数据列与自变量、因变量的对应匹配，如图 2.4.19 所示。

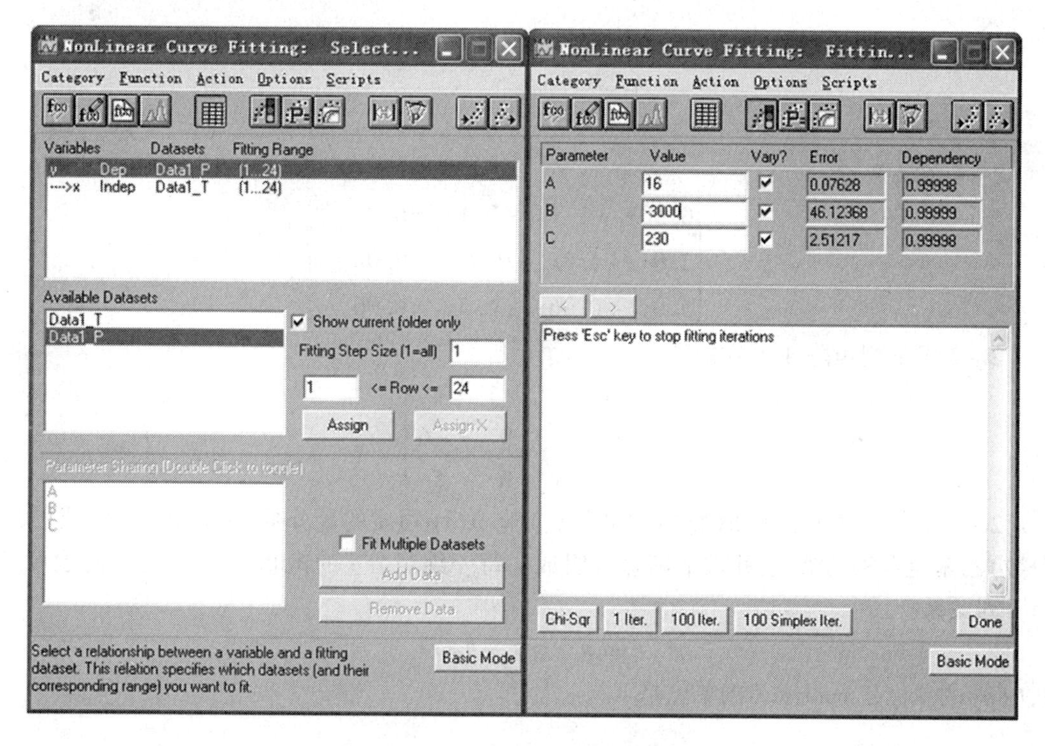

图 2.4.19　数据集匹配窗口

第四步，拟合。

选择菜单命令“Action → Fit”打开拟合窗口，设定初始值 A，B，C 分别为 16，-3000，230，如图 2.4.19 所示。单击“100 Iter.”或者其他拟合方法进行拟合。拟合完成后单击按钮“Done”。拟合结果如图 2.4.20 所示。

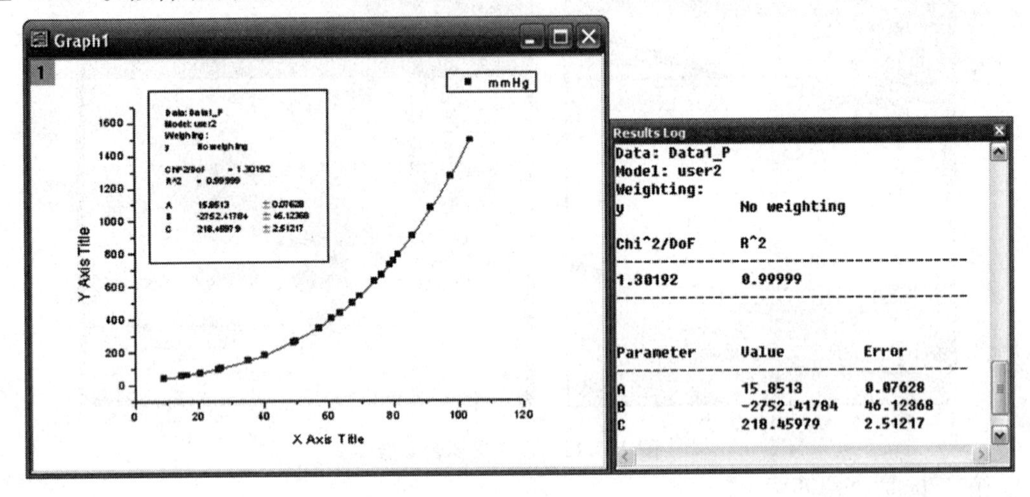

图 2.4.20 非线性曲线拟合的图形和 Results Log

习 题

2-1 解方程组：

$$\begin{cases}0.50x_1+1.1x_2+3.1x_3=6.0\\2.0x_1+4.5x_2+0.36x_3=0.02\\5.0x_1+0.96x_2+6.5x_3=0.96\end{cases}$$

2-2 求下列矩阵 $\boldsymbol{A}$ 的逆矩阵：

$$\boldsymbol{A}=\begin{bmatrix}2&-7&4\\1&9&-6\\-3&8&5\end{bmatrix}$$

2-3 求在大气压下，0.5（物质的量分数）苯，0.3（物质的量分数）甲苯，0.2（物质的量分数）乙苯混合物的沸点，并求平衡蒸气组成。每一纯组分 i 的饱和蒸气 p_i° 与绝对温度 T 有下列关系：

$$\lg(p_i^\circ)=a_i-b_i/T$$

式中 p_i° 的单位是 mmHg；T 的单位是 K。

i	组分	a_i	b_i
1	苯	7.841 35	1 750
2	甲苯	8.088 40	1 985
3	乙苯	8.114 04	2 129

2－4 乙炔的摩尔热容与温度的经验关联式 $C_p = a + bT + cT^2$，用最小二乘法拟合实测数据得到如下正规方程组：

$$\begin{cases} 105.21 = 8a + 28b + 140c \\ 402.29 = 28a + 140b + 784c \\ 2\,070.29 = 140a + 784b + 4676c \end{cases}$$

试用 LU 分解法求解方程组，确定参数 a, b, c。

2－5 乙苯空气氧化制取乙苯氢化过氧化物的反应，实验证实氧化速率不取决于传质因素和氧分压。同时，反应前后的总物质的量分数和液相体积不变，因此可以作为均相恒容反应来处理。该反应在表现上可视为两步的连串反应，经实验测定，第一步反应为零级，第二步反应为二级。反应式可写成

$$乙苯(EB) \xrightarrow[k_1]{} 氢化过氧化物(H) \xrightarrow[k_2]{} 醇酮等副产物(MA) \quad ①$$

式①中第一步和第二步的反应速率常数 k_1 和 k_2 需由实验数据求定。现以 170 ℃的反应数据为例，说明如何从动力学微分方程通过数值积分和最小二乘法求取 k_1 和 k_2，实验数据列于下表。

反应时间 t/min	液相组分（物质的量分数）			反应时间 t/min	液相组分（物质的量分数）		
	C_H	C_{MA}	C_{EB}		C_H	C_{MA}	C_{EB}
0	0	0	1.000 0	34.7	0.106 0	0.024 8	0.869 2
4.7	0.017 0	0.000 5	0.982 5	44.7	0.126 5	0.051 5	0.822 0
14.7	0.049 5	0.002 4	0.948 1	54.7	0.136 0	0.069 7	0.794 3
24.7	0.080 2	0.012 0	0.907 8	—	—	—	—

2－6 求解下列微分方程：

(1) $\left(\dfrac{ds}{dt} + 1\right)e^{-s} = 1$

(2) $y' = \cos(y - x)$

(3) $\dfrac{dy}{dx} = \dfrac{2x - y + 1}{x - 2y + 1}$

(4) $\dfrac{dy}{dx} = \dfrac{2x^3 + 3xy^2 + x}{3x^2y + 2y^3 - y}$

2－7 求下列微分方程的解：

(1) $\dfrac{dy}{dx} + \dfrac{1 - 2x}{x^3}y - 1 = 0$

(2) $x\dfrac{dy}{dx} = (y\ln x - 2)y$

(3) $2xy\dfrac{dy}{dx} = 2y^2 - x$

2－8 求下列可积高阶微分方程的解：

(1) $y'' + \ln y'' - x = 0$

(2) $y''' + y''^2 - 1 = 0$

(3) $y''(1+y')e^{y'}=1$

2－9 求解定解问题 $y''+9y=6e^{3x}$，$y(0)=y'(0)=0$。

2－10 一个水平放置的盛满液体的圆柱形容器，其直径 $2R=1.8$ m，高 $H=2.45$ m，底部开有一个直径 $2r=6$ cm 的出口，假设液体以速度 $0.6\sqrt{2gh}$ 从出口流出，其中 $g=10\ \mathrm{m/s^2}$，h 为液位距出口的高度，问液体全部流完需多少时间？

2－11 试求初值问题 $x'=\begin{bmatrix}0 & 1 & 0\\ 0 & 0 & 1\\ -6 & -11 & -6\end{bmatrix}x+\begin{bmatrix}0\\ 0\\ e^{-t}\end{bmatrix}$，$x(0)=0$ 的解。

2－12 求方程组 $\begin{cases}3\dfrac{dy}{dx}+8y-6z=x+\sin x\\ \dfrac{dy}{dx}+6y-5z=e^{x}+e^{2x}\end{cases}$ 的特解。

2－13 利用气液平推流反应器数学模型的解析解式，计算模拟不同模型参数 Stanton 准数和 Damkokler 准数下，两相浓度在反应器轴向上的分布行为，并用 Origin 或 MATLAB 等绘图工具表示出来。

2－14 设在空间 $Oxyz$ 中存在一个液体流的速度场：

$$v=\{(y^2-x^2)y,(x^2+xy^2+1)y,(x^2xy^2+1)z\}$$

求该液体流的流线。

2－15 求下列微分方程的解：

(1) $(y+2u^2)\dfrac{\partial u}{\partial x}-2x^2u\dfrac{\partial u}{\partial y}=x^2$，$x=u$，$y=x^2$

(2) $\tan x\dfrac{\partial u}{\partial x}+y\dfrac{\partial u}{\partial y}=u$，$y=x$，$u=x^3$

2－16 求解定解问题 $\begin{cases}u_{tt}=a^2(u_{xx}+\dfrac{2}{x}u_x)\\ u(x,0)=\varphi(x),u_t(x,0)=\varphi(x)\end{cases}$ （提示：令 $v(x,t)=xu(x,t)$）

2－17 用以下波动方程初值问题的基本解表示它的解：

$$\begin{cases}u_{tt}-a^2u_{xx}+k^2u=0,x\in R^1,t>0\\ u|_{t=0}=0,u_t|_{t=0}=\varphi(x)\end{cases}$$

2－18 用分离变量法求解混合问题 $\begin{cases}u_{tt}-u_{xx}-u_{yy}=0,0<(x,y)<\pi,t>0\\ u|_{x=0,\pi}=u|_{y=0,\pi}=0\\ u|_{t=0}=3\sin x\sin 2y,u_t|_{t=0}=5\sin 3x\sin 4y\end{cases}$

2－19 一根初始温度为零的半无限长细杆，若在 $x=0$ 端有热量 Q 流入，其温度分布归结为定解问题：

$$\begin{cases}u_t=a^2u_{xx},0<x<+\infty,t>0\\ -ku_x|_{x=0}=Q,u|_{t=0}=0\end{cases}$$

其中，k 为热导率。求细杆的时空温度分布。

2－20 按指定的变换将所给的方程化成 Bessel 方程，并用 Bessel 函数表示原方程的通解。

(1)方程$\frac{d^2u}{dx^2}+\frac{1+2\gamma}{x}\frac{du}{dx}+u=0$,做新未知函数 ν 的变换 $\nu=x^{\gamma}u$;

(2)方程$\frac{d^2u}{dx^2}+\frac{1}{x}\frac{du}{dx}+4(x^2-n^2/x^2)u=0$,做新自变量 $t=x^2$。

2-21 验证 $P_n(x)=\frac{1}{2^n n!}\frac{d}{dx^n}(x^2-1)^n$ 满足 n 阶 Legendre 方程。

2-22 一半球球面保持一定温度 $T_0\cos^3\theta$,半球底面绝热,半球的温度分布归结为定解问题:

$$\begin{cases}\Delta u=0,0<r<l,0<\theta<\pi/2\\ u|_{r=l}=T_0\cos^3\theta,u_\theta|_{\theta=\pi/2}=0\end{cases}$$

求半球的温度分布。

2-23 将下列复数 z 化为三角形式和指数形式:

(1)$1+i$

(2)$-\sqrt{12}-2i$

(3)$1-\cos\theta+i\sin\theta$

2-24 求下列方程的全部解:

(1)$\sin z=0$

(2)$\cos z=0$

(3)$1+e^z=0$

(4)$\sin z+\cos z=0$

2-25 将下列函数在指定的圆环域内展开成罗朗级数。

(1)$\frac{1}{(z^2+1)(z-2)}$,$1<|z|<2$

(2)$\frac{1}{z(1-z)^2}$,$0<|z-1|<1$

(3)$\frac{1}{e^{1-z}}$,$1<|z|<+\infty$

(4)$\frac{1}{z^2(z-i)^2}$,$0<|z-i|<1$

2-26 回答下列问题并说明理由。

(1)幂级数 $\sum_{n=0}^{\infty}a^n(z-2)^2$ 能否在 $z=0$ 收敛,而在 $z=3$ 发散?

(2)$f(z)=\cos^{-1}[1/(z-1)]$在 $z_0=1$ 能否展开成罗朗级数?

2-27 求下列函数在奇点处的留数:

(1)$\frac{z+1}{z^2-2z}$

(2)$\frac{1-e^{2x}}{z^4}$

(3)$\frac{1+z^4}{(z^2+1)^3}$

(4)$\frac{z}{\cos z}$

(5) $\dfrac{1}{z\sin z}$

(6) $\dfrac{\sinh z}{\cosh z}$

2-28 下列哪些量是纯量,哪些量是向量?

(1)动能;(2)电场强度;(3)熵;(4)功;(5)离心力;(6)温度;(7)引力位势;(8)电荷;(9)切应力;(10)频率;(11)湍流速度

2-29 求函数 $u=3x^2+z^2+2xy-2yz$ 在点 $M(1,2,3)$ 处沿 $l=(6,3,2)^{\mathrm{T}}$ 的方向导数。

2-30 设 $u=xyz^2$, $\boldsymbol{F}(x,y,z)=[2x^2+8xy^2z, 3x^3y-3xy, -(4x^2y^2+2x^3z)]^{\mathrm{T}}$,证明 $u\boldsymbol{F}(x,y,z)$ 为管形场。

2-31 求下列多值函数的拉普拉斯变换:

(1) $f(t)=\begin{cases}3 & (0\leqslant t<2)\\ -1 & (2\leqslant t<4)\\ 0 & (t\geqslant 4)\end{cases}$

(2) $f(t)=\begin{cases}3 & (0\leqslant t\leqslant \pi/2)\\ \cos t & (t>\pi/2)\end{cases}$

2-32 求下列函数的拉普拉斯逆变换:

(1) $F(s)=\dfrac{s^2}{(s^2+1)^2}$

(2) $F(s)=\dfrac{s+3}{s^3+3s^2+6s+4}$

(3) $F(s)=\dfrac{2s^2-5s-5}{(s+1)(s-1)(s-2)}$

(4) $F(s)=\ln\dfrac{s+1}{s-1}$

(5) $F(s)=\dfrac{2s+5}{s^2+4s+13}$

(6) $F(s)=\dfrac{s^2-a^2}{(s^2+a^2)^2}$

2-33 求下列卷积:

(1) $t^m * t^n, m,n\in N$

(2) $t * \mathrm{e}^t$

(3) $\sin t * \sin t$

(4) $t * \sinh t$

2-34 某厂需编制一个5年设备更新计划,已知数据如下表所示。

设备购置费

年限	第一年	第二年	第三年	第四年	第五年
价格/万元	2	1.8	1.6	1.5	1.4

维修费

使用年限/年	0～1	1～2	2～3	3～4	4～5
维修费/万元	0.7	0.9	1.1	1.5	2

试帮助该厂确定设备更新计划。

2－35 试利用人工智能的方法设计动物识别系统。

第3章 化工传递过程

3.1 动量传递

动量传递的研究是化工过程及设备设计的基础,涉及包括流体输送、过滤、沉降以及固体流态化等在内的几乎所有化工单元操作,其理论基础为流体力学。本节在简单介绍流体力学相关知识的基础上,针对上述几个化工单元操作过程中的热点研究领域,分别列举了一些研究者利用数学建模方法解决或模拟相关问题的研究成果,旨在使读者了解化工过程实际问题的建模方法与最新进展。

流体的动量传递研究包含流体的运动,以及产生这些运动的力的研究。由牛顿第二运动定律可知:作用于某个体系上的力与其动量的时间变化率成正比。除了重力之类的超距作用力之外,作用在流体上的力,如产生液体压强和剪应力的力,均可认为是由于微观(分子)动量传递所致。

流体力学的发展历史表明,19 世纪和 20 世纪流体动力学数学分析工作已同人们长期以来所积累的水力学经验和知识巧妙地融合在一起。自路德维格·普朗特(Ludwig Prandtl)在 1904 年创立了边界层理论以来,许多分散的定律或理论经过实验验证后已经紧密地融合为一个理论体系。现代流体力学或者说动量传递,已是既有数学分析又有科学实验的学科。

3.1.1 流体动力学基本规律

3.1.1.1 流体和连续介质

1. 流体

在剪应力作用下能够产生连续形变的物质称为流体。该定义的一个重要前提是,当流体处于静止状态时不存在剪应力。液体和气体都是流体。有些物质,如玻璃,从理论上可以视作流体,但在常温下,玻璃的形变非常小,若把它当作流体来考虑便不切实际了。

2. 连续介质

像所有物质一样,流体由大量分子组成。在一个普通房间里,每一立方英寸空气中约有 10^{20} 个分子。任何预测众多分子中单个分子运动的理论都极其复杂,远远超出我们现有的认知水平。用气体动力学理论和统计力学研究分子运动时,都是根据统计意义上的分子数来处理,而不是依据单个分子运动进行研究。

3.1.1.2　流体的性质

当流体运动时,特性变量与其状态相关,流体运动随质点的位置而变。在某一点的一些流体变量定义陈述如下。

1. 流体的密度

流体的密度定义为单位体积流体的质量。在流动条件下,特别是气体,整个流体的密度变化很大。将某一点处流体的密度定义为

$$\rho = \lim_{\Delta V \to \delta V} \frac{\Delta m}{\Delta V}$$

式中　Δm——ΔV 体积所含的质量;

δV——包围该点且具有统计平均意义的最小体积。

从数学观点看,当 $\Delta V = 0$ 时,密度是一个假想的概念。然而,取 $\rho = \lim_{\Delta V \to 0}\left(\frac{\Delta m}{\Delta V}\right)$ 是非常有用的,因为它使我们可以运用连续函数来描述流体流动。一般来讲,流体密度不仅随其空间位置变化,还与充气的车胎一样,随时间变化而发生改变。

2. 流体性质与流动特性

有些流体,特别是液体,在很大温度和压力范围内,密度几乎保持不变。通常把具有这种特性的流体看作是不可压缩流体。然而,可压缩性是比流体本身更能反映其状态的一个特性。例如,对于低速流动的空气,可以用描述水流运动的方程式来精确地表达。从静态观点来看,空气是可压缩的,而水是不可压缩的。可压缩性效应被看作是流体的流动特性,而不是对流体的分类。流动特性与流体性质的区分很敏感,应当特别注意这个概念的重要性。

3. 流体的点应力

作用于物体微元 ΔA 上的力 ΔF 可分解成两个分别垂直于和平行于微元面的分力。单位面积上流体所受的力,或点应力,定义为当 $\Delta A \to \delta A$ 时 $\Delta F/\Delta A$ 的极限,这里,δA 是具有统计平均意义的最小面积。

$$\lim_{\Delta A \to \delta A} \frac{\Delta F_n}{\Delta A} = \sigma_{ii} \lim_{\Delta A \to \delta A} \frac{\Delta F_s}{\Delta A} = \tau_{ij}$$

式中　σ_{ii}——法向应力,其在张力中是正值;

τ_{ij}——切向应力。

作用于流体的力可分为两类:体积力和表面力。体积力是不通过物理接触而产生的作用力,如重力和静电力;而压力和摩擦力需要物理接触进行传递,这些需要表面物理接触而产生的作用力,称作表面力。应力就是单位面积上的表面力。

4. 静止流体上的压力

对于静止流体,将微元体尺寸视为无限小,在流体微元上运用牛顿定律可以确定其法向应力。由于静止流体不存在切向应力,因此所存在的表面力仅由法向应力引起。如图 3.1.1所示微元体,当流体处于静止状态时,只受重力和法向应力的作用,其重力为$\rho g(\Delta x \Delta y \Delta z/2)$。

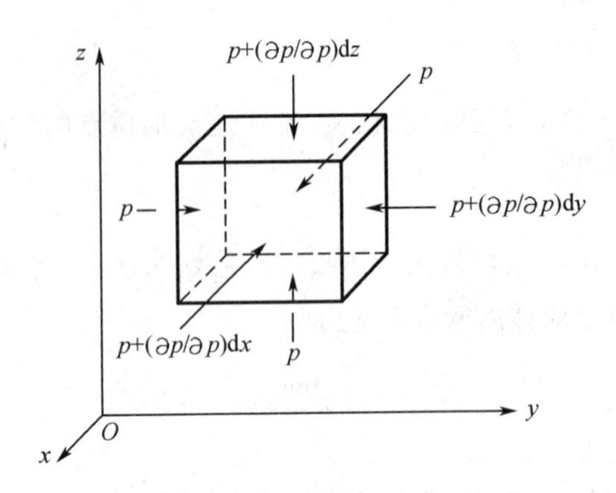

图 3.1.1 静止流体微元上力的平衡

对于静止流体，$\sum F = 0$。作 x 方向的力平衡，有

$$\Delta F_x - \Delta F_s \sin\theta = 0 \tag{3.1.1}$$

因为 $\sin\theta = \Delta y/\Delta s$，式(3.1.1)变成

$$\Delta F_x - \frac{\Delta F_s \Delta y}{\Delta s} = 0 \tag{3.1.2}$$

以 $\Delta y/\Delta z$ 去除式(3.1.2)各项，并取微元体体积趋近于0时的极限，得

$$\lim_{\Delta V \to 0}\left[\frac{\Delta F_x}{\Delta y \Delta z} - \frac{\Delta F_s}{\Delta s \Delta z}\right] = 0 \tag{3.1.3}$$

又因张力中的法向应力为正，求解式(3.1.3)式，可得

$$\sigma_{xx} = \sigma_{ss}$$

作 y 方向的力平衡，因 $\sum F = 0$，得

$$\Delta F_y - \Delta F_s \cos\theta - \rho g \frac{\Delta x \Delta y \Delta z}{2} = 0 \tag{3.1.4}$$

因为 $\cos\theta = \Delta x/\Delta s$，有

$$\Delta F_y - \Delta F_s \frac{\Delta x}{\Delta s} - \rho g \frac{\Delta x \Delta y \Delta z}{2} = 0 \tag{3.1.5}$$

以 $\Delta x \Delta z$ 去除式(3.1.5)各项，并像前述一样取微元体体积趋近于0时的极限，得

$$\lim_{\Delta V \to 0}\left[\frac{\Delta F_x}{\Delta y \Delta z} - \frac{\Delta F_s}{\Delta s \Delta z} - \frac{\rho g \Delta y}{2}\right] = 0 \tag{3.1.6}$$

这样，式(3.1.6)变成

$$-\sigma_{yy} + \sigma_{ss} - \frac{\rho g}{2}(0) = 0$$

或

$$\sigma_{yy} = \sigma_{ss}$$

由于微元体处于静止状态，所受的表面力仅为法向应力。若去测量浸没在流体中的某个微元体单位面积上所受到的作用力，那么将会发现这些作用力是向内的，或者说微元体是处于受压状态。当然，所测量的变量为压强，其值一定是与法向应力大小相等，方向相反。对于剪应力为0的流动流体，这个重要的简化，即把张量应力简化为标量压强也同样成立。当存在剪应力时，某点法向应力的各分量可能是不相等的，但压强还是等于法向应力

的平均值,即

$$P=-\frac{1}{3}(\sigma_{xx}+\sigma_{yy}+\sigma_{zz})$$

除了像冲击波内流动这样极少数的特例,上述关系式总是成立的。

3.1.1.3　流体性质逐点变化

连续介质假定下的动量传递涉及压强、温度、密度、速度以及应力场的运用。例如图3.1.2,其中曲线即为等压点的轨迹,由于压强是一个标量,所以这样的图就是标量场的图解,在整个区域内压强变化是连续的。

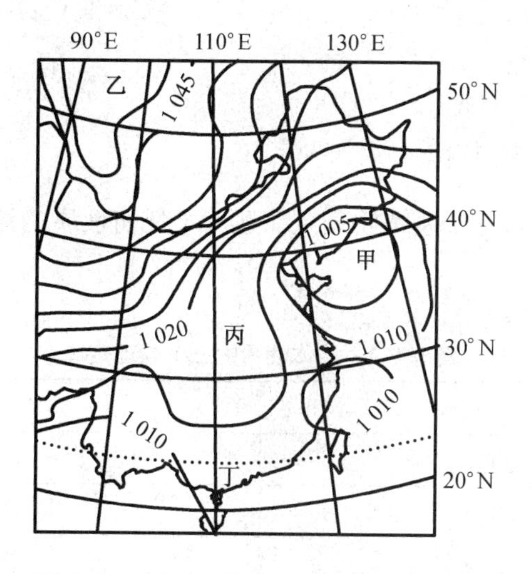

图3.1.2　气象图——标量场的一个例证

在动量传递中,比较关注的是流体压力的逐点变化。在图3.1.2中分别以 x 轴和 y 轴表示东向和北向,则可用一般函数 $P(x,y)$ 表示整个区域的压力。

介于 $\mathrm{d}x$ 和 $\mathrm{d}y$ 两点间区域内压力 P 的变化,可写作 $\mathrm{d}P$,用全微分表示为

$$\mathrm{d}P=\frac{\partial P}{\partial x}\mathrm{d}x+\frac{\partial P}{\partial y}\mathrm{d}y \tag{3.1.7}$$

式(3.1.7)中,偏导数分别表示 P 沿 x 轴和 y 轴的变化。在 xy 平面,沿任意轨迹 s,压力变化的全导数为

$$\mathrm{d}P=\frac{\partial P}{\partial x}\frac{\mathrm{d}x}{\mathrm{d}s}+\frac{\partial P}{\partial y}\frac{\mathrm{d}y}{\mathrm{d}s} \tag{3.1.8}$$

式中,$\mathrm{d}P/\mathrm{d}s$ 项为方向导数,其函数关系描述了 P 在 s 方向的变化速率。

在传递过程分析时,经常会遇到沿最大值轨迹的方向导数,称为“梯度”。以 $\boldsymbol{e}_x$ 和 $\boldsymbol{e}_y$ 分别表示 x 方向和 y 方向的单位矢量,P 的梯度 $\mathrm{grad}\boldsymbol{P}$ 为

$$\mathrm{grad}\boldsymbol{P}=\frac{\partial P}{\partial x}\boldsymbol{e}_x+\frac{\partial P}{\partial y}\boldsymbol{e}_y$$

式中,$P=P(x,y)$。将此延伸到 $P=P(x,y,z)$ 的情况为

$$\mathrm{grad}\boldsymbol{P}=\frac{\partial P}{\partial x}\boldsymbol{e}_x+\frac{\partial P}{\partial y}\boldsymbol{e}_y+\frac{\partial P}{\partial z}\boldsymbol{e}_z \tag{3.1.9}$$

引用算子▽,可以把式(3.1.9)简化为

$$\nabla P = \frac{\partial P}{\partial x}\boldsymbol{e}_x + \frac{\partial P}{\partial y}\boldsymbol{e}_y + \frac{\partial P}{\partial z}\boldsymbol{e}_z$$

式中

$$\nabla = \frac{\partial}{\partial x}\boldsymbol{e}_x + \frac{\partial}{\partial y}\boldsymbol{e}_y + \frac{\partial}{\partial z}\boldsymbol{e}_z \tag{3.1.10}$$

式(3.1.10)是算子▽在笛卡尔坐标系中的定义式。该符号表明,微分是按规定的方式进行的。在其他坐标系中,如圆柱形、球形坐标系中,梯度又将是另外的形式,然而其几何意义仍然相同。它是一个既有方向又有大小值的矢量,其数值为距离有关的非独立变量的最大变化率。

3.1.2 运动流体分析

3.1.2.1 基本物理定律

除了相对论和核现象,三个基本物理定律适用于任何性质的流体。按数学公式名称这些定律列于表3.1.1中。

表3.1.1 流体使用的三个物理定律

定律	方程式
物质守恒定律	连续方程
牛顿第二运动定律	动量方程
热力学第一定律	能量方程

除了上述三个定律以外,还有一些特定的辅助关系式来描述运动流体,但均与流体性质有关,例如霍克定律、理想气体定律等。使用这些定律时,必须注意基本物理定律与上述辅助关系式在应用范围上的区别。

3.1.2.2 流体流场——拉格朗日及欧拉表示法

"场"表示在整个给定的区域内位置和时间的函数所定义的一个量。流体力学中有两种表示"场"的方法:拉格朗日(Lagrange)法和欧拉(Euler)法。两种方法的差别仅在于表达方式不同,而场的状态却是一致的。

在拉格朗日法中,物理变量的描述集中于一个特定的流体微元,就好像是这个微元体在做往返流动。此时,用于表示流体微元位置的坐标(x,y,z)是时间的函数,所以坐标(x,y,z)在拉格朗日法中是从属变量。在任意时刻,通常为$t=0$,流体微元是依据它在流场中的位置而定的。这种情况下,速度场可以写为下述函数式:

$$v = v(a,b,c,t)$$

式中,坐标(a,b,c)是流体微元的初始位置。流体流动的其他变量也是这同一坐标的函数,也可用类似的方法表示。但流体力学中极少使用拉格朗日法,因为它所要求的数据形式通常是某一流体变量在流场中固定点上的数值,而不是微元体沿其流动轨迹的变化量。

欧拉法给出的是流体在给定位置和给定时间的变量。此时速度场函数式为

$$v = v(x, y, z, t)$$

式中，x, y, z 和 t 均为独立变量。

3.1.2.3　稳态流动与非稳态流动

采用欧拉方程时，流体流动通常为四个独立变量(s, y, z, t)的函数。若流体在每一点的流动与事件无关，这种流动称为稳态流动，否则称为非稳态流动。在一定情况下通过变更坐标系，能将非稳态流动简化成稳态流动。

例如某物体以匀速 v_0 在空气中运动，若从固定坐标系 x, y, z 来观测，则流动形态是非稳态的。空气中一点的流动因物体向它接近或远离而发生变化。

对于同样的情况，若将坐标系改为随物体共同运动的坐标系 x', y', z'，即把坐标系固定在运动物体上，就可以把非稳态流动视作稳态流动。

3.1.2.4　流线

流线是描述流体流动的重要概念，定义为与流场内各点速度矢量相切的线。在稳态流动中，所有速度矢量对于时间是不变的，流体质点沿流线运动。非稳态流动中，由于流线类型随时在变，所以在任意时刻流体微元的轨迹都与流线不同，此时将流体微元在流动中的实际轨道称为轨迹线。显然只有在稳态流动时，轨迹线和流线才完全重合。

对于三维空间有

$$\frac{dx}{v_x} = \frac{dy}{v_y} = \frac{dz}{v_z}$$

应用上述关系式可得出各个速度分量与流线间的解析关系式。

3.1.3　系统及控制体

表 3.1.1 所列出的三个基本物理定律都是针对一个物体而言的。系统的定义就是一些具有特性固定不变的物质的集合。基本定律所给出的是系统与环境的相互作用，应用时系统的选择是十分灵活的，但多数时又是十分复杂的。很大程度上，求解的难度往往取决于所选系统。

流体极大的流动性，使得识别一个特定的系统成为十分艰巨的任务。由于导出了可用于控制体的基本物理定律（这里系统随时都在变化），使得流体流动的分析大为简化，控制法也能克服对系统辨别上的困难。控制体的选择既可以是有限的，也可以是无限小的。事实上，流体流动的微分方程式就是针对无限小的控制体应用基本物理定律推导出来的。

对于以上三个基本物理定律——物质守恒定律、牛顿第二运动定律以及热力学第一定律均可以使用控制体法来进行推导和研究。由于涉及的运算过程相对较为复杂，在此不再详述。

以下将流体动力学其他方面的规律以及其中所涉及的概念和研究方法列于表 3.1.2，相关的具体内容可以详见“*Fundamentals of Momentum, Heat, and Mass Transfer*”一书（Welty, J. R. /Wicks, C. E. /Wilson, R. E. /Rorrer, G. L. 著）。

表3.1.2 流体动力学的其他研究内容

研究内容	概念和研究方法
层流剪应力	牛顿黏性关系式；非牛顿流体；黏度；牛顿流体多维层流剪应力
层流流体微元分析方法	等截面圆管内充分展开的层流流动；牛顿流体沿倾斜平表面向下的层流流动
流体流动的微分方程式	连续性微分方程；纳维－斯托克斯方程；伯努力方程式
理想流体流动	流体在一点的旋转； 流函数； 绕无限长圆柱体的无旋理想流体流动； 无旋流动的速度势； 无旋流动的总压头； 势流的应用； 势流分析——二维基本流； 势流分析——基本流的叠加
量纲分析	量纲； 几何相似与动力相似； 纳维－斯托克斯方程的量纲分析； 白金汉方法； 模型理论
黏性流动	雷诺实验；阻力；边界层概念；边界层方程； 平板层流边界层的柏拉修斯解； 具有压力梯度的流动； 冯·卡门动量积分方程
湍流对动量传递的影响	湍流的描述；湍流的剪应力；混合长假说； 由混合长理论导出的速度分布； 通用速度分布；有关湍流的其他经验公式； 平板湍流的边界层；影响层流向湍流过渡的诸因素
管道内的流动	管道流动的量纲分析；圆形管道内充分发展流动的摩擦系数；管内流动的摩擦系数和压头损失；管内流动分析；圆管流动进口端的摩擦系数

3.1.4 流体输送单元操作

在制药等化工生产中为满足工艺条件的要求，往往需要将流体由一处输送至另一处。在此过程中可能会发生以下情况：一是流体由低压变成高压；二是将流体由低位处提升至高位处；三是使流体具有克服管路阻力的能力。

其中，为满足第三种情况的一种可行的辅助方法就是为管道减阻。通常的方法是使用管道减阻剂，这是一种可以降低流体流动摩阻，增加输送量的高分子添加剂，主要应用于油气运输管道，对输送管道的增输、节能及提高经济效益有非常重要的作用。

鉴于通过减阻剂对流体输送管道减阻的重要作用,如何对减阻剂的减阻性能进行科学评价的问题被提出来。

例如对减阻剂室内环道评价系统进行了工艺计算,涉及系统测试管道回路的管径,理论计算了环道储罐体积、尺寸等;同时研究室内环道评价系统的硬件系统和软件控制系统,并对减阻率和增输率的操作步骤进行说明;对系统的压力系统进行改进,保持了整个系统的压力稳定,确保了减阻率的精确测定。

借此方法对影响减阻剂减阻性能的各种因素进行了对比试验,分析阻剂浓度、流体速度、表观黏度、雷诺数等与减阻率的关系,分析了流体种类并考察了减阻剂的抗剪切性能,对减阻剂的减阻剂机理进行了讨论。

流体流量一定的条件下,管道内流体的流动阻力的减小其实质主要是摩阻系数的减小,所以减阻剂的减阻率:

$$DR = \frac{f_0 - f_t}{f_0} \times 100\%$$

式中　f_0——未添加减阻剂的流动摩阻系数;

f_t——添加减阻剂的流动摩阻系数。

同时,根据达西公式:

$$f = \frac{2gd}{V^2 L} \times \Delta P$$

式中　V——流体流速;

L——测试管道的长度;

d——管道内径。

对于给定的管道,在流速一定的条件下摩阻系数只与摩阻压降有关,管道两端的摩阻压降降低的大小可以表示减阻剂的减阻率大小,如(3.1.11)式:

$$DR = \frac{\Delta P_0 - \Delta P}{\Delta P_0} \times 100\% \tag{3.1.11}$$

通常情况下,直接测定加入减阻剂前后在同一流速下的摩阻压降比较困难。可以通过建立数学机理模型,通过测定模型中各个参数的方法间接得到其摩阻压降。

根据流体动力学,计算流体流动的摩阻系数与压降经验公式如下:

$$\lambda = \frac{A}{Re^n}$$

$$\Delta P = bQ^{2-n}$$

式中　Re——流体的雷诺数;

A,n——经验模型参数,为固定常数。

结合上述公式发现流量和压降具有一一对应的关系,因此推算出未添加减阻剂时的摩阻压降如式:

$$\Delta P_0 = \Delta P_t \left(\frac{Q_{DR}}{Q}\right)^{2-n}$$

式中　Q_{DR}——添加减阻剂后的流体流量;

Q——相同输送压力下未添加时的流量;

ΔP_0——加入减阻剂前沿程摩阻压降;

ΔP_t——加入减阻剂后沿程摩阻压降。

室内环道实验装置是评价减阻剂的一种常用装置,图 3.1.3 为室内环道评价系统示意图。

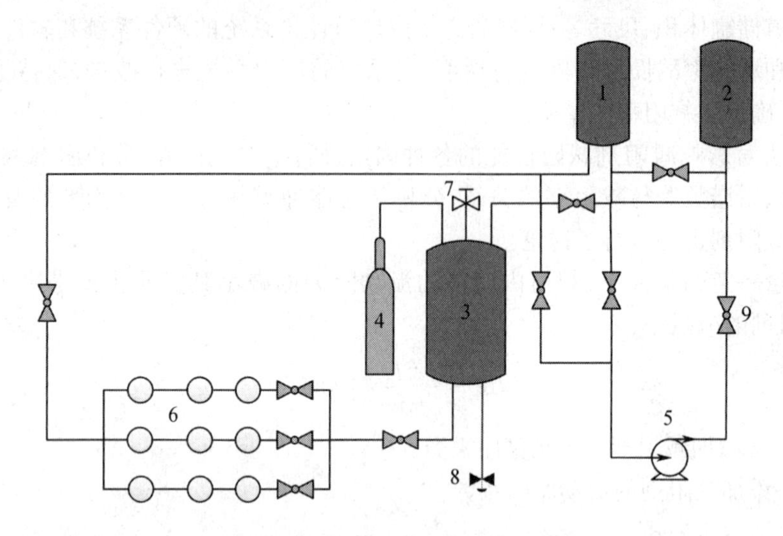

图 3.1.3 室内环道评价系统示意图

1—回流罐;2—稀释搅拌罐;3—压力缓冲罐;4—氮气瓶;5—齿轮泵;6—压力传感器;7—放空阀;8—缓冲罐底阀;9—阀门

减阻剂的减阻率影响因素包括流体性质、速度、黏度、雷诺系数以及减阻剂浓度和抗剪切性能等。模型中使用的流体为煤油和 0#柴油,相关因素对上述流体输送过程中减阻率的详细影响结果就可以详细地计算出来。

3.1.5 过滤单元操作

过滤单元操作是指在推动力或者其他外力作用下悬浮液(或含固体颗粒发热气体)中的液体(气体)透过介质,固体颗粒及其他物质被过滤介质截留,从而使固体及其他物质与液体(气体)分离的操作。过滤的方式很多,使用的物系也很广泛,固 - 液、固 - 气、大颗粒、小颗粒都很常见。

3.1.5.1 过滤介质

1. 织物介质

由天然或合成纤维、金属丝等编织成的滤布、滤网。此类介质应用较广,价格便宜,清洗及更换方便。据所用材料不同,可截留的颗粒最小直径为 5 ~ 65 μm。

2. 多孔性固体介质

其包括素烧陶瓷、烧结金属或玻璃、由塑料细粉粘接的塑料管等。可截留的颗粒最小直径为 1 ~ 3 μm。

3. 粒状介质

其包括细砂、木炭、石棉粉、石砾、玻璃碴及酸性白土等。此类介质颗粒坚硬,堆积成层可用来处理含固体颗粒很少的悬浮液,如水的净化处理。

3.1.5.2　过滤机理

按过滤方式分为表面过滤和深层过滤,详尽的描述不再给出,如有需要请查阅《化工单元操作(供制药、精细化工专业用)》(徐志远等编)。

3.1.5.3　一种高温陶瓷过滤器

用于过滤单元操作的设备种类较多。这里我们得知一种高温陶瓷过滤器,用于净化含尘煤(烟)的过滤,待处理气体经多孔陶瓷过滤管过滤后成为洁净气体并在过滤管内沿轴向流入过滤器集气室,再进入燃气轮机,而沉积在陶瓷过滤管外表面的固体颗粒在反向脉冲的作用下,与其余固体颗粒一起落入陶瓷过滤器底部,最终排出过滤器。

虽然高温陶瓷过滤器在净化含尘煤(烟)的实际效果明显,但关于陶瓷过滤器内的正向流动和过滤过程进行的研究却较少。

由于陶瓷过滤器中的气体速度较低,完全可以看作不可压缩的实际流体。

气体通过陶瓷过滤管的流动属于多孔介质内的流动,压降与速度的关系可用达西定律给出:

$$\nabla P = -u_v\delta/\alpha$$

式中　∇P——流动方向上的压力梯度;

u——流体动力黏度;

v——流体在多空介质的表面速度;

α——多空介质渗透率;

δ——多空介质厚度。

定常流动的质量守恒方程和动量守恒方程可以分别表示:

$$\frac{\partial \bar{u}_i}{\partial x_i}=0$$

$$\frac{\partial(\rho\,\bar{u}_i\,\bar{u}_j)}{\partial x_i}=-\frac{\partial \bar{P}}{\partial x_i}+\frac{\left[\partial\left(\eta\frac{\partial \bar{u}_i}{\partial x_j}-\rho\,\overline{u_i'u_j'}\right)\right]}{\partial x_j}$$

$$(i=1,3)$$

式中　$\bar{u}_i$——时均速度;

x_i——坐标;

$\bar{P}$——时均压力;

η——动力黏度;

ρ——密度;

u'——速度波动分量。

二阶雷诺应力方程为

$$\bar{u}_i\frac{\partial \overline{u_i'u_j'}}{\partial x_1}=\frac{\partial\left[\left(\frac{c_k k^2}{\varepsilon}+v\right)\frac{\partial \overline{u_i'u_j'}}{\partial x_1}\right]}{\partial x_1}-\left(\overline{u_i'u_j'}\frac{\partial u_j}{\partial x_1}+\overline{u_i'u_j'}\frac{\partial u_i}{\partial x_1}\right)-\frac{2}{3}\delta_{1,j}\varepsilon-c_1\frac{\varepsilon}{k}\left(\overline{u_i'u_j'}-\frac{2}{3}\delta_{1,j}k\right)+$$

$$c_2\left(\overline{u_i'u_j'}\frac{\partial u_j}{\partial x_1}+\overline{u_i'u_j'}\frac{\partial u_i}{\partial x_1}-\frac{2}{3}\delta_{1,j}\overline{u_n'u_m'}\frac{\partial u_n}{\partial x_m}\right)\quad(i,j=1,2,3)$$

式中,v 为运动黏性系数,在二阶雷诺应力模型中 $k-\varepsilon$ 方程形式为

$$\bar{u}_i\frac{\partial\varepsilon}{\partial x_1}=\frac{\partial\left[\left(c_\varepsilon\frac{k^2}{\varepsilon}+v\right)\frac{\partial\varepsilon}{\partial x_1}\right]}{\partial x_1}-c_{\varepsilon1}\frac{\varepsilon}{k}\overline{u_i'u_1'}\frac{\partial u_i}{\partial x_1}-c_{\varepsilon2}\frac{\varepsilon^2}{k}$$

$$\bar{u}_i\frac{\partial k}{\partial x_1}=\frac{\partial\left(c_k\frac{k^2}{\varepsilon}\frac{\partial k}{\partial x_1}+v\frac{\partial k}{\partial x_1}\right)}{\partial x_1}-\overline{u_i'u_l'}\frac{\partial u_i}{\partial x_1}-\varepsilon$$

二阶雷诺应力模型中的系数值如表 3. 1. 3 所示。

表 3.1.3 二阶雷诺应力模型系数值

c_k	c_1	c_2	c_ε	$c_{\varepsilon1}$	$c_{\varepsilon2}$
0. 09	1. 80	0. 60	0. 07	1. 44	1. 92

试验用高温陶瓷过滤器结构如图 3. 1. 4 所示,简化后的计算区域如图 3. 1. 5 所示。

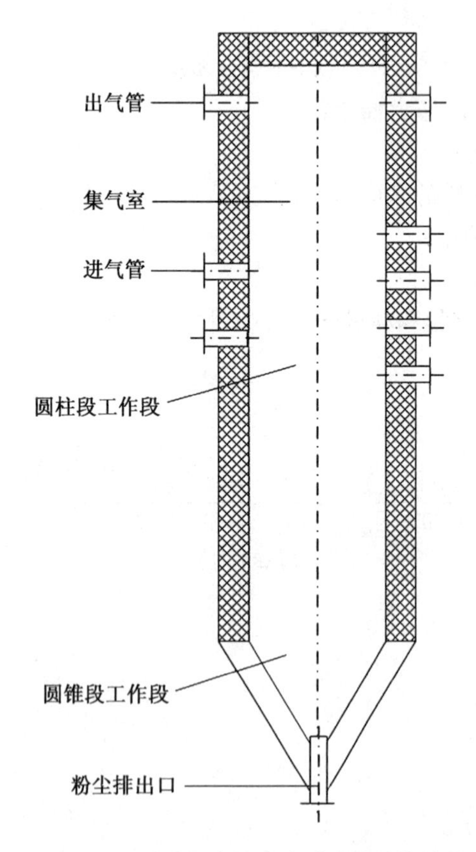

图 3.1.4 试验用高温陶瓷过滤器结构简图

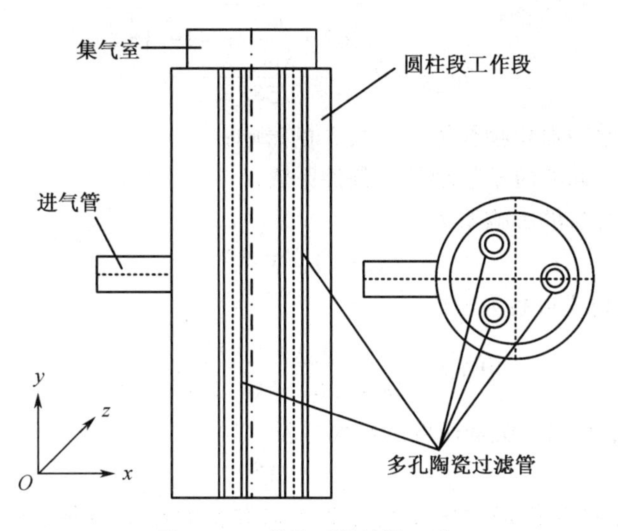

图3.1.5　简化后的计算区域

3.1.6　沉降单元操作

沉降单元操作是指由于分散相和分散介质的密度不同,分散相粒子在力场(重力场或离心力场)作用下发生的定向运动,是一种属于流体动力过程的单元操作。

3.1.6.1　自由沉降

单一颗粒在流体中的沉降或颗粒群充分分散,颗粒间不致引起相互碰撞的沉降过程称为自由沉降。

颗粒在真空中自由降落,或粒度较大、密度较大的颗粒在流体中的自由降落,均可认为只受重力作用,其为匀加速直线运动。粒度小、密度低的颗粒在流体中降落同时受重力、浮力以及阻力作用。浮力和阻力方向一致——与沉降方向相反。对一定的颗粒和流体而言,重力和浮力是不变的,而阻力随颗粒下降速度的增加而迅速增大。因此这种情况下颗粒先做加速度逐渐减小的加速运动,后在三种力达到平衡时做匀速运动。

3.1.6.2　离心沉降

物体所受重力毕竟是有限的,因此对于两相密度相差较小、颗粒较细的气相非均一体系,利用重力沉降是很困难的。若利用颗粒做圆周运动的离心力则可加快沉降过程,可达重力的若干倍。离心沉降可以分离出较小的颗粒,且设备体积也比较小。

在流化床干燥器(或冷却器)、气流干燥器、流化床吸收器、流化床反应器及气力输送等的工程设计中,颗粒物料的沉降速度是主要的工艺参数。虽可用的计算公式较多,但公式的局限性较大,不利于简化实际计算,给反应器的设计和工艺优化带来不便。

我们希望能够有一种不需要进行区间判断的通用沉降速度计算公式,为此对普拉诺夫斯基公式进行了修正,使其在床层孔隙率 $\varepsilon=0.4\sim1.0$ 时适用于任何场合。

普拉诺夫斯基等分析和整理了各个研究者的实验和计算数据的结果得到

$$Re_{沉降}=\frac{\sqrt{367+\frac{k_3}{k_1k_2}Ar}-19.15}{0.588k_3}$$

式中 k_1——单位空间颗粒物料体积分数 X 的影响；

k_2——管壁引起的粒子运动约束条件系数；

k_3——粒子形状的影响系数。

$$k_1=(1-X)^{4.75}$$

因此普拉诺夫斯基公式可写为

$$Re_{沉降}=\frac{Ar\,(1-X)^{4.75}}{18+0.61\sqrt{Ar\,(1-X)^{4.75}}}$$

系数 k_2，即管壁对粒子沉降速度的影响可表示为

$$k_2=1/M^2$$

式中 M 为与粒子直径和管径之比及与流动状态有关的修正乘积。在颗粒直径小于管径10%的通常情况下，$M=1$。

系数 k_3 形状修正系数可表示为

$$k_3=11-10/f$$

f 为粒子形状因素，对应的数值可查。

若不考虑 k_1,k_2,k_3 影响，即为

$$Re_{沉降}=\frac{\sqrt{367+Ar\,(1-X)^{4.75}}-19.15}{0.588}$$

在受阻沉降条件下，需考虑 k_1,k_2,e_3 的影响；在气流干燥作业中，由于其质量浓度小于 1 kg/m^3，所以不必考虑。

【例3.1.1】 试求球形颗粒直径 $d=1.2\times10^{-3}$m、密度 $\rho_m=2\,640$ kg/m^3，在900 ℃烟道气中的自由沉降速度。烟气密度 $\rho_g=0.318$ kg/m^3，运动黏度 $v=1\,525\times10^{-6}$m^2/s，动力黏度 $u=4.68\times10^{-5}$kg/(s·m)。

$$Ar=\frac{d^3(\rho_m-\rho_g)g}{v^2\rho_g}=6\,051$$

(1)空间判断法(现有算式)

$$Re_{沉降}=\frac{Ar}{18+0.61\sqrt{Ar}}=92.45$$

此数值在阿莱因区域

$$u_{沉降}=\left[\frac{4g^2\,(\rho_m-\rho_g)^2d^3}{225u\rho_g}\right]^{\frac{1}{3}}=11.14\ \text{m/s}$$

(2)普拉诺夫斯基修正式

$$Re_{沉降}=\frac{\sqrt{367+Ar}-19.15}{0.588}=103.68$$

$$u_{沉降}=\frac{Re_{沉降}v}{d}=13.18\ \text{m/s}$$

计算结果表明，用普拉诺夫斯基修正式所得出的计算结果与原有的分区域计算结果基本一致，但普拉诺夫斯基修正式具有更大灵活性，适用于任何场合，在实际计算应用中具有

较大优势。

3.1.7　固体流态化单元操作

固体流态化也叫流体化，可以强化流体和固体之间的相互作用，或使固体颗粒像流体一样用管道输送。

目前固体流态化常用的一种设备为快速流化床。快速流化床是一种高效的气固接触技术，在化工、冶金、能源等各领域的应用受到人们愈来愈多的关注，显示出了诱人的应用前景。

虽然快速流化床得到了较为广泛的应用，但人们对快速流化床，尤其是高通量快速流化床复杂的气固流动特性的掌握还不够，为此希望构建一个快速流态化统一模型。该模型准确描述了各个快速床动力学参数，并通过实验加以验证。

作为垂直上升气固系统非正常运行的一个临界条件，噎塞（Choking）的概念早已有之。快速床的噎塞描述为在临界条件下，很小的操作气速的下降或者固体流率的增大即会引起很大的床层压降的增大，最终导致向上输送的气固系统遭到整体破坏。

A型噎塞出现在一相对简单的分散气固系统中，Yang在给定管径和已知床层空隙率的情况下，气固两相间的滑移可用修正的颗粒终端速度来表示：

$$u_t' = u_t \sqrt{\left(1 + \frac{f_p u_p^2}{2gD_t}\right) \times \varepsilon^{4.7}}$$

式中　u_p——颗粒速度；

f_p——等效气体摩擦系数；

$\sqrt{\left(1 + \frac{f_p u_p^2}{2gD_t}\right)}$——壁面摩擦对滑移速度 u_t 的修正；

$\sqrt{\varepsilon^{4.7}}$——床层空隙率对颗粒滑移速度的修正。

在有限直径的提升管内发生A型噎塞时，气固两相间的滑移速度与单颗粒的颗粒终端速度相等，最后得到用来预测A型噎塞的Yang公式：

$$\frac{2D_t g(\varepsilon_{ch}^{-4.7} - 1)}{(u_{ch} - u_t)^2} = f_p$$

修正得到新的等效摩擦系数的表达式：

$$f_p = 6.81 \times 10^5 \left(\frac{\rho_g}{\rho_s}\right)^{2.2}$$

构建快速床统一模型的要点与基本假设如下：

（1）Yang公式中给出的床层空隙率 ε_{ch} 与气体流速 u_{ch} 的关系式，作为分相模型的本构方程为本模型提供了理论依据；

（2）通过必要的修正，该关系式也可以在分相后的上升稀相当中成立；

（3）在分相后，所有气体都进入到上升稀相当中，而颗粒团聚物则在没有外来气流通过的条件下自由下落。

3.1.7.1 上升稀相模型

发生 A 型噎塞时,气固滑移速度仍为颗粒终端速度 u_t,分相出现的临界条件 $\beta=0$,分相流动结构出现后,这一单位有效截面输送能力的下降,本质上是气固相对滑移速度增大,造成 $u_{st}>u_t$ 的结果。这也可以表示为相对滑移速度不变时气相有效速度的下降,影响程度可用有效速度系数因子 $F(\beta)$ 表示:

$$F(\beta)<1 \ \& \ F(\beta)\Big|_{\beta=0}=1$$

单位稀相面积的上升固体速率 G_s^+ 可表示为

$$G_s^+=\rho_s\left[\frac{u_f F(\beta)}{1-\beta}-u_t\right]\frac{1-\varepsilon_{ch}}{\varepsilon_{ch}}$$

快速流化床刚形成时,上升稀相固体流率变化缓慢,函数 $F(\beta)$ 须满足初始缓变的要求——在 β 很小时,由 A 型噎塞决定的稀相特性基本保持不变。

$$\frac{\mathrm{d}F(\beta)}{\mathrm{d}\beta}\Big|_{\beta=0}=0$$

假设 $m_s^+\Big|_{\beta=1}=G_s^+$,$G_s^+$ 为 A 型噎塞条件($\beta=0$)决定的稀相饱和输送量,推出:

$$\rho_s[u_f F(1)]\frac{1-\varepsilon_{sl}}{\varepsilon_{sl}}=\rho_s[u_f-u_t]\frac{1-\varepsilon_{ch,0}}{\varepsilon_{ch,0}}$$

式中 $F(1)$ 为 $F(\beta)$ 在 $\beta=1$ 时的值;ε_{sl} 为出现节涌时的床层空隙率。

$$F(1)=\left(1-\frac{u_t}{u_f}\right)\frac{1-\varepsilon_{ch,0}}{\varepsilon_{ch,0}}\Big/\frac{1-\varepsilon_{sl}}{\varepsilon_{sl}}$$

设节涌时固塞与气塞高度相等,而固塞中 $\varepsilon=\varepsilon_{mf}$,平均有

$$\varepsilon_{sl}=1-(1-\varepsilon_{mf})/2$$

综上,$F(\beta)$ 应满足以下条件:

$$F(\beta)\Big|_{\beta=0}=1$$

$$F(\beta)\Big|_{\beta=1}=F(1)$$

$$\frac{\mathrm{d}F(\beta)}{\mathrm{d}\beta}\Big|_{\beta=0}=0$$

满足上述条件的最简单的函数关系为

$$F(\beta)=1-[1-F(1)]\beta^n$$

$$\frac{\mathrm{d}F(\beta)}{\mathrm{d}\beta}=-[1-F(1)]\beta^{n-1}$$

综上,上升稀相模型总结为

$$G_s^+=\rho_s\left[\frac{u_f F(\beta)}{1-\beta}-u_t\right]\frac{1-\varepsilon_{ch}}{\varepsilon_{ch}}$$

$$m_s^+=\rho_s[u_f F(\beta)-u_t(1-\beta)]\frac{1-\varepsilon_{ch}}{\varepsilon_{ch}}$$

$$F(\beta)=1-[1-F(1)]\beta^n$$

$$F(1)=\left(1-\frac{u_t}{u_f}\right)\frac{1-\varepsilon_{ch,0}}{\varepsilon_{ch,0}}\Big/\frac{1-\varepsilon_{sl}}{\varepsilon_{sl}}$$

$$\varepsilon_{sl} = 1 - (1 - \varepsilon_{mf})/2$$

3.1.7.2　下降浓相模型

下降浓相模型的概念相对比较简单：

$$m_s^- = \beta\rho_m u_{cl}(1 - \varepsilon_{cl})$$

关键问题是确定一合理的颗粒空隙率 ε_{cl} 及相应的下降速度 u_{cl}，两者满足 Richardson - Zaki 方程：

$$\frac{u_{cl}}{u_t} = \varepsilon_{cl}^m$$

$$m = \lg\left(\frac{u_{mf}}{u_t}\right)/\lg\varepsilon_{mf}$$

确定这两个参数还需要知道颗粒团聚物的受力情况，通过颗粒团聚物的受力平衡条件与其他参数一起迭代可以得出值。根据 Davison 和 Harrison 收集的实验结果，可以近似得出颗粒团聚物固含率相对于上升稀相固含率有一个简单的 2 倍关系，因此可用下式作为迭代的初值，或直接用作近似解：

$$\varepsilon_{cl,0} = 1 - 2(1 - \varepsilon_{ch}) = 2g_{ch} - 1$$

对于具体的化工问题，在物理模型的基础上进行数学模型的构建往往能在一定程度上很好地解决。建立数学模型时首先要进行充分的调研，在此基础上抓住问题的主要矛盾，提出假设和简化，最后再运用数学方法解决实际问题。

本文中涉及的化工单元操作的几个问题的解决均使用了建模的方法，在调研中也同样发现利用建模解决实际化工问题已经相当普及。相关的数学理论已经比较成熟，对已建立的模型进行优化，计算仿真技术的更深层次应用是目前化工领域动量传递研究的主要特点。

3.2　热量传递

传热是指由于温度差引起的能量移动，又称热传递。传热是自然界和工程技术领域中极普遍的一种传递现象。无论在能源、宇航、化工、动力、冶金、机械、建筑等部门，还是在农业、环境保护等其他部门中都涉及许多有关传热的问题。化工生产中的很多过程和单元操作，都需要进行加热和冷却。化工生产中对传热过程的要求经常有以下两种情况：一种是强化传热过程，如各种换热设备中的传热；另一种是削弱传热过程，如设备和管道的保温，以减少热损失。本节阐述了传热规律及传热单元操作的基本概念和近年来的研究进展，着重介绍了数值模拟求解传热问题以及换热器发展。

3.2.1　热量传递基本规律

根据传热机理的不同，热传递有三种基本方式：传导、对流和热辐射。传热可依靠其中的一种方式或几种方式同时进行，在无外功输入时，净的热流方向总是由高温处向低温处流动。

3.2.1.1 热传导

若物体各部分之间不发生相对位移,仅借分子、原子和自由电子等微观粒子的热运动而引起的热量传递称为热传导(又称导热)。热传导的条件是系统两部分之间存在温度差,此时热量将从高温部分传向低温部分,或从高温物体传向与它接触的低温物体,直至整个物体的各部分温度相等为止。热传导在固体、液体和气体中均可进行,但它的微观机理因物态而异。固体中的热传导属于典型的导热方式。在金属固体中,热传导起因于自由电子的运动,各种合金中的自由电子的浓度与传热速率有直接关系;在不良导体的固体中和大部分液体中,热传导是通过晶格结构的振动,即原子、分子在其平衡位置附近的振动来实现的,高能位分子(温度高)较剧烈地运动,将热量传给邻近的低能位分子;在气体中,热传导则是由于分子不规则运动而引起的。

因为热传导主要是一种分子现象,所以我们可以推断,表示热传导过程的基本方程,应与表示分子动量传递的方程式(3.2.1)相似。这样一个方程是1822年由傅里叶(Fourier)首先提出的,其方程式为

$$\frac{q_x}{A} = -k\frac{\mathrm{d}T}{\mathrm{d}x} \tag{3.2.1}$$

式中 q_x——x 方向上的传热速率,W 或 Btu/h;

A——与热流方向垂直的面积,m^2 或 ft^2;

$\mathrm{d}T/\mathrm{d}x$——在 x 方向上的温度梯度,K/m 或℉/ft;

k——导热系数,W/(m·K)或 Btu/(h·ft·℉)。

比值 q_x/A 的单位为 $\mathrm{W/m^2}$ 或 $\mathrm{Btu/(h\cdot ft^2)}$,它是 x 方向上的热流密度。

热流密度的一般方程式为

$$\frac{q}{A} = -k\,\nabla T \tag{3.2.2}$$

该方程式表示了热流密度与温度梯度的比例关系。比例常数 k 即为导热系数,其意义和作用类似于动量传递中的黏度。方程式中的负号表明热量是向着负的温度梯度的方向流动的,式(3.2.2)为傅里叶方程的矢量式,也就是常说的傅里叶导热第一定律。

由式(3.2.2)定义的导热系数,一般认为与温度梯度的方向无关,因此该定义式只适用于各向同性的传热介质。导热系数是导热介质的物性参数,与黏度一样,导热系数主要是随温度变化,只有高压下的气体才需考虑压强对导热系数的影响。

3.2.1.2 热对流

流体各部分之间发生相对位移所引起的热传递过程称为热对流(简称对流)。热对流仅发生在流体中。在流体中产生对流的原因有二:一是因流体中各处的温度不同而引起密度的差别,使轻者上浮、重者下沉,流体质点产生相对位移,这种对流称为自然对流;二是因泵(风机)或搅拌等外力所致的质点强制运动,这种对流称为强制对流。流动的原因不同,对流传热的规律也不同。应予指出,在同一流体中,有可能同时发生自然对流和强制对流。

在化工传热过程中,常遇到的并非单纯对流方式,而是流体流过固体表面时发生的对流和热传导联合作用的传热过程,即是热由流体传到固体表面(或反之)的过程,通常将它称为对流传热(又称给热)。对流传热的特点是靠近壁面附近的流体层中依靠热传导方式

传热,而在流体主体中则主要依靠对流方式传热。由此可见,对流传热与流体流动状况密切相关。虽然热对流是一种基本的传热方式,但是由于热对流总伴随着热传导,要将两者分开处理是困难的,因此一般并不讨论单纯的热对流,而是着重讨论具有实际意义的对流传热。

对流传热速率方程是牛顿在1701年首先提出的,也称为牛顿冷却定律。其形式为

$$q/A = h\Delta T \tag{3.2.3}$$

式中　q——对流传热速率,W 或 Btu/h;

A——垂直于热流方向的面积,m^2 或 ft^2;

ΔT——流体和表面之间的温差,K 或℉;

h——对流传热系数,W/(m·K)或 Btu/(h·ft·℉)。

式(3.2.3)不是定律,而是系数 h 的定义式。一般来说,这个系数与系统的几何形状、流体性质、流动特征以及温差 ΔT 等因素有关。

流体的物性参数对计算对流传热系数非常重要,即便流体以湍流状态流过一表面时,在贴近表面之处仍然存在一个层流的流体层,有时该层流流体层很薄,而且紧贴着固体边界的流体质点是静止的。对于对流传热过程,流体和固体表面之间的传热,必然要设计通过层流薄层的热传导。该流体"薄层"常常体现着对流传热的控制阻力,因此系数 h 也被称为膜系数。

3.2.1.3　热辐射

因热的原因而产生的电磁波在空间的传递,称为热辐射。所有物体(包括固体、液体和气体)都能将热能以电磁波形式发射出去,而不需要任何介质,也就是说它可以在真空中传播。当进行热量交换的两表面之间处于完全真空时,以辐射方式传递的热量最大。

自然界中一切物体都在不停地向外发射辐射能,同时又不断地吸收来自其他物体的辐射能,并将其转变为热能。物体之间相互辐射和吸收能量的过程称为辐射传热。由于高温物体发射的能量比吸收的多,而低温物体则相反,从而使净热量从高温物体传向低温物体。辐射传热的特点是:不仅有能量的传递,还有能量形式的转移,即在放热处,热能转变为辐射能,以电磁波的形式向空间传递;当遇到另一个能吸收辐射能的物体时,即被其部分地或全部地吸收而转变为热能。应予指出,任何物体只要在热力学温度零度以上,都能发射辐射能,但是只有在物体温度较高时,热辐射才能成为主要的传热方式。

从一个黑体或理想辐射体辐射出去的能量密度,可以由式(3.2.4)给出:

$$\frac{q}{A} = \sigma T^4 \tag{3.2.4}$$

式中　q——辐射能力,W 或 Btu/h;

A——发射表面面积,m^2 或 ft^2;

T——热力学温度,K 或℉;

σ——Stefan - Boltzmann 常数,等于 5.676×10^{-8} W/($m^2 \cdot K^4$)。

在计算两个表面之间热量的净交换量时,必须考虑辐射表面和接受表面与黑体状况的偏差程度,以及表面与周围环境之间与辐射有关的几何形状因素,所以在应用时要对式(3.2.4)做某些修正。

实际上,上述的三种基本传热方式,在传热过程中常常不是单独存在的,而是两种或三

种传热方式的组合,称为复杂传热。

3.2.1.4 热量传递研究进展

求解传热问题有三种基本方法:实验法、理论分析法和数值计算法。其中,实验法是传热学的基本研究方法,但是它适应性不好且价格昂贵。而理论分析法能获得所研究问题的精确解,可以为实验和数值计算提供比较依据;分析解具有普遍性,各种情况的影响清晰可见;但是局限性很大,对复杂的问题无法求解。数值分析法是具有一定精确度的近似方法,能够有效解决复杂问题;在很大程度上弥补了分析法的缺点,适应性强,特别对于复杂问题更显其优越性;与实验法相比成本低。在较复杂的实际操作中求解传热问题基本采用数值分析的方法。

数值分析法主要包括研究体系的网格化、通用微分方程的离散化以及离散化方程的求解。离散化的任务是在网格化了的积分区域内把基本方程的微分形式转化为代数形式,以便使用计算机求解。常用的离散化方法有有限元法、有限差分法、边界元法、数值积分变换法、斯蒂芬-玻耳兹曼方法、通用微分二项式法和谱方法等。

1. 热传导研究进展

对于纯热传导的过程,它仅是静止物质内的一种传热方式,也就是说没有物质的宏观位移。所以近来关于热传导求解问题的研究主要集中在静态物质中,比如材料、地面等。简单列举如下:

(1)针对功能梯度材料的稳态热传导问题提出了分层精细指数法。该方法首先将空间分成离散方向和解析方向,一般取厚度方向为解析方向,另外一个(二维)或者两个(三维)方向为离散方向;然后利用精细积分法计算传递矩阵并建立热传导方程边值问题的区段代数方程组;最后针对边界条件导出合并消元的递推公式和回退求解公式。

(2)通过采用能量平衡方程,使用两热流密度法来近似求解辐射传递方程,建立了多层隔热材料稳态传热的数学模型,并利用实验和遗传算法对纤维隔热材料的辐射衰减系数和隔热屏表面辐射发射系数这两个参数进行了优化,最后用实验测得的多层隔热材料的有效导热系数验证了采用优化后参数的多层隔热材料的稳态传热模型的正确性。

(3)在现有的稳态分地带计算方法基础上,将室外气温近似为其年平均值和一年周期正弦波相加,用三维动态有限差分法建立了地面传热计算模型,与稳态分地带方法的计算结果进行了比较;给出了土壤层不同导热系数和热扩散率下各地带的稳态传热系数及热流振幅和相位。

(4)研究开发了人工裂隙与高温岩体间的三维非稳态热传导边界元数值模拟子系统,将其与解析解验证的结果说明,该数值系统可靠、精度高;另外,针对GAUSS数值积分法的局限性,开发了两种高精度的特殊的积分方法,进而预测高温岩体热液储层抽取热能的生产能力和寿命。

(5)通过对两种墙体传热数值计算方法的分析比较,并应用它们分析普通黏土墙体的周期性非稳态传热,通过分析它们的计算结果,最终得出使用有限元法分析墙体非稳态传热,更直观、更精确地反映出实际情况下的传热;提出可以运用有限元法来对各种墙体的传热实际情况进行模拟,并用它来指导实际操作。

2. 对流传热研究进展

化工操作中对流传热占一定比重,因此,基于对流传热的问题求解也发展出很多方向。

简单列举如下：

(1)采用流体无垂直于壁面法线方向运动(即无穿透)的条件取代黏性流体在壁面无滑移条件，解决了流体在边界上有滑移时计算对流传热系数的困难，给出了理想流体与平壁受迫对流传热、理想流体与竖直壁面自然对流传热和理想流体在管内受迫对流传热的理论解。结果表明：理想流体的对流传热与黏性流体同样存在着热边界层。在外部流动的情况下，无论受迫对流传热还是自然对流传热，对流传热系数都与流体的导热系数、密度和比热容三者乘积的二分之一次方成正比。

(2)以一侧全开式圆柱形腔体为研究对象，在考虑腔体内工质(空气)物性参数随温度的变化以及腔体固壁内导热与腔体内空气自然对流之间相互耦合的基础上，采用 RNGk－ε 紊流模型对不同热流密度、腔体倾角以及三种不同壁面加热边界时腔体内的自然对流传热特性进行了三维数值模拟。三种加热边界分别为底面加热(工况Ⅰ)、侧面加热(工况Ⅱ)以及底面和侧面同时加热(工况Ⅲ)，如图 3.2.1 所示。结果表明，定热流下的圆柱形腔体内和开口面的温度和速度分布、腔体内壁平均温度、底面与侧面的平均温差、腔体内壁的平均努赛尔特数等自然对流传热特性不仅受到热流密度和腔体倾角的影响，还受到腔体壁面加热边界的影响，如只有底面加热的工况Ⅰ与存在侧面加热的工况Ⅱ和Ⅲ相比，前者自然对流传热特性相差较大。

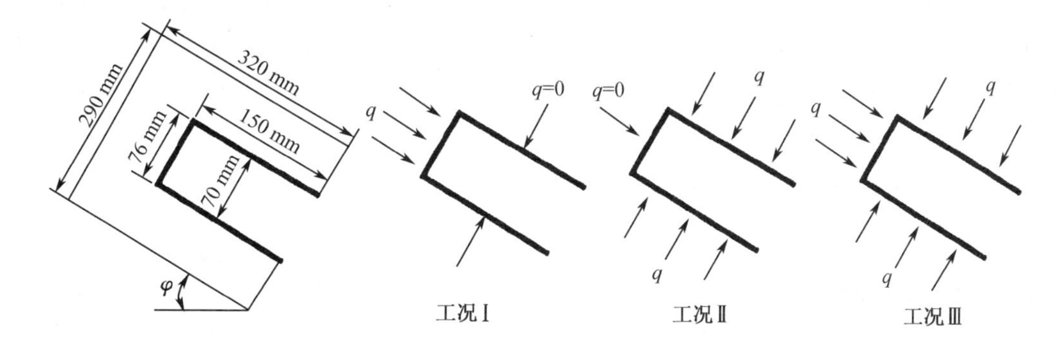

图 3.2.1　圆柱形腔体的物理模型

(3)选用牛顿冷却定律作为对流传热实验的测试原理，通过建立不同体系的传热系统，即水蒸气－空气传热系统、乙醇水溶液蒸气－空气传热系统，分别对普通管换热器和强化管换热器进行了强制对流传热实验研究。确定了在相应条件下冷流体对流传热膜系数的关联式。普通管换热器对流传热膜系数的关联式：$Nu=0.01473Re^{0.61}Pr^{0.4}$；强化管换热器对流传热膜系数的关联式：$Nu=0.0251Re^{0.821}Pr^{0.4}$。其计算值与实验结果符合良好。此实验方法可以测出蒸气冷凝膜系数和管内对流传热系数。

3. 辐射传热研究进展

加热炉炉膛内的热交换机理是相当复杂的。参与热交换过程的基本上有三个物质：高温的炉气、炉膛和被加热的金属。它们三者之间相互进行辐射热交换，同时炉气还以对流给热的方式向炉壁和金属传热，炉壁又将热辐射给金属。全面详尽了解炉膛内的温度分布，是合理地利用炉子、加热材料及组织燃烧的关键。但由于其本身的复杂性，用完全解析的方法很难求出炉膛内的温度场，目前一般是采用数值解法。目前用于求解加热炉辐射传热的三种常用数值计算方法为热流法、区域法和蒙特卡洛方法。已有文献研究并概括了三

种方法的优缺点,其中,蒙特卡洛方法以其简单并具有一定精确度的优越性在工程中已得到广泛应用。相关进展简单列举如下:

(1)为了准确计算炉膛内的辐射传热量,以辐射传热计算的假想面模型为基础,把锅炉炉膛沿高度方向分区,以炉膛内的燃烧与辐射传热过程为研究对象,建立了比较精确的炉内传热一维集总参数模型,推导出计算真实壁面和假想壁面有效辐射力的矩阵表达式,然后通过求解介质的能量方程,获得了炉内的一维温度分布以及各区段水冷壁的吸热量和热流密度。模型可以实现传热与燃烧子模型间的耦合求解,只需根据锅炉运行的外部参数便可实现炉内传热的自动计算。计算结果与其他文献三维模型的预测值非常一致,但由于模型采用了一维简化处理,收敛较快,可以满足电站实时仿真计算的需要。

(2)针对蒙特卡洛法计算辐射传热的核心问题,研究了如何正确模拟辐射过程中发射能束的位置、方向、吸收、反射及反射方向,提出了以积分概率分布为基础的算法。通过对实例模型的计算表明,该算法可用于有曲面和非均匀面的辐射传热系统的计算,且具有收敛快、精度高的优点。

(3)采用离散坐标法进行炉内三维辐射传热的计算,首先在正方体炉膛内验证了该法的精确性,计算结果与区域法进行比较,表明离散坐标法算法可靠,计算工作量小,适合于炉内辐射传热的计算。然后针对长方体炉膛计算了吸收 - 发射 - 散射介质的传热问题,表明传统的离散坐标法不适合计算具有复杂相函数曲线的辐射传热问题,因此采用改进的离散坐标法,并得到了合理的结果。最后,对于煤粉燃烧炉膛将辐射传热问题和炉内流动、燃烧过程耦合起来进行计算,表明离散坐标法是一种很有工程应用价值的炉内辐射传热计算方法。

3.2.2 加热、冷却、蒸发、冷凝等单元操作概述

遵循传热基本规律的单元操作,包括加热、冷却、蒸发、冷凝等。传热单元操作是化工原理学科中的重要组成部分。它以传热过程的速率及机理为研究对象,以科学的方法论为实验指导,探索并揭示了传热过程的基本规律,并使其在实践当中得以成功应用。换热器是实现传热单元操作不可缺少的设备,随着科学和生产技术的发展,各种换热器层出不穷,难以对其进行具体、统一的划分。按照用途分为加热器(或预热器)、冷却器、冷凝器、蒸发器等。

近年来,国内已经进行了大量的强化传热技术的研究,但在新型高效换热器的开发方面与国外差距仍然较大,并且新型高效换热器的实际推广和应用仍非常有限。已有文章综述了国内外近年来新型高效换热器的研究概况,简述了几种新型换热器的性能与构造特点,并对强化传热元件和新型高效换热器技术的发展方向进行了探讨。除此之外,还有一些新的研究进展:

(1)介绍了被动式强化传热技术的研究进展,简述了典型和新型传热元件的开发和应用,针对换热器传热管表面处理技术、管的内插件和管束支撑结构的发展状况展开分析和论述;探讨了强化传热技术的发展方向、数值模拟和场协同原理技术的应用使换热器结构趋于最优化,强化传热技术由单一型向复合型方向发展,逐渐形成第三代传热技术。

(2)回顾了蒸发冷凝技术研究的发展,并针对蒸发冷凝器进行了分类,通过对各自特点的介绍,重点将板式蒸发式冷凝器(图 3.2.2)与管式蒸发式冷凝器进行了对比,分析了两者降膜的不同,指出板式蒸发式冷凝器采用逆风操作不利于热湿传递,同时指出采用顺风操

作或错流风向操作的优点,在此基础上进行传热分析,并由此得出如何研制及改进高效传热板及板表面的处理将是板式蒸发式冷凝器今后研究的重要方向。

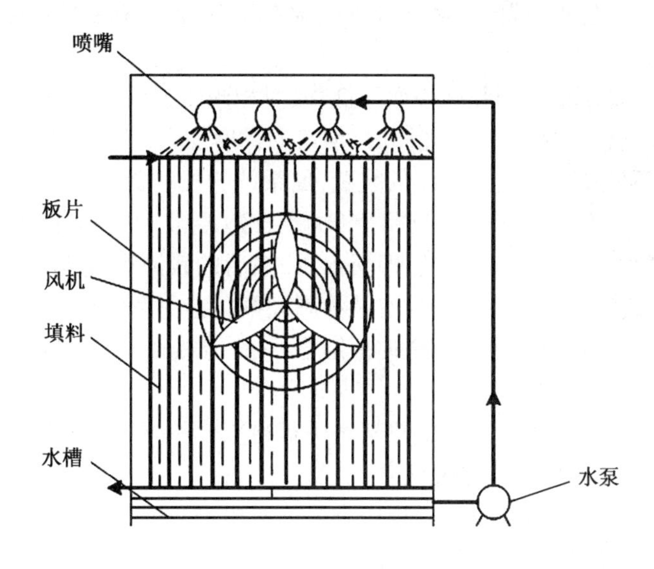

图3.2.2　板式蒸发式冷凝器结构示意图

(3)介绍了不同形式的冷凝器,并比较了其特点,重点阐述了蒸发式冷凝器的原理、结构及特点,分析了蒸发式冷凝器的应用及研究状况,总结了其在应用过程中存在的问题与解决方法,并对蒸发式冷凝器的进一步发展做出了展望。

3.2.2.1　加热与冷却

加热与冷却是换热的两种相反的形式,即指冷热两流体间所进行的热量传递。换热的目的主要有:

(1)物料的加热、冷却、气化或冷凝,以达到或保持生产工艺所要求的温度或相态;

(2)热量的综合利用,用待冷却的热流体向待加热的冷流体供热,以提高热量利用率。

换热在两种流体物料间进行,或在流体物料与载热体间进行。载热体是一类专门用来接受或提供热量的流体,最常用的载热体有蒸汽、水和空气。冷热两流体间的换热通常在换热器中进行。

3.2.2.2　蒸发与冷凝

蒸发与冷凝即过程中存在相变的换热,与上一节的加热与冷凝是被包含的关系,但是相变的存在使得蒸发与冷凝过程特殊且重要。

使含有不挥发溶质的溶液沸腾气化并移出蒸气,从而使溶液中溶质浓度提高的单元操作称为蒸发。被蒸发的溶液可以是水溶液,也可以是其他溶剂的溶液。蒸发操作中的热源常采用新鲜的饱和水蒸气,又称生蒸气。从溶液中蒸出的蒸气称为二次蒸气。在操作中一般用冷凝方法将二次蒸气不断地移出,否则蒸气与沸腾溶液趋于平衡,使蒸发过程无法进行。若将二次蒸气直接冷凝,而不利用其冷凝热的操作称为单效蒸发。若将二次蒸气引到下一蒸发器作为加热蒸气,以利用其冷凝热,这种串联蒸发操作称为多效蒸发。

蒸发操作可以在加压、常压或减压下进行。工业上的蒸发操作经常在减压下进行，这种操作称为真空蒸发。真空操作的特点在于：

（1）减压下溶液的沸点下降，有利于处理热敏性物料，且可利用低压强的蒸气或废蒸气作为热源。

（2）溶液的沸点随所处的压强减小而降低，故对相同压强的加热蒸气而言，当溶液处于减压时可以提高传热总温度差，但与此同时，溶液的黏度加大，使总传热系数下降。

（3）真空蒸发系统要求有造成减压的装置，使系统的投资费和操作费提高。

一般情况下，经浓缩后的液体为产品，二次蒸气冷凝液则被排除；但在海水淡化操作中，二次蒸气的冷凝液为所要求的产品，即淡水，浓缩后的残液则被废弃。蒸发过程的实质是传热壁面一侧的蒸气冷凝与另一侧的溶液沸腾间的传热过程，溶剂的气化速率由传热速率控制，故蒸发属于热量传递过程，但又有别于一般传热过程，因为蒸发过程具有下述特点：

（1）传热性质。传热壁面一侧为加热蒸气进行冷凝，另一侧为溶液进行沸腾，故属于壁面两侧流体均有相变化的恒温传热过程。

（2）溶液性质。有些溶液在蒸发过程中有晶体析出，易结垢和生泡沫，高温下易分解或聚合；溶液的黏度在蒸发过程中逐渐增大，腐蚀性逐渐加强。

（3）溶液沸点的改变。含有不挥发溶质的溶液，其蒸气压较同温度下溶剂低，换言之，当加热蒸气一定时，蒸发溶液的传热温度差小于蒸发溶剂的温度差。溶液浓度越高，这种现象越显著。

（4）泡沫夹带。二次蒸气中常夹带大量液沫，冷凝前必须设法除去，否则不但损失物料，而且要污染冷凝设备。

（5）能源利用。蒸发时产生大量二次蒸气，如何利用它的潜热是蒸发操作中要考虑的关键问题之一。

鉴于以上原因，蒸发器的结构必须有别于一般的换热器。

当蒸气接触到一个温度比其饱和温度低的表面时，就会发生冷凝现象。当液体冷凝在表面形成时，它就会在重力的作用下向下流动。

通常的情况是，液体先润湿表面，再扩散开来并形成膜。该冷凝过程称为膜状冷凝。如果表面不被液体润湿，液体就会形成液滴并沿表面流动，再与其他的冷凝液滴结合，这种冷凝过程称为滴状冷凝。当膜状冷凝形成膜以后，在蒸气－液体交界面上还会出现新的冷凝，伴随这种冷凝而发生的传热必定是通过液膜的热传导。另一方面，滴状冷凝总是有部分表面随着冷凝液滴形成和滚落而显现出来。因此，在这两种冷凝类型中，滴状冷凝具有更高的传热速率。在工业上要想获得和保持滴状冷凝是十分困难的，因此，所有的冷凝设备都是根据膜状冷凝设计的。

3.3　质 量 传 递

质量传递包含液体蒸馏、气体吸收、溶剂萃取和固体干燥等不同化工单元操作过程。其基本传递原理包括分子传质和对流传质,质量的衡算是研究的核心。本节简要介绍了两种传质原理和质量传递所包含的四种单元操作,并列举了数学建模在蒸馏、吸收、萃取和干燥等过程中的应用及研究进展,以期更好地了解数学建模的作用和方法。

如果一个体系具有两种或两种以上的组分,且它们的浓度又是逐点变化时,那么在体系内部就自发存在一种减小浓度差的质量传递倾向。我们将一组分从高浓度区域向低浓度区域的传递过程,称为传质。

质量传递机理,如同我们在热量传递中观察到的,取决于体系的动力学。质量传递,既可以在静止流体中由分子的随机运动来进行,也可以借助流动的动力特性从一个表面传递到运动的流体中。这两种不同的传质模型,我们都要进行描述分析。与传热一样,我们应该认识到这两种传质机理往往是同时作用的。在这两种传质类型同时存在的状态下,往往是一种机理在数量级上处于支配地位,因此可以使用只包含该传质类型的近似解。

3.3.1　质量传递基本规律

3.3.1.1　分子质量传递

分子传质是依靠物质内部微观粒子的热运动进行质量传输的。在绝对零度以上,所有物质的分子均处于分子热运动中,分子的不规则运动导致分子在各方向的交换概率基本相同。如果系统中某一组分的浓度均匀,当一定数目的分子向某方向运动时,相同数目的分子沿相反方向运动,总质量传输量为零。当系统中某一组分存在浓度差时,高浓度区域的分子向低浓度区域运动的数目多于反方向运动的分子数,总质量传输量不为零,即发生分子传质(图 3.3.1)。

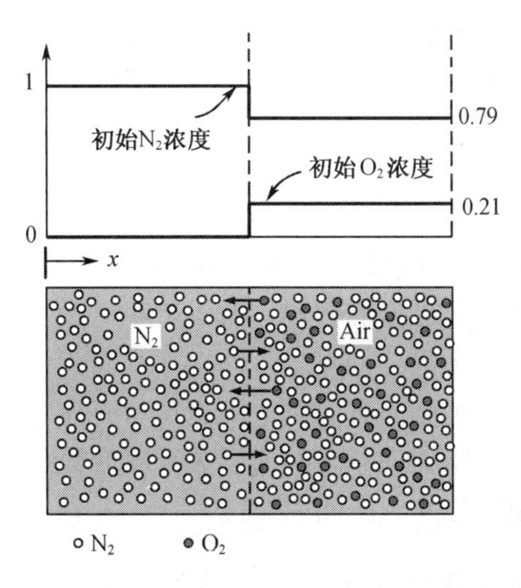

图 3.3.1　分子传质

1. 扩散系数

和导热系数类似,扩散系数也是物性参数,它表征了物质扩散能力的大小,是分子传质过程动力学特性的体现。

根据菲克第一定律,扩散系数 D_{AB} 可以表示为

$$D_{AB}=\frac{J^*_{A,x}}{-\frac{dc_A}{dx}}$$

即扩散系数可以理解为单位浓度梯度下沿扩散方向单位时间通过单位面积扩散的物质量。

扩散系数的影响因素包括:

(1)物质种类。扩散分子或扩散原子的直径越小,溶质和溶剂的结合力越小,扩散系数越大。

(2)结构状态特别是溶剂的结构状态。溶剂分子间的结合力越弱,扩散分子或扩散原子越容易通过,因此气体扩散系数($5\times10^{-6}\sim10^{-5}\ m^2/s$)>液体扩散系数($10^{-10}\sim10^{-9}\ m^2/s$)>固体扩散系数($10^{-14}\sim10^{-10}\ m^2/s$)。

(3)温度。扩散是分子热运动的结果,温度越高,分子运动动能越大,扩散系数越大。

(4)压力和浓度。气体的扩散系数和压力关系密切,液体的扩散系数和浓度关系密切。

气体的扩散系数主要和气体的性质、系统的温度、压力有关。双组分气体混合物的组分扩散系数在低压下和浓度无关。一般情况下,两个不同温度、压力下的气体扩散系数具有以下关系:

$$D_{AB,2}=D_{AB,1}\left(\frac{\rho_1}{\rho_2}\right)\left(\frac{T_2}{T_1}\right)^n$$

式中 1,2——气体 1 和气体 2;

n——温度指数,一般情况下 $n=1.5\sim2$。

水蒸气在空气中的扩散系数和温度、压力的关系可以表示为

$$D_{H_2O-Air}=(1.87\times10^{-10})\left(\frac{T^{2.072}}{p}\right)\quad(280\ K<T<450\ K)$$

式中 D_{H_2O-Air}——水蒸气在空气中的扩散系数,m^2/s;

T——水蒸气-空气混合物的绝对温度,K;

p——水蒸气-空气混合物的压力,Pa。

2. 一维稳态分子传质

假设:

(1)密度和扩散系数为常数;

(2)组分 A 在分子传质前的初始浓度在整个物体中保持均匀。

根据菲克第一定律,对于双组分混合物,组分 A 相对于静止坐标的摩尔通量可以表示为

$$N_A=-cD_{AB}\nabla x_A+x_A(N_A+N_B)$$

假设一维分子传质发生在 x 方向($x=0\sim\delta$),总浓度为常数,组分 A 相对于静止坐标的摩尔通量计算公式可以简化为

$$N_A=-D_{AB}\frac{dc_A}{dx}+\frac{c_A}{c}(N_A+N_B)\tag{3.3.1}$$

积分式(3.3.1)有

$$N_A=\begin{cases}\Psi\dfrac{cD_{AB}}{\delta}\ln\dfrac{\Psi-\dfrac{c_{A2}}{c}}{\Psi-\dfrac{c_{A1}}{c}}, & N_A+N_B\neq 0,\quad \Psi=N_A/(N_A+N_B)\\[2ex] \dfrac{D_{AB}}{\delta}(c_{A1}-c_{A2}), & N_A+N_B=0\end{cases}\tag{3.3.2}$$

式(3.3.2)称为双组分系统进行一维稳态分子传质时的通用积分方程。

根据稳态条件有

$$\frac{\mathrm{d}c_A}{\mathrm{d}x}=\frac{\mathrm{d}\,(N_AF)}{\mathrm{d}x}=0\tag{3.3.3}$$

组分A的浓度根据式(3.3.3)进行计算。

对于直角坐标下的一维稳态分子传质问题(无限大平壁问题),分子传质面积 F 为常数,式(3.3.3)可以进一步简化为

$$\frac{\mathrm{d}N_A}{\mathrm{d}x}=0$$

气体的总浓度和扩散系数一般为常数,以上各式可以直接使用。

液体的总浓度和扩散系数一般不是常数(总浓度在整个液体中通常不保持恒定,组分A的扩散系数则随该组分的浓度而变化)。目前液体中的扩散理论还不够成熟,仍然采用以上各式进行求解,但菲克第一定律和上述通用积分方程中的扩散系数和总浓度必须以平均值代替。

平均总浓度可以表示为

$$c_m=\left(\frac{\rho}{M}\right)_m=\frac{1}{2}\left(\frac{\rho_1}{M_1}+\frac{\rho_2}{M_2}\right)$$

式中　M——溶液某质点平均摩尔质量;

ρ_1,ρ_2——溶液在位置1和位置2处的平均密度,kg/m^3;

M_1,M_2——溶液在位置1和位置2处的平均摩尔质量,kg/kmol。

3.3.1.2　对流传质

在化工传质单元操作中,流体多处于运动状态,当运动着的流体与壁面之间或两个有限互溶的运动流体之间发生传质时,习惯统称为对流传质。工程中以湍流传质最为常见,下面以流体强制湍流流过固体壁面时的传质过程为例,探讨对流传质的机理,对于有固定相界面的相际间的传质,其传质机理与之相似。

如图3.3.2所示,流体以湍流流过可溶性固体壁面,流体与壁面之间进行对流传质。在与壁面垂直的方向上,分为层流内层、缓冲层和湍流主体三部分,各部分的传质机理差别很大。在层流内层中,流体沿着壁面平行流动,在与流向相垂直的方向上,只有分子的无规则热运动,故壁面与流体之间的质量传递是以分子扩散形式进行的。在缓冲层中,流体既有沿壁面方向的层流流动,又有一些漩涡运动,故该层内的质量传递既有分子扩散,也有涡流扩散,二者的作用同样重要,必须同时考虑它们的影响。在湍流主体中,发生强烈的漩涡运动,在此层中,虽然分子扩散与涡流扩散同时存在,但涡流扩散远远大于分子扩散,故分子扩散的影响可忽略不计。

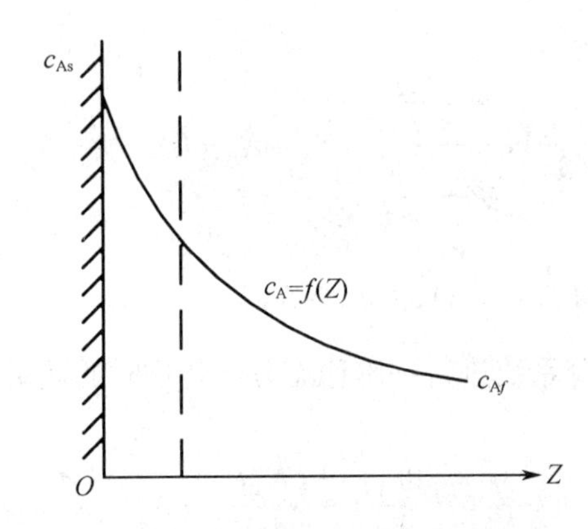

图 3.3.2　流体与壁面之间的对流传质

由此可知，当湍流流体与固体壁面进行传质时，在各层内的传质机理是不同的。在层流内层，由于仅依靠分子扩散进行传质，故其中的浓度梯度很大，浓度分布曲线很陡，为一直线，此时可用菲克第一定律进行求解，求解较为方便；在湍流中心，由于漩涡进行强烈的混合，其中浓度梯度必然很小，浓度分布曲线较为平坦；而在缓冲层内，既有分子传质，又有涡流传质，其浓度梯度介于层流内层与湍流中心之间，浓度分布曲线也介于二者之间。

1. 浓度边界层与对流传质系数

当流体流过固体壁面时，由于溶质组分在流体主体与壁面处的浓度不同，在与壁面垂直方向上的流体内部将建立起浓度梯度，该浓度梯度自壁面向流体主体逐渐减小。通常将壁面附近具有较高浓度梯度的区域称为浓度边界层或传质边界层。

如图 3.3.3 所示，设某一流体以均匀速度 u_0 和均匀浓度 c_{A0} 进入圆管，圆管壁面的浓度为 c_{As}。受壁面浓度的影响，将在壁面附近建立起浓度边界层。浓度边界层厚度由进口的零值逐渐增厚，经过一段距离 L_D 后，在管中心汇合，汇合后浓度边界层厚度等于圆管的半径。此段距离 L_D 称为传质进口段长度，处于进口段内的传质称为进口段传质，处于进口段后的传质称为充分发展的传质。

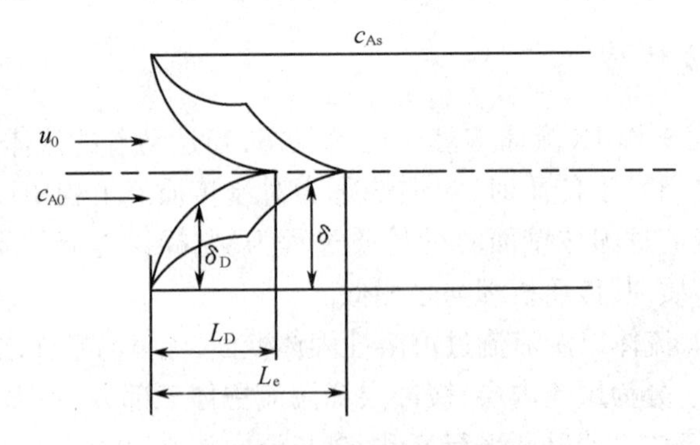

图 3.3.3　流体流过管内的浓度边界层

与圆管内充分发展的传热过程类似，充分发展的传质定义式为

$$\frac{\partial}{\partial x}\left(\frac{c_{As}-c_A}{c_{As}-c_{Ab}}\right)=0$$

式中　c_{As}——壁面浓度，$kmol/m^3$；

c_{Ab}——主体浓度或混合浓度，$kmol/m^3$。

与主体温度类似，主体浓度的定义式为

$$c_{Ab} = \frac{\int_0^{r_i} u_Z c_A 2\pi r dr}{\int_0^{r_i} u_Z 2\pi r dr}$$

根据对流传质速率方程，固体壁面与流体之间的对流传质速率为

$$N_A = k_c(c_{As} - c_{Ab})$$

即对流传质速率方程。

由此可见，求算对流传质通量 N_A 的关键在于确定对流传质系数 k_c，但 k_c 的确定是一项复杂的问题，它与流体的性质、壁面的几何形状和粗糙度、流体的速度等因素有关，一般很难确定。

与对流传热系数求解方法类似，对流传质系数可通过以下方法求得：当流体与固体壁面之间进行对流传质时，在紧贴壁面处，由于流体具有黏性，必然有一层流体黏附在壁面上，其速度为零。当组分 A 进行传递时，首先以分子传质的方式通过该静止流层，然后再向流体主体对流传质。

在稳态传质下，组分 A 通过静止流层的传质速率应等于对流传质速率，因此，有

$$N_A = -D_{AB}\frac{dc_A}{dy}\bigg|_{y=0} = k_c(c_{Ab} - c_{As})$$

整理得

$$k_c = \frac{D_{AB}}{c_{As} - c_{Ab}}\frac{dc_A}{dy}\bigg|_{y=0}$$

2. 停滞膜模型

停滞膜模型是由惠特曼（Whiteman）于 1923 年提出，为最早提出的一种传质模型。惠特曼把两流体间的对流传质过程设想成图 3.3.4 所示的模式，其基本要点如下：

（1）当气液两相相互接触时，在气液两相间存在着稳定的相界面，界面的两侧各有一个很薄的停滞膜，气相一侧的称为“气膜”，液相一侧的称为“液膜”，溶质 A 经过两膜层的传质方式为分子扩散。

（2）在气液两相界面处，气液两相处于平衡状态。

（3）在气膜、液膜以外的气、液两相主体中，由于流体的强烈湍动，各处浓度均匀一致。

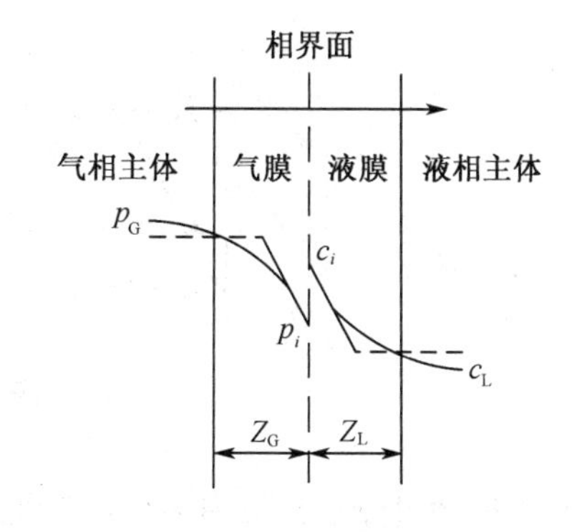

图 3.3.4　停滞膜模型

停滞膜模型把复杂的相际传质过程归结为两种流体停滞膜层的分子扩散过程，依此模型，在相界面处及两相主体中均无传质阻力存在。这样，整个相际传质过程的阻力便全部集中在两个停滞膜层内。因此，停滞膜模型又称为双膜模型或双阻力模型。

根据停滞膜模型的设想，在停滞膜层内进行分子传质，由于分子传质的方式不同，故对流传质系数的表达形式也不同。

设在停滞膜层内 A，B 两组分做等分子反方向扩散，组分 A 通过气膜、液膜的扩散通量

方程分别为

$$N_A = \frac{D_{AB}}{RTz_G}(p_{Ab} - p_{Ai})$$

$$N_A = \frac{D_{AB}}{z_L}(c_{Ai} - c_{Ab})$$

同理,设在停滞膜层内组分 A 通过停滞组分 B 扩散,组分 A 通过气膜、液膜的扩散通量方程分别为

$$N_A = \frac{D_{AB}p}{RTz_G p_{BM}}(p_{Ab} - p_{Ai})$$

$$N_A = \frac{D_{AB}c_{av}}{z_L c_{BM}}(c_{Ai} - c_{Ab})$$

根据停滞膜模型,推导出对流传质系数与扩散系数的一次方成正比。停滞膜模型为传质模型奠定了初步的基础,用该模型描述具有固定相界面的系统及速度不高的两流体间的传质过程,与实际情况大体符合,按此模型所确定的传质速率关系,至今仍是传质设备设计的主要依据。但是,该模型对传质机理假定过于简单,因此对许多传质设备,特别是不存在固定相界面的传质设备,停滞膜模型并不能反映出传质的真实情况。譬如对填料塔这样具有较高传质效率的传质设备而言,k_c 并不与 D_{AB}的一次方成正比。

3.3.1.2 溶质渗透模型

工业设备中进行的气液传质过程,相界面上的流体总是不断地与主流混合而暴露出新的接触表面。赫格比(Higbie)认为流体在相界面上暴露的时间很短,溶质不可能在膜内建立起如双膜理论假设的那种稳定的浓度分布(图 3.3.5)。

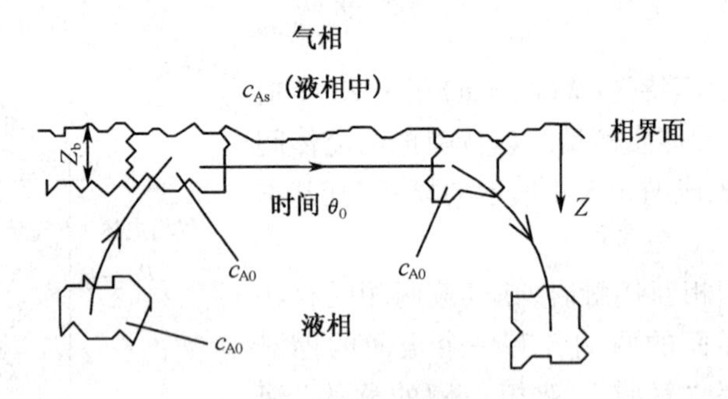

图 3.3.5 溶质渗透模型

溶质通过分子扩散由表面不断地向主体渗透,每一瞬时均有不同的瞬时浓度分布和与之对应的界面瞬时扩散速率(与界面上的浓度梯度成正比)。流体表面暴露的时间越长,膜内浓度分布曲线就越平缓,界面上溶质扩散速率随之下降。直到时间为 θ_c时,膜内流体与主流发生一次完全混合而使浓度重新均匀后发生下一轮的表面暴露和膜内扩散。θ_c 称为气液接触时间或溶质渗透时间,是溶质渗透理论的模型参数,气、液界面上的传质速率应是该时段内的平均值。

按照溶质渗透模型,溶质 A 在流体单元内进行的是一维不稳态扩散过程。设系统内无化学反应,由分子传质微分方程可得

$$\frac{\partial c_A}{\partial \theta} = D_{AB}\frac{\partial^2 c_A}{\partial z^2}$$

据此推导出

$$\frac{c_{Ai} - c_A}{c_{Ai} - c_{A0}} = \mathrm{erf}(\eta) = \frac{2}{\sqrt{\pi}}\int_0^{\eta} e^{-\eta^2} d\eta$$

式中，erf(η)为误差函数，可由数学手册查得

$$\eta = \frac{2}{(4D\theta)^{0.5}}$$

从而得出

$$N_{A\theta} = (c_{Ai} - c_{A0})\sqrt{\frac{D_{AB}}{\pi\theta}} \tag{3.3.4}$$

式(3.3.4)表示任一瞬时通过界面组分 A 的扩散通量，由此式可得出任一瞬时的传质系数为

$$k_{c\theta} = \sqrt{\frac{D_{AB}}{\pi\theta}}$$

在暴露时间 θ_c 内，扩散组分 A 的总传质量（以单位面积计）为

$$\int_0^{\theta} N_{A\theta} d\theta = c_{Ai} - c_{A0}\sqrt{\frac{D_{AB}}{\pi\theta}}\int_0^{\theta_c}\frac{d\theta}{\sqrt{\theta}} = 2(c_{Ai} - c_{A0})\sqrt{\frac{D_{AB}\theta_c}{\pi}}$$

单位时间的平均传质通量 N_{Am} 为

$$N_{Am} = \frac{2(c_{Ai} - c_{A0})\sqrt{\dfrac{D_{AB}\theta}{\pi}}}{\theta_c} = 2(c_{Ai} - c_{A0})\sqrt{\frac{D_{AB}}{\pi\theta_c}}$$

$$k_{cm} = 2\sqrt{\frac{D_{AB}}{\pi\theta_c}}$$

可以看出，传质系数与分子扩散系数的平方根成正比，该结论已由施伍德等人在填料塔及短湿壁塔中的实验数据所证实。但是溶质渗透模型仍然基于停滞膜模型，只是采用了非定态扩散，强调液相的过渡阶段，主要是针对难溶气体的液膜控制的吸收过程。

3.3.2　蒸馏、吸收、萃取、干燥等单元操作概述

3.3.2.1　液体蒸馏

1. 单元操作简介

蒸馏是分离液态均相混合物最常用的化工单元操作。在蒸馏操作中，混合物系在一定的压强和适当的温度下部分气化或部分冷凝，被分离为气液两相。由于混合物中各纯组分在同一温度下的饱和蒸气压不同，亦即挥发性不同，在一般情况下，分出的气相中易挥发组分的浓度较原料液高；分出的液相中难挥发组分的浓度较原料液高。蒸馏就是借各组分挥发性的差异来分离混合物的。

蒸馏操作广泛应用于在常压下来分离各组分挥发性有较大差异的液态混合物。对于沸点较高的混合液，为了降低操作温度，也可在减压下进行。对于在常压下是气态的混合物，则可在加压液化的情况下进行蒸馏。

2. 应用实例

一种利用回流使液体混合物得到高纯度分离的蒸馏方法,是工业上应用最广的液体混合物分离操作。有关精馏塔塔板的动态模型,国内外已有很多专业文献做了研究和介绍,其核心为反映物料平衡和能量平衡的 MEHS 方程。图 3. 3. 6 所示为精馏塔塔板及塔板空间结构示意图。

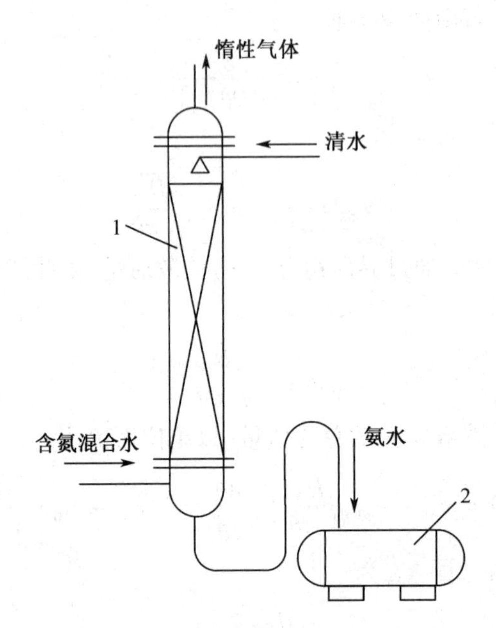

图 3. 3. 6 氨吸收流程简图

1—填料吸收塔;2—氨水储罐

(1)物料守恒方程

总物料守恒方程

$$\frac{\mathrm{d}M_j}{\mathrm{d}t}=F_j+L_{j+1}+V_{j-1}-(V_j+SV_j)-(L_j+SL_j)$$

$$(j=1,\cdots,N)$$

组分物料守恒方程

$$\frac{\mathrm{d}(M_j X_{j,i})}{\mathrm{d}t}=F_jZ_{j,i}+L_{j+1}x_{j+1,i}+V_{j-1}y_{j-1,i}-(V_j+SV_j)y_{j,i}-(L_j+SL_j)x_{j,i}$$

$$(j=1,\cdots,N;i=1,\cdots,C)$$

两式结合,可得

$$\frac{\mathrm{d}x_{j,i}}{\mathrm{d}t}=\frac{F_j(Z_{j,i}-x_{j,i})+L_{j+1}(x_{j+1,i}-x_{j,i})+V_{j-1}(y_{j-1,i}-x_{j,i})-(V_j+SV_j)(y_{j,i}-x_{j,i})}{M_j}$$

$$(j=1,\cdots,N;i=1,\cdots,C)$$

(2)能量守恒方程

$$\frac{\mathrm{d}H_j^L}{\mathrm{d}t}=\frac{F_j(H_j^F-H_j^L)+L_{j+1}(H_{j+1}^L-H_j^L)+V_{j-1}(H_{j-1}^V-H_j^L)-(V_j+SV_j)(H_j^V-H_j^L)+Q_j}{M_j}$$

式中,$H_j=H(x_jy_j\ T_jP_j)$。

(3)相平衡方程

$$y_{j,i}=k_{j,i}x_{j,i}\quad(j=1,\cdots,N;i=1,\cdots,C)$$

式中,$k_{j,i}=k(T_j,P_j,x_j,y_j)$。由“平衡级”假设可知,在每个平衡级中存在以下三种平衡关系:

力学平衡 $P_j^L=P_j^V=P_j$

热平衡 $T_j^L=T_j^V=T_j$

分子平衡 $f_{j,i}^L=f_{j,i}^V$

(4)物质的量分数归一方程

$$\sum x_{j,i}=1;\ \sum y_{j,i}=1$$

$$(j=1,\cdots,N;i=1,\cdots,C)$$

(5)塔板水力学方程

$$M_j=\rho_jA_j\left\{H_{\mathrm{wj}}+1.41\left(\frac{L_j}{\sqrt{g}\rho_jL_{\mathrm{wj}}}\right)^{\frac{2}{3}}\right\}$$

$$(j=1,\cdots,N)$$

以上方程构成了精馏塔塔板的通用化动态仿真模型。多个通用塔板的叠加可以被用于描述任何复杂的原油精馏塔(包括多股进料、多侧线抽出以及具有多个汽提塔和中段循环回流系统)。

3.3.2.2 气体吸收

1. 单元操作简介

气体吸收操作,是选用适当的液体溶剂处理气体混合物,利用混合物各组分在所选溶剂中有不同的溶解度,从而使气体混合物得以分离的一种气液传质过程。所选液体溶剂称为吸收剂,被溶解吸收的组分称为溶质或吸收质,不被吸收的组分称为惰性气体或载体,溶有溶质的溶液称为吸收液或简称溶液。

吸收操作常在吸收塔中进行。例如在填料吸收塔中用水吸收氨-空气混合物中的氨,如图3.3.7所示,混合气体从吸收塔底部进入,而清水(吸收剂)从塔顶引入,二者在塔内逆流接触。上升空气中的氨(溶质)不断溶于水,至塔顶时空气中几乎不再含有氨,只剩下空气(惰性气体)排入大气中。下降吸收剂中氨含量不断增加,至塔底时达到一定浓度的氨水(吸收液)排入储罐。

2. 应用实例

膜吸收技术是将膜技术与吸收技术相结合的一种新型分离方法,在酸性气体污染物的处理中具有很大的优势,并引起了国内外学者的普遍重视。陈澍、张卫东等人探讨了 CO_2 和 SO_2 膜吸收过程中的传质机理,并建立了数学模型。采用正交配制法求解模型,模拟了不同类型反应的反应物和产物在膜器内的浓度分布。模拟结果表明:反应动力学的不同是造成浓差极化的主要原因,为进一步弄清膜吸收过程传质机理提供了参考。

根据所研究的中空纤维膜管内酸性气体及壳程液相吸收剂的流动特点,建立膜吸收过程的传质模型时,可做如下合理简化:

(1)为避免壳程流体非理想流动所带来的复杂情况,假设中空纤维膜器由单根膜丝组成;

(2)在图 3.3.8 所示的柱坐标系中,单根膜丝半径 $r_0=3.40\times10^{-4}$ m,液相边界层厚度 r_m,认为液相扩散在整个液相均存在,所以 r_m 近似等于膜器壳程半径 0.016 m,对径向半径 r 无因次化 $R=(r-r_0)/(r_m-r_0)$;

(3)液相边界层流动为定态流动,各点处的浓度不随时间变化;

(4)径向流动忽略不计,仅有径向分子扩散,浓度分布是轴对称的;

(5)轴向对流传递占绝对优势,可忽略轴向分子扩散;

(6)轴向流动为平推流,即假设速度分布是平直的;

(7)气液两相并流操作。

实验所研究的 CO_2 和 SO_2 分别与 NaOH 碱液或清水的化学反应在本质上均是与溶液中的 OH^- 的反应,可以用如下所示的通式表示:

$A+B\underset{K_2}{\overset{K_1}{\rightleftharpoons}}E$,其中 A 为 SO_2 或 CO_2,B 为 OH^-;

$E+B\underset{K_4}{\overset{K_3}{\rightleftharpoons}}H+F$,其中 E 为 HSO_3^- 或 HCO_3^-,F 为 SO_3^{2-} 或 CO_3^{2-}。

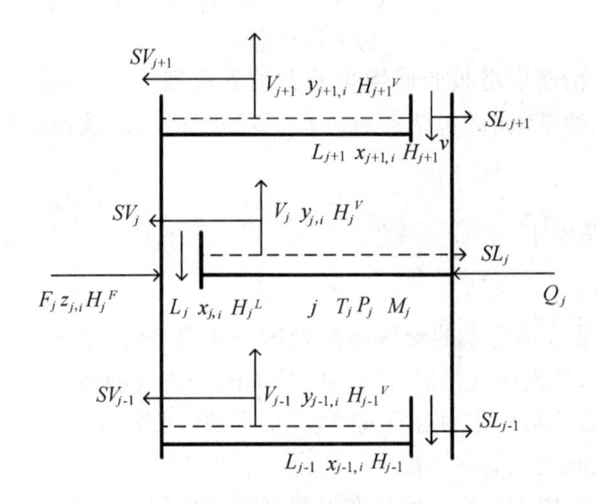

图 3.3.7 塔板和塔板空间结构图

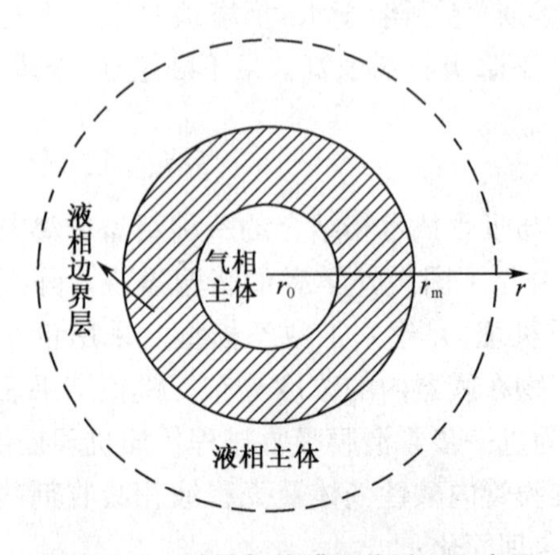

图 3.3.8 酸性气体膜吸收过程示意图

但是,两个反应的性质有明显的差别,SO_2 与 OH^- 的反应,第一步反应远快于第二步反应,$K_1 \gg K_2$;而 CO_2 与 OH^- 的反应,第一步反应远慢于第二步反应,$K_3 \ll K_4$。不同于 Zhang 和 Cussler 的离子化强度的影响讨论,张卫东等认为反应机理是造成二者传质差异的主要原因。

根据传递原理及假设,液相边界层内的传质通用微分方程可简化为

$$u_z \frac{\partial c_i}{\partial z} = D_{iL}\left[\frac{\partial^2 c_i}{\partial r^2} + \frac{1}{r}\frac{\partial c_i}{\partial r}\right] + R_i$$

根据反应特点,各组分的微分方程可分别写为

$$u_z \frac{\partial c_A}{\partial z} = D_{AL}\left[\frac{\partial^2 c_A}{\partial r^2} + \frac{1}{r}\frac{\partial c_A}{\partial r}\right] + K_2 c_E - K_1 c_A c_B$$

$$u_z \frac{\partial c_B}{\partial z} = D_{BL}\left[\frac{\partial^2 c_B}{\partial r^2} + \frac{1}{r}\frac{\partial c_B}{\partial r}\right] + K_2 c_E - K_1 c_A c_B + K_4 c_F - K_3 c_E c_B$$

$$u_z \frac{\partial c_E}{\partial z} = D_{EL}\left[\frac{\partial^2 c_E}{\partial r^2} + \frac{1}{r}\frac{\partial c_E}{\partial r}\right] - K_2 c_E + K_1 c_A c_B + K_4 c_F - K_3 c_E c_B$$

$$u_z \frac{\partial c_F}{\partial z} = D_{FL}\left[\frac{\partial^2 c_F}{\partial r^2} + \frac{1}{r}\frac{\partial c_F}{\partial r}\right] - K_4 c_F + K_3 c_E c_B$$

对上述方程组分别无因次化,使其成为自变量均在[0,1]内变化的无因次方程组。

边界条件如下:

对所有的 $R, Z = 0$(进口处),$c'_A = 0, c'_B = 0, c'_E = 0, c'_F = 0$;

$r = 0$(即 $r = r_0$),$c'_A = 0, \dfrac{\partial c'_B}{\partial r} = \dfrac{\partial c'_E}{\partial r} = \dfrac{\partial c'_F}{\partial r} = 0$;

$r = 1$(即 $r = r_m$),$c'_B = 0, \dfrac{\partial c'_A}{\partial r} = \dfrac{\partial c'_E}{\partial r} = \dfrac{\partial c'_F}{\partial r} = 0$。

对该类偏微分方程进行数学模拟常用差分法,近代发展的加权残值法具有方法简便、工作量少等优点,这里采用加权残值法中的正交配点法对模型进行了求解,分别求出两类反应膜吸收过程中液相边界层中各组分的浓度分布。

3.3.2.3　溶剂萃取

1. 单元操作简介

萃取是将溶剂加到液体混合物中,利用混合物各组分在溶剂中溶解度不同,使混合物完全或部分分离的过程。用萃取法分离混合物,需要选择合适的溶剂(萃取剂),此溶剂对混合物中的某一个或几个组分易溶,而对其余组分不溶或难溶。将溶剂加入到欲分离的混合物中,即形成两相——溶剂相和原混合物相。使两相充分混合、密切接触后,易溶组分(溶质)则由原混合物相中部分地转入到溶剂相,使溶质从原混合物中分离出来。将萃取所得的溶液(即原来的溶剂相)和原混合物两相分离,再根据所得溶液的性质,借助蒸发、蒸馏、结晶、干燥等方法将溶剂回收,即可得到溶质。

萃取的全过程要比蒸馏过程复杂,故从技术经济角度考虑,凡适于采用蒸馏过程的,一般不采用萃取过程。萃取应用的几个主要方面为:沸点相近或相对挥发度接近于 1 的组分分离;恒沸混合物的分离;热敏性组分的分离;稀溶液中溶质的回收;高沸点有机物的分离;提高某些反应产物的收率。

2. 应用实例

乏燃料后处理 Purex 流程由多个萃取分离循环组成,其中的铀钚共去污工艺(1A)是整个化学分离过程的关键环节之一,它的运行工况会影响最终产品的质量及金属的收率,对流程起着决定性的作用;1A 工况控制着生产负荷;其净化效果决定铀线钚线的循环数;Np 的回收率依赖于 1AP 中铀饱和度的控制;Tc,Ru 的走向均受 1A 工艺影响;溶剂辐解直接影响 1A 操作等。所以,共去污工艺一直是研究的重点。

何辉等在萃取串级理论基础上,建立模拟"分液漏斗法"串级萃取实验操作的数学模型,编写 HNO_3,U,Pu 体系的稳态趋近模拟程序。利用文献报道的实验数据和计算数据,对该程序进行验证。

图 3.3.9 所示为一简单 4 级串级萃取的流程采用分液漏斗法实验的示意图。在分液漏斗中,各组分达到萃取平衡之后,两相分相,并分别进入相邻的漏斗或流出,随之在相邻的分液漏斗中建立新的平衡。如此反复,经足够多排以后,达到萃取稳定态。只需对分液漏斗进行单级平衡计算,然后扩展到排,最后再扩展到足够多排即可,所以单级平衡计算是所有计算的关键。单级平衡计算的模型如图 3.3.10 所示。

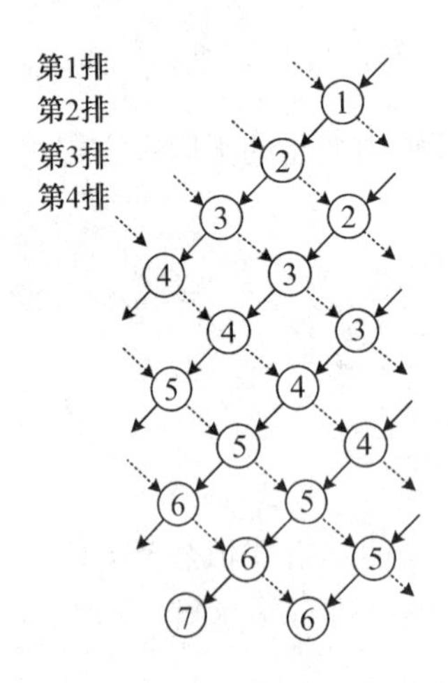

图 3.3.9 串级实验分液漏斗法

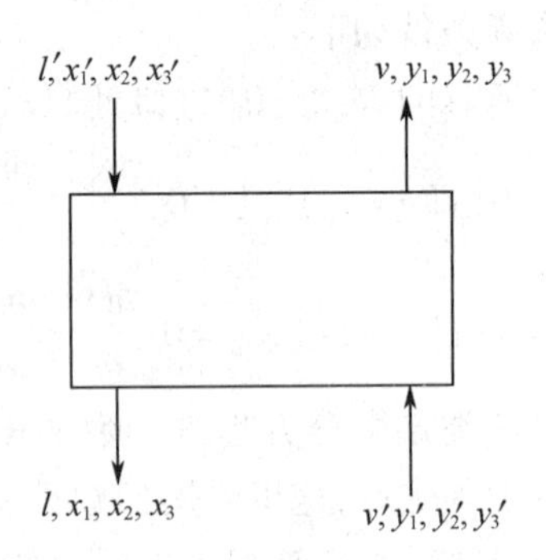

图 3.3.10 分液漏斗或理想逆流萃取器中 1 级的模型

在某漏斗中,对任一组分进行物料衡算,即组分的流出量接近于流入量,并有关系式:

$$lx + vy = l'x' + v'y'$$

式中 l,v——水相和有机相流量,为消除溶液体积变化引入的计算误差,l,v 均需进行体积膨缩效应校正;

x,y——溶质在水相和有机相中的浓度,可通过分配比 D 相关联,有

$$y_i = Dx$$

相平衡常数 D,即分配比,表示如下:

$$D = D(T, x, c_{TBP})$$

其中 T——萃取体系温度;

c_{TBP}——有机相萃取剂浓度。

计算主要采用分配比模型和体积膨缩效应模型。下面详细介绍体积膨缩效应模型。由于 Purex 流程 U,Pu 和 NHO_3 的浓度较高,它们在两相中的传递会导致两相体积发生明显变化,从而导致物质浓度变化明显。在建立计算机模型时,如果不考虑两相体积的这种变化,会使计算结果对实际运行结果有一定程度的偏离。为了减小误差,在模型中将采用溶剂基浓度,即有机相采用以稀释剂为基础的浓度,水相采用以水为基础的浓度。在整个流程中,纯溶剂的量可以认为不变,故以溶剂基浓度为基础进行物料衡算,即能消除溶液膨缩效应对模型计算所产生的误差。

通过拟合不同组分浓度和相应的水相密度,可得到纯溶剂体积和溶液体积的换算系数 S_A 公式,为

$$S_A = 1.0/[1.0 - 0.0724c_a(U) - 0.13c_a(Pu) - 0.0309c_a(H) - 0.031S_a]$$

同样地,可求出有机相纯溶剂体积和溶液体积的换算系数 S_O:

$$S_O = 1.0/[1.0 - 0.097c_o(U) - 0.139c_o(H) - 0.0174W_o]$$

式中,W_o 表示水在有机相中的浓度。W_o 定义为

$$W_o = (4.2 - 0.015t) \cdot \left(1.0 - \frac{2S_{Uo}}{c_{T,TBP}} - \frac{2S_{Puo}}{c_{T,TBP}} - \frac{0.6S_{Ho}}{c_{T,TBP}}\right)F^{1.69}$$

$$S_{Uo} = 0.5c_{T,TBP}/(1.0 + 0.046c_{T,TBP})$$

$$S_{Puo} = 0.5c_{T,TBP}/(1.0 + 0.09c_{T,TBP})$$

$$S_{HO} = [1.0 - 0.00609(3.95 - 0.0144t) \cdot F^{1.65}]c_{T,TBP}/(1.0 + 0.043c_{T,TBP})$$

利用上式求出的体积转换系数,可方便地计算某一萃取器中纯溶剂的体积,进而算出各级不同组分浓度对应的溶液体积。

3.3.2.4　固体干燥

1. 单元操作简介

通常把固体的去湿分为两步:首先将湿物料经压榨、过滤或离心分离等机械方法尽量除去所含的大部分湿分;然后利用热能使其余的湿分气化并除去,最后得到符合要求的产品。后一种操作就是固体干燥。为使湿分气化,必须向湿物料提供热能。根据热能传递方式干燥可分为对流干燥、传导干燥、辐射干燥及介电加热干燥。其中,对流干燥在工业上的应用最为广泛。在对流干燥中,通常以热空气作为干燥介质,热空气以一定的流速流经湿物料表面,以对流传热的方式将热能传给湿物料。湿物料内的湿分通常为水,水在湿物料表面或内部受热而在低于沸点的温度下气化,其蒸汽经扩散传递到热空气中,并由热空气带走。湿物料内部的水分以液态或气态形式又不断地传递到表面,从而使湿物料得到干燥。对流干燥同时伴有传质过程及传热过程。

2. 应用实例

气流干燥也称瞬间干燥,是固体流态化的稀相输送技术在干燥方面的应用。该法是使加热介质(空气、惰性气体、燃气或其他热气体)和待干燥固体颗粒直接接触,并使待干燥固体颗粒悬浮于流体中,因而两相接触面积大,强化了传热传质过程,广泛应用于散状物料的干燥单元操作。

假设物料颗粒是圆球形,干燥中由于失去湿分而引起的粒径、密度变化可忽略不计;物料颗粒均匀分散悬浮于气流干燥管中,颗粒浓度对其运动轨迹的影响可忽略,对任意体积元有结构示意图3.3.11。

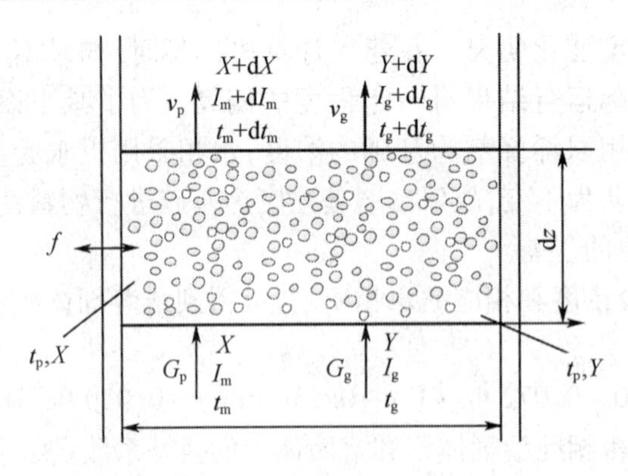

图 3.3.11　干燥管的体积元

图中　v_g——气体速度；

v_p——湿物料颗粒的速度；

X——物料的湿含量；

Y——空气的绝对湿度；

I_m——含 1 kg 绝干物料的湿料中的焓值；

I_g——含 1 kg 绝干气的湿料中的焓值；

t_m——物料温度；

t_g——气体温度；

G_p——绝干物料的质量流率；

G_g——绝干空气的质量流率。

对于气流干燥模拟数学模型而言，主要数学方程应包括以下几个方面：

(1)物料、热衡算模型；

(2)传递过程及气－固间传热量模型；

(3)气－固粒一维运动模型；

(4)针对不同类型干燥管的其他有关模型；

(5)相关优化目标函数模型。

气流干燥模拟的基本计算方法是将干燥管分段，根据入口条件，利用气流干燥模型逐段进行计算，并以每段的出口条件作为下一段的入口条件，再重复进行计算，直到计算完整个管长，主要采用半湿含量降低法(基本出发点是按照降水幅度划分单元，即在每个单元内，物料含水率降低至所需降水幅度的一半)或长度单元法(沿干燥管长划分小单元，在小单元内，根据热质平衡原理建立各状态参数随管长变化的微分方程组，并用数值解法对其求解得出每个单元出口处的各个状态参数，重复计算第二个单元，第三个单元……直到计算完整个管长为止)这两种方法。图 3.3.12 所示为传递通用模型。

Pelegrina 和 Grapiste 在前人的基础上，对谷物的气流干燥做了进一步探讨，并在以下几方面取得了进展：

(1)在颗粒相动量方程中，考虑了管壁和颗粒间的摩擦力。摩擦因子 f 的形式为 Yang 给出的计算公式：

$$f = a\frac{1-\varepsilon}{\varepsilon^3}\left[\frac{(1-\varepsilon)v_t}{v_g - v_p}\right]^b$$

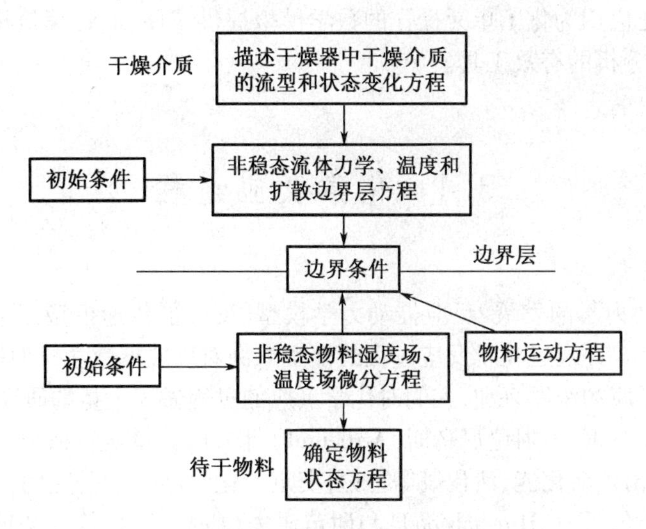

图 3.3.12　传递通用模型

$$v_t = \begin{cases} 0.153d^{1.14}g^{0.71}(\rho_p - \rho_g)^{0.71} & (2 < Re_p < 1\ 000) \\ \dfrac{d_p^2(\rho_p - \rho_g)g}{18\mu_g} & (Re_p < 0.1) \end{cases}$$

(2)在模型中加入了两个形状因子,并考虑了不同颗粒形状采用不同传质、传热系数。

(3)给出了气体速度的微分方程式。

在国内也有不少人做过这方面的工作,郑国生等根据两相流的基本理论,对球形颗粒物料建立了直管式气流干燥数学模型。在颗粒动量方程中,气－固相阻力采用的是 Atostoopour 和 Gidaspow 提出的针对球形颗粒群的表达式:

$$F_s = \frac{3}{4}\xi \frac{\rho_g(v_g - v_p)^2}{d_p \varepsilon^{2.7}}$$

$$\xi = \begin{cases} \dfrac{24}{Re_{es}(1 + 0.015Re_{es}^{0.687})} & (Re_{es} < 1\ 000) \\ 0.44 & (Re_{es} \geq 1\ 000) \end{cases}$$

表面气固相对雷诺数:

$$Re_{es} = \frac{\varepsilon d_p \rho_g(v_g - v_p)}{\mu_g}$$

在模型中还考虑了颗粒空隙率的影响,并系统地建立了空气、水、水蒸气特性参数方程,整个模型没有较难确定的参数,计算简单,易于求解。经实验验证,其计算结果与实验数据吻合。

质量传递包含液体蒸馏、气体吸收、溶剂萃取、固体干燥等不同化工单元操作过程,因而具有不同的特点,需建立不同的数学模型,相关参数的选取、边界条件的确定等都会对模拟结果产生较大影响,因此数学模型在应用之前必须要经过实验数据的验证。由于影响因素的复杂性,目前模型大多建立在一维流动的数学模拟的基础上,二维流动数学模型应是今后研究的主要发展方向。

另一方面,由于化工单元操作影响因素众多,数学模拟方法计算繁杂,人工计算无法胜任。计算机的广泛应用为化工单元操作的数学模拟提供了便利,计算机模拟成为化工流程设计、优化和安全分析的有效工具。

3.4 化学反应过程

本书从反应动力学的发展、反应器动力学模型、反应器传递模型三个方面简单阐述化学反应过程的进展。并通过化学反应过程的模型举例对反应器数学模型做了简要介绍。

基于对化学反应的浓厚兴趣,人们对化学反应的过程做了大量的研究。约在1915年以前,范特霍夫(Van'tHoff)和阿伦尼乌斯(Arrbenius)等人以大量实验研究了影响化学反应速率的有关因素,提出了活化能、活化熵等理论,奠定了化学动力学研究的初步基础。1915年至1937年间,辛谢尔伍德(Hinshelwood)和谢苗诺夫(CeMoHoB)等人从理论及实验全面地研究了简单反应、平行反应、连串反应等各类反应,各种相态,催化或非催化反应等反应动力学,将化学反应动力学的研究系统化了,从而进入了微观动力学的阶段。1937年至1947年,丹姆·克勒(DaM Koler)等人研究了连续及间歇反应过程,化学反应器传热、传质、返混及停留时间分布等问题,指出了流动因素和边界层现象对化学反应的影响,使化学动力学的研究进一步发展。此后,化学化工研究者对反应器内化学因素和物理因素的相互作用的注意日益增长。进入20世纪50年代之后,有关工业反应速度、化工动力学、化学反应器的设计计算等的文献、专著与日俱增。至此对于化学反应过程的研究逐渐形成一门系统性的学科——化学反应工程。

3.4.1 反应动力学

化学反应动力学是物理化学的重要组成部分。随着科学技术的不断发展,人们对化学反应动力学的认识日益深化,反应动力学的内容得到显著的加强和扩展。至今,化学反应动力学已成为物理化学中更高层次的独立分支学科。

化学反应动力学的研究对象一般包括三个方面:化学反应进行的条件(温度、压力、浓度及介质)对化学反应过程速率的影响;化学反应的历程(又称机理);物质的结构与化学反应能之间的关系。

化学反应动力学作为一门独立的学科只有一百多年的历史。其发展过程大致可以分为三个阶段:19世纪后半叶的宏观反应动力学阶段,或称总反应动力学阶段;20世纪前半叶的宏观反应动力学向微观反应动力学过渡阶段,或称基元反应动力学阶段;20世纪后半叶(20世纪60年代以后)的微观反应动力学阶段,或称分子反应动力学阶段。

3.4.1.1 在宏观反应动力学阶段的主要成就

1. 质量作用定理的确立

1850年,德国物理学家威廉米(Wilhelmy)通过考察溶液旋光性的变化,研究了蔗糖加酸水解反应,发现在大量水存在的情况下,蔗糖的变化率(dM/dt)与蔗糖量M成正比,得出了一级反应的速率方程:

$$-dM/dt = kM(k \text{ 为常数}) \tag{3.4.1}$$

这是第一个表示物质浓度与反应速率关系的数学表达式,被认为是化学动力学研究的开始。

大约经历了 15 年时间,C. M. Guldberg 和 P. Waadge 系统地总结前人大量的工作,并结合他们本人的实验数据,提出了质量作用定理,他们指出:“化学的反应速率和反应物的有效质量成正比。”

2. 阿伦尼乌斯定理的提出

在质量作用定理以前,就有人指出大多数反应依温度的升高而加速。范特霍夫首先定量地研究反应速率对温度一般性的依赖关系。他指出在恒定反应浓度下,温度每升高 10 ℃,反应速率通常增加 2 ~4 倍,这种关系可以用以下公式表示:

$$r_T = r(T+10)/r(T) = 2 \sim 4 \tag{3.4.2}$$

式中,$r(T)$ 与 $r(T+10)$ 分别代表反应温度为 T 和 $T+10$ 时的反应速率。

1889 年,阿伦尼乌斯(Arrhenius)认为反应速度随温度升高而增大,主要不在于分子平动的平均速率增大,而是因为活化分子数目的增多,并提出活化能的概念,逐步建立起著名的阿伦尼乌斯定理。此定理表述了在恒定浓度的过程中反应(严格说是基元反应)速率对反应体系所处温度的依赖关系。可用以下公式表示:

$$k = Ae^{-Ea/RT} \tag{3.4.3}$$

3.4.1.2　宏观反应动力学向微观反应动力学过渡阶段的主要进展

1. 反应速率理论的提出

质量作用定理的建立和 Arrhenius 定理的提出都是从宏观的、唯象的角度出发去研究化学反应过程,这对理论上探明反应动力学规律起到了基础作用。但是要更深入地研究这些规律,仅用宏观的角度、经典的方法去研究显然是不够的,还必须从微观的角度、从分子水平上来加以分析。这样,就需要借助分子数据有关的微观理论来进行深入的、本质的研究。

在 20 世纪初期出现了化学反应的简单碰撞理论,这是第一个反应速率的模型。此理论认为要发生反应,首先反应物必须相互接近,然后发生碰撞。但是依据分子碰撞的观点来计算反应速率时,必须计算分子碰撞频率和活化分子的分率。然而由于简单碰撞理论过于简化,无法圆满地解决这些问题。

2. 链反应的发现

链反应的设想是在 1913 年由 Bodenstein M 研究氯化氢的光化合时提出的。此后苏联的 Semenoff 和英国的 Hinshelwood 两人用不同的实验同时发现了燃烧的“界限现象”,以后又陆续证实多种燃烧反应都具有链反应历程。Semenoff 和 Hinshelwood 也因此化学反应的机理而获得 1956 年度诺贝尔化学奖。

3.4.1.3　微观反应动力学阶段的主要进展

1. 快速反应的研究

由于链反应的发现,反应历程中反应能力强、寿命短的自由基的存在,迫切要求开发测定和分析自由基的新方法,建立研究快速反应的新领域。有关这方面的主要成就如下:

(1)开始于 20 世纪 30 年代的用光谱法和质量法来检测 $\cdot OH$,$H\cdot$ 和 $\cdot CH_2$ 等自由基。

(2)1923 年 Hamilton Hartridge 和 F. J. W. Roughton 发明了阻流(Stopped Flow)技术,使人们研究半衰期为几十毫秒的反应成为可能。该方法将反应物注入流动反应系统,混合后流动被突然阻止,然后用示波器法研究浓度作为时间的函数。

(3)弛豫方法是在20世纪50年代由德国学者门夫雷德·艾根(Manfred Eigen)等人发展起来的。所谓弛豫是指一个平衡系统因受外来因素的快速扰动而偏离平衡位置,在新条件下趋向新平衡的过程。弛豫法包括快速扰动方法和快速监测扰动后的非平衡态趋近于新平衡态的速度或时间。快速扰动的方法可以用脉冲激光使反应系统温度在很短的时间(6~10 s)内突然升高几摄氏度(温度跳跃),或突然改变系统的压力(压力跳跃),也可用冲稀扰动突然改变系统的浓度(浓度跳跃)等。由于弛豫时间与速率常数、平衡常数和物种浓度之间有一定的函数关系,如能在实验中测出弛豫时间,就可以根据该关系式求出反应的速率常数。

(4)闪光光解技术,它利用强闪光使分子发生光解产生自由原子或自由基碎片,然后用光谱方法测定碎片的浓度及随时间的衰变。到20世纪80年代,闪光光解技术的时间分辨率已经提高到纳秒(10^{-9} s)和皮秒(10^{-12} s)的水平,从而可以直接观测化学反应的最基本的动态历程。

2. 分子反应动力学的建立

20世纪60年代后期,将分子束应用于研究化学反应,从而实现了从分子反应层次上来观察分子碰撞过程引起的化学行为。从20世纪70年代开始,又借助于激光技术使研究深入到了量子态-态反应的层次,进而探讨反应过程的微观细节,使化学反应动力学进入一个新的阶段——微观反应动力学阶段。

3.4.1.4 化学动力学的近期研究进展

新的更灵敏、更高分辨率的动力学实验技术的发展和应用以及快速发展的动力学理论研究(如势能面的精确计算),使化学动力学的研究近期取得了很大的发展。其中,氢原子里德堡飞渡时间谱技术(Rydberg Tagging Time of Flight)、改进的通用型分子束仪器以及理论化学动力学研究推动了有关基元化学反应过程的态-态动力学、多通道反应动力学以及反应动力学中的共振等研究。

(1)氢原子里德堡飞渡时间谱技术是20世纪90年代初由Welge等人发展起来的,同时具备高灵敏度和高时间分辨的优点,为研究与氢原子产物相关的基元反应动力学提供了一个不可多得的实验工具。其实验方法为:第一步激光激发,利用脉冲真空紫外Lyman α跃迁(121.6 nm)将氢原子产物从$n=1$基电子态激发到$n=2$态上;第二步则用紫外激光将处于$n=2$的氢原子产物激发到很高的里德堡态(Rydberg State)($n=30\sim90$)上。其特点是利用里德堡态氢原子寿命长且易被检测的特性来测量化学反应过程中的氢原子产物飞渡时间谱。由于通常的化学反应过程所产生的氢原子没有内能分布,因此根据能量守恒定律,通过测量氢原子产物的平动能分布,就可以得到反应过程中另一产物的内能分布。我国学者邱明辉、车丽等用氢原子里德堡态标识的飞行时间谱技术成功研究了F+H·反应。

(2)化学反应中的共振能揭示反应物和产物的振动和转动。观察和研究这些共振有助于深入了解各种基元化学步骤的反应细节。近几年来,中国科学院大连化学物理研究所的杨学明、张东辉研究小组在F+HZ/HD反应体系的共振态研究方面做出了一系列出色的工作,极大地提高了我们对化学反应共振态的认识。

(3)20世纪60年代发展起来的通用型交叉分子束技术对化学动力学的研究做出了非常重要的贡献。其局限性是检测灵敏度较低及检测器需要较高的真空背景等,这些限制了分子反应动力学研究的深度和广度。改进的通用型分子束仪器由于应用了超高真空技术(真空度 $<10^{-10}$ Pa),仪器的背景信号大大降低。此外,由于采用了超大型四极质谱系统,仪器的检测灵敏度也得到了大幅度的提高。其高灵敏度和低背景信号的特点为多通道化学反应动力学的研究提供了一个很好的实验工具。

化学动力学进展的速度很快,这一方面应归功于相邻学科基础理论和技术上的进展,另一方面也应归功于实验方法和检测手段的快速发展。时至今日,还不能说化学反应动力学的所有任务都已完成,还有很多待解决的新问题。例如,对各式各样的化学反应动力学现象尚有待于做出令人满意的定量解释,从物质的内部结构即从分子、原子水平了解物质的反应能力还需要进行深入的研究。

3.4.2 反应器传递模型

反应器数学模型的基点是将反应器中进行的过程分解为化学反应过程和传递过程,分别建立反应动力学模型和反应器传递过程模型。反应动力学模型通常由实验室反应器测定并通过数据处理获得。反应器的传递过程模型包括描述返混程度的流动模型和描述质量传递和热量传递的模型。通过对反应器局部或整体的各种衡算(如物料衡算、热量衡算),以综合反应器中的反应动力学和传递过程,即可得到反应器的数学模型。

化学反应动力学研究和测定是反应器选型、反应过程优化及确定操作条件的基础。在工业应用上则要求获得实用而且可靠的反应动力学规律。

反应动力学模型方法包括反应动力学模型的建立、模型筛选及模型参数的估值,鉴于实际工艺工业反应的复杂性,往往难以建立完整的反应动力学模型,尤其是在新的工艺过程的开发阶段,所以应力求把握反应的基本特征,探索影响反应过程技术指标的关键因素,为反应器选择和确定操作条件提供可靠的依据。

3.4.2.1 反应动力学表达式

影响化学反应速率的因素主要是反应物质的温度、组成、压力、溶剂的性质、催化剂的性质(例如活性组分的含量、晶形、孔分布、孔半径以及内表面等)。然而绝大多数的化学反应,影响化学反应的主要因素是反应物的浓度和温度。因而一般都可写成

$$r_i = f(\overline{\boldsymbol{C}}, T)$$

式中 r_i——组分 i 的反应速率;

$\overline{\boldsymbol{C}}$——反应物料的浓度向量;

T——反应温度。

此式称为反应动力学表达式,或称动力学方程。

大量实验结果表明,在多数情况下浓度和温度可以进行变量分离,即反应动力学方程可表示为

$$r_i = f_c(C) f_T(T)$$

此式表示反应速率分别受到温度和浓度的影响。$f_T(T)$ 称为反应速率的温度效应,$f_c(C)$ 称为反应速率的浓度效应。

工业反应过程中,当进料组成给定时,在等温或绝热条件下,由于受化学计量的约束,反应动力学方程可表示为

$$r_i = f_c(C_i) f_T(T)$$

C_i 为任一组分的浓度。这也是一般化学反应动力学和工程动力学的重要区别之一。

3.4.2.2 反应动力学的温度效应和反应活化能

反应速率的温度效应常用反应速率常速 k 表示。对多数化学反应,反应速率常数 k 与反应温度之间的关系可表示为温度的负指数函数式,即

$$r_i = k f_c(C) \tag{3.4.4}$$

$$k = A\mathrm{e}^{-E_a/RT} \tag{3.4.5}$$

式中 k——反应速率常数;

A——指前因子;

E_a——反应活化能;

R——气体普适常数,$R = 8.314\ \mathrm{kJ/(mol \cdot k)}$。

式(3.4.5)即 Arrhenius 公式。其中活化能是一个重要的动力学参数。Arrhenius 公式还可以表示为

$$\ln k = -\frac{E_a}{RT} + \ln k_0 \tag{3.4.6}$$

按式(3.4.6),以 $\ln k$ 对 $1/T$ 作图,应得一直线,直线的斜率为 $-\frac{E_a}{RT}$,由此可求活化能 E_a。

3.4.2.3 反应速率的浓度效应和反应级数

反应速率浓度效应的函数形式有三种:幂函数型、双曲线型和级数型。对于均相不可逆反应:

$$a\mathrm{A} + b\mathrm{B} \longrightarrow p\mathrm{P} + s\mathrm{S}$$

幂函数型动力学方程式表示为

$$r = kC_A^{\alpha} C_B^{\beta} \tag{3.4.7}$$

式中 C_A, C_B——反应组分 A,B 的浓度;

α, β——反应速率对反应物 A 和 B 的反应级数,$(\alpha + \beta)$为反应总级数。

以幂函数形式表达的均相反应动力学方程,具有形式简明、处理方便等优点,应用最为广泛。

3.4.3 反应器传递过程与动力学结果影响

3.4.3.1 返混流动模型

反应器内流体的流动特征主要指反应器内反应流体的流动状态、混合状态等,它们随反应器的几何结构和几何尺寸而异。

反应流体在反应器内不仅存在浓度和温度的分布,还存在流速分布。这样的分布容易造成反应器内反应物处于不同的温度和浓度下进行反应,出现不同停留时间的微团之间的混合,即返混。

一般将流动模型分为两大类型,即理想流动模型和非理想流动模型。非理想流动是关

于实际工业反应器中流体流动状况对理想流动偏离的描述。

理想流动模型又分为理想置换流动模型与理想混合流动模型。

1. 理想置换流动模型

理想置换流动模型也称作平推流模型或活塞流模型。与流动方向相垂直的同一截面上各点流速、流向完全相同,即物料是齐头并肩向前运动的。在定态情况下,所有分子的停留时间相同,浓度等参数只沿管长发生变化,与时间无关。所有物料质点在反应器中都具有相同的停留时间。此类模型经常运用于连续流动理想管式反应器。

2. 理想混合流动模型

理想混合流动模型也称作全混流模型。反应物料以稳定的流量进入反应器,刚进入反应器的新鲜物料与存留在其中的物料瞬间达到完全混合。反应器内物料质点返混程度为无穷大。其特点是所有空间位置物料的各种参数完全均匀一致,而且出口处物料性质与反应器内完全相同。搅拌十分强烈的连续操作搅拌釜式反应器中的流体流动可视为理想混合流动。

理想流动模型是两种极端状况下的流体流动,而实际的工业反应器中的反应物料流动模型往往介于两者之间。对于所有偏离理想置换和理想混合的流动模式统称为非理想流动。

现就非理想流动模型中广泛应用的扩散模型与多级全混流模型做简要的阐述。

(1)扩散模型

所谓扩散模型即是仿照一般的分子扩散中用分子扩散系数 D 来表征反应器内的质量传递,用一个轴向有效扩散系数 D_e 来表征一维的返混,也就是把具有一定返混的流体简化在一个平推流流动中叠加一个轴向的扩散。通常它是基于如下几个假定的:

①沿着与流体流动方向垂直的每一截面上具有均匀的径向浓度;

②在每一截面上和沿流体流动方向,流体速度和扩散系数均为一恒定值;

③物料浓度为流体流动距离的连续函数。

扩散模型是描述非理想流动的主要模型之一,特别适用于返混程度不大的系统,如管式反应器、塔式反应器以及其他非均相体系。

(2)多级全混流模型

所谓多级全混流模型,是假设一个实际设备中的返混情况等效于若干级全混釜串联时的返混。当然,这里的串联釜的级数 N 是虚拟的,并且也是单参数模型。

理论计算可得不同级数时的停留时间分布曲线,其停留时间的方差为

$$\sigma_\theta^2 = \frac{1}{N}$$

这样,通过停留时间分布的实验测定可以求得 σ_θ^2,从而确定了模型参数 N。

3.4.3.2　质量传递模型

对于两相流体间的反应都发生在相的界面及靠近界面的流体中。整个反应过程应包括反应组分从一相的主流体传递到两相界面再传递到另一相中,然后再进行反应。下面对经典的相间传递理论做简要阐述。

1. 双膜理论

双膜理论基于如下几个假定：

(1)两相界面的两侧都存在一边界层薄膜,它们构成了物质从一个相传递到另一个相时的阻力；

(2)物质在两相界面上达到了动平衡,即在稳态下进行传质；

(3)在每一相的膜内的传质速度 N_A 与该组分在相的主流体与界面上的浓度差或分压差成正比；

(4)在各相的薄膜内的传质过程彼此是独立的,因此各相薄膜的阻力可以串联相加。

根据以上假设,利用 Fick 定律可得出

$$N_A = -D_{1A}\left(\frac{dC_A}{dz}\right)_1 = -D_{2A}\left(\frac{dC_A}{dz}\right)_2$$

或

$$N_A = -\frac{D_{1A}}{\delta_1}(C_{A1} - C_{Ai})_1 = -\frac{D_{2A}}{\delta_2}(C_{Ai} - C_{A2}) \tag{3.4.8}$$

式中 D_A——A 的扩散系数；

C_A——组分 A 的浓度；

δ——膜的厚度。

下标 1,2 和 i 分别表示第一相、第二相和界面。若第一相为气体,则式(3.4.8)可表示为

$$N_A = -\frac{D_{1A}}{\delta_1}(p_{A1} - p_{Ai})_1 = -\frac{D_{2A}}{\delta_2}(C_{Ai} - C_{A2}) \tag{3.4.9}$$

也可以把式(3.4.8)、式(3.4.9)改写为

$$N_A = k_{l1}(C_{A1} - C_{Ai}) = k_{l2}(C_{Ai} - C_{A2}) = K_l(C_{A1} - C_{A2}) \tag{3.4.10}$$

$$N_A = k_{g1}(C_{A1} - C_{Ai}) = k_{g2}(C_{Ai} - C_{A2}) = K_g(C_{A1} - C_{A2}) \tag{3.4.11}$$

式中,$k_l = D_{2A}/\delta_2$,为液膜传质系数；$k_g = D_{1A}/\delta_1$,为气膜传质系数。K_l,K_g 分别为以液相浓度差为推动力或以气相分压差为推动力表示的总活度系数,它们与膜传质系数的关系为

$$\frac{1}{K_g} = \frac{1}{k_g} + \frac{H}{k_l} \tag{3.4.12}$$

$$\frac{1}{K_l} = \frac{1}{Hk_g} + \frac{1}{k_l} \tag{3.4.13}$$

如两相均为液相,则

$$\frac{1}{K_l} = \frac{1}{k_{l1}} + \frac{1}{k_{l2}} \tag{3.4.14}$$

式中,H 为 Henry 常数,有

$$p = HC \tag{3.4.15}$$

以上各关系式只适用于组分 A 从一相扩散至另一相主流中的情况。在界面上发生化学反应的情况适用于扩散边界层理论。

2. 扩散边界层理论

扩散边界层将流体分为两个区域：

(1)直接靠近界面的区域称为扩散层,有一定的厚度。在这个区域内的湍流扩散系数比分子扩散系数小,故分子扩散作用是主要的。

(2)流体其余部分所组成的区域。在这个区域内湍流扩散系数大于分子扩散系数,故湍流扩散作用是主要的。

3. 溶质渗透理论

溶质渗透理论与双膜理论最主要的区别是:双膜理论认为传质过程是一个稳态过程,而这个理论却假设两相接触的时间是短暂的,整个扩散过程是一个非稳态过程。流体中的漩涡由主流体运动到界面,经过短暂的停留后又为新的漩涡所置换回到主流中去。当漩涡在界面停留时,溶质依靠不稳定的分子扩散渗透到漩涡中去,发生相间的传质,若以液相的浓度差为推动力,推导得

$$N_A = \sqrt{\frac{4D}{\pi\tau}}(C_{Ai} - C_{A1}) \tag{3.4.16}$$

即

$$k_1 = \sqrt{\frac{4D}{\pi\tau}} \tag{3.4.17}$$

式中,τ 为通过膜厚度为 l 的液膜使浓度从 C_{Ai} 变为 C_{A1} 所需的时间。由式(3.4.17)可见,$k_1 \propto D^{\frac{1}{2}}$ 与双膜理论得出的 $k_1 \propto D$ 是不同的。式(3.4.17)与实验结果更吻合。

4. 相接触表面更新理论

相接触表面更新理论不采用边界层概念,而是假设表面不断地被新鲜流体所更新。在表面更新中,组分借助扩散通过许多漩涡从表面进入主流体,此时,流体处在湍流状态。故扩散过程包括了分子扩散和涡流扩散。可以把这两种效应综合表示为有效扩散系数 D_{eff},并假设涡流的年龄分布呈指数关系,可以推导出:

$$N_A = \sqrt{SD_{eff}}(C_{A1} - C_{Ai}) \tag{3.4.18}$$

3.4.3.3　热量传递模型

在反应热效应较大时,在传质过程的同时必定伴有热量传递过程。它对化学反应过程的影响不能忽略,有时甚至要比传质的影响严重得多,成为过程的关键因素。

反应过程的热传递可以按尺度分为颗粒尺度的热量传递与设备尺度的热量传递。前者如催化剂颗粒与它周围的流体之间的传热过程;后者如管式固定床反应器中管外冷却介质(或加热介质)移走(或供应)罐内反应热的过程。下面就几种典型的传热模型做简要阐述。

1. 催化剂尺度上的热量传递过程

以固定床反应器内的催化剂颗粒为例,考察催化剂尺度的热量传递。通常,催化剂颗粒自身的导热性足以保持内部温度的均匀一致,即颗粒内部的传热足够快,控制的因素在外部。固体催化剂颗粒一方面与其周围的流体进行对流传递;另一方面又与其他流体颗粒相接触,在接触点上通过热传导作用传出反应热。但是不规则颗粒之间原则上只能保持点接触的形式,即接触面积很小,因此颗粒间的接触导热作用甚微,可以忽略不计。唯一有效的散热途径是与周围流体的对流传热作用。

催化颗粒要维持定态操作就必须使颗粒表面上的反应放热速率等于向周围流体的传热速率,这就是催化剂颗粒温度的定态条件。

当流体主体中的反应物浓度给定时,反应放热速率为

$$Q_g = (-\Delta H) R \cdot V_p \tag{3.4.19}$$

式中 Q_g——催化剂颗粒的放热速率；

R——催化剂颗粒的表观反应速率；

V_p——催化剂颗粒体积。

在反应温度较低的条件下，反应的极限速率可以比极限扩散速率小得多，此时过程为反应控制阶段，它的放热速率可表达成

$$Q_g = (-\Delta H) k C_b^n \cdot V_p \tag{3.4.20}$$

显然，反应放热速率与温度的关系呈指数曲线的形式，但放热速率曲线不会无限上升。随着温度的升高，极限反应速率增大，以致最后使化学反应控制变为扩散控制，此时的反应热速率变成

$$Q_g = (-\Delta H) k_g \alpha \cdot V_p \tag{3.4.21}$$

颗粒与周围流体间的传热速率为

$$Q_r = h\alpha(T_s - T_b) \cdot V_p \tag{3.4.22}$$

式中 Q_r——催化剂颗粒的移热速率；

h——催化剂颗粒与周围流体间的传质系数；

T_s——催化剂颗粒温度；

T_b——流体主体温度。

2. 设备尺度的热量传递

以管式固定床反应器的热量传递为例，假设流体通过床层时由自身的温度吸收的反应热较小可以忽略不计。热量主要由间壁冷却移走。同时也忽略在床层径向的浓度和温度分布以及催化剂表面和流体主体之间的差异。这样，就可以取出反应器内的一个微元对它做如下热量衡算：

微元内反应放热速率

$$Q_g = (-\Delta H)(l - \varepsilon_b) k C^n \Delta V_r \tag{3.4.23}$$

微元通过器壁的移热速率为

$$Q_r = U a_t \Delta V_r (T - T_c) \tag{3.4.24}$$

式中 ε_b——床层空隙率；

ΔV_r——催化剂床层微元体积；

α_t——反应器的传热比表面积；

U——反应器管壁总传热系数；

T_c——管外冷却介质温度。

以连续釜式反应器的热量传递为例，假设在连续釜式反应器中进行不可逆反应。则在定态条件下可列出它的物料衡算和热量衡算式：

$$v(C_0 - C) = kCV\tau \tag{3.4.25}$$

$$Q_g = Q_r \tag{3.4.26}$$

式中 v——反应物料体积流率；

C_0——进料中的反应物浓度；

C——出料中的反应物浓度。

热量衡算中，反应放热速率为

$$Q_g = (-\Delta H)kCV_r = \frac{(-\Delta H)V_r C_0 k}{1+kt} \tag{3.4.27}$$

反应器的移热速率为通过器壁传走的热量与液体热焓变化带走的热量之和，即

$$Q_r = uA(T-T_c) + v\rho C_p(T-T_0) \tag{3.4.28}$$

式中　u——反应器壁总传热系数；

A——反应器总传热面积；

T_0——进料温度；

T——出料温度；

T_c——反应器外冷却介质温度；

ρ——物料平均密度；

C_p——物料平均比热容。

上式整理成

$$Q_r = (uA + v\rho C_p)T - (uAT_c + v\rho C_p T_0) \tag{3.4.29}$$

习　　题

3－1 随着物体的吸收率增大，其辐射能力是怎么变化的？黑体的辐射能力比灰体的大还是小？

3－2 热量传递的方式主要有哪三种？给热系数受哪些因素影响？

3－3 在一列管换热器中将 15 000 kg/h 油品从 20 ℃加热到 90 ℃，油品走管内，管外加热介质为 130 ℃的水蒸气，换热器由 100 根直径 1.5 mm×15 mm，长 2 m 的钢管构成，管内 $\alpha_i = 360\ W^2/(m^2 \cdot ℃)$，管外 $\alpha_0 = 12\ 000\ W/m^2$，油品的比热容为 1.9 kJ/(kg·℃)，操作条件下的气化潜热为 2 205 kJ/kg，钢管的导热系数为 45 W/(m·℃)，若加热蒸汽全部冷凝后在饱和温度下排出，忽略热损失和管壁的污垢热阻。

(1)求换热器的热负荷；

(2)求加热蒸汽的消耗量；

(3)求总转热系数；

(4)该换热器能否满足生产任务？

3－4 某大型化工容器的外层包上隔热层，以减少热损失，若容器外表温度为 500 ℃，而环境温度为 20 ℃，采用某隔热材料，其厚度为 240 mm，$\lambda = 0.57\ W/(m \cdot K)$，此时单位面积的热损失为多少？

3－5 在一连续精馏中分离苯、甲苯的混合，进料量为 100 kmol/h，原料液中苯 0.4(物质的量分量)，塔顶馏出液中苯的回收率为 83.3%(物质的量分数)，塔底馏出液中含苯 0.1(物质的量分数)，原料液为饱和液体进料，苯－甲苯的相对挥发度为 2.5，回流比为最小回流比的 3 倍，塔底为主凝器。

(1)求馏出液及釜残液量；

(2)求塔釜产生的蒸汽量及塔顶回流的液体量；

(3)求离开塔顶第一层理论板的液相组成。

3－6 从基本单位换算入手,将下列物理量的单位换算为 SI 单位。

(1)水的黏度 $\mu=0.008\ 56\ g/(cm \cdot s)$。

(2)密度 $\rho=138.6\ kgf \cdot s^2/m^4$。

(3)某物质的比热容 $C_P=0.24\ BTU/(lb \cdot ℉)$。

(4)传质系数 $K_G=34.2\ kmol/(m^2 \cdot h \cdot atm)$。

(5)表面张力 $\sigma=74\ dyn/cm$。

(6)导热系数 $\lambda=1\ kcal/(m \cdot h \cdot ℃)$。

3－7 密度为1 800 kg/m^3 的某液体经一内径为60 mm 的管道输送到某处,若其平均流速为0.8 m/s,求该液体的体积流量(m^3/h)、质量流量(kg/s)和质量通量[$kg/(m^2 \cdot s)$]。

3－8 20 ℃的水以 2.5 m/s 的平均流速流经 ϕ38 mm×2.5 mm 的水平管,此管以锥形管与另一 ϕ53 mm×3 mm 的水平管相连。如本题附图所示,在锥形管两侧 A,B 处各插入一垂直玻璃管以观察两截面的压力。若水流经 A,B 两截面间的能量损失为 1.5 J/kg,求两玻璃管的水面差(以 mm 计),并在本题附图中画出两玻璃管中水面的相对位置。

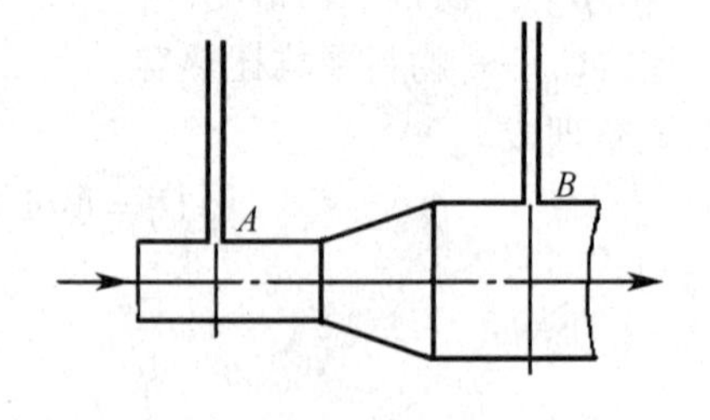

题 3－8 图

3－9 一连续干燥器中,每小时处理湿物料 1 000 kg,经干燥后物料含水量由8%降至2%(均为湿基),湿度为0.009 kg 水/kg,绝干气的新鲜空气经预热器预热后进入干燥器后,空气湿度为0.022 kg 水/kg 绝干气。试求:

(1)水分蒸发量;

(2)新鲜空气的消耗量。

3－10 化学反应过程按操作方法分为哪几种?

3－11 换热器的散热损失是如何产生的?应如何来减少此热损失?

3－12 催化剂失活的主要原因有哪些?

3－13 醋酸在高温下可分解为乙烯酮和水,而副反应生成甲烷和二氧化碳:

$$CH_3COOH \xrightarrow{k_1} CH_2=CO+H_2O$$

$$CH_3COOH \xrightarrow{k_2} CH_4+CO_2$$

已知在916 ℃时 $k=1.078\ 8\times10^9\exp\left(-\dfrac{5\ 525.9}{T}\right)$,试计算:

(1)99%的醋酸反应掉的时间;

(2)在此反应条件下醋酸转化成乙烯酮的选择性。

3－14 反应器基本要求有哪些?

3－15 在体积为2.5 m^3 的理想 BR 反应器中进行液相等温一级基元反应 A→P,$k=2.78\times10^{-3}s^{-1}$,进口摩尔流率 $F_{A0}=11.4$ mol/s,反应物 A 初始浓度 $C_{A0}=4$ mol/L。

(1)当反应器中 A 的转化率为80%,所需的时间是多少?

(2)若将反应移到 CSTR 中进行,其他条件不变,所需反应器体积是多少?

(3)若将反应移到 PFR 中进行,其他条件不变,所需反应器体积是多少?

第4章　核化工数学模型举例

4.1　分离功数学模型与举例

分离功是一段时间内(通常以年计)全厂分离功率的总和,是对分离单元、分离级,乃至分离工厂分离能力的度量,是进行分离单元的性能研究、级联设计和工厂经济分析的目标函数。在核领域中分离功是一种仅用于浓缩铀的度量单位,把一定的铀富集到一定的铀－235丰度所需投入的工作量叫分离功SWU。本节依据合理的假设,对我国核燃料循环进行了计算,研究了2010—2030年间,核电所需的分离功。

中国核电发展的最新目标是:到2010年在运行核电装机容量12 GWe;2020年前要新建核电站31座,在运行核电装机容量40 GWe。但按照目前的发展速度,2020年的装机容量将超过40 GWe。一座电功率为1 GWe的电厂每年约消耗260 t的天然铀,分离功(机器、级联乃至分离工厂分离能力的定量量度)需求约130 tSWU。若按照以下三种速度发展核电,计算得到2020年所需求的铀燃料和分离功,列于表4.1.1。

表4.1.1　预计2020年所需求的铀燃料和分离功

2020年发展规模/GWe	2020年铀燃料需求量/10^4t	2020年分离功需求/tSWU	2011—2020年累计铀燃料需求量/10^4t	2011—2020年分离功需求/tSWU
40	1.04	5.20×10^3	7.124	35.62×10^3
70	1.82	9.10×10^3	11.414	57.07×10^3
110	2.86	14.3×10^3	17.134	85.67×10^3

根据核电发展规划,假设了两种装机容量增长情景,到2020年核电装机总量达到40 GW和70 GW,并以线性增长预计,到2030年核电装机总量为多少。在线性增长中,考虑到核电人才储备及设备加工能力,以每年15 GW为最大增长率。2030年前,中国核电主要以PWR为主,燃料循环为一次通过,乏燃料不进行后处理,全部进行电厂乏燃料水池和地质库储存。2020年之前的新增机组容量为1 GW,2020年之后新增机组的容量为1.5 GW。图4.1.1所示为2010—2030年中国核电铀需求量与装机容量的方案图。

年份	方案 1(GW)	方案 1(GW)
2010	20	20
2012	23	26
2014	26	33
2016	30	42
2018	35	55
2020	40	70
2022	46	85
2024	53	100
2026	61	115
2028	70	130
2030	80	145

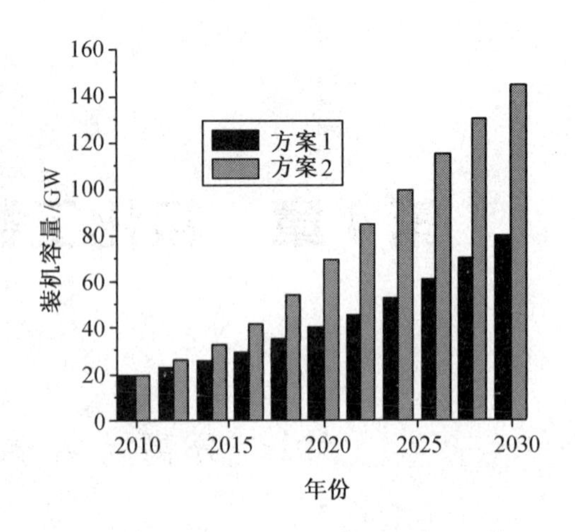

图 4.1.1 2010—2030 年中国核电铀需求量与装机容量的方案图

燃料的分离功(SWU)tSW,计算公式为

$$SWU = M(1-2x_p)\ln\left(\frac{1-x_p}{x_p}\right) + (M_{nat}-M)(1-2x_w)\ln\left(\frac{1-x_w}{x_w}\right) - M_{nat}(1-2x_f)\ln\left(\frac{1-x_f}{x_f}\right) \tag{4.1.1}$$

式中 M——所需的 U 燃料,t/a;

M_{nat}——天然铀量;

x_p——燃料富集度;

x_f——天然铀中^{235}U 的含量,约为 0.711%;

x_w——尾料中^{235}U 的含量,约为 0.25%。

生产 M(单位:t)燃料需要的天然铀量为 M_{nat}(单位:t),可得

$$M_{nat} = M\frac{x_p - x_f}{x_f - x_w}$$

燃料富集度 x_p 的计算公式为

$$x_p = 0.412\ 01 + 0.115\ 08\left(\frac{n+1}{2n}B_d\right) + 0.000\ 239\ 37\left(\frac{n+1}{2n}B_d\right)^2 \tag{4.1.2}$$

式中 n 为倒料次数,压水堆目前取 $n=3$。燃耗深度 $B_d = 50$ GWd/tHM 时,$x_p = 4.51\%$。

图 4.1.2(a)所示为根据两种增长方案,2010—2030 年间我国年需求天然铀数量。图 4.1.2(b)所示为从 2010 年开始,累计需求天然铀数量。2030 年,方案 1 需求天然铀为 13 125 t,方案 2 需求 23 790 t。2010—2030 年间,方案 1 累计需求天然铀为 79 327 t,方案 2 累计需求天然铀为 134 717 t。

图 4.1.3 给出了两种方案的年分离功需求量。方案 1 中,2020 年制造燃料所需分离功为 4 620 tSW,2030 年需求量为 9 241 tSW;方案 2 中,2020 年分离功需求量为 8 086 tSW,2030 年为 16 749 tSW。

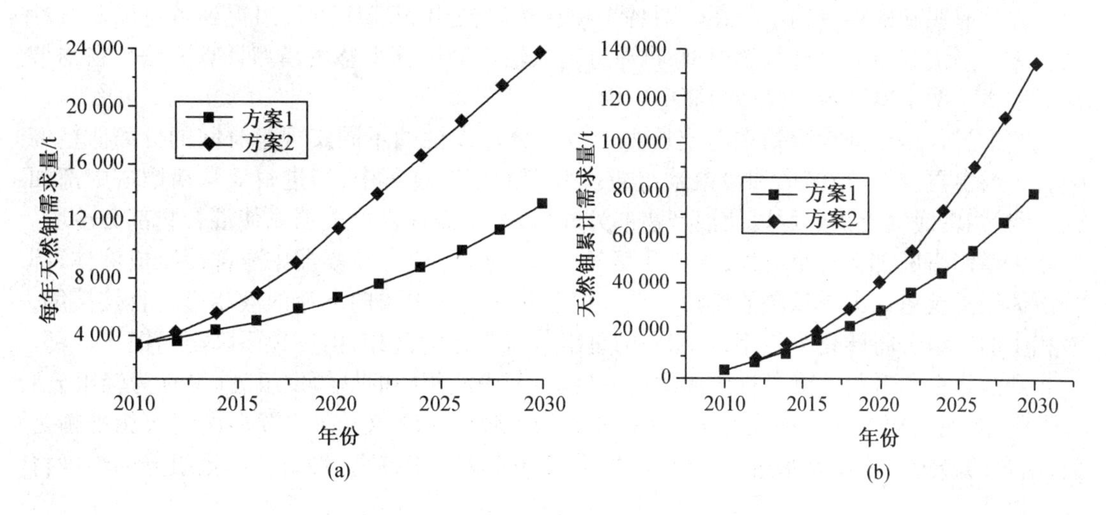

图4.1.2　两种方案的铀年需求量和累计需求量

(a)天然铀年需求量;(b)天然铀累计需求量

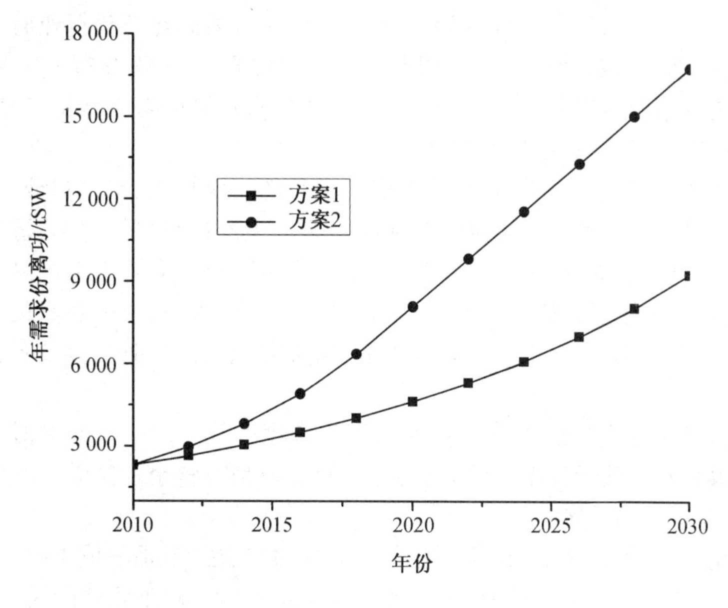

图4.1.3　年分离功需求量

4.2　精馏过程的物料平衡

精馏广泛应用于化工行业中的传质传热过程中,精馏过程动态特性复杂,具有多变量、强耦合等特点,所以建立精馏过程的动态数学模型,对精馏动态特性研究以及优化控制研究等具有重要的指导意义。

本节首先研究了建模过程中需要使用的基础物性数据的计算方法,然后针对双组分连续筛板塔建立动态机理模型,包括塔板、进料板、冷凝器、再沸器、塔釜五个模块,各模块相对独立又有明确的输入输出关系。对各个模块单独使用 MESH 方程组得到各自以非线性微分方程形式表示的机理数学模型，再通过输入输出顺序获得整塔模型计算方法。在本节最后列举了两个精馏数学模型的简单应用。

精馏过程是根据混合物在一定压力下各组分挥发性的不同实现组分间的分离。精馏装置主要由再沸器、精馏塔和冷凝器组成。典型的精馏过程中，当进料液从精馏塔中部加入时，精馏塔底需提供热源以使混合物部分气化，塔顶需提供冷凝器以使混合物部分冷凝。气相由精馏塔底部上升至塔顶，当上升蒸气到达塔顶时，进入冷凝器中全部冷凝成液体，部分液体回流至塔内由塔顶向下流动。在气相上升的过程中与向下流的液相进行直接接触，液相中的轻组分将转化为气相，气相中的重组分将转化为液相，由塔顶下降至精馏塔底部。气相和液相在上升与下降过程中多次逆流接触，其中液相中的易挥发组分（又称为轻组分）进入气相，而气相中的难挥发组分（又称重组分）则转入液相。在连续多次气液相平衡之后，塔顶的轻组分浓度越来越高，而塔底的重组分浓度越来越高，轻组分与重组分的纯度将显著提高。

在石油化工、炼制等行业的生产过程中，用于生产、反应的原料和中间产物等往往因其含有杂质而需要通过提纯进而达到反应、生产所要求的纯度。而在绝大多数的石油化工企业生产中，精馏过程作为第一个生产环节被称为“龙头”，因而在石化行业有着十分重要的地位。据统计，精馏塔是石化生产中应用非常广泛的传质设备，石化行业中 90% 以上的产品提纯与回收是由精馏过程来完成的，因此，精馏效果直接影响着企业的经济效益，对精馏过程的建模与动态模拟等研究受到广泛关注。

精馏塔是精馏过程的关键设备，用于完成对进料的一次加工，将进料分离为不同馏分，作为后续工段的进料或经调和后直接作为成品出售。生产过程可简述为：进料经加热炉加热至工艺要求的温度，然后从塔底进入精馏塔，经蒸馏后分离为若干个产品。每一馏分的产品成分与一段时间内许多参数有关，如进料温度、成分、流量，塔内各点的温度、压力，各侧线的回流量、采出量等。精馏是一个多变量、强关联、非线性、时变以及各种扰动作用下的生产过程。

精馏过程的操作优化是近年来过程控制研究应用的热点之一。当前对精馏过程实施操作优化大多都是基于数学模型的研究和分析，因此模型对整个控制系统性能起决定性的作用，是实施操作优化的关键。

在实际的精馏过程中，对馏出组分的产量浓度的要求并不是一成不变的，所以当生产要求变化时，有可能导致精馏过程达不到预期的效果。为了防止此类问题出现，我们可以利用计算机仿真技术进行预先模拟，建立精馏过程的动态模型并进行仿真实验研究，在理论可行的基础上再在实际生产中试用，从而减少不必要的损失。精馏过程动态仿真的意义还表现在工厂中操作员的仿真培训、工厂实际生产的工艺设计、化工生产优化、控制系统的论证等。

4.2.1 精馏过程建模

4.2.1.1 精馏原理

图 4.2.1 是两组分混合物连续精馏过程的典型流程。整个装置由精馏塔、再沸器和冷凝器组成。其中精馏塔以进料处为界分为上下两段，即精馏段和提馏段。

精馏过程中，回流液和上升蒸气形成的气、液两相进行多级逆流接触，图中每小段表示

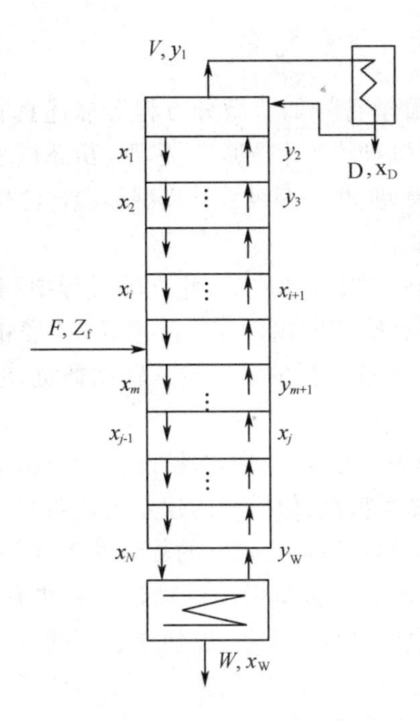

图4.2.1　连续精馏过程流程图

一个理论板，组成为 Z_f 的料液从精馏塔的中部加入，向下流动，在塔下部的再沸器中通过加热使液体沸腾，部分气化产生上升蒸气。上升蒸气进入精馏塔与向下流的液体接触，因为两相不平衡，液相中的轻组分向气相传递，气相中的重组分向液相传递，结果使向下流动的液体中重组分含量逐渐提高，上升的气体中轻组分含量逐渐提高。

假设塔顶第1块板抽出的组成为 y_1 的蒸气进入冷凝器，冷凝成液体，其组成为 D_x。y_1 的部分液体作为塔顶产品，成为馏出液；部分液体作为回流量流入第1块板，与第2块板组成为 y_2 的蒸气在第1块板逆流接触。两相不平衡，易挥发组分从液相向气相传递，难挥发组分从气相向液相传递，最后两相达到平衡，气、液组成分别为 y_1，x_1。

第一块板的蒸气向上至冷凝器，液体向下进入第2块板，与从第3块板上来的组成为 y_3 的蒸气在第2块板逆流接触。两相不平衡，进行物质传递，最终达到平衡，气、液组成分别为为 y_2，x_2。

如此反复作用，上升蒸气量每经过一块板，易挥发组成就提高一步，只要塔板数足够多，塔顶的蒸气组成就可满足工艺要求的馏出液组成 x_D。向下流动的液体，与从再沸器上来的热蒸气接触，每经过一块板，易挥发的组成就降低一步，只要塔板数足够多，塔底的蒸气组成就可满足工艺要求的釜残液组成 x_W。

采取回流液与上升蒸气是用精馏方法使混合物完全分离的基本条件，同时应用回流与上升蒸气可以同时得到两个纯组分产品。如果只采用回流，即只有精馏段，则只能将料液分离得到纯轻组分产品和组成接近于料液的混合物；如果只采用上升蒸气，即只有提馏段，则只能将料液分离为重组分产品和组成接近于料液的混合物。

4.2.1.2 数学建模的分类和发展

数学建模实质上就是用数学符号如差微分方程等描述真实对象的过程。根据不同的建模原则,数学模型可以分为机理模型和“黑箱”模型、稳态模型和动态模型。具体到精馏过程又可以分为平衡级数学模型、非平衡级数学模型和混合池模型。

1. 机理模型和“黑箱”模型

机理模型是根据系统的内在机理建立的,建立的过程中利用到基本的物理、化学原理或定律,因而所建立的模型拥有确切的物理或实际意义。“黑箱”模型亦称为辨识建模,即将建模对象视为一个“黑箱”,通过获得的系统输入输出数据,结合模型辨识方法获得系统模型。

机理模型在实际操作过程中在不影响模型精确性的情况下,会进行相应的简化,所得的模型能较好地反应系统的真实特性,但模型的建立需要对整个系统的内部机理具有较深入、全面的理解和认识,且模型的求解需要较好的数学基础,因而对于一些复杂对象具有一定的局限性。近年来,通过机理建立数学模型的理论和方法有了很大的发展,使人们开始大胆地描述极为复杂的工业生产过程和设备,以建立它们的数学模型。应用这种方法建立数学模型的最大优点是具有非常明确的物理意义,所得的模型具有很大的适应性,并且能满足工程上对精度的要求。而“黑箱”模型仅需要系统地输入输出数据,再根据模型辨识算法即可获得满足要求的模型,在生产过程的在线控制与实时优化上应用广泛,但模型的建立需要大量的测试验证, 影响正常的生产操作。

2. 稳态模型和动态模型

稳态数学模型和动态数学模型的区别在于模型是否随时间变化。稳态模型一般用代数方程进行描述,即系统各变量之间的关系不因时间而发生改变。动态模型是指各系统变量关系会随着时间的变化而变化,这种变化规律一般用差分或者微分方程来进行描述。工业生产过程总是伴随着稳态与动态两种状态,在实际生产中,系统总是处于稳态,当受到外部干扰时,系统稳定状态遭到破坏,进入动态变化。对于自衡系统,即使不加控制作用,系统最终也会达到一个新的稳态。因而为了达到理想的控制和优化效果,需要研究系统的动态模型。

在实际的工艺生产中,稳态模型主要用于系统的设计、分析以及离线优化等;而动态模型则主要研究系统中各变量随时间的变化规律,主要用于在线实时优化控制等。

3. 平衡级模型、非平衡级模型和混合池模型

平衡级模型假定离开塔板时的气相与液相处于相平衡状态,对每层塔板建立 MESH 方程,即物料衡算方程、相平衡方程、物质的量分数归一化方程、能量衡算方程。再对模型进行仿真计算,求得稳态时各理论塔板的气液相组成和流量分布等。非平衡级模型则考虑到实际的传质过程中,离开塔板的气液相不处于相平衡状态。混合池模型则假设塔板上的液相是局部完全混合,在塔板上存在浓度梯度。目前理论认为,非平衡级模型与混合池模型更接近实际情况,但由于实际操作难度大,并未得到广泛使用。非平衡级模型需计算气液两相间的传质与传热阻力,比较困难。混合池模型则计算更加复杂与困难。非平衡级模型和混合池模型在实际的应用中还需进一步地研究。

平衡级模型因其结构较为简洁,在各类精馏塔的工艺设计和模拟计算中得到了广泛的应用。

4.2.1.3　精馏过程建模

化工精馏反应过程的典型特点是生产过程的连续性、复杂性和非线性,建立这些生产过程的数学模型需要有两方面的基础:一方面是数学基础和控制学基础;另一方面是化工专业基础知识,需要化工专业的传递过程原理和其他化工动态学理论,以及对过程工艺的了解。这些基础理论的综合形成了化工生产过程模型化的典型特点。

精馏既是一个多参数的复杂系统,又是具有强关联作用的系统。要真正弄清楚实际过程的原型存在许多实际困难,因此借助数学模型来描述实际过程,使其能在一定的条件范围内定量地反映过程的实际效果。所以,在实际建立精馏过程的数学模型时并不着重于模型的真实性,而是着重于模型的等效性。数学模型不可能完全反映实际生产过程,在建立数学模型之前,必须先提出一些假设条件,这样不至于使数学模型过于复杂。复杂的数学模型不但求解困难,而且不一定就能反映实际生产过程。实践证明,过于复杂的数学模型有时可能更加不准确。提出的假设条件,一方面应尽可能地与实际生产过程接近,假设条件最终应得到模拟结果的验证,模拟结果与实际生产结果不一致,首先应考虑假设条件是否正确;另一方面,假设条件的严格程度往往代表了将来所建立数学模型的简繁程度。在正确的假设条件下,条件越严格,所建立的模型越简单;反之亦然。根据精馏过程原理,对实际精馏过程做基本假设:

(1)各塔板气液相混合充分;

(2)塔的热损失和塔本身热容忽略不计;

(3)塔系满足恒摩尔流假设;

(4)塔内不存在化学反应。

对此假设下的精馏过程进行建模的步骤如下:

(1)输入操作参数:回流比 R、进料量 F、进料组成、塔顶产品组成要求等;

(2)依据第 2 章精馏原理求出设计型变量,包括塔顶产品组成及流量、各组分相对挥发度、最小回流比、理论塔板数和进料位置等;

(3)获得 MESH 方程组具体的数学表达式。

实现上述建模过程的模块组成如图 4.2.2 所示。

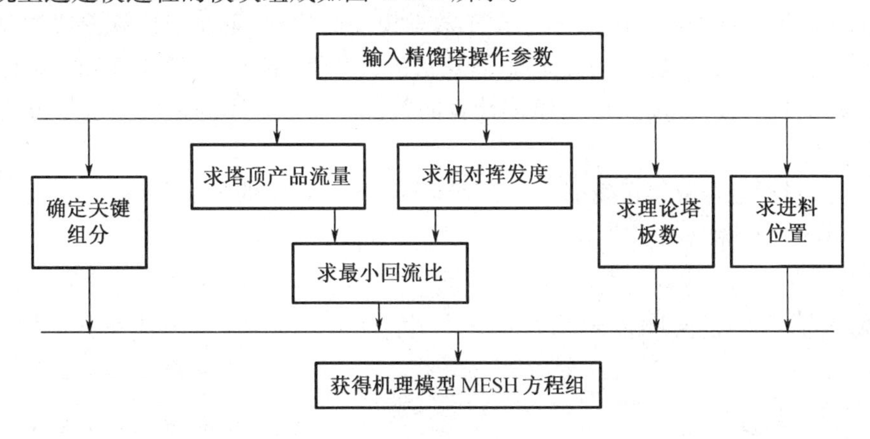

图 4.2.2　建模过程的模块组成

由于篇幅所限,本文主要介绍 MESH 方程组机理模型的获取方法。精馏塔的数学机理模型是在恒摩尔流假设下,求得体系设计型变量后,列出物料平衡方程(M)、相平衡方程(E)、物质的量分数加和方程(S)以及能量平衡方程(H),这些方程统称为 MESH 方程组。设精馏塔共有 N 个理论塔板,分离 M 种组分,对第 j 块板作模型基本方程,包括物料平衡方程(M 方程)、相平衡方程(E 方程)、物质的量分数加和方程(S 方程)和全塔能量平衡方程(H 方程),即 MESH 方程组,总共五组方程。塔板模型如图 4.2.3 所示。

总物料平衡方程(M 方程):

$$L_{j-1} - L_j - V_j + V_{j+1} + F_j = 0 \quad (1 \leqslant j \leqslant N)$$

组分物料平衡方程(M 方程):

$$L_{j-1}x_{i,j-1} - L_j x_{i,j} - V_j y_{i,j} + V_{j+1} y_{i,j+1} + F_j Z_{fi,j} = 0 \quad (1 \leqslant i \leqslant M, 1 \leqslant j \leqslant N)$$

相平衡方程(E 方程):

$$y_{i,j} = x_{i,j} k_{i,j} \quad (1 \leqslant i \leqslant M, 1 \leqslant j \leqslant N)$$

物质的量分数加和方程(S 方程):

$$\sum_i x_{i,j} = 1, \sum_i y_{i,j} = 1 \quad (1 \leqslant i \leqslant M, 1 \leqslant j \leqslant N)$$

能量平衡方程(H 方程):

$$L_{j-1} h_{j-1} - L_j h_j - V_j H_j + V_{j+1} H_{j+1} + F_j h_j + Q_j = 0 \quad (1 \leqslant j \leqslant N)$$

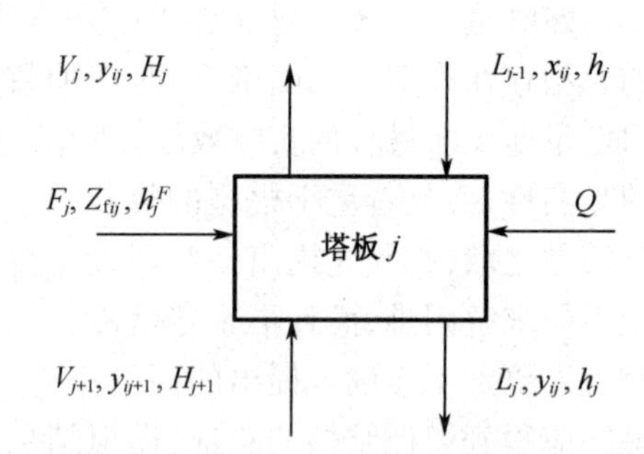

图 4.2.3 精馏塔板模型

F—进料;Q—热量;T—温度(具体计算时使用);
P—压力;L—液相负荷;V—气相负荷;
K—气液平衡常数(具体计算时使用);
h—液相焓;H—气相焓;x—液相组分组成;
y—气相组分组成;Z_f—进料组分组成
下标中:i—组分号;j—塔板号

除了这些平衡方程外,气液相平衡系数 $K_{i,j}$、液相焓 h_j、气相焓 H_j 由下式给出:

$$K_{i,j} = K_{i,j}(x_{i,j}, y_{i,j}) \quad (1 \leqslant i \leqslant M, 1 \leqslant j \leqslant N)$$

$$h_j = h_j(T_j, P_j, x_{i,j}) \quad (1 \leqslant j \leqslant M)$$

$$H_j = H_j(T_j, P_j, y_{i,j}) \quad (1 \leqslant j \leqslant M)$$

4.2.1.4 精馏数学模型求解

模拟计算的准确性和实用性,不仅在于数学模型的建立,更在于计算方法。现有的精馏仿真计算的文献报道,其重点就是改进各算法的收敛性、稳定性、快速性和正确性。对模型方程求解的算法是否性能良好是模拟计算的关键。本书采用的是模型求解方法计算流程见图 4.2.4。

模型求解过程能否取得正确解主要取决于 MESH 方程组的求解方法。

对于 MESH 方程组:

$$L_{j-1} - L_j - V_j + V_{j+1} + F_j = 0 \quad (1 \leqslant j \leqslant N)$$

$$L_{j-1}x_{i,j-1} - L_j x_{i,j} - V_j y_{i,j} + V_{j+1} y_{i,j+1} + F_j Zf_{i,j} = 0 \quad (1 \leqslant i \leqslant M, 1 \leqslant j \leqslant N)$$

$$y_{i,j} = x_{i,j} k_{i,j} \quad (1 \leqslant i \leqslant M, 1 \leqslant j \leqslant N)$$

$$\sum_i x_{i,j} = 1, \sum_i y_{i,j} = 1 \quad (1 \leqslant i \leqslant M, 1 \leqslant j \leqslant N)$$

$$L_{j-1} h_{j-1} - L_j h_j - V_j H_j + V_{j+1} H_{j+1} + F_j h_j + Q_j = 0 \quad (1 \leqslant j \leqslant N)$$

其求解在理论上有多种数学方法,如高斯消去法、追赶法、LU 分解法等。

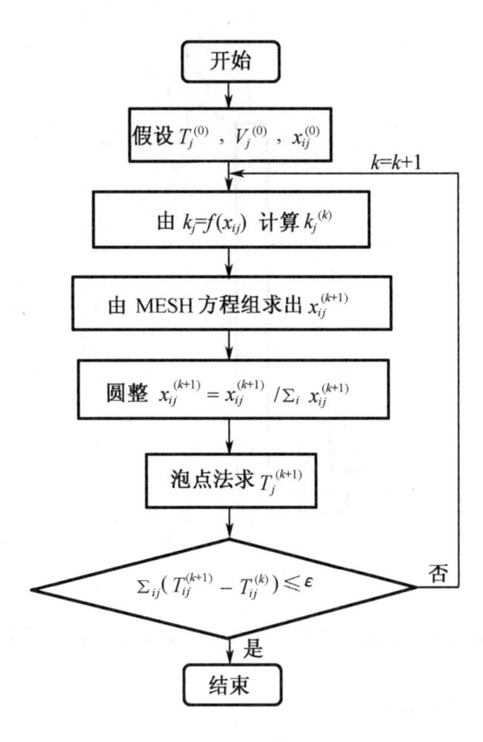

图 4.2.4　模型求解流程图

4.2.2　应用举例

精馏过程是化工、医药等领域常见的生产过程，是较为典型的单元生产过程。因此，精馏过程的精馏塔建模操作优化是近年来过程控制研究应用的热点之一。

4.2.2.1　合成 MTBE 非均相催化精馏过程数学模拟

合成 MTBE 非均相催化精馏过程的示意流程见图 4.2.5。含异丁烯的混合 C_4 和甲醇根据工艺要求分一股或多股经预反应器 2 进入催化精馏塔。催化精馏塔分为精馏段 6、提馏段 8 和反映催化精馏特征的反应段 7。甲醇和异丁烯在反应段 7 进行反应生成 MTBE。MTBE 物料 10 从塔底引出，剩余 C_4 和甲醇物料 5 从塔顶馏出。4 为塔顶冷凝器，9 为塔底再沸器。

从结构分析的观点对此非均相催化精馏过程建立了四参数结构分析模型：

物流分配参数 α　$\alpha=u_j/L_j=u_j/(S_j+L_j)$；

气相组成校正参数 β　$\beta=(Y_{j,i}-K_{j,i}^1Z_{j,i})/(K_{j,i}^0X_{j,i}-K_{j,i}^1Z_{j,i})$；

催化剂效率参数 γ　$\gamma=WK/(WK+WS)=WK/W$；

流动效率参数 δ　$\delta=L_i/(L_i+L_j)$。

以上四个结构参数均可以通过单元热模试验、冷模试验、小试数据回归确定，并在放大过程中保持不变，原则上可以适用于各种催化精馏结构。

1. 过程数学模型

在给出基本假定和独立变量之后，对 j 平衡级建立数学模型方程。

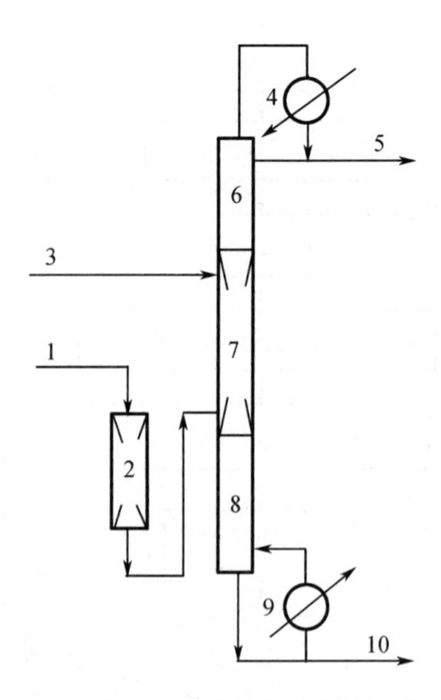

图 4.2.5 合成 MTBE 非均相催化精馏过程示意图

(1)反应动力学方程(R 方程)

反应动力学方程是催化剂为大孔 S 型阳离子交换树脂的合成 MTBE 化工动力学方程。用异丁烯转化率表示:

$$X_e = K_1[1 - e^{-V(K_1+K_2)(W/V)(NC_2-NC_1)/KS}]/(K_1+K_2)$$

$$KM_{j,i}^n = \delta(S_j^{n-1} - 1 + F_j^{n-1})\ X_e$$

$$SRM_{j,i} = \sum_{n=1}^{n} RM_{j,i}^n$$

(2)物料平衡方程(M 方程)

$$E_j dX_{j,i}/dt = L_{j-1} X_{j-1,i} + V_{j+1,i}Y_{j+1,i} - L_j X_{j,i} - V_{j+1}Y_{j+1} + FI_j ZF_{j,i} - SRM_{j,i}$$

(3)气液平衡方程(K 方程)

$$Y_{j,i} = \beta K_{j,i}^0 X_{j,i} + (1-\beta)K_{j,i}^1 Z_{j,i}$$

$$K_i = \gamma_i(\varphi_i^0/\varphi_i)(P_i^0 - P)\{\exp[V_i(P-P_i^0)/RT]\}$$

纯组分蒸气压 P_i^0 由修正的 Antoine 方程求值;液相活度系数 γ_i 由 NRTL 方程求值;气相逸度系数 Φ 由 Viral 状态方程求值。

(4)焓平衡方程(H 方程)

$$L_{j-1,i}h_{j-1} + V_{j+1}H_{j+1} - L_jh_j - V_jH_j + FI_jHF_j + SQ_j = 0$$

(5)组成归一方程(S 方程)

$$\sum_{i=1}^{c} X_{j,i} - 1 = 0$$

$$\sum_{i=1}^{c} Y_{j,i} - 1 = 0$$

$$\sum_{i=1}^{c} Z_{j,i} - 1 = 0$$

对所有方程有 $1 \leqslant i \leqslant C, 1 \leqslant j \leqslant N, 1 \leqslant n \leqslant KS$。

2. 模型方程的求解过程

计算过程如图 4. 2. 6 所示。新的改进方法在组成循环和流率循环内增加了一重塔顶组成校正循环，在完成新的液相组成求解之后对塔顶组成进行校正，使其振荡幅度始终限制在一定范围内。

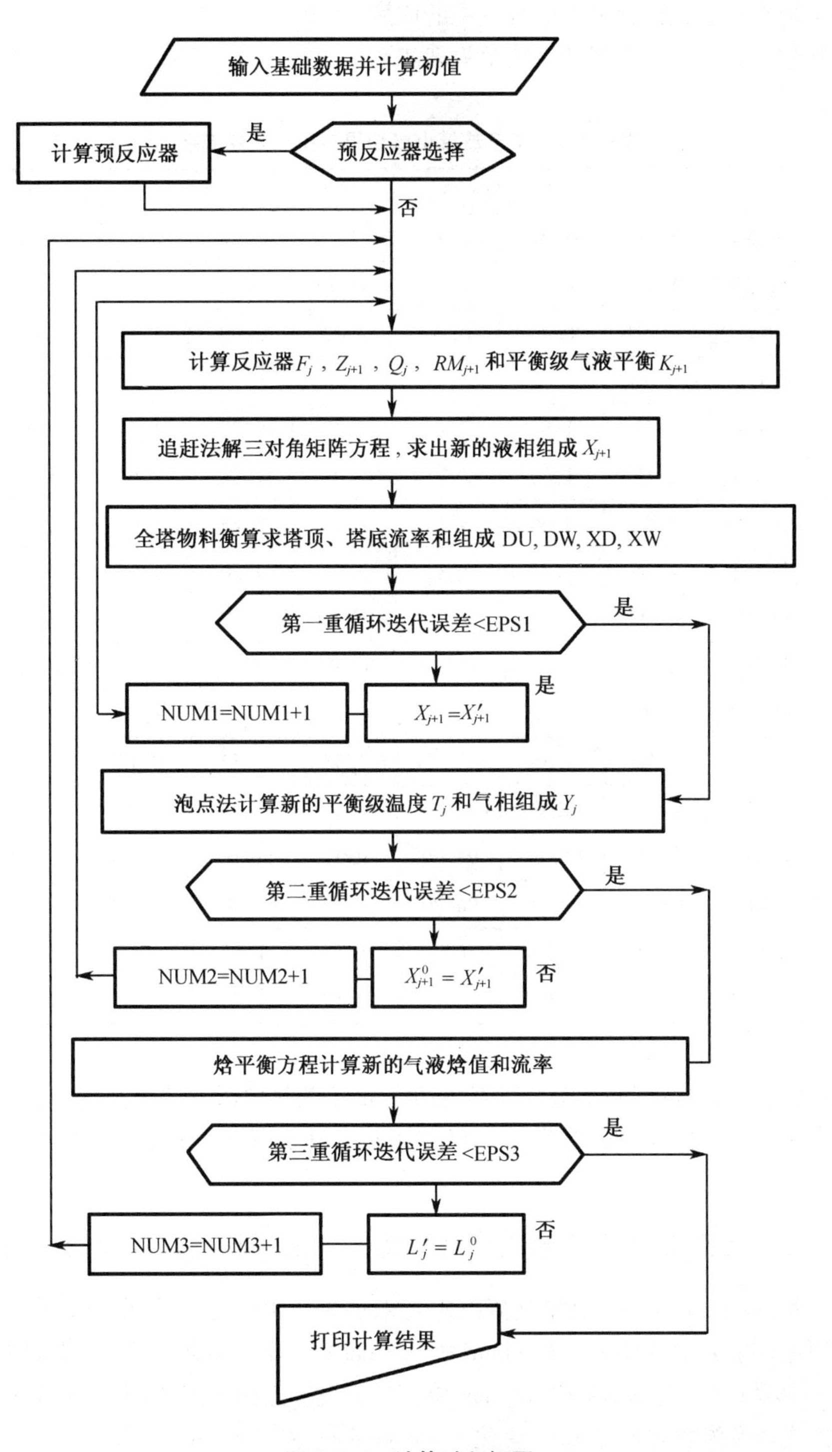

图 4.2.6　计算过程框图

按一定规律将每次循环的松弛系数分割为两部分:前一部分取较大值,使模型方程尽快接近收敛;后一部分取较小值,使模型方程最后完成收敛。

对三重循环分别给定固定循环控制次数,使内层循环运转一定次数向收敛值接近后转入外一层循环,即通过人为强制干预而减少迭代次数。

3. 数学模型在放大试验和工业装置中的应用

工艺热模小试结果与模拟计算结果见表4.2.1。

表4.2.1 工艺热模小试结果与模拟计算结果

试验序号		1	2	3	4	5	6	7	8
异丁烯转化率/%	试验值	93.36	90.88	88.07	92.19	95.80	94.80	92.19	84.41
	模拟值	93.43	90.68	87.91	89.29	92.12	93.18	92.44	83.36
	相对误差	-0.10	0.20	0.20	3.20	3.80	1.40	-0.30	1.20
塔顶组成(物质的量分数)/%									
异丁烯	试验值	1.23	1.65	2.16	1.40	0.77	1.81	1.88	3.48
	模拟值	1.15	1.62	2.33	2.07	1.53	1.64	1.85	3.94
甲醇	试验值	4.78	4.66	3.13	4.80	3.25	3.68	2.59	3.67
	模拟值	4.46	4.71	3.82	3.74	3.50	1.66	0.91	2.39
总 C_4	试验值	95.22	95.34	96.87	95.20	96.75	96.32	97.61	96.33
	模拟值	95.54	95.29	96.18	96.93	96.50	96.34	99.09	97.61
塔底组成(物质的量分数)/%									
甲醇	试验值	3.76	3.55	2.03	2.55	1.52	0.16	0.17	1.90
	模拟值	0.02	0.00	0.21	0.01	0.00	0.01	2.31	1.68
MTBE	试验值	96.08	96.15	97.29	9594	96.67	98.26	97.43	97.52
	模拟值	99.90	99.98	98.70	99.38	95.92	97.39	97.05	96.58
总 C_4	试验值	0.16	0.30	0.68	1.51	1.81	1.58	2.40	0.58
	模拟值	0.08	0.02	1.09	0.61	4.08	2.52	0.64	1.73

模拟试验表明,模拟试验结果与 Φ25 催化精馏工艺热模试验结果基本吻合。模拟结果在异丁烯转化率上比较准确,在塔顶和塔釜组成上比较接近,在塔釜甲醇组成上有一定误差。

4.2.2.2 大豆蛋白质的泡沫分离研究——泡沫精馏过程的数学模型

作为一种新的分离方法,泡沫分离技术越来越受到研究者的重视,许多学者对其在各领域的应用进行了大量的研究。Lemlich 和 Leo nard 发展了早期的模型,提出 PB(Plateau Border)几何形状的假定。Hass 和 Johnson 将该模型直接应用于泡沫塔。Desai 和 Kumer 考虑了液膜的变薄及液含量随塔高的变化。Narsimhhan 和 Ruckensten 考虑了毛细及分离压力对液膜变薄的影响,泡沫层的泡径分布及泡沫聚并亦在考虑之中,并分别在间隙和连续操作的简单塔中，应用该模型计算了泡沫层液含量及溶质浓度随塔高的变化。

1. 过程的简化

典型的泡沫精馏过程如图 4.2.7 所示。当惰性气体在池液中鼓泡时，表面活性物质吸附在气液界面上，形成稳定的泡沫。泡沫上升，脱离液相至塔的上部，构成泡沫层。泡沫层由许多泡径不同的多面体气泡构成，彼此之间由很薄的液膜(Films)和 PB 分隔开来。

液膜和 PB 截面如图 4.2.8 所示。液膜和 PB 的构成可分为三部分：气相 g_x、主体相 l_x 及表面相 s。溶质在 l_x 相与 s 相之间存在着浓度分布。在 PB 中，s 相浓度为 C_p，l_x 相浓度为 C_B；在液膜中，s 相浓度为 C_f，l_x 相浓度亦为 C_B。实际上，液膜和 PB 是相连接的，因此两者之间的 s 相与 l_x 相亦是相连接在一起的。对于没有回流的简单塔来说，两者的 s 相可以认为是混合均匀的，即 $C_p = C_f$。而当精馏操作时，由于回流液进入泡沫层，而且回流液在液膜和 PB 间分配不同，改变了液膜与 PB 间 s 相混合均一的状况，造成了两者 s 相间的浓度差异。在此，引入一个混合因子 m，令 $m = 1/(R_x + 1)$，则

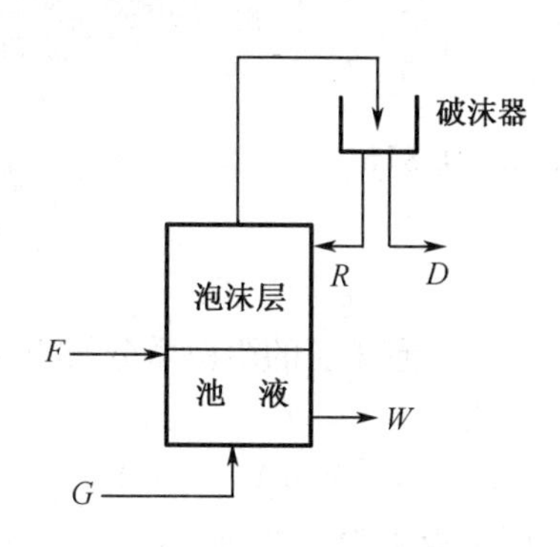

图 4.2.7　连续泡沫精馏示意图

$$C_f = (C_p - C_B)/(R_x + 1) + C_B$$

为了便于对该过程进行数学描述，特提出以下假定：

(1) 泡沫层由规则正 12 面体泡沫构成，在塔的每一截面上，泡径均一；

(2) 整个泡沫层呈活塞流向上运动，且 PB 的排列是随机的；

(3) 以泡径随塔高的变化来考虑聚并率 ϕ 的影响，并认为整个泡沫层内聚并率恒定；

(4) 蛋白质的表面浓度即为其平衡浓度，且等温吸附呈线性；

(5) 回流液由破碎的液膜和 PB 两部分组成。当回流到泡沫层时，假定来自液膜的回流液仍然回到液膜中，来自 PB 的仍回到 PB 中去。

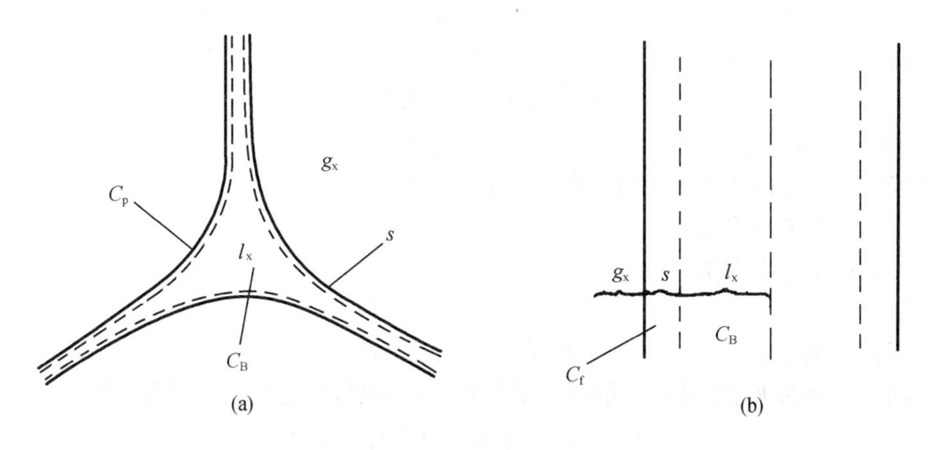

图 4.2.8　PB 和液膜中各相分布图

2. 模型的建立

（1）泡沫的持液量

泡沫的持液量由液膜持液和PB持液两部分构成，其单位体积对应的总液含量为

$$\epsilon = N \cdot n_f \cdot A_f \cdot x_f + N \cdot n_p \cdot a_p \cdot l$$

对规则正12面体泡沫：

$$n_p = 10, n_f = 6$$
$$l = \delta \cdot R$$

其中，$\delta = 0.816$。

$$A_f = 1.152R^2 = \pi R_f^2$$
$$R_f = \sqrt{1.152/\pi} R$$

同样，泡沫层的蛋白质分布于膜液、膜表面及PB液之中，则泡沫层单位体积所含蛋白质的量为

$$M = N \cdot n_f \cdot A_f \cdot x_f \cdot C_f + N \cdot n_p \cdot a_p \cdot l \cdot C_p + N \cdot n_f \cdot A_f \cdot \Gamma$$

因已假定吸附为线性，则

$$\Gamma = K \cdot C$$

那么，泡沫精馏塔的富集比为

$$E = N \cdot n_f \cdot A_f \cdot x_f \cdot C_f + N \cdot n_p \cdot a_p \cdot l_p \cdot C_p + N \cdot n_f \cdot A_f \cdot \Gamma / C_f \cdot \epsilon_r$$

（2）泡径的变化

由于聚并的存在，使得泡径随着塔高的增大而变大。定义 η 为泡沫层单位横截面积的泡沫个数，则因聚并引起的泡数变化

$$\mathrm{d}\eta/\mathrm{d}z = -N \cdot \phi/2$$

Φ, η 可以通过下式：

$$V_b = 4\pi R^3/3$$

与表面气速 G_s、泡沫体积 V_b 及持液量 ϵ 相关联：

$$\eta = G_s/V_b$$
$$N = 1 - \epsilon/V_b$$

联立，可得

$$\mathrm{d}R/\mathrm{d}z = \phi(1-\epsilon)R/(6G_s)$$

（3）液膜中含液量衡算

液膜中含液量的变化主要由三个方面来决定：

①进入液膜的回流液；

②因PB抽吸引起的液膜排液；

③液膜的破裂。

前者使液膜持液量增加，后两者则减少了液膜的持液量。

对曲率半径为 R_f、膜厚为 x_f 的圆形平板膜，其排液量可近似地用雷诺方程求解：

$$V = (2 \cdot x_f^3 \cdot \Delta P)/(3 \cdot \mu \cdot R_f^3)$$

其中，$\Delta P = \mathrm{Y}/R_p$。

对规则正12面体泡沫之PB，从几何角度考虑：

$$R_p = \{-1.732x_f + [(1.732x_f)^2 - 0.644(0.433x_f^2 - a_p)]^{0.5}\}/0.322$$

那么，液膜中的持液量衡算方程为

$$\frac{\mathrm{d}}{\mathrm{d}z}\left(\frac{2R_x+1}{R_x+1}\cdot\eta\cdot n_f\cdot A_f\cdot x_f\right)-\frac{2R_x+1}{R_x+1}\cdot N\cdot n_f\cdot A_f\cdot V-\frac{N}{2}\cdot n_f\cdot A_f\cdot x_f\cdot\phi=0$$

(4)PB 中的持液量衡算

PB 中的持液量受五个方面的影响：

①PB 抽吸引起的液膜向 PB 的排液；

②破碎泡沫液在 PB 中的重新分布；

③通过 PB 网络的重力排液；

④回流液在 PB 中重新分布；

⑤泡沫之间的传递。

PB 的重力排液速率 u，可通过解 Navier - Stokes 方程获得

$$u=\rho g a_p/(20\sqrt{3}\mu)$$

对规则正 12 面体泡沫的 PB，因重力排液引起的液量变化可表示为

$$\mathrm{d}q_p=\frac{\mathrm{d}}{\mathrm{d}z}\left(\frac{4}{15}\cdot N\cdot n_p\cdot a_p\cdot u\cdot R\right)$$

考虑外加回流的影响，PB 中持液量衡算为

$$-\frac{\mathrm{d}}{\mathrm{d}z}\left(\frac{2R_x+1}{R_x+1}\cdot\eta\cdot n_p\cdot a_p\cdot l+\frac{4}{15}\cdot\frac{2R_x+1}{R_x+1}\cdot N\cdot n_p\cdot a_p\cdot u\cdot R\right)+$$
$$\frac{2R_x+1}{R_x+1}\cdot N\cdot n_f\cdot A_f\cdot V+\frac{N}{2}\cdot n_f\cdot A_f\cdot x_f\cdot\phi=0$$

(5)泡沫中蛋白质的物料衡算

泡沫中蛋白质含量主要由膜液、膜表面、PB 及排液中的蛋白质变化量决定，其衡算方程为

$$-\frac{\mathrm{d}}{\mathrm{d}z}\left(\frac{2R_x+1}{R_x+1}\cdot\eta\cdot n_p\cdot a_p\cdot l\cdot C_p+\frac{2R_x+1}{R_x+1}\cdot\eta\cdot n_f\cdot x_f\cdot C_f+\eta\cdot n_f\cdot A_f\cdot\Gamma\right)+$$
$$\frac{\mathrm{d}}{\mathrm{d}z}\left(\frac{2R_x+1}{R_x+1}\cdot\frac{4}{15}\cdot N\cdot n_p\cdot a_p\cdot u\cdot R\cdot C_p\right)=0$$

3. 模型的求解

为了求解这一常微分方程组，必须知道 $\eta, R, x_f, a_p, C_p, C_f$ 和 ϵ 在泡液界面处的初始值。R_x, G_s, R, C_{B0} 可由实验测定。在泡液界面处，认为 $C_{f0}=C_{p0}=C_{B0}$，ϵ_0 取紧密堆积的球形填料的空隙率，取值为 0.26。

从泡沫持液量的衡算可以推断：泡液界面处上升液量与排液量之差应等于塔顶产品量。实际上塔顶产品的流率与泡液界面处的流率比起来相当小，故而假定在泡液界面处，上升液流率等于排液流率。泡液界面处上升液的流率为

$$U_{up}\Big|_{z=0}=G_s\epsilon_0/(1-\epsilon_0)$$

排液流率为

$$U_{down}\Big|_{z=0}=4\cdot N_0\cdot n_p\cdot a_{p0}\cdot R_0\cdot u_0/15$$

则有

$$G_s\epsilon_0/1-\epsilon_0=4\cdot N_0\cdot n_p\cdot a_{p0}\cdot R_0\cdot u_0/15$$

同时

$$\eta_0=G/V_{b0}=3G_s/4\pi R_0$$

$$N_0 = 1 - \epsilon_0 / V_{b0} = 3(1 - \epsilon_0) / 4\pi R_0^3$$

$$\epsilon_0 = N_0 \cdot n_f \cdot A_{f0} \cdot x_{f0} + N_0 \cdot n_p \cdot a_{p0} \cdot l_0$$

实验中发现,操作条件不同,聚并程度亦不同,故而 ϕ 为可调参数。用通用 Gear 法求常微分方程组的数值解,边界条件为上 5 式所述。

4. 结果与讨论

模型计算值与实验结果由图 4.2.9 至图 4.2.11 示出。

图 4.2.9 为一定条件下,进料浓度对蛋白质富集比的变化曲线,由图中可以看出模型预测值与实验值基本一致。浓度较低时,泡沫表面浓度低,其稳定性较差,聚并现象相对明显,此时实验结果比预测值要高一些。而浓度较高时,表面吸附趋于饱和,泡沫较稳定,预测值与实验值能够较好地吻合。

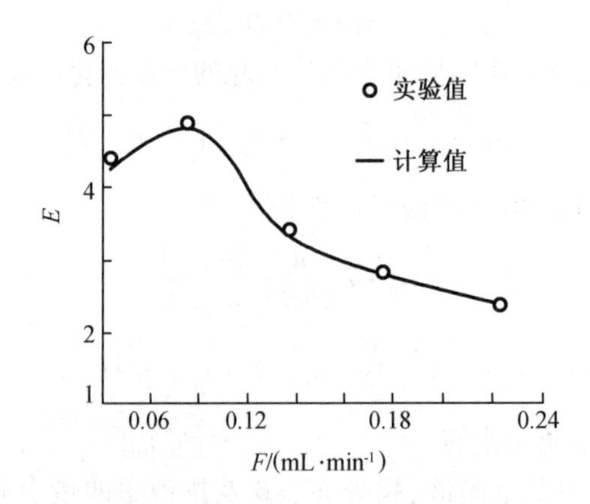

图 4.2.9 初始浓度对分离过程的影响

图 4.2.10 示出了进气流率对蛋白质分离效果的影响。模型预测值与实验值之间表现出相同的变化趋势:富集比随气速的增大而下降。气速较低时,夹带液量少,气液接触时间长,表面吸附接近或达到平衡,因而此时实验值与预测值基本一致。另外,在实验中亦观察到,气速增加,大泡增多,使泡沫层的泡径分布范围变广,此时塔中同一横截面的泡径差别较大,与模型在同一截面上泡径均一的假定相违背。此时,随着塔高的增加,聚并现象变得较为明显,聚并率变大。模型假定偏离实际情况,预测值低于实验值。

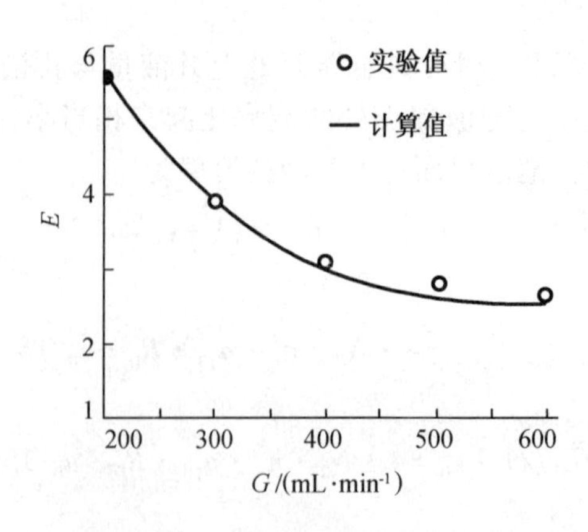

图 4.2.10 气速对分离过程的影响

在其他操作条件不变的情况下,操作回流比对分离效果影响的模型预测值与实验值如图4.2.11所示。在排液较充分时,因受回流液的影响,模型曾假定PB中主体相浓度等于表面相浓度。该假定在回流比较大时,较接近实际情况,因而预测值与实验值能够很好地吻合。而没有回流或回流比较小时,回流对PB中主体相浓度影响较小,泡沫主体相浓度小于表面相浓度,使得预测值高于实验值。

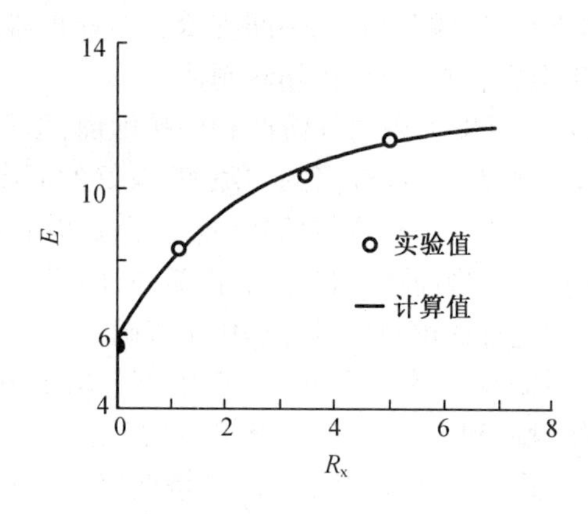

图4.2.11　操作回流比对分离过程的影响

4.3　吸收塔衡算法

吸收塔是用以进行吸收操作的塔器。利用气体混合物在液体吸收剂中溶解度的不同,使易溶的组分溶于吸收剂中,并与其他组分分离的过程称为吸收。吸收塔进行设计前,需针对物系、分离要求及生产条件确定一系列工艺参数。而随着工业发展,分离要求越来越高,计算也愈发复杂,一般采用数值模型求解各工艺参数,从而完成吸收塔的设计。本书阐述了吸收塔及数学模型的基本概念,并介绍了近年来吸收塔中数学模型的研究进展,以OCM法制乙烯中吸收塔的数学模拟为例展示了数学模型求解吸收塔问题的基本流程。

吸收塔是实现吸收操作的设备。按气液相接触形态分为三类:第一类是气体以气泡形态分散在液相中的板式塔、鼓泡吸收塔、搅拌鼓泡吸收塔;第二类是液体以液滴状分散在气相中的喷射器、文氏管、喷雾塔;第三类是液体以膜状运动与气相进行接触的填料吸收塔和降膜吸收塔。

塔内气液两相的流动方式可以逆流也可并流。通常采用逆流操作,吸收剂从塔顶加入自上而下流动,与从下向上流动的气体接触,吸收了吸收质的液体从塔底排出,净化后的气体从塔顶排出。

4.3.1　工业吸收塔应具备以下基本要求

(1)塔内气体与液体应有足够的接触面积和接触时间。

(2)气液两相应具有强烈扰动,减小传质阻力,提高吸收效率。

(3)操作范围宽,运行稳定。

(4)设备阻力小,能耗低。

(5)具有足够的机械强度和耐腐蚀能力。

(6)结构简单,便于制造和检修。

4.3.2 几种常用的吸收塔

1. 填料塔

它由外壳、填料、填料支承、液体分布器、中间支承和再分布器、气体和液体进出口接管等部件组成,塔外壳多采用金属材料,也可用塑料制造。

填料是填料塔的核心,它提供了塔内气液两相的接触面,填料与塔的结构决定了塔的性能。填料必须具备较大的比表面,有较高的空隙率、良好的润湿性、耐腐蚀、一定的机械强度、密度小、价格低廉等。常用的填料有拉西环、鲍尔环、弧鞍形和矩鞍形填料,20 世纪 80 年代后开发的新型填料如 qh-1 型扁环填料、八四内弧环、刺猬形填料、金属板状填料、规整板波纹填料、格栅填料等,为先进的填料塔设计提供了基础。

填料塔适用于快速和瞬间反应的吸收过程,多用于气体的净化。该塔结构简单,易于用耐腐蚀材料制作,气液接触面积大,接触时间长,气量变化时塔的适应性强,塔阻力小,压力损失为 300~700 Pa,与板式塔相比处理风量小,空塔气速通常为 0.5~1.2 m/s,气速过大会形成液泛,喷淋密度为 6~8 $m^3/(m^2 \cdot h)$,以保证填料润湿,液气比控制在 2~10 L/m^3。填料塔不宜处理含尘量较大的烟气,设计时应克服塔内气液分布不均的问题。

2. 湍球塔

它是填料塔的一种特殊形式,运行时塔内填料处于运动状态,以强化吸收过程。在塔内栅板间放置一定数量的轻质小球填料(直径 29~38 mm),吸收剂自塔顶喷下,湿润小球表面,气体从塔底进入,小球被吹起湍动旋转,由于气、液、固三相充分接触,小球表面液膜不断更新,增加了吸收推动力,提高了吸收效率。

该塔制造、安装、维修较方便,可以用大小、质量不同的小球改变操作范围。该塔处理风量较大,空塔气速 1.5~6.0 m/s,喷淋密度 20~110 $m^3/(m^2 \cdot h)$,压力损失 1 500~3 800 Pa,而且还可以处理含尘气体。其缺点是塑料小球不能承受高温,小球易裂(一般 0.5~1 年),需经常更换,成本高。

3. 板式塔

板式塔是在塔内装有一层层的塔板,液体从塔顶进入,气体从塔底进入,气液的传质、传热过程是在各个塔板上进行的。板式塔种类很多,大致可分为两类:一类是降液管式,如泡罩塔、筛孔板塔、浮阀塔、S 形单向流板塔、蛇形板塔、浮动喷射塔等;另一类是穿流式板塔,如穿流栅孔板塔(淋降板塔)、波纹穿流板塔、菱形斜孔板塔、短管穿流板塔等。

(1)筛孔板塔

筛孔直径一般取 5~10 mm,筛孔总面积占筛板面积的 10%~18%。为使筛板上液层厚度保持均匀,筛板上设有溢流堰,液层厚度一般为 40 mn 左右,筛板空塔风速为 1.0~3.0 m/s,筛板小孔气速 6~13 m/s,每层筛板阻力 300~600 Pa。筛孔板塔主要优点是构造简单,处理风量大,并能处理含尘气体。不足之处是筛孔堵塞清理较麻烦,塔的安装要求严格,塔板应保持水平,操作弹性较小。

(2)斜孔板塔

斜孔板塔是筛孔板塔的另一形式。斜孔宽 10~20 mm,长 10~15 mm,高 6 mm。空塔气流速度一般取 1~3.5 m/s,筛孔气流速度取 10~15 m/s。气体从斜孔水平喷出,相邻两孔的孔口方向相反，交错排列，液体经溢流堰供至塔板(堰高30 mm)，与气流方向垂直流动，造成气液的高度湍流，使气液表面不断更新，气液充分接触，传质效果较好，净化效率高，同时可以处理含尘气体，不易堵塞，每层筛板阻力为400～600 Pa。该塔结构比筛孔板塔复杂，制造较困难，安装要求严格，容易发生偏流。

(3)文氏管吸收器

文氏管吸收器通常由文氏管、喷雾器和旋风分离器组成，操作时将液体雾化喷射到文氏管的气流中，气流速度为60～100 m/s，处理100 m^3/min的废气需液体雾化喷入量为40 L/min。文氏管吸收器结构简单、设备小、占空间少、气速高、处理量大、气液接触好、传质较容易，特别适用于捕集气流中的微小颗粒物。但因气液并流，气液接触时间短，不适合难溶或反应速度慢的气液吸收，而且损失大(800～900 h)，能耗高。

现在数学模型还没有一个统一的准确的定义，因为站在不同的角度可以有不同的定义。不过我们可以给出如下定义：数学模型是关于部分现实世界和为一种特殊目的而做的一个抽象的、简化的结构。具体来说，数学模型就是为了某种目的，用字母、数字及其他数学符号建立起来的等式或不等式以及图表、图像、框图等描述客观事物的特征及其内在联系的数学结构表达式。

4.3.3　吸收塔中数学模型进展及应用举例

4.3.3.1　吸收塔中数学模型进展

甲烷氧化耦联(Oxidative Coupling of Methane，OCM)法可实现由甲烷一步转化为乙烯。反应产物混合气要经过以甲苯为吸收剂的吸收分离工艺流程处理才能最终得到乙烯，而吸收塔是其中关键的设备。对甲苯吸收塔进行准确的仿真计算，对于指导生产过程的设计和操作有着重要的意义。主要研究进展简单列举如下：

(1)通过建立吸收塔的数学模型，并运用化工动态流程模拟优化系统(Dynamic Simulation& Optimization，DSO)平台对吸收过程进行了模拟。应用结果表明，整个仿真过程能够很好地反映出装置正常工况时的设备运行情况。仿真结果不仅可以作为操作人员分析生产过程的依据，还为改进设计和操作条件，以达到提高吸收塔处理能力和降低能量消耗的目的，提供了有价值的参考。

(2)为了选择和开发顺酐溶剂吸收技术，采用Hysys模拟以DBPT为溶剂的顺酐吸收塔两种设计。通过建立数学模型得到计算值，与两种方案的设计值比较，拟合较好。改变两种方案的初始设计条件进行模拟，结果表明在用DIBE代替DBPT作为溶剂的情况下，吸收效果均有一定改进，溶剂的进料方式及其位置也对吸收效果具有影响。

(3)提出板式气体吸收塔干板开车动态模拟法，编写了用于求解板式气体吸收塔干板开车常微分方程组的MATLAB程序，并举例说明。本数学模型做了理论板、等温操作、恒摩尔持液假定，忽略持气量和塔板上的流体流动动态行为；针对开车实际过程，塔板一面从上到下逐板充液，一面逐一扩展常微分方程数，并巧妙地赋以各板常微分方程的积分初值，使动态解亦得以随时更新，直至塔底最后一板充液完成并顺利得出稳态解。该模型对于化学工程师了解板式气体吸收塔开车过程中塔板上持液量、液相组成和气相组成动态变化的细节具有重要意义。

(4)针对钠碱烟气脱硫体系中气液吸收过程中复杂的反应及传质特性，基于双膜传质理论,建立了填料塔内钠碱脱硫中气液反应的数学模型。模型中全面考虑了所有反应的可逆反应、气相阻力对传质的作用及各组分的扩散。根据工艺研究中的实验条件对模型赋初值,结合模型参数估值确定适宜的边界条件后,采用 MATLAB 对模型方程进行求解,得到了液膜内各组分的浓度分布曲线,以及气相分压、pH 值、传质阻力、传质速率、吸收增强因子等沿塔高的分布特性。结果表明模型预测结果和实验结果吻合良好。所建立的模型为该工艺过程和其他湿法烟气脱硫过程的传质－反应现象提供了一个定量的理论分析和工程设计基础。

(5)为了解决工业中 NO_x 污染问题,以双膜理论为基础建立并求解了氮氧化物在绝热情况下采用高效规整填料塔进行常压水吸收的数学模型,对 NO_x 脱出率、出口含量、氧化度、出塔酸浓度及液体酸温度进行了模拟,同时进行了实验验证。模型涉及水吸收的气相反应及平衡、气相传质过程、界面平衡和液相反应。实验装置为已投产运行的年产 2 万吨草酸的吸收塔设备。模拟结果与工业实验装置现场采集的数据吻合较好,可以作为氮氧化物工业化生产的理论依据。

(6)根据低温甲醇净化工艺流程,利用 Aspen Plus 软件建立了费托合成油尾气重整气的低温甲醇净化过程的数学模型,获得了净化气流量、各组分体积分数等关键参数,并与实际数据对比,二者相互吻合。采用灵敏度分析方法进行了分析优化,结果表明吸收塔装置处理负荷可提高 8.84%。当吸收塔负荷不变且净化气出口 CO_2 的体积分数低于 0.5% 时,贫甲醇液的温度控制范围为 －44 ~ －41 ℃,吸收塔贫甲醇液量和热再生塔的蒸馏速率分别降低了 11.96% 和 9.55%,净化过程总能耗下降 9.43%。

(7)针对长久以来难以通过化学反应动力学模型以及计算流体力学模型对吸收塔脱硫效率影响因素进行精确定量描述的问题,引用典型相关分析理论,对吸收塔输入参数与输出参数两组变量之间的相关性进行统计分析,完成数据初步筛选;然后引用主成分分析方法,把多元变量间的相关性研究化为少数几对变量之间的相关性研究,最后以进口烟气流量、进口烟气温度、进口烟气 SO_2 浓度、液气比、进口烟尘浓度、烟气流速、石膏浆液密度、石膏浆液 pH 值等参数为输入变量,运用多神经网络建模技术来完成吸收塔动态实时仿真模拟。太仓港环保电厂脱硫装置实际应用表明,该模型脱硫效率预测误差小于 1%,吸收塔内出口压力预测误差小于 50 Pa,完全满足工程应用精度。多环芳烃主要来源于煤的高温不完全燃烧产物,兼有少量的石油污染贡献。这与武汉市以煤为主的复合型能源利用结构相符合。

(8)为揭示石灰石湿法脱硫体系中喷淋塔内 SO_2 的浓度和脱硫效率的变化情况,针对喷淋塔内石灰石在气膜控制、气液膜控制和固体溶解控制的三个不同阶段,以双膜理论为基础,以单个石灰石颗粒为研究对象,通过石灰石在不同阶段的转化率和粒径变化,得到 SO_2 在不同阶段脱硫效率随时间的变化规律,建立 SO_2 吸收的数学模型。模型计算结果表明,在烟气行程上,脱硫效率受 SO_2 气膜传质阻力和石灰石溶解速率限制。在吸收塔底部和上端 SO_2 吸收速率较低,在 SO_2 和石灰石物质的量比适宜条件下,有效吸收段高度为2 m 左右。理论模型揭示的规律对喷淋塔的设计和运行参数选取有一定借鉴意义。

(9)以建立的填料塔氨法脱硫实验系统为例,研究了氨法脱硫的气液传质和化学反应过程,并建立了数学模型。利用该模型对填料塔氨法脱硫过程进行了数值模拟,分析了吸收液 pH 值、液气比、初始 SO_2 浓度和烟气流速等因素对脱硫效率的影响,并与实验结果进行了对比。结果表明:在运行过程中,将 pH 值控制在 5.5 ~ 6.5、液气比控制在 2.0 ~ 2.7 L/m^3、烟气流速控制在1.5~2.0 m/s范围内较为合适;模型计算值和实验数据吻合良好,证明了该模型的合理性,为氨法烟气脱硫的工艺设计提供了理论参考。

(10)电站湿式石灰石/石膏脱硫系统中,为保证较高的脱硫效率(95%以上),吸收塔内浆液pH值的控制是其中最重要的控制参数之一。目前,电站中广泛采用石灰石浆液pH值为反馈信号,引入锅炉负荷信号和FGD进口SO_2含量作为石灰石浆液的前馈信号,进行石灰石浆液给料调节的方法,虽然提高了控制水平,但是由于吸收塔内化学反应过程的强非线性和整个pH值控制过程的大滞后性,很难用解析函数的方法建立整个反应过程的数学模型,使控制没有达到最佳的效果。因此,引入CMAC和PID并行控制的控制方式,对石灰石浆液PH值进行了控制仿真,从仿真结果上来看,这种控制方案均取得了较为满意的控制效果。

(11)阐述了国内外有关数值模拟在湿法烟气脱硫(WFGD)技术中的研究与应用进展,并总结出数值模拟在WFGD技术中取得了一定的研究进展,但仍然还有一些问题需要考虑:数值模拟所依据的理论基础需要进一步加强,包括脱硫过程机理研究的深入,气液两相传质的强化等;如何根据实际工程选择或建立合理的模型;如何使模拟计算结果更具有可靠性;如何准确地对计算结果进行分析、测试和验证;计算机硬件性能问题。尽管存在这些问题,但随着WFGD技术的进一步完善、改进及现代计算机技术的发展,数值模拟将会在WFGD技术领域中有更广泛的应用。

4.3.3.2 吸收塔中数学模型应用举例

以OCM法制乙烯中吸收塔的模拟为例,甲烷氧化偶联反应单元所产生的高温反应混合气A,主要含有CH_4,C_2H_4,C_2H_6,C_3H_6,C_3H_8,C_4H_8,C_4H_{10},N_2,CO_2,H_2O等成分。

利用烯烃类气体在苯系芳烃中有很好的溶解性的原理,选用以甲苯为吸收剂的吸收分离工艺流程(图4.3.1)处理该混合气A。最终收集到以乙烯、丙烯以及少量甲烷为主要成分的混合气B。混合气B将会进入烯烃精馏分离等后续单元做进一步处理。

1. 工艺流程

如图4.3.1所示,高温混合气A首先进入蒸气发生器HX1将110 ℃液态水加热并产生111.2 ℃的蒸汽,以此来回收热量以供后续的甲苯解吸塔DES8塔釜再沸器使用。之后混合气体进入换热器C2冷却并初步疏水后进入分子筛吸水塔SEP3进一步除去残余水。

除水后的混合气体d在换热器HX4中冷却至10 ℃,进入甲苯吸收塔ABS5。吸收塔的操作压力为14.63 bar(1 bar=0.1 MPa),温度为-34~3 ℃。在此,混合气体中大部分的甲烷、乙烷、二氧化碳等混合气b从塔顶采出后送去脱碳单元。混合气中的少量甲烷,大部分的乙烯、丙烯等被吸收剂所吸收,从塔底流出。

塔底富液c经过换热器HX6和C7的两次冷却,温度降至-40 ℃,最终进入解吸塔DES8中进行解吸。解吸塔的操作压力为1 bar,温度为-26~110 ℃。以乙烯、丙烯以及少量甲烷等为主要成分的混合气体B从解吸塔塔顶采出。

物流a为吸收剂甲苯,从解吸塔塔釜分出经过泵P9加压14.63 bar,再经换热器C10和C11降温至-40 ℃,返回吸收塔循环使用。

2. 数学模型的建立

图4.3.2是多组分吸收塔模型。

稳定工况下,吸收塔的任何理想平衡级j(简称第j理想级或第j级)见图4.3.3。

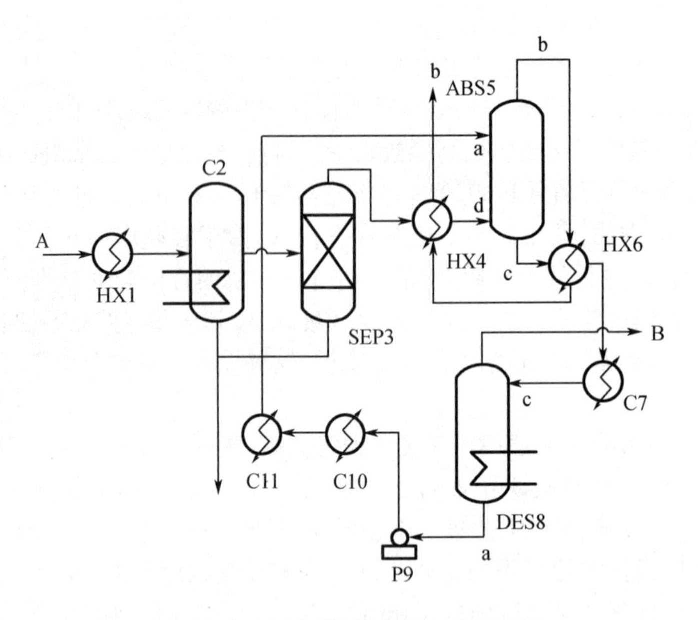

图 4.3.1 甲苯吸收分离工艺流程图

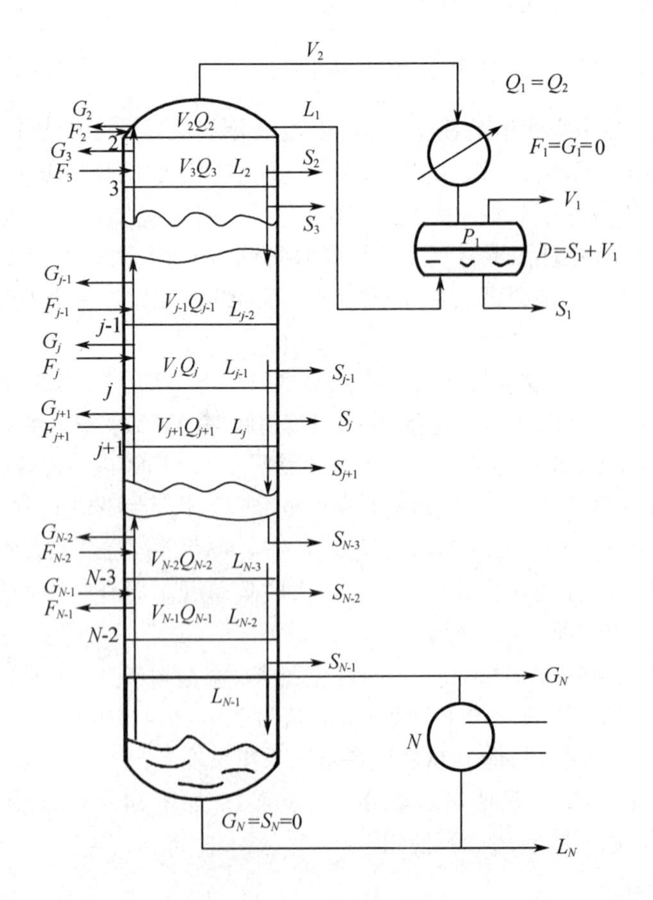

图 4.3.2 多组分吸收模型

吸收塔的第j级必须同时满足以下方程：

物料平衡方程

$$L_{j-1}x_{i,j-1}-(V_j+G_j)y_{ij}-(L_j+S_j)x_{ij}+V_{j+1}y_{i,j+1}=-F_jz_{ij} \tag{4.3.1}$$

气液相平衡方程

$$y_{ij}=K_{ij}x_{ij} \tag{4.3.2}$$

归一化方程

$$\sum x_{ij}=1,\sum y_{ij}=1 \tag{4.3.3}$$

能量平衡方程

$$L_{j-1}h_{j-1}-(V_j+G)H_j-(L_j+S)h_j+V_{j+1}H_{j+1}=-F_jH_{Fj}+Q_j \tag{4.3.4}$$

将式(4.3.2)代入式(4.3.1)得到

$$L_{j-1}x_{i,j-1}-\nabla(V_j+G_j)K_j+(L_j+S_j)x_{ij}+V_{j+1}K_{i,j+1}x_{i,j+1}=-F_jz_{ij} \tag{4.3.5}$$

为了减少未知量，将L表示成V的函数。为此，从冷凝器到第j级做物料衡算，见图4.3.4。

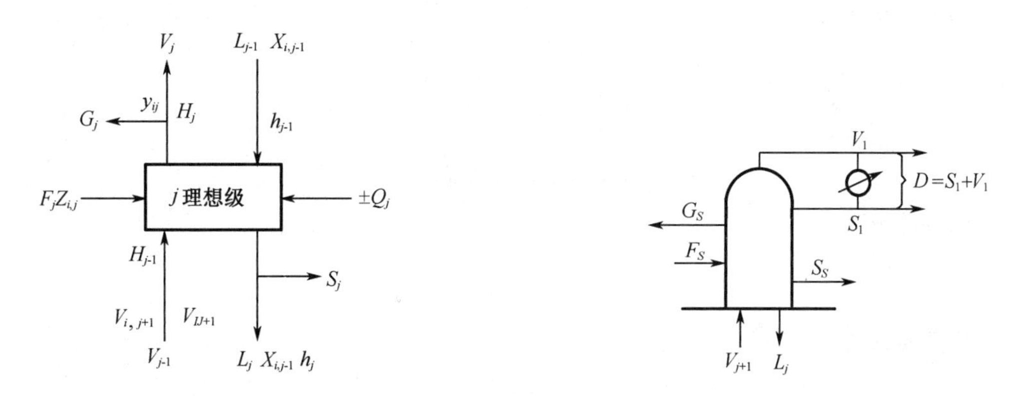

图4.3.3 第j理想级

图4.3.4 冷凝器到j级物料衡算图

从冷凝器至第j级总进料量以F表示，总抽气量以G表示，总抽液量以S表示，则总物料衡算为

$$L_j=V_{j+1}+F_S-G_S-V_1-S_S \tag{4.3.6}$$

式中 $F_S=\sum_{k=2}^{j}F_k=\sum_{k=1}^{j}F_k$；

$G_S=\sum_{k=2}^{j}G_k=\sum_{k=1}^{j}G_k$；

$S_S=\sum_{k=2}^{j}S_k$。

代入式(4.3.6)得

$$L_j=V_{j+1}+\sum_{k=1}^{j}(F_k-G_k-S_k)$$

即物料平衡方程可写成

$$\begin{cases} V_2 y_{i2} - V_1 y_{i1} - (S_1 + L_1) x_{i1} = 0 \quad (j=1) \\ L_{j-1} x_{i,j-1} - (V_j + G_j) y_{ij} - L_j x_i + V_{j+1} y_{i,j+1} + F_j z_{ij} = 0 \quad (2 \leqslant j \leqslant N-1) \\ L_{N-1} x_{i,N-1} - (V_N + G_N) y_N - L_N x_N = 0 \quad (j=N) \end{cases} \tag{4.3.7}$$

相应地,能量平衡方程可表示为

$$\begin{cases} V_2 H_2 - V_1 H_1 - (L_1 + S_1) h_1 - Q_c = 0 \quad (j=1) \\ L_{j-1} h_{j-1} - (V_j + G_j) H_j - (L_j + S_j) h_j + V_{j+1} H_{j+1} + K_j H_{Fj} + Q_j = 0 \quad (2 \leqslant j \leqslant N-1) \\ L_{N-1} h_{N-1} - (V_N + G_N) H_N - L_N h_N + Q_R = 0 \quad (j=N) \end{cases} \tag{4.3.8}$$

式(4.3.3)、式(4.3.7)及式(4.3.8)为描写稳态工况下吸收塔的数学模型。

3. 模型的求解

根据专利数据,对计算系统物性所需的状态方程进行了筛选,最后确定选用 Peng - Robinson 状态方程和 Boston - Mathias 混合规则为基础方程,并回归计算出了所需的二元交互作用参数。对整个流程采用了序贯模块法进行求解。

物料平衡方程

$$\frac{\mathrm{d}U}{\mathrm{d}\tau} = F_{\text{in}} - F_{\text{out}} + R$$

气液平衡方程

$$p \times y_i \times \phi_i^V = f_i^\theta \times x_i \times \gamma_i$$

归一化方程

$$\sum_{i=1}^{c} x_i = \sum_{i=1}^{c} y_i = 1$$

能量平衡方程

$$\frac{\mathrm{d}H}{\mathrm{d}\tau} = H_{\text{in}} - H_{\text{out}} + Q_{\text{传热}} + Q_{\text{反应热}}$$

其中 τ——纯量,代表时刻;

$\boldsymbol{y}$——n 维列向量,$\boldsymbol{y} = (y_1, y_2, \cdots, y_n)^{\mathrm{T}}$。

当初值确定后,上述方程的解曲线就确定了。当然,若上式中的微分项为零,则退化为代数方程组。

如果不是描述带有控制系统的实际生产装置,则以上动态模型就是符合实际需要的。但当控制系统发生作用时,以上动态模型就不能反映实际动态行为。况且,由于实际化工过程的复杂性,很多变量之间无法用显函数形式表达相互间的数量关系,大时滞与小时滞子系统组合在一起使得后者的动态模型退化为代数方程,故对应的动态模型也就很难通过数学形式的变换化成以上标准的常微分方程组初值问题表达形式。相应的求解策略与算法也变得非常复杂,往往难于套用数学手册上的经典算法。此时,符合实际的动态问题数学模型表达应当如下面的微分 - 代数混合方程组:

$$\begin{cases} \dfrac{\mathrm{d}y}{\mathrm{d}\tau} = f(x, y, \tau, c) \\ \phi(x, y, c) = 0 \\ c = c(\tau) \end{cases}$$

$\boldsymbol{x}$ 为时间 τ 的 m 维向量函数,可称状态变量。$\boldsymbol{\phi} = (\phi_1, \phi_2, \cdots, \phi_m)$ 也是 m 维向量函数,

可称控制变量,代表了控制系统的控制作用或影响。对以上模型,如使用最普通的 Euler 法求解,其算法将演变为

$$\begin{cases} y\Big|_{\tau=\tau_0}=y_0 \\ c_k=c(\tau_k) \quad (k=0,1,2,\cdots) \\ \phi(x_k,y_k,c_k)=0 \\ \text{迭代解出 } x_k=x(y_k,c_k) \\ y_{k+1}=y_k+hf(x_k,y_k,\tau_k,c_k) \quad (k=0,1,2,\cdots) \\ \tau_{k+1}=\tau_k+\mathrm{d}\tau \end{cases}$$

由于在以上算法的积分过程中先要对代数方程组 $\phi(x_k,y_k,c_k)=0$ 迭代求解,故整个计算非常复杂、耗时。而跟踪逼近算法就是解决计算效率的有效手段。其原理大致为:对于第 k 步积分,以上微分方程组中的代数方程通常按下式迭代直至收敛。

$$x_k^{(j+1)}=x_k^{(j)}+\Delta x_k^{(j)} \quad (j=0,1,2,\cdots)$$

其中,$\Delta x_k^{(j)}$ 可以是按照任一代数方程组迭代解法给出的第 j 轮 x_k 的迭代改进量。通常要等到此迭代过程收敛后才进行后续的积分运算。

但是,对于在动态过程中那些大时滞的变量 x 或其某些分量,在相邻两次时间积分之间其数值变化很小,故可采用如下的计算策略求解整个微分－代数混合方程组:

$$\begin{cases} y\Big|_{\tau=\tau_0}+y_0 \\ c_k=c(\tau_k) \\ \text{依据 } \phi(x_k,y_k,c_k)=0 \\ \text{构造一步迭代,求出 } x_k=x_{k-1}+\Delta x_{k-1} \\ y_{k+1}=y_k+hf(x_k,y_k,\tau_k,c) \quad (k=0,1,2,\cdots) \\ \tau_{k+1}=\tau_k+\mathrm{d}\tau \end{cases}$$

可以看出,这样的算法就是将每一步积分时都要迭代至完全收敛的代数方程求解计算,分散到后续的积分步骤中进行。这种方法减少了大量复杂的代数计算,明显提高了计算的效率。并且,此解法当控制系统发生作用,将过程控制到稳态点时,代数方程将完全收敛。并且在一步迭代求解代数方程时结合了双层法,计算的效率和稳定性大为提高。内层为联立求解简化物性模型与严格精馏过程模型;外层使用严格物性模型对简化模型参数进行校核与修正。当严格模型给出的参数修正量趋于零时计算任务完成。

4.4　乏燃料后处理(以 Purex 流程为例)萃取过程中数学模型与举例

在乏燃料后处理 Purex 流程中,根据各组分化学行为、分配比数据、动力学数据等,利用合适的分配比模型,对 1A,1B 萃取槽建立稳态算法的数学模型,实现各组分浓度分布的计算。可以利用稳态算法数学模型对共去污萃取槽(1A)中 Pu(Ⅵ)行为和铀钚分离萃取槽(1B)中 U/Pu 分离工艺进行模拟计算,得到较好结果,并通过建立其他元素在萃取流程中

的分配比模型,实现利用稳态算法模型对其浓度分布进行计算。本节将简单做以介绍。

4.4.1 后处理以及 Purex 流程

核电生产过程中,会产生含有大量的 U,Pu,次量锕系元素和裂变产物的乏燃料。通过乏燃料后处理,可以达到以下目的:

(1)从大量裂变产物中分离回收其中的 U 和 Pu,使之作为可裂变材料重新使用,以节约资源,实现天然资源的最优化使用。

(2)处理放射性废物,使之能以稳定、无害的方式长期安全储存,减少环境安全的风险。所以后处理对于资源利用和环境安全有着重要的意义。

20 世纪 40 年代以来,为了对乏燃料进行处理,人们做了大量工作,建立了众多不同形式的乏燃料后处理方法和工艺。但是,目前工艺比较成熟并且在实际中广泛采用的还是溶剂萃取流程。

目前世界各国的乏燃料后处理工艺,主要采用 Purex 流程及其变体。该流程以 TBP 为萃取剂,煤油或者正十二烷为稀释剂,HNO_3 为盐析剂,利用 U,Pu 以及裂片元素相互之间被萃取行为的差异来实现铀、钚的分离与净化。

图 4.4.1 是典型的 Purex 二循环流程示意图。其中,在 1A 萃取器中,铀和钚一起几乎全部被有机溶剂萃取,共同进入 1AP,大部分的裂片元素(F.P.)则进入 1AW,达到 U,Pu 共去污的目的。然后,有机相中的 U,Pu 在 1B 槽中实现铀、钚之间的分离。水相 1BP 进入钚线净化循环。1BU 中的 U 经反萃后进入铀的净化循环。Purex 流程中所使用的萃取剂 TBP 化学稳定性高,抗辐射性能好,对铀、钚具有良好的分离效果,产品回收率和纯度都比较高。在处理低燃耗乏燃料时,铀中去钚的分离系数大于 106,钚、铀的净化系数大于 107,铀、钚的回收率均大于 99.9%。正是 Purex 流程具有的这些优点,使它得到了普遍认可和广泛应用,在乏燃料后处理中一直占有主导地位,并在可以预见的将来也不会有竞争者。

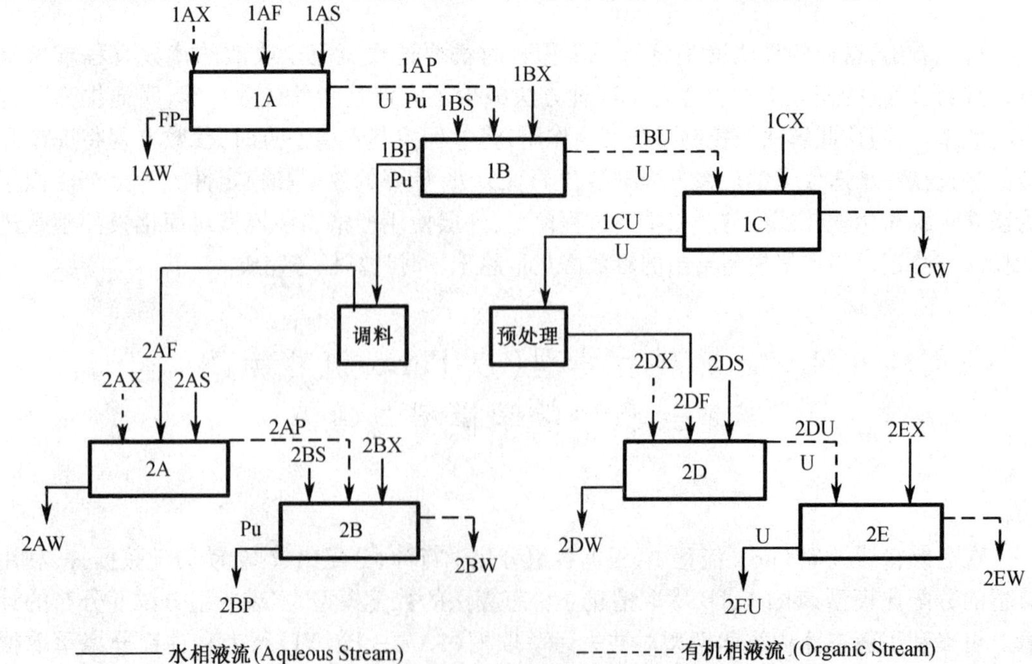

图 4.4.1 Purex 二循环流程示意图

4.4.2 Purex 流程中的数学模型

4.4.2.1 Purex 流程模型体系概述

在核燃料后处理 Purex 流程中，同时存在硝酸、铀、钚、还原剂和微量组分镎、裂片元素等多种成分，含有溶质的硝酸水相通过与 TBP－煤油有机相逆流接触，发生传质达到萃取平衡。对于等温等压条件下的某一萃取体系来说，该体系任何组分的分配比是一定的，与设备及工况等因素无关，组分的分配比只会随着萃取体系中的硝酸浓度、其他组分浓度以及所使用的萃取剂浓度等的变化而变化。而在实际工业生产中，由于所使用的设备和工况的差异，组分在两相间的分配还由传质速率和化学平衡来确定，操作温度、各组分浓度和两相的接触情况均影响传质速率和化学平衡，进而影响到流程中各组分在两相中的分配情况。因此，研究 Purex 流程，需要在研究各组分化学行为、分配比数据、动力学数据等基础上，建立各组分的分配比模型函数，同时结合 Purex 流程中所使用的萃取设备开展水力学研究，建立不同类型萃取设备的数学模型。

4.4.2.2 分配比模型

分配比是指萃取达到平衡后，被萃物在有机相的总浓度与水相中的总浓度之比值，也称分配系数，以符号 D 表示。物质的分配比大小与它本身的性质、萃取剂性质以及萃取体系中的其他条件有关。在 Purex 流程中，通过控制不同的工艺条件，造成分配比的变化和差别，以实现萃取、分离和反萃取的目的。

由于分配比的复杂可变性，有研究者对不同萃取体系下的 HNO_3，U，Pu 等组分的分配比进行了系统研究，试图在大量分配比数据的基础上，拟合出 Purex 流程中相关组分的分配比模型，拟合的方法主要有两种：一种是在理论分析的基础上通过数据拟合得到分配比模型，函数公式中的参数具有一定的物理意义；另一种是完全通过数据拟合得到的分配比模型，函数公式中的参数完全没有任何物理意义。

4.4.3 Purex 流程 1A 槽中 Pu(Ⅵ)行为的数学模型

4.4.3.1 稳态算法的数学模型

在乏燃料后处理中，共去污循环的安全稳定运行是整个生产过程的关键因素之一。它的运行好坏直接影响最终产品的质量、金属的收率以及整个厂房的辐射安全，对生产起着决定性作用。在制备 1AF 料液时，元件的溶解过程中会产生部分 Pu(Ⅵ)。Pu(Ⅵ)的分配系数比 Pu(Ⅳ)的小，容易造成钚流失，因此，通常根据经验将 Pu(Ⅳ)的含量控制在总钚量的 5% 之内。

对 1A 萃取槽(图 4.4.2)的运行进行稳态过程模拟。模拟计算中仅考虑 U(Ⅵ)，HNO_3，Pu(Ⅳ)和 Pu(Ⅵ)，不考虑其他组分。通常，在 1AF 中存在约 mmol/L 量级的 HNO_2，HNO_2 能够还原 Pu(Ⅵ)生成 Pu(Ⅳ)，即

$$PuO_2(NO_3)_2 + HNO_2 + HNO_3 = Pu(NO_3)_4 + H_2O$$

有研究表明，硝酸体系中 HNO_2 对 Pu(Ⅵ)的还原速率很慢。因此，模拟计算中忽略 HNO_2 还原 Pu(Ⅵ)的反应。

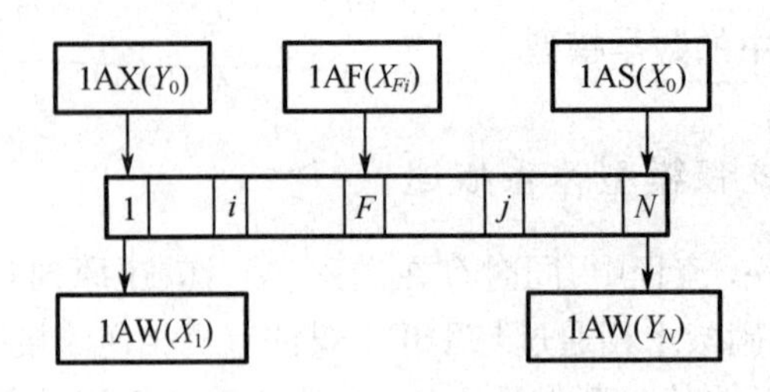

图 4.4.2 1A 萃取槽流程示意图

定义：

N——级数；

F——加料级级数；

L_F——1AF 的流量，L/min；

L_S——1AS 的流量，L/min；

V——1AX 的流量，L/min；

$L = L_F + L_S$；

X_i——组分在第 i 级水相中的浓度，mol/L；

Y_i——组分在第 i 级有机相中的浓度，mol/L；

D_i——组分在第 i 级的分配系数。

对萃取段第 i 级作物料衡算，有

$$VY_{i-1} + LX_{i-1} = VY_i + LX_i \tag{4.4.1}$$

分配比为

$$Y_i = X_i D_i \tag{4.4.2}$$

将式(4.4.2)代入式(4.4.1)，整理后得到

$$\varepsilon_{i-1}X_{i-1} - (\varepsilon_i + 1)X_i + X_{i+1} = 0 \tag{4.4.3}$$

对加料级(第 F 级)做物料衡算，有

$$\varepsilon_{F-1}X_{F-1} - (\varepsilon_F + 1)X_F + (L_S/L)X_{F+1} = -(L_F/L)X_F \tag{4.4.4}$$

对洗涤段第 j 级做物料衡算，有

$$\varepsilon'_{j-1}X_{j-1} - (\varepsilon'_j + 1)X_j + X_{j+1} = 0 \tag{4.4.5}$$

式中，ε_i 为萃取因子，$\varepsilon_i = D_i V/L$；$\varepsilon'_j = D_j V/L_S$。

共有 N 级，可列出 N 个方程，组成 N 元线性方程组：

$$\boldsymbol{A}(i,j)X(j) = \boldsymbol{B}(i)$$

式中 $\boldsymbol{A}(i,j)$——线性方程组的系数矩阵；

$\boldsymbol{B}(i)$——常数项矩阵。

采用高斯消去法进行计算，得到线性方程组的解。

4.4.3.2 分配比模型

1. 铀、钚、酸的分配比模型

体积是一具有广延性质的热力学函数，在由组分 B，C，D，…形成的混合体系中，体系的体积是温度、压力、各组分物质的量的函数，即 $V = V(T, p, n_B, n_C, n_D, \cdots)$。萃取过程中的热

效应很小,可认为是恒温、恒压过程,则 $V = n_B V_B + n_C V_C + n_D V_D + \cdots$,其中,$V_B, V_C, V_D, \cdots$为组分的偏摩尔体积。萃取过程中的相体积发生变化会引起组分浓度的变化,这对萃取平衡计算将造成影响,需要在计算中校正体积的变化,即在物料平衡方程中以纯溶剂的体积为基准,相应将组分的溶液体积物质的量浓度(x_j, y_j)转换为基于纯溶剂体积的物质的量浓度(X_j, Y_j)。计算结束后,再将基于纯溶剂体积的物质的量浓度转换为组分的溶液体积物质的量浓度。转换公式如下:

$$X_j = x_j/(1.0 - 0.076X_U - 0.027\,2X_H)$$

$$Y_j = y_j/(1.0 - 0.084\,8Y_U - 0.036\,7Y_H)$$

2. Pu(Ⅵ)的分配比模型

在 1A 萃取槽中,Pu(Ⅵ)的分配系数除与本身的性质有关外,还取决于常量组分铀和硝酸的浓度。根据报道的 Pu(Ⅵ)分配系数,将 Pu(Ⅵ)分配系数与铀饱和度、水相平衡硝酸浓度相关联,采用最小二乘法进行多元线性回归,得到常温下 30% TBP/正十二烷 - 硝酸体系中 Pu(Ⅵ)分配系数的经验式为 $D_{Pu(VI)} = \exp(A + BX_H + CX_H^2)$,其中,$A = -0.736\,84 - 1.382\,56y_U - 0.550\,14y_U^2$,$B = 1.045\,83 + 1.211\,55y_U - 2.610\,97y_U^2$,$C = -0.120\,06 - 0.203\,6y_U + 0.389\,09y_U^2$,$X_H$ 为平衡水相硝酸浓度(1 ~ 5 mol/L),y_U 为铀饱和度(0 ~ 80%),相关系数$R_2 = 0.987$。

3. 计算流程

计算流程如图 4.4.3 所示。首先输入工艺参数,给各级的水相平衡浓度赋初值;调用分配系数模型 D_i;代入线性方程组,采用高斯列主元消除法求解;得到新的一组各级水相平衡浓度;与初始值相比较,如果偏差处在给定范围之内,计算结束,否则重复上述计算过程直至符合偏差要求为止。

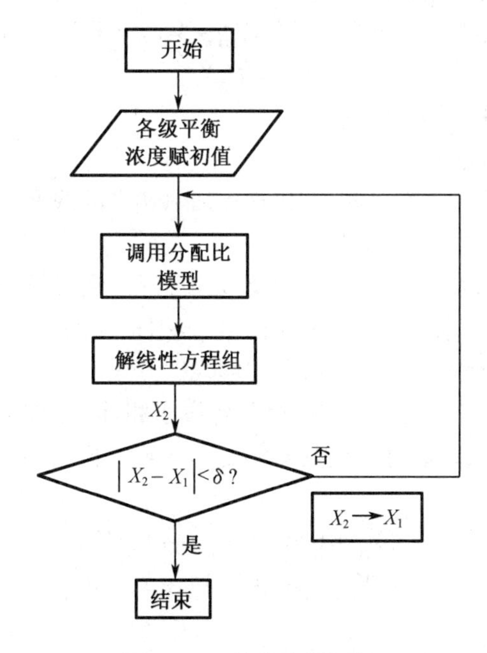

图 4.4.3　计算流程框图

4. 计算结果

计算结果表明,Pu(Ⅵ)含量较高时,容易在洗涤段附近形成钚的积累峰,峰的高度随Pu(Ⅵ)含量升高而升高。Pu(Ⅵ)在1AW中的流失是造成钚收率降低的主要因素之一,提高Pu(Ⅵ)的收率能够有效提高钚产品的收率。为使1A萃取槽中钚的收率不低于99.9%,在1AF为3 mol/L HNO_3 的条件下,应控制1AF料液中Pu(Ⅵ)与总Pu量之比不超过7%。

4.4.4 Purex流程1B槽中U/Pu分离数学模型

1. U/Pu分离段(1B)稳态计算法数学模型的建立

在Purex流程中,U/Pu分离段常称为1B分离段,一般采用U(Ⅳ)作为还原剂,把Pu(Ⅳ)还原为不被TBP萃取的Pu(Ⅲ),从而将Pu从TBP相中分离出来。

与1A段类似,对1B段仍用稳态计算法建立数学模型。对N级逆流萃取过程,任一级(第i级)的液流示于图4.4.4。

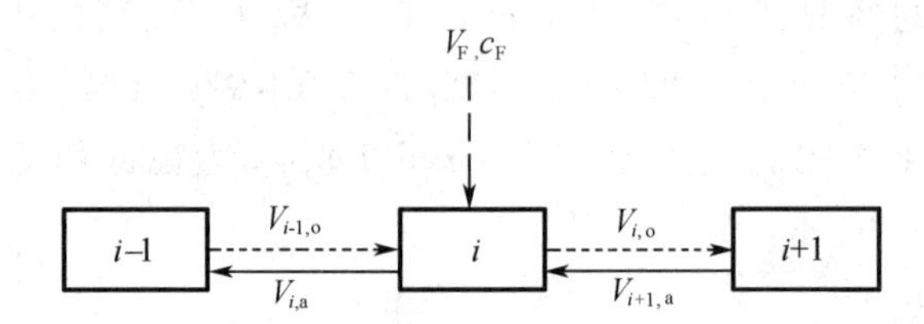

图4.4.4 多级逆流萃取任一级液流示意图

图4.4.4中,i为萃取级数;V为体积或体积流量;下标"o""a""F"分别为有机相、水相和加料相。当体系达到稳态后,每一级均存在着物料衡算和相平衡,关系式可写为

$$Y_{j(i-1)}V_{(i-1),o}+X_{j(i-1)}V_{(i-1),a}+V_Fc_{jF}=Y_{ji}V_{i,o}+X_{ji}V_{i,a} \tag{4.4.6}$$

$$Y_{ji}=D_{ji}X_{ji} \tag{4.4.7}$$

其中 下标"j"——被萃取元素级数;

下标"i"——萃取级数;

X,Y,c_F——被萃取元素在水相、有机相和加料相中的浓度;

D——被萃取元素的分配比。

将式(4.4.7)代入式(4.4.6),对每一萃取元素,可得到N(还原反萃和补萃的总级数)个方程,可以利用牛顿法等求解。给方程赋初值,根据建立的分配比模型,求得各级的分配比,代入方程组,非线性方程组变为线性,可用解线性方程组的方法求解。

对于图4.4.5所示的N级逆流萃取过程,各级水相体积(或流量)不变,$V_{i,a}=V_X$;在反萃段($i\geqslant F$),$V_{i,o}=V_F+V_S$,而在补萃段($i<F$),$V_{i,o}=V_S$。根据物料衡算和分配比得到的方程组为

$$-(\varepsilon_{j1}+1)X_{j1}+X_{j2}=-V_S/V_Xc_{j1} \qquad \text{第一级}$$

$$\varepsilon_{j1}X_{j1}-(\varepsilon_{j2}+1)X_{j2}+X_{j3}=0 \qquad \text{第二级}$$

$$\vdots$$

$$\varepsilon_{j(F-1)}X_{j(F-1)}-(R\varepsilon_{jF}+1)X_{jF}+X_{j(F+1)}=V_F/V_Xc_{jF} \qquad \text{加料级}$$

$$R\varepsilon_{jF}X_{jF}-(R\varepsilon_{j(F+1)}+1)X_{jF}+X_{j(F+2)}=0 \qquad \text{加料级的下一级}$$

$$\vdots$$

$$R\varepsilon_{j(N-1)}X_{j(N-1)} - (R\varepsilon_{jN}+1)X_{jN} = -c_{jX} \qquad \text{第} N \text{级}$$

其中，$\varepsilon_{ji} = V_S/V_X D_{ji}$；$R = (V_F + V_S)/V_S$。

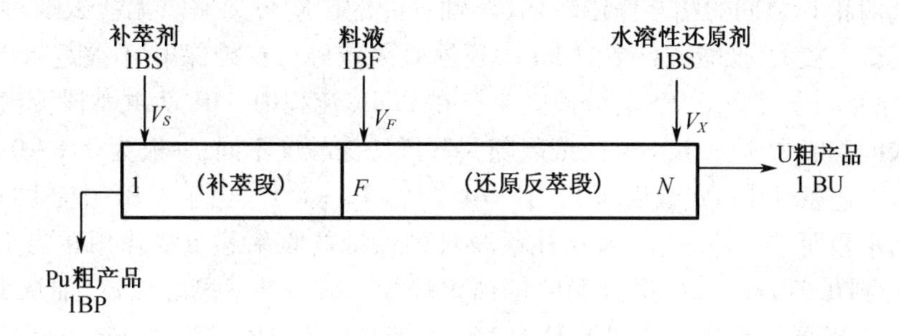

图 4.4.5　铀钚分离工艺(1B)示意图

2. 1B 铀、酸分布方程组的求解

与 1A 中 Pu 的计算类似(图 4.4.6)，要考虑到对体积的校正，分配比模型也选用相平衡经验关系式，通过反复迭代直至误差向量小于某一约定值。

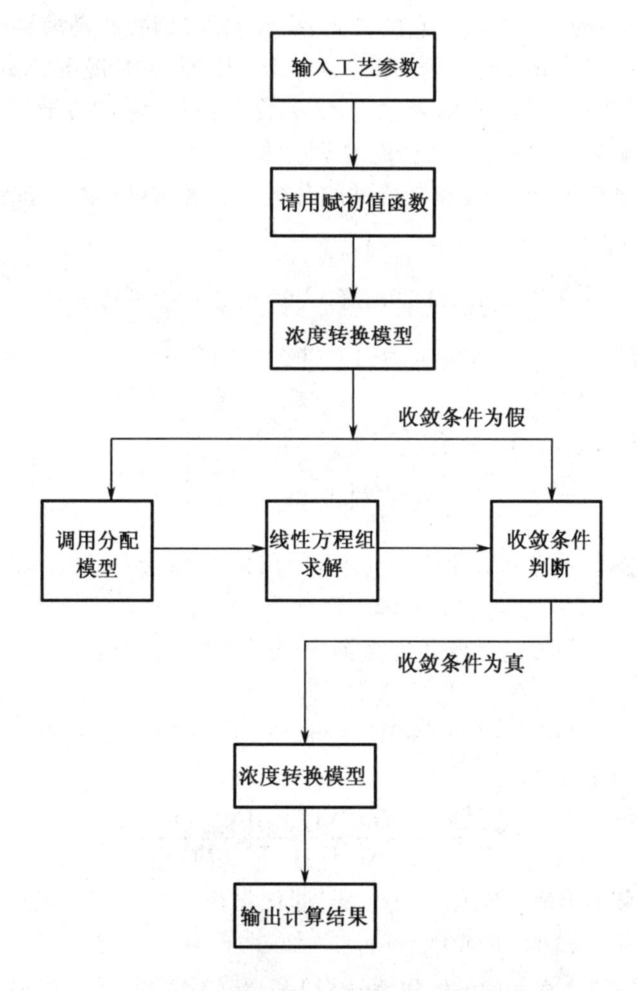

图 4.4.6　稳态法计算 1B 工艺铀、酸分布的流程框图

3. 计算结果

对30% TBP/煤油作萃取剂、室温(20 ~25 ℃)下不同1B工艺的U和HNO_3分布进行计算。无盐试剂和U之间的相互作用较弱,对铀分配的影响可忽略。无盐试剂对Pu(Ⅳ)的还原受酸度影响较大,低酸条件下对Pu的还原效果较好。在确保U不被赶入1BP的前提下,降低酸度有利于提高U/Pu的分离效果。在Purex流程中,1BF为共萃段流出的有机相,其中铀的浓度一般为90 g/L,HNO_3浓度随共萃段洗涤酸度不同,一般为0.1 ~0.2 mol/L。

在计算工艺条件中,Pu浓度为$V_F/V_X=4:1$,$V_S/V_X=1:1$。由于1 BF中的酸在还原反萃段被反萃到水相而进入补萃段,因此补萃段对确保铀的收率起重要作用。当1BX酸度从1.0 mol/L降到0.3 mol/L时,进入1BP的铀仍较少。减少补萃段的级数,铀从1BP流出的量明显增加,1BF酸度明显地抑制了U向1BP的流向。在1B工艺中,Pu的存在影响铀、酸分布。但因Pu浓度相对于U和HNO_3浓度较低,因此这种影响不会太大。

4.4.5 TBP萃取镎的平衡分配数学模型

由上面可以看出,根据稳态法计算的模型,只要有合适的分配比模型就能计算得到组分的浓度分布情况。以下讨论Purex流程中镎的分配比模型。

镎在30% TBP中的分配系数与它的价态、操作温度、硝酸和硝酸铀酰以及水相中其他硝酸盐的浓度有关。在Purex流程通常低于4 mol/L HNO_3的情况下,Np(Ⅵ)的分配系数高于Np(Ⅳ)的分配系数,而它们两者的分配系数又都比Np(Ⅴ)要高得多。Np(Ⅵ)和Np(Ⅳ)都是分别与两个TBP分子络合而被萃取的。

在Purex流程条件下,四价镎和六价铀的分配系数通常可用对六价铀的分离系数的形式来表示。对于Np(Ⅳ),有

$$\frac{D_{\mathrm{Np(IV)}}}{D_{\mathrm{U(VI)}}}=0.011\ 29\exp(0.320\ 8x_{\mathrm{NO_3^-}}+0.036\ 36t)$$

在45 ~60 ℃的范围内,上式的平均偏差只有6%;但在25℃时,该式的适用性要差些,平均偏差达到18%。

Np(Ⅵ)的分配系数可用下式表示:

$$\frac{D_{\mathrm{Np(VI)}}}{D_{\mathrm{U(VI)}}}=0.54$$

该式适应性较强,在不同的铀浓度、不同的HNO_3浓度(1 ~4 mol/L)和不同的温度(25 ~60 ℃)条件下,其平均偏差只有5%。

在Purex流程共去污段的萃取和洗涤器中,五价镎将部分地被HNO_3按下式氧化到六价状态:

$$2NpO_2^+ + NO_3^- + 3H^+ \rightleftharpoons 2NpO_2^{2+} + HNO_2 + H_2O$$

反应平衡常数可以表示为

$$K_{\mathrm{NP}}=\frac{[\mathrm{Np(VI)}][\mathrm{HNO_2}]^{0.5}}{[\mathrm{Np(V)}][\mathrm{H^+}]^{1.5}[\mathrm{NO_3^-}]^{0.5}}$$

HNO_2的存在将对HNO_3氧化Np(Ⅴ)起催化作用。为了加速反应的进行,水相中的HNO_2浓度必须大于4×10^{-5} mol/L。

当反应达到平衡时,水相中的镎以Np(Ⅵ)和Np(Ⅴ)两种状态存在。六价镎对五价镎的比率可从上述平衡式导出:

$$\frac{[Np(VI)]}{[Np(V)]} = K_{Np}\frac{[H^+]^{1.5}[NO_3^-]^{0.5}}{[HNO_3]^{0.5}}$$

水相中镎的总浓度(x_{Np})为

$$x_{Np} = [Np(VI)] + [Np(V)] = [Np(VI)]\left(1 + \frac{[HNO_2]^{0.5}}{K_{Np}[H^+]^{1.5}[NO_3^-]^{0.5}}\right)$$

由于五价镎基本上是不被萃取的,所以有机相中镎的浓度(y_{Np})仅与六价镎的分配系数有关,即

$$y_{Np} = D_{Np(VI)}[Np(VI)]$$

若把镎的表观平衡分配系数(D_{app})定义为

$$D_{app} = \frac{y_{Np}}{x_{Np}}$$

则

$$D_{app} = \frac{D_{Np(VI)}}{1 + [HNO_2]^{0.5}/(K_{Np}[H^+]^{1.5}[NO_3^-]^{0.5})}$$

显然,D_{app}的值与温度、HNO_3 和 HNO_2 的浓度有关。当体系中有相当数量的硝酸铀酰存在时,上式可进一步表示为

$$D_{app} = \frac{0.54D_{U(VI)}}{1 + [HNO_2]^{0.5}/(K_{Np}[H^+]^{1.5}[NO_3^-]^{0.5})}$$

由此可见,在水相常量组分的浓度和铀的分配系数确定后,微量组分镎的表观平衡分配系数就能定量地估算出来。

根据上述分配比模型,利用稳态算法就能求得 Purex 流程中镎的浓度分布。

4.4.6　TBP 钍、铀核燃料后处理萃取过程的数学模型及工艺参数的优化

1. 萃取平衡的数学模型

在 $Th(NO_3)_4 - UO_2(NO_3)_2 - HNO_3 - H_2O$/30% TPB－煤油体系中,钍、铀、酸的萃取存在如下平衡:

$$Th^{4+} + 4NO_3^- + xTPB = Th(NO_3)_4 \cdot xTPB \quad ①$$

$$UO_2^{2+} + 2NO_3^- + 2TPB = UO_2(NO_3)_2 \cdot 2TPB \quad ②$$

$$H^+ + NO_3^- + TPB = HNO_3 \cdot TPB \quad ③$$

其表观平衡常数为

$$K_{Th} = \frac{\overline{C}_{Th(NO_3)_4(TBP)_2}}{C_{Th}C_{NO_3^-}^4\overline{C}_{TBP}^X} \quad ④$$

$$K_U = \frac{\overline{C}_{UO_2(NO_3)_2(TBP)_2}}{C_U C_{NO_3^-}\overline{C}_{TBP}} \quad ⑤$$

$$K_H = \frac{\overline{C}_{HNO_3TBP}}{C_H C_{NO_3^-}\overline{C}_{TBP}} \quad ⑥$$

自由 TPB 浓度可用式⑦表示:

$$\overline{C}_{TBP} = \overline{C}_S - x\overline{C}_{Th(NO_3)_4(TBP)_2} - 2\overline{C}_{UO_2(NO_3)_2(TBP)2} - \overline{C}_{HNO_3TBP} \quad ⑦$$

其中，$\overline{C}$ 为 TBP 初始浓度。

钍、铀、酸分配比的表达式为

$$D_{Th} = \overline{C}_{Th(NO_3)_4(TBP)}/C_{Th} \qquad ⑧$$

$$D_U = \overline{C}_{UO_2(NO_3)_2(TBP)_2}/C_U \qquad ⑨$$

$$D_H = \overline{C}_{HNO_3TBP}/C_H \qquad ⑩$$

将式④～⑥和⑧～⑩代入式⑦，重排得到式⑪～⑬

$$xC_{Th}D_{Th} + \left(\frac{2K_U C_U C_{NO_3^-}^{2-8/x}}{K_{Th}^{x/2}}\right)D_{Th}^{x/2} + \left(\frac{1 + C_H K_H C_{NO_3^-}}{K_{Th}^{1/x} C_{NO_3^-}^{4/x}}\right)D_{Th}^{1/x} - \overline{C}_S = 0 \qquad ⑪$$

$$2C_U D_U + \left(\frac{xK_{Th} C_{Th} C_{NO_3^-}}{K_U^{x/2} C_{NO_3^-}^{x}}\right)D_U^{x/2} + \left(\frac{1 + C_H K_H C_{NO_3^-}}{K_U^{1/2} C_{NO_3^-}}\right)D_U^{1/2} - \overline{C}_S = 0 \qquad ⑫$$

$$xK_{Th} C_{Th} C_{NO_3^-}^{4-x} K_H^{-x} D_H^{x} + 2K_U C_U K_H^{-2} D_H^2 + \left(\frac{1 + C_H K_H C_{NO_3^-}}{K_H C_{NO_3^-}}\right)D_H - \overline{C}_S = 0 \qquad ⑬$$

其中，$C_{NO_3^-}$ 按式⑭计算：

$$C_{NO_3^-} = 4C_{Th} + 2C_U + C_H \qquad ⑭$$

30% TBP－煤油溶液萃取 $Th(NO_3)_4$ 时，2～3 个 TBP 分子与 $Th(NO_3)_4$ 分子形成稳定的络合物，在本书中，取 $x=3$。为了描述表观平衡常数 K_{Th}, K_U, K_H 与水溶液中离子强度 I 的关系，得到了如下经验公式：

$$K_H = A(1)/I + A(2) + A(3)I + A(4)I\ln I \qquad ⑮$$

$$K_U = A(1)/I + A(2) + A(3)I + A(4)I\ln I + A(5)C_H\ln C_H \qquad ⑯$$

$$\ln K_{Th} = A(1)/I + A(2) + A(3)I + A(4)I\ln I + A(5)/\sqrt{I} \qquad ⑰$$

上述诸式中

$$I = (1/2)\sum Z_i(Z_i + 1)C_i \qquad ⑱$$

Z_i 为 Th^{4+}，UO_2^{2+}，H^+ 所具有的电荷数，C_i 为相应的离子浓度。

$$I = 10C_{TH} + 3C_U + C_H \qquad ⑲$$

式⑮～⑰中的参数 A 是根据从实验中所测得的分配数据采用最小二乘法得出的。

由已知的 C_{Th}, C_U, C_H 按照式⑲求出 I，由式⑮～⑰，采用表 4.4.1 给定的参数计算出 K_{Th}, K_U, K_H，再用 Newton 法解方程式⑪～⑬，可以得到 D_{Th}, D_U, D_H。图 4.4.7 所示为 K_{Th}，K_U, K_H 与 I 的经验关系中参数 A 的计算框图。

表 4.4.1　经计算得出的参数 A 值

参数	$Th(NO_3)_4$	$UO_2(NO_3)_2$	HNO_3
$A(1)$	−0.103	1.413	0.267
$A(2)$	−1.623	13.000	−2.015
$A(3)$	−0.368	−4.500	0.315
$A(4)$	0.092	2.480	−0.230
$A(5)$	2.250	3.000	—

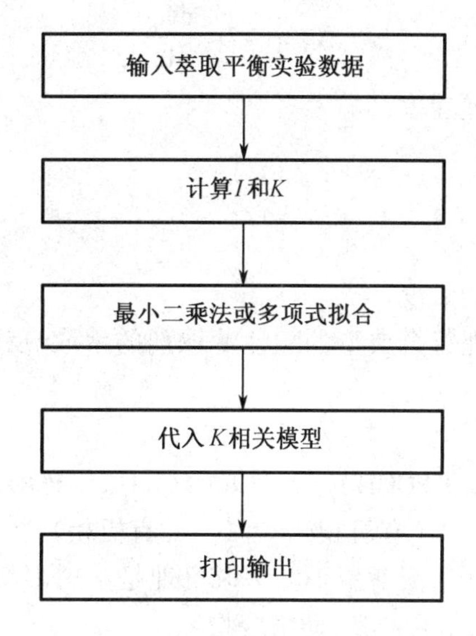

图4.4.7　K_{Th},K_U,K_H 与 I 的经验关系中参数 A 的计算框图

2. 工艺过程串级实验的静态模拟

因为高温气冷堆钍、铀燃料元件的高燃耗,^{232}U 含量可高达几百毫克每千克,其子体放射出强 γ 射线,而采用 TBP 溶剂萃取法不能将^{232}U 与铀产品分开,因此对裂变产物的去污只要求降到相当于^{232}U 子体的放射性水平。采用静态模拟方法,单循环酸式进料的 THOREX 流程,假定每一级均达到100%的级效率,即每一级均为平衡级。串级的数学模拟以各级的物料衡算和萃取平衡数据为依据。

3. 工艺流程参数的计算机优化

根据萃取平衡数学模型和串级萃取静态模型,采用"复合形法"对工艺过程的参数进行计算机优化。利用提供的数学模型,计算机模拟和工艺条件优化可以很快地选择出处理高温气冷堆辐照过的钍、铀燃料元件的分离、净化流程,少做大量工艺实验,从而节省人力、时间和投资。由于计算模型具有一定误差,用串级实验及流动实验进行验证仍然是不可缺少的。

4.5　溶剂萃取动力学模型研究举例

溶剂萃取动力学模型研究以如下草酸铜反萃为例简单说明。

萃取剂萃取或反萃金属离子是溶剂萃取领域的主体部分。在大多数情况下金属离子的萃取和反萃速度是受发生在体系的化学反应速度和两相中物质扩散速度影响的。描述界面区的物质扩散的经典模型是双膜模型。双膜理论认为主体区的搅动引起的波动在界面区消失,两相在靠近界面处各有一个 laminr 界面层,通过界面层的物质唯一传递的机理是扩散过程。因此界面层存在着浓度梯度。界面区存在着相平衡过程,符合各自的相平衡关系。质量传递符合菲克定理,应用菲克定理得

$$N_A = -D_A \frac{dC_A}{dz}$$

式中 N_A——物质 A 的传递速率；

z——界面层的厚度；

D_A——扩散系数；

dC_A/dz——浓度梯度；

C_A——扩散物质 A 的浓度。

萃取和反萃的反应原理符合典型的酸性萃取剂的萃取、反萃原理，以草酸铜反萃举例如下。

萃取过程：

$$\underset{(水相)}{CuSO_4} + \underset{(有机相)}{(C_{16}H_{35}O_2POOH)_2} \rightleftharpoons \underset{(有机相)}{Cu((C_{16}H_{35}O_2POO)_2H)_2} + \underset{(水相)}{2H_2SO_4}$$

实验表明，萃余相的 pH 值渐渐变小。萃取机理是金属阳离子与氢的交换机理又通过膦酰氧发生配位。形成多聚络合产物，即络合物。

反萃过程：

$$\underset{(有机相)}{Cu((C_{16}H_{35}O_2POO)_2H)_2} + \underset{(水相)}{H_2C_2O_4} \rightleftharpoons \underset{(水相)}{CuC_2O_4\downarrow} + \underset{(有机相)}{(C_{16}H_{35}O_2POOH)_2}$$

反萃相的 H^+ 和萃取后的油相中的 Cu^{2+} 进行交换，将 Cu^{2+} 反萃到无机相中，完成反萃。工业中用硫酸、盐酸、氨水作反萃剂。本实验采用的是稀草酸溶液作为反萃剂。

在 P204 - 四氯化碳 - 草酸反萃体系中，由于 P204 具有较高的界面活性，因为一般它和它的络合物在界面处应处于被吸附态，再加上它在水中极低的溶解度，从而假定铜的反萃可分解为以下步骤：

(1) $\overline{CuA_2 \cdot 2HA_b} \cdots\cdots \longrightarrow \overline{CuA_2 \cdot 2HA_i}$

(2) $(C_2O_4)_b^{2-} \cdots\cdots \longrightarrow (C_2O_4)_i^{2-}$

(3) $\overline{CuA_2 \cdot 2HA_i} \rightleftharpoons \overline{CuA_{2i}} + \overline{(HA)_{2i}}$ $\qquad K_1$

(4) $\overline{CuA_{2i}} \rightleftharpoons CuA_{ad2}$ $\qquad K_2$

(5) $CuA_{ad2} + (C_2O_4)_i^{2-} \overset{K_1}{\rightleftharpoons} CuC_2O_{4ad} + 2A_i^-$ $\qquad K_3$

(6) $CuC_2O_{4ad} \rightleftharpoons CuC_2O_{4i}$ $\qquad K_4$

(7) $A_i^- + H_i \rightleftharpoons \overline{HA}_i$ $\qquad K_5$

(8) $CuC_2O_{4i} \cdots\cdots \longrightarrow CuC_2O_{4b}\downarrow$

(9) $2\,\overline{HA}_i \rightleftharpoons \overline{(HA)_{2i}}$ $\qquad K_6$

(10) $\overline{(HA)_{2i}} \cdots\cdots \longrightarrow \overline{(HA)_{2b}}$

按分阻力加和法则，总传质阻力

$$R = R_W + R_O + R_i$$

由实验结果知 $R_O \approx 0$，则 $R = R_W + R_i$；又利用外推水相内搅拌器转速至无穷大的方法，使 $R_W \to 0$，而有 $R \approx R_i$，然后即可求得不同搅拌条件下水相内扩散阻力 $R_W = R - R_i$，进而求得水相分传质系数 $k_W = \frac{1}{R_W}$。

操作温度对 K_p 的影响。用 $\ln K_p$ 与 $1/T$ 表示，如图 4.5.1 所示，按阿伦尼乌斯公式计算可得此反萃体系内铜反萃的表面活化能为 21.02 kJ/mol。

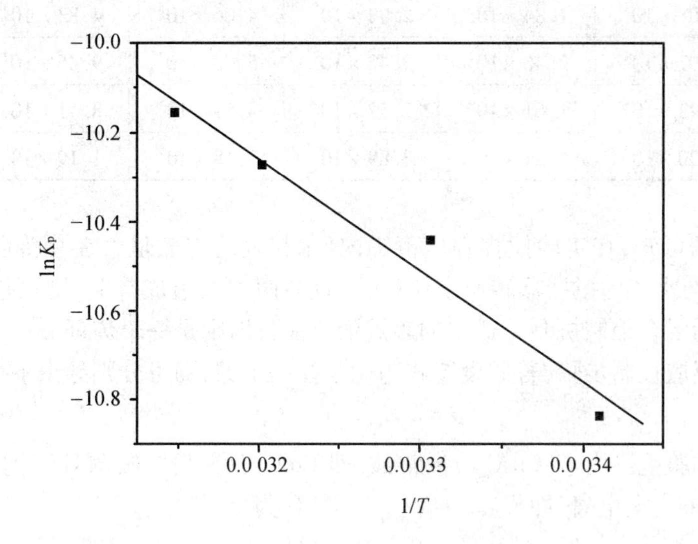

图 4.5.1　$\ln k_p$ 与 $1/T$ 曲线图

由实验结果知 $R_0 \approx 0$，则 $R = R_W + R_i$；又利用外推水相内搅拌器转速至无穷大的方法，使 $R_W \to 0$，而有 $R \approx R_i$，即可求得 R_i，如图 4.5.2 所示。

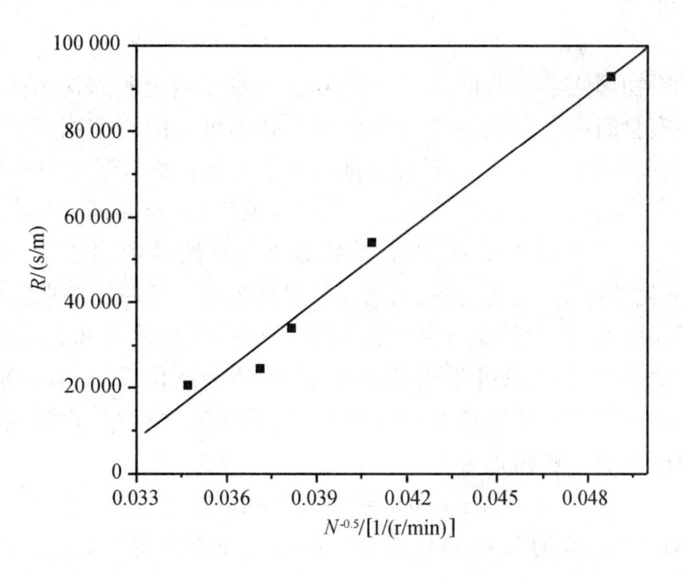

图 4.5.2　总传质阻力 R 与 $N^{-0.5}$ 的关系

由图 4.5.2 可见，总传质阻力 R 与 $N^{-0.5}$ 有良好的线性关系，其截距即为该实验条件下的界面阻力，即 $R_i = 8\ 500$ s/m。由此即可求得不同搅拌条件下水相内扩散阻力 $R_W = R - R_i$，进而求得水相分传质系数 $k_W = \dfrac{1}{R_W}$，见表 4.5.1。

表 4.5.1　水相中不同搅拌器转速下的 R_W 和 k_W（$C_{草酸}$ = 0.005 006 4 mol/L）

N/min	419.9	597.3	687.3	725.5	830.9	无限（∞）
K/(m/s)	1.08×10^5	1.84×10^5	2.92×10^5	4.06×10^5	4.83×10^5	1.18×10^4
R/(s/m)	2.07×10^4	2.46×10^4	3.42×10^4	5.43×10^4	9.26×10^4	8.50×10^3
R_W/(s/m)	1.22×10^4	1.61×10^4	2.57×10^4	4.58×10^4	8.41×10^4	0
k_W/(m/s)	8.20×10^5	6.21×10^5	3.89×10^5	2.18×10^5	1.19×10^5	—

由表列数据可知，在实验搅拌强度范围内，水相内的扩散阻力在总传质阻力内占主要比例。基于 K_t 与水相内搅拌器转速密切相关，且与两相的组成有关，则可以初步判明其动力学过程控制为混合控制机制。适中的表观活化能数据则是一个佐证。

作为化学反应控制步骤，若假设⑤式为化学控制步骤，则可分别导出下列式子

$$\rho = k_1 C_{CuA_{ad2}} C_{(C_2O_4)_i^{2-}}$$

由于在本实验范围内 $C(CuA_{ad2})\approx$常数，即 CuA_2 在界面的吸附处于饱和态，草酸溶液极稀，可认为草酸完全电离，即 $C_{草酸}\approx C_{(C_2O_4)^{2-}}$，简化为

$$\rho = k_1' C_{(C_2O_4)^{2-}} \approx k_1' C_{H_2C_2O_4}$$

4.6　氧化还原动力学模型研究举例

化学动力学是物理化学中的重要组成部分之一，主要研究和解决有关化学反应的速率和机理问题。在实验研究中反应的动力学机理是必不可少的研究内容。氧化－还原反应（Oxidation－reduction Reaction）是化学反应前后元素的氧化数有变化的一类反应，其反应的实质是电子的得失或共用电子对的偏移。氧化还原反应与（路易斯）酸碱反应、自由基反应并称为化学反应中的三大基本反应，具有重要意义。自然界中的燃烧、呼吸作用、光合作用，生产生活中的化学电池、金属冶炼、火箭发射等都与氧化还原反应息息相关。

氧化还原反应前后，元素的氧化数发生变化。根据氧化数的升高或降低，可以将氧化还原反应拆分成两个半反应：氧化数升高的半反应，称为氧化反应；氧化数降低的反应，称为还原反应。氧化反应与还原反应是相互依存的，不能独立存在，它们共同组成氧化还原反应。氧化还原反应的一般通式为

$$Ox + Red = Ox^{z-} + Red^{z+} \tag{4.6.1}$$

其中，氧化剂为 Ox，还原剂为 Red；氧化产物为 Red^{z+}，还原产物为 Ox^{z-}；电子转移或偏移数为 z。

4.6.1　氧化还原反应的反应速率

在化学反应动力学研究中需要测定的项目首先是反应速率，主要涉及物质的浓度和反应时间的测定。在研究中将影响反应速率的其他条件如温度、介质及催化剂等因素固定，研究物质的浓度和反应时间的关系，得出所研究反应的反应速率方程。

在恒温体系中，反应速率可以表示成反应体系中各组元浓度的某种函数关系式，这类

关系式称为反应速率方程。

$$r=\frac{1}{v_B}\frac{dc_B}{dt} \tag{4.6.2}$$

式中　r——总反应速率；

c_B——组元浓度，也可将 c_B 记为$[B]$。

现以在一定温度下某容器中合成氨反应为例：

$$3H_2+N_2 = 2NH_3 \tag{4.6.3}$$

反应速率：

$$r=\frac{1}{-3}\frac{d[H_2]}{dt}=-\frac{d[N_2]}{dt}=\frac{1}{2}\frac{d[NH_3]}{dt} \tag{4.6.4}$$

测定不同时刻系统中某反应物浓度或某产物浓度 c，然后将测得的 $c-t$ 关系画成如图 4.6.1 所示曲线。根据图上各点的斜率即可求出反应速率。

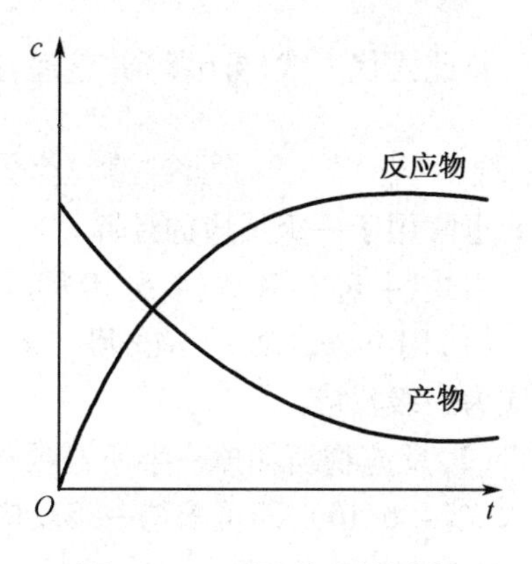

图 4.6.1　反应速率的测定

4.6.2　氧化还原反应的反应级数

4.6.2.1　理论模型

一个反应的速率方程 $r=f(c_A,c_B,\cdots)$ 是由反应机理所决定的，所以各种反应速率方程的具体形式是各式各样的。但绝大多数的反应机理至今人们还不清楚，于是在测定速率方程前习惯令速率方程具有以下幂函数形式：

$$r=kc_A^{\alpha}c_B^{\beta}c_C^{\gamma}\cdots \tag{4.6.5}$$

式(4.6.5)中的 $\alpha,\beta,\gamma,\cdots$ 分别叫作反应物 A，B，C，…的分级数，它们分别代表各种物质的浓度对反应速率的影响程度。通常令

$$n=\alpha+\beta+\gamma+\cdots \tag{4.6.6}$$

n 叫作化学反应的总级数，简称反应级数。

大部分化学反应都有级数，氧化还原反应也不例外。若速率方程 $r=kc_A^{\alpha}c_B^{\beta}c_C^{\gamma},\cdots$ 中的 α，$\beta,r,\cdots$ 取值为 0，1，2，…，则速率方程表现为简单幂函数，称为简单级数的化学反应。

1. 一级反应

对于任意一级氧化还原反应 A + B ══ C + D，可令 $\beta=\gamma=\cdots=0$。于是化学反应速率r 为

$$-\frac{dc_A}{dt}=kc_A \tag{4.6.7}$$

$$-\frac{dc_A}{c_A}=kdt$$

将此式在 $t=0$ 到任意时刻 t 之间积分：

$$\int_a^{c_A}\frac{dc_A}{c_A}=-\int_0^t kdt$$

得

$$\ln\{c_A\}=-kt+\ln\{a\} \tag{4.6.8}$$

式(4.6.7)和式(4.6.8)分别为上述一级反应速率方程的微分式和积分式。其中式(4.6.8)具体描述一级反应的反应物浓度随时间的变化关系。若反应进行了时间 t 后,A 的消耗百分数为 y,则

$$c_{\mathrm{A}} = a(1 - y) \tag{4.6.9}$$

将此式代入式(4.6.8)并整理,得

$$\ln \frac{1}{1 - y} = kt \tag{4.6.10}$$

此式也常用于一级反应的计算。

由式(4.6.8)和式(4.6.10)可以看出一级反应具有以下两个特点:

(1)用 $\ln\{c_{\mathrm{A}}\}$ 对 t 作图,得一条直线,且直线的斜率等于 $-k$,这一特点常被用来确定某反应为一级反应。

(2)反应物消耗掉一半所需要的时间称为反应的半衰期,通常用 $t_{1/2}$ 表示。将 $y = 1/2$ 代入式(4.6.10),即可求得一级反应的半衰期:

$$t_{1/2} = \frac{\ln 2}{k} \tag{4.6.11}$$

可见,一级反应的半衰期与反应物的初始浓度无关,即不论反应物初始浓度多大,消耗一半所用的时间是相等的。

由速率方程 $r = kc_{\mathrm{A}}$ 可知,随着反应的进行,反应物的浓度 c_{A} 逐渐减小,从而反应速率逐渐变小。当 c_{A} 变得十分微小时,$r \to 0$。因此由动力学观点来看,反应"完成"与"达平衡"所需要的时间无限长。除零级反应以外,其他具有正级数的反应皆是如此。但这并不意味着欲测定最后平衡浓度要等无限长的时间,实际上,只要不能察觉到浓度的变化即可。

2. 二级反应

对于二级反应,有

$$a\mathrm{A} + b\mathrm{B} \longrightarrow \mathrm{P}$$

速率方程可能为

$$r = kc_{\mathrm{A}}c_{\mathrm{B}} \text{或} r = kc_{\mathrm{A}}^2 \text{或} r = kc_{\mathrm{B}}^2$$

若由反应物开始,设 A 和 B 的初始浓度分别为 a 和 b,反应过程中任意时刻 t 时 A 减少的浓度为 x,即

$$\begin{array}{lccc} & a\mathrm{A} + & b\mathrm{B} \longrightarrow & P \\ t = 0 & a & b & 0 \\ t & a - x & b - x & x \end{array}$$

则速率方程为

$$-\frac{\mathrm{d}x}{\mathrm{d}t} = k(a - x)(b - x) \tag{4.6.12}$$

(1)$a = b$

若 $a = b$,则式(4.6.12)变为

$$-\frac{\mathrm{d}x}{\mathrm{d}t} = k\,(a - x)^2$$

积分后可得

$$\frac{1}{a - x} = kt + \frac{1}{a} \tag{4.6.13}$$

式(4.6.13)是这类反应速率方程的积分式,由此可以看出 $a=b$ 时,二级反应有以下两个特点:

①反应浓度的倒数与时间呈线性关系,即$\frac{1}{a-x}-t$是一条直线,且直线的斜率等于速率系数 k。

②设反应物消耗 50%,即 $x=a/2$,代入式(4.6.13)求出反应的半衰期

$$t_{1/2}=\frac{1}{ka} \tag{4.6.14}$$

式(4.6.14)表明,二级反应的半衰期与反应物的初始浓度成反比。

(2) $a\neq b$

若 $a\neq b$,则对式(4.6.12)积分得到

$$\ln\frac{(a-x)}{(b-x)}=(a-b)kt+\ln\frac{a}{b} \tag{4.6.15}$$

式中,$(a-x)$ 和 $(b-x)$ 分别为反应过程中任意时刻 A 和 B 的浓度。所以上式表明,$\ln(c_A/c_B)-t$ 成直线,直线斜率为 $(a-b)k$。这就是此类二级反应的特点。由于 A 和 B 的初始浓度不同,而二者的消耗速率相同,使得在整个反应过程中它们的消耗百分比总是不同,所以对整个反应不存在半衰期。

3. 三级反应

三级反应可能有三种类型,在许多情况下它们的计量方程及速率方程如下:

$$A+B+C\longrightarrow P, r=kc_Ac_Bc_C$$

$$2A+B\longrightarrow P, r=kc_A^2c_B$$

$$3A\longrightarrow P, r=kc_A^3$$

反应方程式中的计量数实际上可能是多种多样的,为简单起见,写作以上形式。在上述三类三级反应中,第二种类型最为常见。若第一种类型中的 A 和 C 相同或二者的初始浓度相同,即 $a=c$,则其速率方程就变为第二种类型,所以第二种类型可以看作是第一种类型的特例。同理,第三种类型又可以看作是第二种类型的特例,以下仅以第二种类型为例讨论三级反应的特点。设三级反应:

	$2A$	+	B	$\longrightarrow P$
$t=0$	a		b	0
t	$a-x$		$(a-x)/2$	

其速率方程为

$$\frac{1}{-2}\frac{dc_A}{dt}=kc_A^2c_B$$

即

$$-\frac{d(a-x)}{dt}=2k(a-x)^2\left(b-\frac{x}{2}\right)$$

若反应物 A 和 B 按照计量比投料,$a=2b$,则

$$a-x=2\left(b-\frac{x}{2}\right)$$

于是上述方程变为

$$-\frac{d(a-x)}{(a-x)^3}=kdt$$

将此式在 0 至 t 之间积分得

$$\frac{1}{(a-x)^2}=2kt+\frac{1}{a^2} \tag{4.6.16}$$

此即速率方程的积分形式,由此可知这类三级反应具有以下两个特点:

(1)$1/c_A^2$ 与 t 呈直线关系,且直线 $1/c_A^2-t$ 的斜率等于 $2k$。

(2)设反应进行到时刻 t 后,A 的消耗百分比为 y,即 $a-x=(1-y)a$,代入式(4.6.16)并整理得

$$\frac{y(2-y)}{(1-y)^2}=2ka^2t$$

若 $y=1/2$,则可求得半衰期

$$t_{1/2}=\frac{3}{2ka^2} \tag{4.6.17}$$

即此三级反应的半衰期与初始浓度的平方成反比。这就是这类三级反应的第二个特点。

气相中的三级反应是少见的,截至目前仅有下面五个气象反应被确定为三级反应:

$$2NO+H_2 \longrightarrow N_2O+H_2O$$

$$2NO+O_2 \longrightarrow 2NO_2$$

$$2NO+Cl_2 \longrightarrow 2NOCl+H_2O$$

$$2NO+Br_2 \longrightarrow 2NOBr$$

$$2NO+D_2 \longrightarrow N_2O+D_2O$$

严格来讲,在气相中的许多游离原子的化合反应属于三级反应,例如:

$$X+X+M \longrightarrow X_2+M$$

其中,X 可能是 I,Br,H 等原子,M 的作用是接受 X 原子化合时放出的能量,从而使 X_2 能够稳定存在,所以 M 也称为能量受体,实际上它并不参与反应。M 可能是第三种惰性分子或容器壁等,一般浓度不发生变化,所以这类反应通常表现为二级反应。

液相中的三级反应多一些,例如环氧乙烷在水溶液中与氢溴酸的反应:

$$H_2COCH_2+H^++Br^+ \longrightarrow HOCH_2CH_2Br$$

其速率方程为

$$r=k[C_2H_4O][H^+][Br^-]$$

其他三级反应还有不少。

4. 零级反应

零级反应是不受浓度影响的反应,若反应 $A \longrightarrow P$ 为零级反应,则反应速率为

$$-\frac{dc_A}{dt}=k \tag{4.6.18}$$

解得

$$a-c_A=kt \tag{4.6.19}$$

其中,a 是 A 的初始浓度。由此可以看出零级反应具有以下特点:

(1)c_A 对 t 作图,得一直线,直线的斜率等于 $-k$。

(2)若 $c_A=a/2$,代入式(4.6.19)可求得半衰期:

$$t_{1/2} = \frac{a}{2k}$$

因此,零级反应的半衰期与反应物的初始浓度成正比。

(3)由于零级反应的速率完全不受浓度影响,由式(4.6.18)可知,在确定温度和催化剂的情况下其速率等于常数(即速率系数 k),因此零级反应就好像物理运动学中的匀速运动一样,在整个过程中速率是不变的,由此决定了零级反应的另一个特点:反应进行完全所需要的时间是有限的,显然这个时间是 a/k。

实际上零级反应并不多见。截至目前,已知的零级反应大多数是在表面发生的复相反应。例如,高压下氨在钨表面上的分解反应 $2NH_3 \longrightarrow N_2 + 3H_2$ 即是如此。这些反应之所以是零级的,是因为它们都是在金属催化剂表面发生的,真正的反应物是吸附在固体表面上的原反应物分子,因此反应速率取决于表面上反应物的浓度。如果金属表面分子的吸附已达到饱和,再增加气相浓度也不能明显改变表面上的浓度,此时反应速率就不再依赖于气相浓度,即表现为零级反应。

以上分别介绍了具有简单级数的化学反应,这些都是经典动力学的基本知识,现将各种反应的特点概括如下。

5. 各级反应的特点

(1)就线性关系来看

零级反应,$c_A - t$ 具有直线关系。

一级反应,$\ln\{c_A\} - t$ 具有直线关系。

二级反应,若 $a = b$,$\frac{1}{c_A} - t$ 具有直线关系;若 $a \neq b$,$\ln(c_A/c_B) - t$ 具有直线关系。

三级反应,若 $a = 2b$,$\frac{1}{c_A^2} - t$ 具有直线关系。

(2)就半衰期来看

零级反应,$t_{1/2}$ 与 a 成正比。

一级反应,$t_{1/2}$ 与 a 无关。

二级反应,$t_{1/2}$ 与 a 成反比。

三级反应,$t_{1/2}$ 与 a^2 成反比。

对于任意级数的反应,其半衰期与初始浓度的关系可以写成通式:

$$t_{1/2} = Aa^{1-n} \tag{4.6.20}$$

其中,A 是与反应级数和速率有关的常数。所以上式表明,对任意反应,半衰期与初始浓度的 $(1-n)$ 次方成正比。

(3)就单位来说

零级反应,k 的单位是 $mol \cdot m^{-3} \cdot s^{-1}$。

一级反应,k 的单位是 s^{-1}。

二级反应,k 的单位是 $m^3 \cdot mol \cdot s^{-1}$。

三级反应,k 的单位是 $m^6 \cdot mol \cdot s^{-1}$。

几种具有简单级数的反应见表4.6.1。

表 4.6.1 几种具有简单级数的反应

级数 n	反应类型	速率方程（微分式）	速率方程（积分式）	半衰期
0	$A \longrightarrow P$	$-\frac{dc_A}{dt}=k$	$a-c_A=kt$	$t_{1/2}=\frac{a}{2k}$
1	$A \longrightarrow P$	$-\frac{dc_A}{dt}=kc_A$	$\ln\{c_A\}=-kt+\ln\{a\}$	$t_{1/2}=\frac{\ln 2}{k}$
2	$A+B \longrightarrow P$ $(a=b)$	$-\frac{dc_A}{dt}=kc_A^2=kc_Ac_B$	$\frac{1}{c_A}=kt+\frac{1}{a}$	$t_{1/2}=\frac{1}{ka}$
	$A+B \longrightarrow P$ $(a\neq b)$	$-\frac{dc_A}{dt}=kc_Ac_B$	$\ln\frac{c_A}{c_B}=(a-b)kt+\ln\frac{a}{b}$	—
3	$2A+B \longrightarrow P$ $(a=2b)$	$-\frac{1}{2}\frac{dc_A}{dt}=kc_A^2c_B$ $=\frac{1}{2}kc_A^3$	$\frac{1}{c_A^2}=2kt+\frac{1}{a^2}$	$t_{1/2}=\frac{3}{2ka^3}$

4.6.2.2 实验方法

测定反应级数的常用方法有以下四种：

1. 积分法

用积分法求反应级数分为尝试法和作图法。

尝试法是将实验测得的不同反应时刻的组元浓度值代入不同次级简单反应的动力学方程中，代入后能得到相同的反应速率常数的公式所对应的级数即为反应的级数。

作图法是根据浓度与时间的关系得出相应的 k 值。

积分法是常用的测定级数的方法。其优点是只需要一次实验就能尝试或作图。其缺点是不够灵敏，只能用于简单级数反应。

2. 分数寿期法

本法是利用分数寿期的积分形式来求反应级数，但一般只适用于单组元反应物的情形。对一级反应有

$$t_\theta=\frac{1}{ak}\ln\frac{1}{1-\theta}$$

对于 $n(\neq 1)$ 级反应，则有

$$t_\theta=\frac{1}{a(n-1)k}\left(\frac{1}{\theta^{n-1}}-1\right)\frac{1}{c_0^{n-1}}$$

可见

$$t_\theta\propto\frac{1}{c_0^{n-1}}$$

取对数可得

$$\lg t_\theta = \lg I + (1-n)\lg c_0 \tag{4.6.21}$$

式中,I 为比例常数,若以 $\lg c_0 \sim \lg t_\theta$ 作图可得一直线,并由其斜率$(1-n)$可求得反应级数 n。

分数寿期法也可采用尝试法,即用不同 c_0 和所对应的 t_θ 分别代入式(4.6.21)以求得反应级数 n。例如用任意 t_θ 和 c_0 的数据代入式(4.7.21)则得

$$\lg t_\theta = \lg I + (1-n)\lg c_0$$

$$\lg t'_\theta = \lg I + (1-n)\lg c_0$$

两式相减,消去常数项 $\lg I$,解出 n 得

$$n = 1 + \frac{\lg t'_\theta - \lg t_\theta}{\lg c_0 - \lg c'_0}$$

利用分数寿期法求反应级数 n 时,最常用的分数寿期为半衰期 $t_{1/2}$。利用分数寿期法比积分法更可靠,也是只需一次实验的 $c \sim t$ 曲线即可求得反应级数。

3. 微分法

本法是用浓度随时间的变化率与浓度的关系来求反应级数。对于单组元反应,其反应速率方程为

$$r = -\frac{\mathrm{d}c}{\mathrm{d}t} = kc^n$$

按上式,在反应物浓度为 c_1 及 c_2 时,则应有

$$r = -\frac{\mathrm{d}c_1}{\mathrm{d}t} = kc_1^n \text{和} r = -\frac{\mathrm{d}c_2}{\mathrm{d}t} = kc_2^n$$

将上两式取对数后相减即可求得级数 n 为

$$n = \frac{\lg r_1 - \lg r_2}{\lg c_1 - \lg c_2} \tag{4.6.22}$$

若式(4.6.22)中的 c_1 及 c_2 分别代表反应物的不同初始浓度,则所对应的反应速度 r_1 及 r_2 分别为反应在不同初始浓度下的不同初速度。由于反应在开始阶段遇到的复杂因素较少,所以利用反应初速度求出的级数较为可靠。

利用反应速率方程的对数式:

$$\lg r = \lg k + n\lg c$$

由此可见,以 $\lg r$ 对 $\lg c$ 作图可得一直线,其斜率即为反应级数,其截距是 $\lg k$。

4. 孤立法(过量浓度法)

如果讨论的反应其反应物是多元的,且各反应物的初始浓度又不同,反应通式可记为 $\alpha\mathrm{A} + \beta\mathrm{B} + \gamma\mathrm{C} \longrightarrow P$。其反应速率方程为

$$r = kc_\mathrm{A}^\alpha c_\mathrm{B}^\beta c_\mathrm{C}^\gamma$$

用上述测定反应级数的方法虽然可行,但手续都比较麻烦,此式可采用孤立法。此法是选择这样一种实验条件,在一组实验中保持除 A 以外的 B,C,…物质大大过量(通常需过量 10 倍以上),则在反应过程中,只有 A 的浓度 c_A 有变化,而 B,C,…浓度基本保持不变,或在次级实验中用相同的 B,C,…物质的初始浓度,而只改变 A 的初始浓度,如此则速率公式可转化为 $r = k'c_\mathrm{A}^\alpha (k' = c_\mathrm{B}^\beta \cdots)$。最后用前述的积分法或微分法先求出 α。以此类推,可求出 $\beta,\gamma,\cdots$。反应级数则为 $n = a + \beta + \gamma + \cdots$。

用此方法时应注意加入过量物质时不能引起副作用,以免导致错误结果。为此本法只作为一种辅助方法。

4.6.3 氧化还原反应的活化能

1. 作图法求活化能

在阿伦尼乌斯公式中,指数因子 $e^{-E/RT}$ 对速率常数 k 值起决定作用,而指数因子的核心是反应活化能 E,所以在动力学研究中确定反应活化能是重要的一步。由阿伦尼乌斯定理:

$$k = Ae^{-\frac{E_a}{RT}} \text{或} \ln k = \ln A - \frac{E_a}{RT}$$

用作图法以 $\ln k \sim \frac{1}{T}$ 作图,可得一直线,从其斜率可求得活化能 E_a。前述的阿伦尼乌斯公式尚可转化为

$$T\ln k = T\ln A - \frac{E_a}{R}$$

若以 $T\ln k \sim T$ 作图,所求直线的截距 $-\frac{E_a}{R}$ 也可求得活化能。无论采用哪种作图法,都涉及求速率常数 k,这对简单反应也不算过于麻烦,但对复杂反应中的某些基元反应,例如反应物之一是自由原子、自由基或激发态分子时,这些物质的制备和准确测定它们的浓度都不容易,需要特殊方法。

2. 计算法求活化能

将阿伦尼乌斯公式的微分形式在两个温度之间做定积分,则得

$$\ln \frac{k(T_2)}{k(T_1)} = \frac{E_a(T_2 - T_1)}{RT_2T_1}$$

将两个任意温度下的 k 值代入上式,即可估算出活化能。

3. 从修正的阿伦尼乌斯公式求活化能

在阿伦尼乌斯公式中,将反应的活化能看作是与温度无关的常数。严格说来却并非如此。对阿伦尼乌斯公式进行修正后得到与温度有关的活化能式:

$$E_T = E_0 + mRT$$

这里的 E_0 即为 E_a。则有

$$\frac{d\ln k}{d\left(\frac{1}{T}\right)} = -mT - \frac{E_a}{R}$$

即

$$E_a = -R\left[mT + \frac{d\ln k}{d\left(\frac{1}{T}\right)}\right]$$

可见,修正的阿伦尼乌斯公式的积分式为

$$k = A_0T^m e^{-\frac{E_a}{RT}} \text{或} \ln k = \ln A_0 + m\ln T - \frac{E_a}{RT}$$

4.6.4 氧化还原反应机理的确定

在反应速率方程和动力学方程通过实验测定和必要的数学处理之后,经典动力学的研究还需进一步确定反应机理,即确定总反应的各基元反应的步骤,研究反应过程的细节。

1. 确定反应机理的一般程序

(1)以一定的客观事实,例如有关化学组成的物质结构知识,参照前人所得的关于反应机理的资料,对所研究的总反应拟订出可能的机理。

(2)利用经典动力学的基本定理,给出各个基元反应对各组元的反应速率方程和反应温度的影响。

(3)通过严格或近似的计算,消去速率方程中不稳定的中间物的浓度,得出只包含稳定组元浓度的速率方程,进而解出动力学方程。

(4)将理论推得的速率方程、动力学方程和实验数据加以比较,确定所拟订反应机理的可靠性。

2. 确定反应机理的实例

下面以溴化氢的合成反应为例,介绍其反应机理的揭示过程。

HBr 合成反应的总反应的计量方程为

$$H_2 + Br_2 \longrightarrow 2HBr$$

此反应的速率方程为

$$r = \frac{kc_{H_2}c_{Br_2}^{1/2}}{1 + \dfrac{c_{HBr}}{10c_{Br_2}}}$$

此总反应中可能包含的基元反应有:

(1) $Br_2 \longrightarrow Br + Br$　　$E_1 = 191$ kJ/mol

(2) $H_2 \longrightarrow H + H$　　$E_2 = 436$ kJ/mol

(3) $Br + H_2 \longrightarrow H + HBr$　　$E_3 = 69.5$ kJ/mol

(4) $HBr \longrightarrow H + Br$　　$E_4 = 366$ kJ/mol

(5) $HBr + Br \longrightarrow H + Br_2$　　$E_5 = 173$ kJ/mol

(6) $H + Br_2 \longrightarrow HBr + Br$　　$E_6 = 5$ kJ/mol

(7) $H + HBr \longrightarrow Br + H_2$　　$E_7 = 5$ kJ/mol

(8) $Br + Br \longrightarrow Br_2$　　$E_8 = 0$ kJ/mol

(9) $Br + H \longrightarrow HBr$　　$E_9 = 0$ kJ/mol

(10) $H + H \longrightarrow H_2$　　$E_{10} = 0$ kJ/mol

通过比较反应(1)(2)(4)三个产生自由原子的反应的活化能,反应(1)的活化能远比其他两个反应的活化能小,故反应(1)可能发生。由此反应生成的 Br 原子可以通过反应(3)或(5)使稳定的 H_2 或 HBr 转化,由于 $E_5 \gg E_3$,故只有反应(3)可能发生。由反应(3)生成的 H 原子可以通过反应(6)及(7)使稳定分子 Br_2 与 HBr 转化。由于 E_6 与 E_7 均较小且十分接近,故这两个反应均有可能发生。由于反应(3)(6)及(7)均不改变自由原子的数目,因此由反应(1)产生的自由原子必须通过其他方式消耗,这些可能的方式就是反应(8)(9)及(10)。但由于 H 原子比 Br 原子活泼得多,且反应(6)和(7)的活化能比反应(3)小得多,因此 H 原子的浓度很小。且由于 H 原子参加的反应(9)和(10)又会放出大量的热(由其逆反应的活化能可知)而难以散失,故可不予考虑。综合以上所述推论,可以拟出可能的反应机理为

$$Br_2 \xrightarrow{k_1} Br + Br$$

$$Br + H_2 \xrightarrow{k_2} H + HBr$$

$$H + Br_2 \xrightarrow{k_3} HBr + Br$$

$$H + HBr \xrightarrow{k_4} Br + H_2$$

$$Br + Br \xrightarrow{k_5} Br_2$$

由于 H,Br 均为活性原子,作为中间产物均可按不稳定物质近似稳态法处理,如此即可求得按可能机理推得的理论反应速率方程式:

$$r_{实} = \frac{k_3\ (k_1/k_2)^{1/2} c_{H_2} c_{Br_2}^{1/2}}{1 + (k_5/k_4)(c_{H_2}/c_{Br_2})}$$

此式基本与 $r_{实}$的形式相似。已有大量实验证明了上述机理的可靠性。

上面这个例子,介绍了确定反应机理的一般步骤和经典的处理方法。但经典的处理方法并非十分充分,有时会导致错误的结论。下面介绍另一种氧化还原反应的例子,说明其不充分之处。

以 HI 的合成为例。长期以来,许多人认为 HI 的合成与分解反应均为简单的双分子基元反应;也有人提出该反应是通过自由原子(I 原子)的反应机理的观点,并指出简单的双分子反应机理和以自由原子方式进行的复杂反应的机理具有相同的反应速率方程。这两种反应机理分别如下所示:

(1)简单双分子基元反应

$$I_2 + H_2 \xrightarrow{k_2} 2HI$$

应用质量作用定律可得理论反应速率方程:

$$r_{理} = k c_{H_2} c_{I_2}$$

这与实验所得的反应速率方程 $r_{实}$完全相符。

(2)自由碘原子参加的复杂反应

20 世纪 60 年代后期,人们通过实验认为 HI 合成反应是一个复杂反应,其反应机理可以表示为

$$I_2 \xrightarrow{k_1} I + I$$

$$2I \xrightarrow{k_2} I_2$$

$$2I + H_2 \xrightarrow{k_3} 2HI$$

若该反应的控制步骤为反应(3),可应用对平行反应(1)与(2)的近似平衡反应法处理,可得

$$k_e = \frac{k_1}{k_2} = \frac{c_I^2}{c_{I_2}}$$

$$c_I^2 = \frac{k_1}{k_2} c_{I_2}$$

$$r_{理} = k_3\ \frac{k_1}{k_2} c_{H_2} c_{I_2} = k c_{H_2} c_{I_2}$$

可见,所得复杂反应的反应速率 $r_{理}$ 与实验所得及按简单双分子基元反应机理所得的

均完全一致。显然,并不能由此证明两种机理都是可能的。为此,必须进一步地设计实验加以辨认。根据 HI 的光化学合成反应(按自由 I 原子的反应机理)的研究,测定了反应(3)在不同温度下的分子反应速率常数 k_3,并按阿伦尼乌斯定理以 $\lg k_3 \sim \frac{1}{T}$作图得一直线,且证明此直线与热化学合成 HI 的相应直线相重合。从而证明了通过自由原子的反应机理是正确的。

综上所述,单纯从与反应速率方程或反应动力学方程相符,是不足以证明拟订机理的正确性或可靠性的。不仅如此,经典方法确定反应机理的不充分性还表现在,拟订不同的反应机理,可能得到在实验误差范围内同样符合的不同形式的反应速率方程或反应动力学方程。确定某一反应的机理往往是不能单从动力学的宏观唯象理论来证实的,因此下面介绍示踪原子法。

(3)示踪原子法确定反应机理

示踪原子法是利用在反应体系中加入人工合成的含同位素的具有相同化学性质的物质,分析测定同位素的分布情况来判定反应机理的方法。例如乙醛的分解反应:

$$CH_3CHO \longrightarrow CH_4 + CO$$

为考察此反应是在单分子内进行还是在分子间进行,可在反应体系中加入少量 CD_3CDO 分析产物,发现产物中既有 CH_3D 又有 CD_3H,表明反应是在分子间进行的。

4.6.5　氧化还原反应动力学研究举例

现以知网查阅文献《羟胺与 Pu(Ⅳ)氧化还原反应动力学和机理研究》为例阐述有关氧化还原反应的动力学研究方法。

1. 对 Pu(Ⅳ)为二级反应和对 Pu(Ⅲ)为负二级反应的验证

羟胺(HAN)在 HNO_3 介质中能将 Pu(IV)还原成 Pu(Ⅲ),在此基础上合理假设 Pu(Ⅳ) + HAN 氧化还原反应体系对 Pu(Ⅳ)浓度为二级反应,对 Pu(Ⅲ)浓度为负二级反应,对 HAN 和 H^+浓度分别为 m 级和 n 级反应,其动力学速率方程可表示为

$$-\mathrm{d}[\mathrm{Pu(IV)}]/\mathrm{d}t = k'[\mathrm{Pu(IV)}]^2 \cdot [\mathrm{Pu(III)}]^{-2} \tag{4.6.23}$$

$$k' = k[\mathrm{HAN}]^m/[\mathrm{H}^+]^n \tag{4.6.24}$$

式中　k——反应速率常数;

k'——表观反应速率常数。

假设$[\mathrm{Pu(IV)}]_0$为 Pu(Ⅳ)的初始浓度,$[\mathrm{Pu(IV)}]$为 Pu(Ⅳ)在任一时刻的浓度,则由式(4.6.19)积分得

$$[\mathrm{Pu(IV)}]_0\{2\ln([\mathrm{Pu(IV)}]/[\mathrm{Pu(IV)}]_0) + [\mathrm{Pu(IV)}]_0/[\mathrm{Pu(IV)}]\} - [\mathrm{Pu(IV)}] = k't \tag{4.6.25}$$

令 $Y = [\mathrm{Pu(IV)}]_0\{2\ln([\mathrm{Pu(IV)}]/[\mathrm{Pu(IV)}]_0) + [\mathrm{Pu(IV)}]_0/[\mathrm{Pu(IV)}]\} - [\mathrm{Pu(IV)}]$

则式(4.6.25)可表示为

$$Y = k't \tag{4.6.26}$$

显然,根据式(4.6.26),若 Pu(Ⅳ) + HAN 混合体系对 Pu(Ⅳ)和 Pu(Ⅲ)浓度分别为二级反应和负二级反应,则以 Y 对 t 作图,能够得到斜率为 k'且通过坐标原点的直线。

实验中,维持 Pu(Ⅳ)离子浓度,HAN 浓度和离子强度 μ 等条件不变,改变溶液的酸度,研究溶液酸度变化对氧化还原反应动力学的影响。结果表明,实验条件下 Y 与 t 有良好的线性关系(图 4.6.2),说明所做假设是正确的,即氧化还原反应对 Pu(Ⅳ)浓度为二级反应,对 Pu(Ⅲ)浓度为负二级反应。

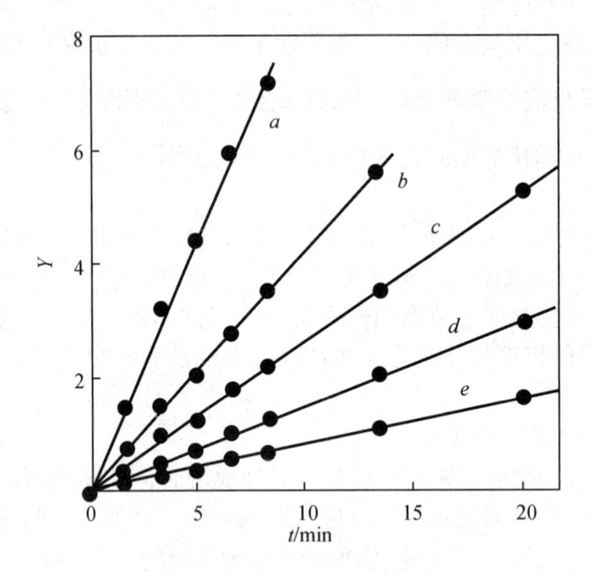

图 4.6.2 Pu(Ⅳ)+HAN 混合体系 Pu(Ⅳ)二级反应的验证

[HAN] = 8.04×10^{-2} mol/L;[Pu(Ⅳ)] = 1.01×10^{-3} mol/L;μ = 3.00 mol/L

10^2[H^+]/(mol·L^{-1}):*a* 为 1.28;*b* 为 1.52;*c* 为 1.72;*d* 为 1.88;*e* 为 2.19

2. HAN 和 H^+ 浓度反应级数的确定

将式(4.6.23)两边取对数,得

$$\lg k' = m\lg[\mathrm{HAN}] + n\lg[\mathrm{H}^+] + \lg k \tag{4.6.27}$$

根据式(4.6.5),维持均相体系 Pu(Ⅳ)和酸度等条件不变,单独改变 HAN 浓度,研究 HAN 浓度变化对反应的影响,所得直线斜率为 1.96,即 $m=2$(图 4.6.3)。说明 HAN + Pu(Ⅳ)反应体系对 HAN 浓度为二级反应。

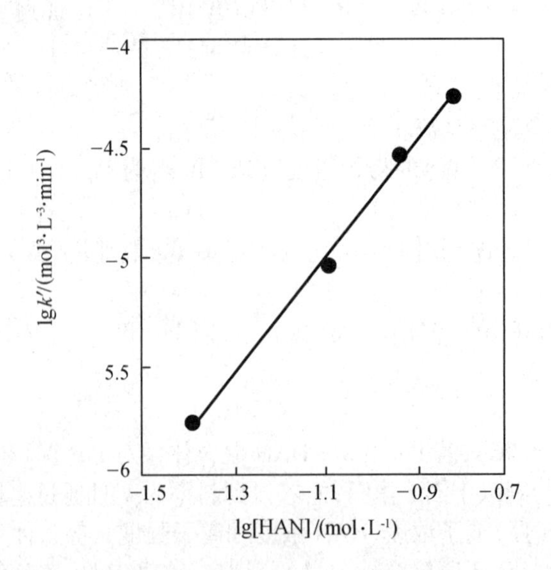

图 4.6.3 lg*k*′与 lg [HAN]的关系

[HNO_3] = 1.50 mol/L;[Pu(Ⅳ)] = 1.01×10^{-3} mol/L;μ = 3.00 mol/L

同理,维持体系中 HAN 和 Pu(Ⅳ)浓度等条件不变,改变溶液酸度,研究酸度变化对反应过程的影响,所得直线斜率为 -4.01,即 $n = -4$(图4.6.4)。

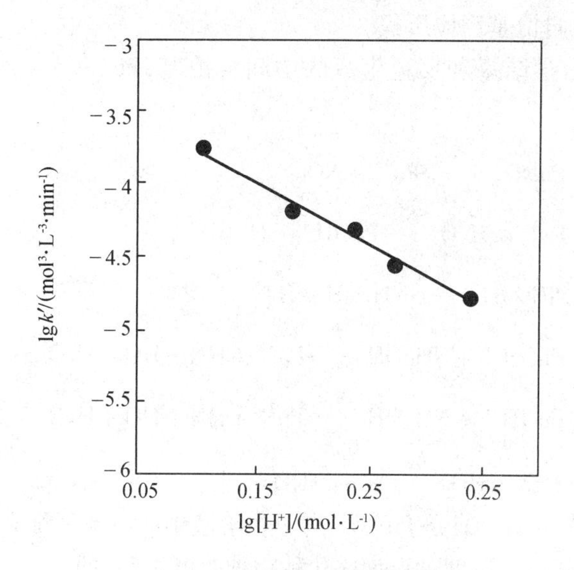

图4.6.4 lgk'与 lg[H^+]的关系

[HAN] = 8.04 × 10 - 2 mol/L;[Pu(Ⅳ)] = 1.01 × 10 - 3 mol/L;μ = 3.00 mol/L

说明 HAN + Pu(Ⅳ)反应体系对 H^+ 浓度为负四级反应,提高酸度不利于反应的发生。故硝酸溶液中 HAN 还原 Pu(Ⅳ)的动力学速率方程为

$$-d[Pu(\text{Ⅳ})]/dt = k[Pu(\text{Ⅳ})]^2[DMHAN]^2/([Pu(\text{Ⅲ})]^2[H^+]^4) \quad (4.6.28)$$

求得实验条件下的反应速率常数 $k = (17.4 \pm 0.48)\,mol^3/(L^3 \cdot min)$。

维持[HAN] = 0.101 mol/L,[Pu(Ⅳ)] = 1.01×10^{-3} mol/L,[H^+] = 2.28 mol/L 和 μ = 3.00 mol/L,在24 ~ 45 ℃范围内,研究温度对反应过程的影响。结果表明,随着温度的升高,反应速率加快,说明该反应为吸热反应,升高温度有利于反应的进行。根据 $-d\ln k/dT = \Delta E/(RT^2)$,求得该反应的活化能 $\Delta E = 62.6$ kJ/mol。

3. 自由基的 ESR 波谱及反应机理讨论

羟胺衍生物是一类非常易于氧化的有机还原剂。目前,虽无法直接检测 Pu(Ⅳ)与 HAN 反应是否也生成了 H$\dot{N}$HO 自由基,但在 HAN + V(Ⅴ)模拟反应中,亦观察到了一组氮氧自由基超精细分裂峰(图4.6.5)。

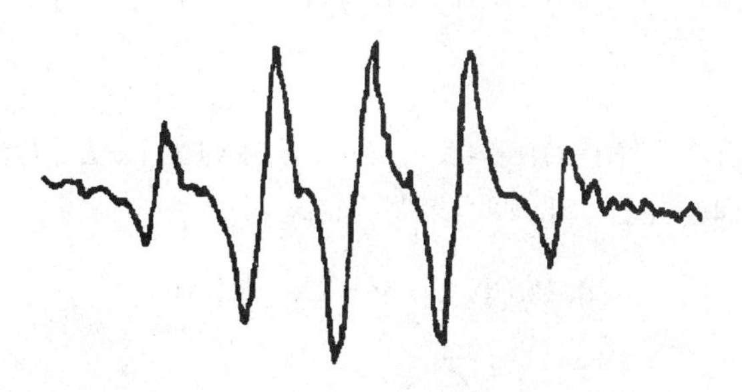

图4.6.5 H$\dot{N}$HO 自由基的 ESR 光谱

根据峰的强度(1:1:1)和峰数、N 原子和 H 原子的耦合分裂常数($\alpha_A = 11.9$ G,$\alpha_N = 12.1$ G),可指认为 $H\dot{N}HO$ 自由基的超精细分裂峰。因此可以推论 Pu(Ⅳ)与 NH_2OH 的氧化还原过程也是一个自由基反应历程。

结合已有的动力学结果和反应生成的中间自由基,Pu(Ⅳ) + NH_2OH 可能的反应机理为

$$PuNO_3^{3+} \xrightarrow{K_d} Pu^{4+} + NO_3^- \tag{4.6.29}$$

$$Pu^{4+} + H_2O \xrightarrow{K_h} PuOH_3^+ + H^+ \tag{4.6.30}$$

$$NH_3OH^+ \xrightarrow{K_a} NH_2OH + H^+ \tag{4.6.31}$$

$$PuOH^{3+} + NH_2OH \xrightarrow{K_2} Pu^{3+} + HN \cdot HO + H_2O \tag{4.6.32}$$

$$PuOH^{3+} + NH_2OH \xrightarrow{K_{-2}} Pu^{3+} + HN \cdot HO + H_2O \tag{4.6.33}$$

$$2HN \cdot HO \xrightarrow{K_3} N_2 + 2H_2O \tag{4.6.34}$$

式(4.6.29)和式(4.6.30)是 Pu(Ⅳ)离子在溶液中的电离平衡和水解平衡。在几种物种共存条件下,四价钚的总浓度可视为这几种物种浓度之和,即

$$[Pu(\text{Ⅳ})] = [Pu^{4+}] + [PuOH^{3+}] + [PuNO_3^{3+}] \tag{4.6.35}$$

由式(4.6.29)、式(4.6.30)和式(4.6.35),溶液中 $PuOH^{3+}$ 与 Pu(Ⅳ)的浓度关系可表示为:

$$[PuOH^{3+}] = K_d \cdot K_h[Pu(\text{Ⅳ})]/[K_d \cdot K_h + [H^+](K_d + [NO_3^-])] \tag{4.6.36}$$

实验条件下,由于 $K_d \cdot K_h \ll [H^+](K_d + [NO_3^-])$,故式(4.6.36)可变成

$$[PuOH^{3+}] = K_d \cdot K_h[Pu(\text{Ⅳ})]/([H^+](K_d + [NO_3^-])) \tag{4.6.37}$$

式(4.6.33)和式(4.6.34)是自由基 $H\dot{N}HO$ 的形成与分解过程,涉及不同离子之间的电荷转移,因此有理由相信它们是本反应的速控步骤。速控步骤的速率方程可表示为

$$-\frac{d[Pu(IV)]}{dt} = K_2[PuOH^{3+}][NH_2OH] - K_{-2}[Pu^{3+}][H\dot{N}HO] + K_3[H\dot{N}HO]^2 \tag{4.6.38}$$

$H\dot{N}HO$ 是反应生成的中间产物,根据稳态近似法有

$$\frac{d[H\dot{N}HO]}{dt} = K_2[PuOH^{3+}][NH_2OH] - K_{-2}[Pu^{3+}][HN.HO] - K_3[H\dot{N}HO]^2 = 0$$

即

$$K_2[PuOH^{3+}][NH_2OH] - K_{-2}[Pu^{3+}][H\dot{N}HO] = K_3[H\dot{N}HO]^2 \tag{4.6.39}$$

将式(4.6.39)代入式(4.6.38),得

$$-d[Pu(\text{Ⅳ})]/dt = 2K_3[H\dot{N}HO]^2 \tag{4.6.40}$$

由式(4.6.33)得

$$[H\dot{N}HO] = \{K_2[PuOH^{3+}][NH_2OH]/(K_{-2}[Pu^{3+}])\} \tag{4.6.41}$$

将式(4.6.39)代入式(4.6.41),式(4.6.41)又代入式(4.6.40),并结合式(4.6.32),得

$$-\frac{\mathrm{d}[\mathrm{Pu(IV)}]\mathrm{d}t}{\mathrm{d}t}=\frac{2K_a^2K_2^2K_3K_{2\mathrm{d}}K_h^2[\mathrm{Pu(IV)}]^2[\mathrm{NH_3OH^+}]^2}{K_{-2}^2[\mathrm{Pu^{3+}}]^2[\mathrm{H^+}]^4(K_d+[\mathrm{NO_3^-}])^2} \tag{4.6.42}$$

在一定温度和离子强度条件下，$K=2K_a^2K_2^2K_3K_d^2K_h^2/[K_{-2}^2(K_d+[\mathrm{NO_3^-}])^2]$，式(4.6.42)变成

$$-\mathrm{d}[\mathrm{Pu(IV)}]/\mathrm{d}t=K[\mathrm{Pu(IV)}]^2[\mathrm{NH_3OH}]^2/([\mathrm{Pu^{3+}}]^2[\mathrm{H^+}]^4) \tag{4.6.43}$$

式(4.6.43)表明，理论速率方程与实验条件下的动力学速率方程基本一致。说明推测的反应机理基本上是正确的。

4.7　高放废物地质处置中模型举例

高放废物地质处置是一项复杂的系统工程，高放地质处置库不同于一般的地下工程，其设计与建设需以突破一系列关键科技和工程难题为前提和支撑，研究开发难度大、周期长、投资大。高放废物地质处置的若干关键科学问题包括：处置库场址地质演化的精确预测、深部地质环境特征、多场耦合条件下(中(高)温、地壳应力、水力作用、化学作用、生物作用和辐射作用等)深部岩体、地下水和工程材料的行为、低浓度超铀放射性核素的地球化学行为与随地下水迁移行为及处置系统的安全评价。本节主要通过对高放地质处置中热学模型分析，讨论高放地质处置库建设的一般规则，以及世界各国对于高放地质处置的不同做法。

高放废物安全处置的复杂性一直受到世界各国的高度关注，欧、美、日等有核国家和地区通过制定国家政策、颁布法律法规、成立专门机构、拨付专门经费、制定长期科技开发计划、建立专门的地下研究设施和开展长期研究等方式，从政策、法规、机构、经费和科研等方面确保高放废物的安全处置。我国高等废物的总体规划目标为：选择与地质环境和社会经济环境相适宜的场址，在 2050 年建成高放地质处置库，保障我国国土环境和公共健康不会受到高放废物的危害。目前我国的高放地质处置库的设计正处于概念设计阶段，在处置库的系统概念设计中，高放废物地质处置库的热学分析可为确定废物的处置方式、间距提供重要理论计算结果，从而为确定处置面积、处置库容积、地下及地面设施总体布局提供依据，进而最终影响开挖工程量、造价成本等，通过展开参数敏感性分析，研究关键参数的改变对处置库温度场影响的敏感程度，确定高敏感度参数，可为我国高放废物地质处置库的整体设计提供理论依据及有益建议。

我国的高放地质处置库的设计也是基于国际通用的多重屏蔽概念，多重屏蔽由工程屏蔽和天然屏蔽组成，工程屏蔽系统由内向外一般依次由整备后的废物体、废物容器、外包装容器、散热材料、作为缓冲材料的膨润土、回填密封材料组成。工程屏蔽外围的处置库围岩及其周围的地质构造构成了天然屏障，通过工程屏障与天然屏障的多重防御对废物体内的高放水平放射性核素提供有效屏障，包容于隔离核素向外界迁移。我国需要进行地质处置的放射性废物主要包括高放玻璃固化废物及其他类型高放固体废物。高放玻璃固化废物的放射性活度高、释热量大、毒性强，对处置库的热学设计计算影响大，一般都将高放玻璃固化废物作为代表性高放废物体进行分析。

据初步估计，到 2050 年前后，我国将会产生大量的高放废物，如果在热学模型中精细地

考虑全部高放,则需要对所有废物包及其工程屏障、天然屏障材料划分单元,而后再完成长时间尺度的传热计算,按照这种思路进行参数敏感性分析将会面临巨大计算量与数据存储的挑战,高昂的计算成本使得计算任务无法达成,因此对几何模型要进行简化。

吕涛等人在《高放废物地质处置热库学分析的参数敏感性研究》一文中将热库模型简化。他们将几何模型简化为单个废物体模型,废物体被工程屏蔽及无限围岩介质所包容,在高放地质处置工程中,一般将废物体及其工程屏障系统设计为圆柱体,因此可以利用其对称性仅取体积的 1/4 进行分析,同时由于圆柱体模型本身是轴对称的,因此计算模型环向仅取一个单位进行计算,这样将三维模型近似简化为二维平面模型,可以大大加快计算速度。除此之外,考虑到废物容器一般很薄,而且导热系数一般相对较高,因此在热量传导过程中,废物容器可以将废物体释放热量以很快的速度传至外包装容器上,所以在建模过程中,可以不创建废物容器这层材料,这样简化不会对传热计算结果产生很大影响,同时还可以避免对层厚过小材料划分过细的单元,可以加快计算速度。

高放废物长寿命放射性核素的存在使得高放废物地质处置库的安全评价时间尺度极长,通常可达百年、千年、万年以上。但是需要指出的是,参数敏感性分析所关心的并非处置库的长期安全性,而是试图找到对温度场影响较大的敏感参数,因此,在热学分析中无需完成成百上千年时间尺度的计算,只需定位传导材料出现峰值温度的时间点,然后在参数敏感性分析中,以峰值温度为目标物理量进行比较,完成出现峰值温度这一时间尺度的热学计算即可。

以上只是处于概念阶段的设计,随着处置库设计工作的不断推进,需要考虑的问题还有更多、更复杂,比如岩石力学问题、地下水问题等,还有一系列的不确定性。

为了对处置库进行安全评价,需要完备和准确的热力学数据库及迁移参数数据库,才能对核素的迁移行为进行模拟、预测。目前国际上已经有一些热力学数据库,各国可以在此基础上建立和发展自己的热力学数据库。而核素在不同区域和介质中的迁移数据有较大的差异,因此迁移数据需要针对各国具体的处置库环境条件进行测定。迁移参数中最重要的参数为扩散系数和分配系数,采用的实验法分别为批次法和扩散法。批次法操作简单,所需时间短,并且可以方便地研究 pH 值、离子强度、腐殖酸等因素对放射性核素吸附行为的影响,该方法的研究较为广泛,数据库也较为完备。然而批次法为静态实验,得到的分配系数是否能真实反映放射性核素从处置库向生物圈渗透情况目前并没有明确的结果。扩散实验与批次法相比为动态实验,实验过程为非平衡态,更能模拟真实条件下放射性核素从处置库向生物圈渗透的过程。然而扩散实验的研究时间较长,数据库有待完善。

核素在多孔介质中的迁移数学模型可用以下公式表示:

$$\frac{\partial C_i}{\partial t}=D\frac{\partial^2 C_i}{\partial x^2}-v\frac{\partial C_i}{\partial x}-\frac{\rho}{\theta}\frac{\partial S_i}{\partial t}$$

公式右边第一部分考虑核素的吸附和扩散;第二部分考虑核素的渗流;第三部分考虑核素化学反应,如沉淀 - 溶液、吸附 - 解析、离子交换、氧化还原。用于描述核素迁移的模型分为核素在迁移时的化学形态分析(Chemical Speciation Analysis) - 地球化学模型和核素随地下水的输运模型(Transport Model)。

输运模型主要分为考虑渗流和不考虑渗流。在不考虑渗流的情况下,开展实验室核素迁移,将复杂的地质环境进行了简化,采用的数学模型假设地质材料是均匀多孔介质系统,符合 Fick 第二定律。瑞士 PSI 采用 COMOSOL Multiphysics 商业工程软件,该软件可用于几乎所有扩散法的实验数据拟合。瑞典采用 ANADIFF 软件用于 Through - diffusion 的数据拟合,此外还用于地下实验室的核素迁移数据处理。王祥云等编写了处理 Through - diffusion 的程序 DKANAL 和 DKFIT,以及计算时空分布的程序 ANASOL 和 PUREDF。

根据我国高放废物地质处置的特性,结合核素迁移的特点,在国际经验与国内相关合作单位的研究基础之上,采用批式法、Through - diffusion 和 Out - diffusion 法或者 In - diffusion 法,研究矿物微观结构、有机物和还原性物质,关键核素(U,Np,Pu,Am,I,Tc)的化学形态,以及处置库回填材料和围岩对核素扩散行为的相互作用。建立和完善实验技术和理论模型,获取迁移参数,推导迁移机理,从而建立核素迁移及数学模型研究平台。

采用批式法(Batch Experiment)研究关键核素 U,Np,Pu,Am,I,Tc 在花岗岩和膨润土中的吸附行为,获得分配系数,分配系数 K_d(mL/g)用下式计算:

$$K_d(\mathrm{mL/g}) = \frac{x}{m} \times \frac{1}{[\mathrm{An}]_{eq}}$$

式中　$[\mathrm{An}]_{eq}$——平衡时吸附质的浓度,mol/L;

x——吸附质的物质的量,moL;

m——吸附液的质量,g。

采用该方法,研究固液比、pH 值、有机物、腐殖酸和还原性矿物对 U,Np,Pu,Am,I,Tc 在地质材料中吸附行为的影响,得出相应的分配系数。将得到的分配系数用于扩散模型,预测扩散实验中加入核素的浓度、溶液的体积、扩散时间以及扩散距离,合理设计扩散实验。

采用 Through - diffusion 和 Out - diffusion 法研究 I 和 Tc 在花岗岩和膨润土中的扩散行为,扩散实验装置见图 4.7.1。

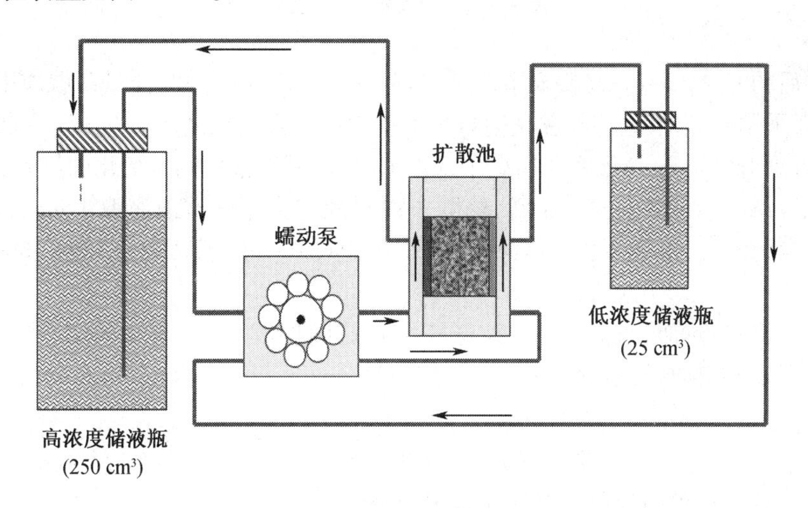

图 4.7.1　扩散实验装置示意图

该装置由一个蠕动泵、一个扩散池和两个蓄液瓶组成。两个蓄液瓶分别与扩散池的两侧相连。将 I,Tc 加入高浓度蓄液瓶中,在蠕动泵的带动下, I,Tc 在扩散池的一侧形成高浓度的液膜,将会很快穿透滤膜,扩散到扩散池另一侧的蓄液瓶中,每隔一段时间更换蓄液瓶,采用液闪谱仪测量蓄液瓶中 I,Tc 的浓度,从而得到 I,Tc 的通量 $J(L,t)$ 和放射性总量 $A(L,t)$ 随扩散时间 t 变化的实验数据。

穿出实验(Out - diffusion)采用相同的装置。当 I,Tc 的扩散达到稳态后,把扩散池两侧均换成 25 mL 的蓄液瓶,加入 20 mL 的地下水。每隔一段时间更换蓄液瓶,测量蓄液瓶中 I,Tc 的浓度,得到扩散池两侧 I,Tc 的通量 $J(L,t)$ 随扩散时间 t 变化的实验数据。

采用如上类似的实验装置。在高浓度蓄液瓶中加入 U,Np,Pu,Am。采用上述实验步骤,通过穿透 - 穿出实验(Through and out - diffusion)得到 U,Np,Pu,Am 的通量 $J(L,t)$ 和放射性总量 $A(L,t)$ 在花岗岩或膨润土中随扩散时间 t 变化的实验数据。

花岗岩硬度很大,穿入实验结束后,采用打磨的方式将花岗岩切割成 0.04 mm 左右厚度的薄片,见图 4.7.2。

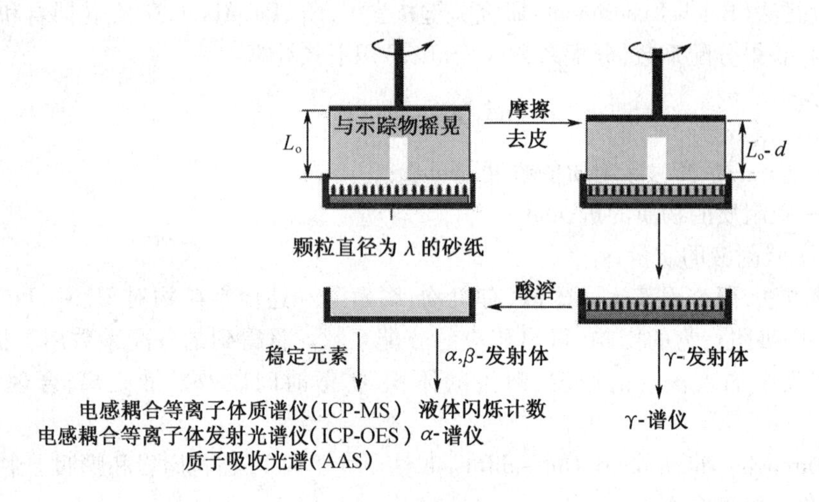

图 4.7.2　打磨技术示意图

将切割后的 U,Np,Pu,Am 粉末萃取到水溶液中,采用 ICP - MS 测量萃取液中锕系元素的浓度,或者采用γ - 谱仪直接测量花岗岩粉末中锕系元素的浓度。LIPAS 测量锕系元素的化学形态,得到 U,Np,Pu,Am 在花岗岩中浓度 $C(\xi,\tau)$ 随扩散距离 x 变化的实验数据。

U,Np,Pu,Am 的扩散实验开始后,每隔一段时间在高浓度蓄液瓶取 1 mL,采用 LIPAS 测量锕系元素的浓度,得到高浓度蓄液瓶中 U,Np,Pu,Am 的浓度 $C(\xi,\tau)$ 随扩散时间 t 变化的实验数据。

拟合由穿透实验得到的核素放射性总量 $A(L,t)$ 随扩散时间 t 变化的实验数据,计算出岩石容量因子 α 和有效扩散系数 D_e。

$$A(L,t) = S \cdot L \cdot C_0\left[\frac{D_e \cdot t}{L^2} - \frac{\alpha}{6} - \frac{2 \cdot \alpha}{\pi^2}\sum_{n=1}^{\infty}\frac{(-1)^n}{n^2} \cdot \exp\left(-\frac{D_e \cdot n^2 \cdot \pi^2 \cdot t}{L^2 \cdot \alpha}\right)\right]$$

式中　$A(L,t)$——核素的放射性总量,mol 或者 Bq;

S——花岗岩样品的横截面积;

L——花岗岩或膨润土样品的厚度;

C_0——核素的初始浓度,mol/L 或者 Bq/ml。

由理论上核素的通量 $J(L,t)$ 与扩散时间 t 的关系,验证岩石容量因子 α 和有效扩散系数 D_e 的准确性。

$$J(L,t) = \frac{1}{S} \cdot \frac{\partial A}{\partial t}$$

$$J(0,t) = 2 \cdot D_e \cdot \frac{C_0}{L} \cdot \sum_{n=1}^{\infty} e^{-\left(\frac{n \cdot \pi}{L}\right)^2 \cdot \frac{D_e}{\alpha} \cdot t} \quad (x = 0)$$

$$J(L,t) = 2 \cdot D_e \cdot \frac{C_0}{L} \cdot \sum_{n=1}^{\infty} (-1)^n \cdot e^{-\left(\frac{n \cdot \pi}{L}\right)^2 \cdot \frac{D_e}{\alpha} \cdot t} \quad (x = L)$$

这里 $J(0,t)$ 和 $J(L,t)$ 分别为浓度高($x=0$)和浓度低($x=L$)的两侧的通量。比较理论和实验上核素在扩散池两侧(高浓度($x=0$)和低浓度($x=L$))的穿出通量($J(0,t)$,$J(L,t)$)与扩散时间 t 的关系,进一步验证岩石容量因子和有效扩散系数的准确性。由 $\alpha=\varepsilon+\rho \cdot K_d$,得到核素在滤膜中的分配系数,这里的 ε 为滤膜的空隙率。

对核素在花岗岩或膨润土中的浓度 $C(\xi,\tau)$ 随扩散距离 x 变化的实验数据进行拟和,得到核素在花岗岩中或膨润土中的岩石容量因子和有效扩散系数。

$$C(\xi,\tau) = \frac{\exp(-\xi^2/4\tau)}{\sqrt{1-4\kappa}} \left\{ \mathrm{eerfc}\left[\frac{\xi}{2\sqrt{\tau}} + \left(1 - \sqrt{1-4\kappa}\right) \cdot \sqrt{\frac{\tau}{2}}\right] - \mathrm{eerfc}\left[\frac{\xi}{2\sqrt{\tau}} + \left(1 + \sqrt{1-4\kappa}\right) \cdot \sqrt{\frac{\tau}{2}}\right] \right\}$$

这里 $\mathrm{eerfc}(z) \equiv \exp(z^2) \cdot \mathrm{erfc}(z)$;其他的参数及变量分别为:$\tau \equiv t/t_{ch}$,$\xi \equiv x/l_f$,$\kappa \equiv t_{ch} \cdot S \cdot P_f/V$,$t_{ch} \equiv \alpha \cdot D_e/p_f^2$,$P_f \equiv D_{fe}/l_f$。其中 x 为扩散距离,D_{fe} 为核素在滤膜中的有效扩散系数(D_e),由核素在滤膜中的穿透-穿出实验得到。

$$C_r(\tau) = \frac{1}{2\sqrt{1-4\kappa}} \left[\left(1 + \sqrt{1-4\kappa}\right) \cdot \mathrm{eerfc}\left(\left(1 - \sqrt{1-4\kappa}\right) \cdot \frac{\sqrt{\tau}}{2}\right) - \left(1 - \sqrt{1-4\kappa}\right) \cdot \mathrm{eerfc}\left(\left(1 - \sqrt{1+4\kappa}\right) \cdot \frac{\sqrt{\tau}}{2}\right) \right]$$

比较理论和实验得到的高浓度蓄液瓶中核素浓度 $C(\xi,\tau)$ 与扩散时间 t 的关系,进而验证岩石容量因子和有效扩散系数的准确性。由 $\alpha=\varepsilon+\rho \cdot K_d$,得到核素在花岗岩或膨润土中的分配系数,这里的 ε 为花岗岩或膨润土中的空隙率。将得到的分配系数与由吸附实验得到的分配系数相比较,从而了解多大程度上从吸附实验得到的分配系数可用于扩散模型,分析导致这两种实验方法得出的分配系数差异的原因。推导核素在花岗岩或膨润土中的扩散机理。

核素迁移实验数据处理是花费时间最多,难度最大的工作内容,采用自编扩散参数拟合程序(Fitting for Diffusion Parameters,FDP)进行实验数据的处理,已经成功地用于 ^{237}Np、氚(HTO)和 ^{+22}Na 在 Opalinus Clay 的扩散行为研究中,以及 HTO,^{125}I 和 ^{99}Tc 在高庙子膨润土中扩散行为研究中。该程序将用于关键核素 U,Np,Pu,Am,I,Tc 的实验设计和数据处理中,数据处理流程见图 4.7.3。

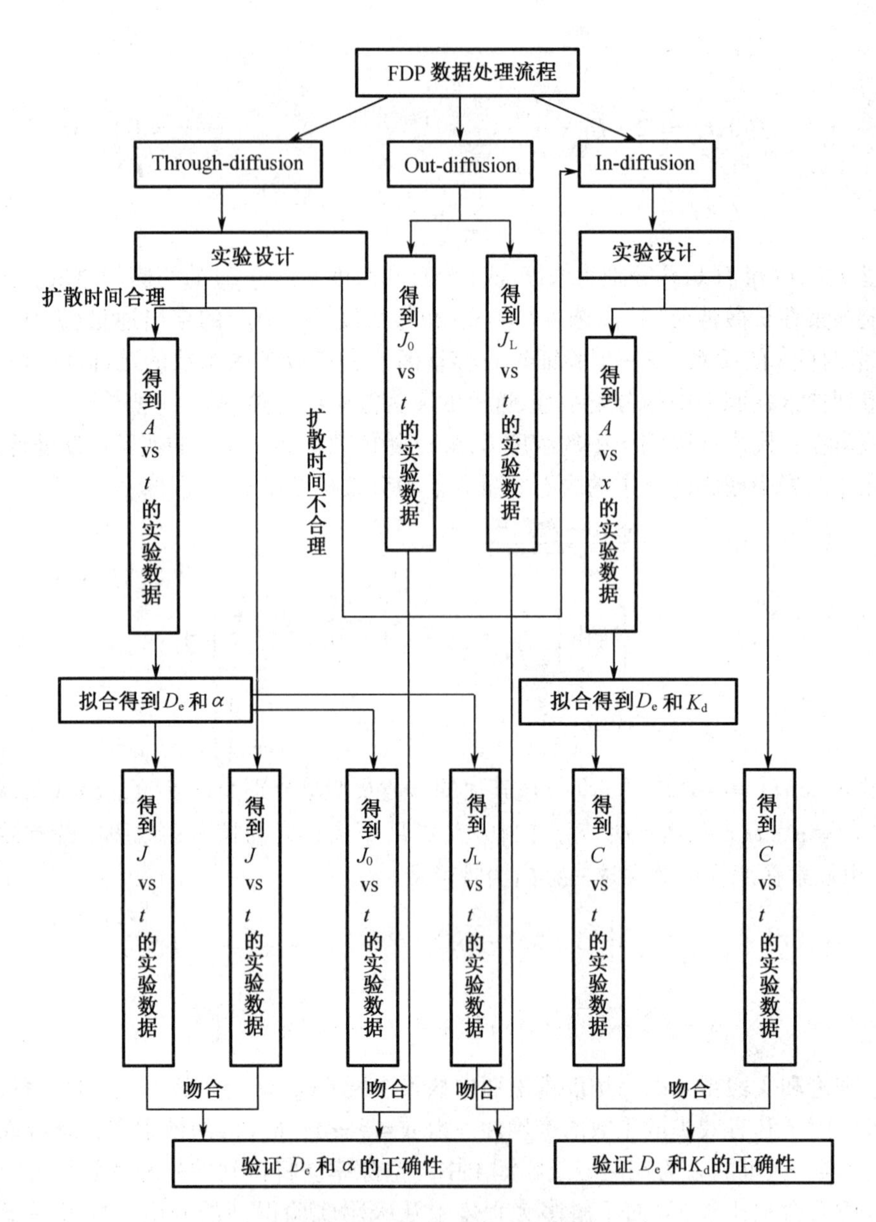

图4.7.3 FDP数据处理流程

4.8 放射性核素迁移的数学模型举例

由核工业产生的固体放射性废物往往储存在不同的地质层内。虽然我国对放射性废物的处置及放射性核素的迁移研究起步较晚，投入也较少，但经过近20年的工作，尤其是近几年的不懈努力，在核素迁移研究中取得了不小的进展，主要体现在以下几个方面：

(1)进行了放射性核素迁移的初步方法学研究；

(2)已初步获得了一批核素花岗岩和膨润土的吸附、扩散数据;

(3)锕系元素在地球化学领域的研究有所突破;

(4)在锕系元素水溶液化学方面获得了一批实验数据;

(5)研究了超锕系元素在天然地质体和地下水中的迁移规律。

目前,我国对放射性核素的迁移研究工作大多是围绕中低放射性废物处置库的地质工作开展的,对废物处置现场的放射性核素在地下介质中的迁移研究还很薄弱,成功的反应模拟实例并不多见,多局限于实验室研究,实验研究也比较零散。

放射性核素通过地质介质向生物圈的迁移是个重要的问题。我们希望地质介质作为阻止放射性核素迁移的屏障。由于许多迁移过程是不稳定的扩散过程,浓度和浓度梯度随着位置和时间的变化而变化,因此可以用菲克第二定律来模拟放射性核素的扩散,进而预测其在地质中的迁移。

放射性核素迁移方程为

$$R\left(\lambda C+\frac{\partial C}{\partial t}\right)=\nabla\cdot(D\nabla C)-\nabla\cdot(VC) \tag{4.8.1}$$

式中　C——放射性核素浓度,Bq/mL;

λ——放射性核素衰度常数,a^{-1};

V——地下水流速,m/a;

R——放射性核素阻滞因子;

D——扩散系数,m^2/a;

t——时间,a。

对地下水流的研究表明,纵向流动和扩散通常比横向的要大,因此,只要迁移途径与废物处理库的尺寸相比足够长,一维模型是合理的。因此方程(4.8.1)变化为

$$D\frac{\partial^2 C}{\partial Z^2}-V\frac{\partial C}{\partial Z}-R\frac{\partial C}{\partial t}-R\lambda C=0 \tag{4.8.2}$$

式中,Z是迁移方向上的坐标。

初始条件为

$$C(Z,0)=0\quad(Z>0) \tag{4.8.3}$$

边界条件为

$$C(0,t)=C_0\cdot\exp(-\lambda t)\quad(t>0) \tag{4.8.4}$$

及

$$C(\infty,t)=0 \tag{4.8.5}$$

表观扩散系数

$$D_a=D/R \tag{4.8.6}$$

令

$$k=V/R \tag{4.8.7}$$

得

$$D_a\frac{\partial^2 C}{\partial Z^2}-k\frac{\partial C}{\partial Z}-\frac{\partial C}{\partial t}-\lambda C=0 \tag{4.8.8}$$

对式(4.8.8)及式(4.8.4)做拉普拉斯转换,得到

$$D_a\frac{\partial^2\overline{C}}{\partial Z^2}-k\frac{\partial\overline{C}}{\partial Z}-(S+\lambda)\overline{C}=0 \tag{4.8.9}$$

及

$$\overline{C}\Big|_{z=0}=\frac{C_0}{\lambda+S} \tag{4.8.10}$$

式(4.8.9)的解为

$$\overline{C}(Z,S)=\mathscr{L}[C(Z,t)]$$

$$C=A\exp(r_1Z)+B\exp(r_2Z) \tag{4.8.11}$$

式中 $r_1=\dfrac{k+[k^2+4D_a(S+\lambda)]^{\frac{1}{2}}}{2D_a}>0$; (4.8.12)

$r_2=\dfrac{k+[k^2+4D_a(S+\lambda)]^{\frac{1}{2}}}{2D_a}<0$。 (4.8.13)

由于当 $Z\to\infty$ 时,$\overline{C}$ 为有限值,因此得到 $A=0$,所以有

$$\overline{C}=B\exp(r_2Z) \tag{4.8.14}$$

又由于方程(4.8.14)与方程(4.8.10)在 $Z=0$ 时等价,所以得到

$$B=\frac{C_0}{\lambda+S} \tag{4.8.15}$$

由方程(4.8.13)至方程(4.8.15)得到

$$\overline{C}=\frac{C_0}{\lambda+S}\exp\left(\frac{kZ}{2D_a}\right)\cdot\exp\left\{\left[\frac{k^2Z^2}{4D_a^2}+\frac{Z^2(\lambda+S)}{D_a}\right]^{\frac{1}{2}}\right\}(-S'^{\frac{1}{2}}) \tag{4.8.16}$$

方程(4.8.16)可改写为

$$\overline{C}=\frac{C_0}{\lambda+S}\exp(\frac{kZ}{2D_a})\cdot\exp(-S'^{\frac{1}{2}}) \tag{4.8.17}$$

其中

$$S'=\frac{Z^2}{D_a}S+\left(\frac{Z^2}{D_a}\lambda+\frac{k^2Z^2}{4D_a^2}\right) \tag{4.8.18}$$

由拉氏变换表查出

$$\mathscr{L}^{-1}[\exp(-S'^{\frac{1}{2}})]=\frac{\exp(-\frac{1}{4t})}{2\ (\pi t^3)^{\frac{1}{2}}} \tag{4.8.19}$$

拉氏变换的一个性质是

如果 $F(aS+b)=\mathscr{L}(t)$

则 $F(S)=\mathscr{L}\left[\frac{1}{a}\exp\left(-\frac{b}{a}t\right)\cdot f\left(\frac{t}{a}\right)\right]$

因此得到

$$\mathscr{L}^{-1}[\exp(-S'^{\frac{1}{2}})]=\frac{D_a}{Z^2}\exp\left[-\left(\frac{Z^2}{D_a}\lambda+\frac{k^2Z^2}{4D_a^2}\right)\frac{D_a}{Z^2}t\right]\cdot\exp\left(\frac{Z^2}{4D_at}\right)/2\left(\pi D_a^3\frac{t^3}{Z^6}\right) \tag{4.8.20}$$

拉氏变换的另一个性质是

如果 $F_1(S)=\mathscr{L}[f_1(t)]$

及 $F_2(S)=\mathscr{L}[f_2(t)]$

则 $F_1(S)\cdot F_2(S)=\mathscr{L}\left[\int_0^t f_1(\tau)\cdot f_2(t-\tau)\mathrm{d}\tau\right]$

所以方程(4.8.2)的解为

$$C(Z,t)=0.5C_0\,(\pi D_a)^{-0.5}\exp\left(\frac{kZ}{2D_a}-\lambda t\right)\cdot Z\cdot\int_0^t\exp\left(-\frac{k^2\tau}{4D_a}-\frac{Z^2}{4D_a\tau}\right)\cdot\tau^{-1.5}\mathrm{d}\tau \tag{4.8.21}$$

方程(4.8.21)中的浓度 $C(Z,t)$ 可以通过数值积分来得到。

习　　题

4-1 化工数学在核工业领域的应用主要有哪些?

4-2 在连续精馏塔分离由组分A和B组成的理想混合液,原料中含A 0.44,出液中含A 0.957(以上均为物质的量分数)。已知溶液的平均相对挥发度为2.5,最小回流比为1.63,求 q 值,并说明原料液的热状况。如果实际回流比为最小回流比的1.5倍,求从塔顶往下第二块理论板下降的液相组成。

4-3 现成塔的操作因素分析:

(1)操作中的精馏塔,将进料位置由原来的最佳位置进料向下移动几块塔板,其余操作条件均不变(包括 F,x_F,q,D,R),此时 x_D,x_W 将如何变化?

(2)操作中的精馏塔,保持 F,x_F,q,D 不变,而使 V' 减小,此时 x_D,x_W 将如何变化?

(3)操作中的精馏塔,若保持 F,R,q,D 不变,而使 x_F 减小,此时 x_D,x_W 将如何变化?

(4)操作中的精馏塔,若进料量增大,而 x_F,q,R,V' 不变,此时 x_D,x_W 将如何变化?

4-4 用一连续精馏塔分离苯-甲苯混合液。进料为含苯0.4(质量分数,下同)的饱和液体,质量流率为1 000 kg/h。要求苯在塔顶产品中的回收率为98%,塔底产品中含苯不超过0.014。若塔顶采用全凝器,饱和液体回流,回流比取为最小回流比的1.25倍,塔底采用再沸器。全塔操作条件下,苯对甲苯的平均相对挥发度为2.46,塔板的液相莫弗里(Murphree)板效率为70%,并假设塔内恒摩尔溢流和恒摩尔气化成立。试求:

(1)求塔顶、塔底产品的流率 D,W 及塔顶产品的组成 x_D;

(2)从塔顶数起第二块板上气、液相的摩尔流率各为多少;

(3)求精馏段及提馏段的操作线方程;

(4)从塔顶数起第二块实际板上升气相的组成为多少?

4-5 某填料塔用水吸收混合气中丙酮蒸气。混合气流速 $V=16$ kmol/(h·m^3),操作压力 $P=101.3$ kPa。已知容积传质系数 $k_ya=64.6$ kmol/(h·m^3),$k_La=16.6$ kmol/(h·m^3),相平衡关系为 $p_A=4.62c_A$。试求:

(1)容积总传质系数 k_ya 及传质单元高度 H_{OG};

(2)液相阻力占总传质阻力的百分比。

4-6 有一填料吸收塔,在28 ℃及101.3 kPa,用清水吸收200 m^3/h 氨-空气混合气中的氨,使其含量由5%降低到0.04%(均为物质的量分数)。填料塔直径为0.8 m,填料层体积为3 m^3,平衡关系为 $Y=1.4X$,已知 $K_ya=38.5$ kmol/h。

(1)出塔氨水浓度为出口最大浓度的80%时,该塔能否使用?

(2)若在上述操作条件下,将吸收剂用量增大10%,该塔能否使用?(注:在此条件下不会发生液泛)

4 -7 1 000 kg/h 浓度为1%(质量分数)的尼古丁($C_{10}H_{14}N_2$)溶液,用煤油在20 ℃进行逆流萃取,水与煤油是基本不互溶的,最终萃余相的浓度为0.1%(质量分数)。

(1)试求最小萃取剂用量,分配系数$K=0.875$;

(2)若萃取剂(煤油)流率为1 150 kg/h,需要多少理论级数?

(3)求萃取率。

4 -8 用纯溶剂S萃取A,B混合液中,溶质A,溶剂S用量15 kg,混合液由1 kg A和12 kg B组成,B,S可视为完全不互溶,在操作条件下,B以质量比表示。组成的分配系数$K=2.6$,试比较如下质量的最终萃余相组成X_N。

(1)单级萃取;

(2)将15 kg萃取剂分两等份进行级错流萃取,$S_1=S_2=1/2S$;

(3)逆流。

4 -9 水力学判断对错:

(1)不同液体的黏滞性并不相同,同种液体的黏滞性是个常数。 ( )

(2)在非均匀流里,按流线的弯曲程度又分为急变流与渐变流。 ( )

(3)在连续介质假设的条件下,液体中各种物理量的变化是连续的。 ( )

(4)局部水头损失系数可以用尼古拉兹的试验图来分析说明其规律。 ( )

(5)长管的作用水头全部消耗在沿程水头损失上。 ( )

4 -10 某反应物A的分解反应为2级反应,在300 K时,分解20%需要12.6 min;340 K时,在相同初始浓度下分解完成20%需3.2 min,求此反应的活化能。

4 -11 恒容气相反应A(g)⟶D(g)的速率常数k与温度T具有如下关系式:

$$\ln k = 24 - \frac{9\ 622}{\frac{T}{K}}$$

(1)确定此反应的级数;

(2)计算此反应的活化能;

(3)欲使A(g)在10 min内转化率达90%,则反应温度应控制在多少摄氏度?

习 题 答 案

第 1 章

1 - 3 我们先来对这一问题做适当的简化与假设。设可供选择的管子为光滑管，水在管路中是做稳态的流动且没有漏失，串联管路的总投资费用为 P，三段管长分别为 L_1，L_2，L_3，水在三段管路中的流速分别为 w_1，w_2，w_3，则水在管路中的流动应该符合以下条件：

$$P = 130L_1 + 90L_2 + 60$$

$$L_3L_1 + L_2 + L_3 = 1\ 000$$

因为流体做稳态的流动，所以

$$q_v = q_{v1} = q_{v2} = q_{v3} = 0.3\ \text{m}^3/s$$

$$q_v = \pi r^2 w$$

则可得

$$w_1 = 1.06\ \text{m/s}$$

$$w_2 = 1.53\ \text{m/s}$$

$$w_3 = 2.39\ \text{m/s}$$

假设水的温度为 20 ℃，$\rho = 998.2\ \text{kg/m}^3$，$\mu = 1.004 \times 10^{-3}P$，则

$$Re_1 = d_1w_1\rho/\mu = 6.35 \times 10^5$$

$$Re_2 = d_2w_2\rho/\mu = 7.61 \times 10^5$$

$$Re_3 = d_3w_3\rho/\mu = 9.50 \times 10^5$$

因为流体是在光滑管中流动，所以从摩擦因数图上可查出：

$$\lambda_1 = 0.014;\quad \lambda_2 = 0.013;\quad \lambda_3 = 0.012$$

然后，我们再假设管路中只有直管，则流体在管路中的总阻力为

$$\begin{aligned}\sum H_f &= H_{f1} + H_{f2} + H_{f3}\\ &= \lambda_1L_1w_1^2/2d_1g + \lambda_2L_2w_2^2/2d_2g + \lambda_3L_3w_3^2/2d_3g\\ &= 0.001\ 31L_1 + 0.003\ 04L_2 + 0.008\ 57L_3 \leqslant 5\end{aligned}$$

这样经过层层的假设和简化，我们就建立起了这个流动系统中的管路模型：

$$\begin{cases}P = 130L_1 + 90L_2 + 60L_3\\ L_1 + L_2 + L_3 = 1\ 000\\ 0.001\ 31L_1 + 0.003\ 04L_2 + 0.008\ 57L_3 \leqslant 5\end{cases}$$

然后，再用 C 语言来编程，优化这一数学模型，求满足这一条件的最小的 P 值，以及当 P 值为最小时的 L_1，L_2，L_3 各为多少。以下为求解过程的 C 语言程序：

```
# include < stdio. h  >
int main( int argc, char 3 argv[  ])
{ doubleL1; double L2; double L3;
```

```
double p;double inc =0.1;   //此参数决定管长精度,可改变为1或0.01等
doubleminP =10003130;       //先设定为最大可能值
doublefL1 =0;double fL2 =0;
doublefL3 =0;L1 =0;
while(L1 < =1000){          //循环测试所有可能L1,L2,L3 组合值以确定最小P值
L2 =0;
while(L2 < =1000 - L1){
L3 =1000 - L1 - L2;
if(1.313L1 +3.043L2 +8.573L3 < =5000){
p =1303L1 +903L2 +603L3;
if(p < minP){
minP =p;f L1 =L1;fL2 =L2;fL3 =L3;
}}
L2 =L2 +inc;}
L1 =L1 +inc;}
printf("L1 =%.if\nL2 =%.if\nL3 =%.if\nmin P
 =%.2f",f L1,f L2,f L3,minP);
return 0;}
……
result:
L1 =0.0
L2 =645.6
L3 =354.4
min P =79368.00
```

这样,通过建立管路的数学模型并用计算机对其进行优化,我们求出了满足条件的最佳的设计方案,解决了化工生产中最常见的管路设计当中的一个问题。

1 -4 (1) ~(2)答案略,可自行练习(技巧:MATLAB 可以逐句运行,通过运行结果来判断某语句的作用)

```
(3)Syms x
∂z/∂x =diff(cos(x)^2 +cos(y)^2 +cos(z)^2 -1,x)
∂z/∂x = -2 * cos(x) * sin(x)
Syms y
∂z/∂y =diff(cos(x)^2 +cos(y)^2 +cos(z)^2 -1,y)
∂z/∂y = -2 * cos(y) * sin(y)
(4)x = -3:0.1:3;y =1:0.1:5;
[X,Y] =meshgrid(x,y);% meshgrid(x,y)产生一个以向量x为行、向量y为列的矩阵
Z =(X +Ŷ).2;
plot3(X,Y,Z)
surf(X,Y,Z)%或 Mesh(x,y,z)
shading flat %将当前图形变得平滑
```

1－5 反应放热量

$$Q_r = (-\Delta H_r) \cdot V \cdot kC_A = \lambda V \cdot kC_A$$

能量衡算式为

$$L_1\rho_1(U_1 + K_1 + \Phi_1) - L\rho(U + K + \Phi) + (Q_r - Q) - W_{轴} - (LP - L_1P_1)/J = 0$$

式中 U ——单位内能，内能是储存于物质内部的能量，与分子活动有关；

K ——单位动能，$K = u^2/2$；

Φ —— 单位势能，$\Phi = gz$；

J ——单位换算系数，即将 LP 单位换算成 kJ/h 需除的系数。

（$1\ \mathrm{kg/cm^2} = 98.07\ \mathrm{kN/m^2}$，$J = 98.07^{-1}$）

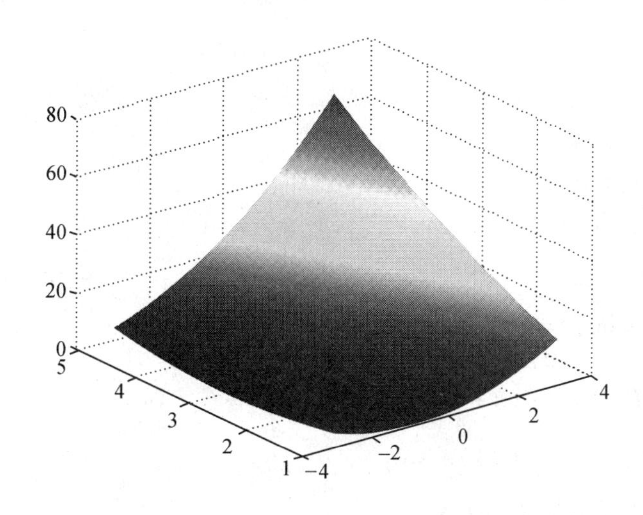

题1－5 答案图

对于 CSTR，上式可以进行简化，依据：

①过程中不存在轴功，即 $W_{轴} = 0$；

②设进出口物流的流速不高，则动能（$u^2/2$）可忽略，即 $K = 0$；

③设进出口物流位置标高基本相同，即 z 比较小，故位能可以忽略。

一般的化工问题均有②③两项假定，因此上式变成

$$L_1\rho_1U_1 - L\rho U + Q_r - Q - L\rho(P/\rho)/J + L_1\rho_1(P_1/\rho_1)/J = 0$$

比容 $v = 1/\rho$，上式可改写为

$$L_1\rho_1(U_1 + P_1v_1/J) - L\rho(U + Pv/J) + Q_r - Q = 0$$

由焓的定义

$$H = U + Pv/J$$

则上式又可改写成

$$L_1\rho_1H_1 + Q_r - Q = L\rho H$$

即

$$L_1\rho_1H_1 + \lambda VkC_A - Q = L\rho H$$

第2章

2－1 $x_1 \approx -2.60$；$x_2 \approx 1.00$；$x_3 \approx 2.00$

$$2-2\ \boldsymbol{A}^{-1}=\begin{bmatrix}\frac{93}{235} & \frac{67}{235} & \frac{6}{235}\\ \frac{13}{235} & \frac{22}{235} & \frac{16}{235}\\ \frac{7}{47} & \frac{1}{47} & \frac{5}{47}\end{bmatrix}$$

2-3 苯 =0.736,甲苯 =0.184,乙苯 =0.053

2-4 $a=9.926, b=1.1966, c=-0.05512$

2-5 $k_2=0.12568, k_1=0.357\times10^{-2}$

2-6 (1) $s=-\ln(1+Ce^t)$

(2) $x-\cot\frac{y-x}{2}=C$

(3) $x^2-xy+y^2+x-y=C$

(4) $y^2-x^2+2=C(x^2+y^2)$

2-7 (1) $y=x^2(1+Ce^{1/x})$

(2) $y(Cx^2+2\ln x+1)=1, y=0$

(3) $y^2=x+Cx^2$

2-8 (1) $x=t+\ln t, y=\frac{t^3}{6}+\frac{3t^2}{4}+(C_1+1)t+C_1\ln t+C_2$

(2) $(y-C_2+C_3)^2=\sin^2(x+C_1), y=\pm\frac{x^2}{2}+C_4x+C_5$

(3) $x=te^t+C_1, y=(t^2-t+1)e^t+C_2$

2-9 $y=\frac{1}{3}(e^{3x}-\cos3x-\sin3x)$

2-10 $t=\frac{40}{9\pi}\times\frac{R^{3/2}H}{r^2\sqrt{g}}\approx1\,040\ \text{s}$

$$2-11\ x(t)=\begin{bmatrix}e^{-2t}-\frac{1}{4}e^{-3t}-\frac{3}{4}e^{-t}+\frac{1}{2}te^{-t}\\ -2e^{-2t}+\frac{3}{4}e^{-3t}+\frac{5}{4}e^{-t}-\frac{1}{2}te^{-t}\\ 4e^{-2t}-\frac{9}{4}e^{-3t}-\frac{7}{4}e^{-t}+\frac{1}{2}te^{-t}\end{bmatrix}$$

$$2-12\ \begin{cases}\bar{y}=\frac{46}{35}\sin x+\frac{3}{5}\cos x+\frac{5}{4}x-\frac{39}{16}-\frac{3}{4}e^x-2e^{2x}\\ \bar{z}=\frac{9}{7}\sin x+\frac{10}{7}\cos x+\frac{3}{2}x-\frac{99}{40}-\frac{11}{8}e^x-\frac{14}{3}e^{2x}\end{cases}$$

$$2-14\ \begin{cases}2x^3-y^3+3x^2y^2+6x=C_1\\ y=C_2z\end{cases}$$

2-15 (1) $2(x^3-4u^3-3yu)^2=9(y+u^2)^3$;

(2) $\sqrt{\frac{u}{y^3}}\sin x=\sin\sqrt{\frac{u}{y}}$

2-16 $u=\frac{1}{2x}[(x-at)\varphi(x-at)+(x+at)\varphi(x+at)]+\frac{1}{2xa}\int_{x-at}^{x+at}\xi\varphi(\xi)\mathrm{d}\xi$

2-17 $u(x,t)=\frac{1}{2a}\int_{x-at}^{x+at}J_0\left(\frac{k}{a}\sqrt{a^2t^2-(x-x')^2}\right)\varphi(x')\mathrm{d}x'$

2-18 $\mu(x,t)=3\cos\sqrt{5}t\sin x\sin 2y+\sin 5t\sin 3x\sin 4y$

2-19 $u(x,t)=-\frac{Qx}{k}+\frac{2aQ}{k}\sqrt{\frac{t}{\pi}}+\frac{Qx}{ak\sqrt{\pi t}}\int_0^x\exp\left[-\frac{\xi^2}{4a^2t}\right]\mathrm{d}\xi$

2-20 (1) $u(x)=x^{-\gamma}[aJ_\gamma(x)+bN_\gamma(x)]$

(2) $u(x)=x^{-\gamma}[aJ_n(x^2)+bN_n(x^2)]$

2-22 $\mu(r,\theta)=\frac{T_0}{4}+\frac{15T_0r^2}{24l^2}+T_0\sum_{n=2}^{+\infty}(-1)^{\frac{n}{2}}\frac{6(4n+1)(2n-4)!!}{2^{2n}(n-2)!(n+2)!}\left(\frac{r}{l}\right)^{2n}P_{2n}(\cos\theta)$

2-23 (1) $1+\mathrm{i}=\sqrt{2}[\cos(\pi/4)+\mathrm{i}\sin(\pi/4)]=\sqrt{2}\mathrm{e}^{\mathrm{i}\pi/4}$

(2) $-\sqrt{12}-2\mathrm{i}=4[\cos(5\pi/6)-\mathrm{i}\sin(5\pi/6)]=4\mathrm{e}^{-\mathrm{i}5\pi/6}$

(3) $1-\cos\theta+\mathrm{i}\sin\theta=2\sin\left(\frac{\theta}{2}\right)\left[\cos\left(\frac{\pi-\theta}{2}\right)+\mathrm{i}\sin\left(\frac{\pi-\theta}{2}\right)\right]=2\sin\left(\frac{\theta}{2}\right)\mathrm{e}^{\mathrm{i}\frac{\pi-\theta}{2}}\quad(0<\theta<\pi)$

2-24 (1) $z=kt\quad(k=0,\pm1,\pm2,\cdots)$

(2) $z=(1/2+k)\pi\quad(k=0,\pm1,\pm2,\cdots)$

(3) $z=\mathrm{i}(2k+1)\pi\quad(k=0,\pm1,\pm2,\cdots)$

(4) $z=(k-1/4)\pi\quad(k=0,\pm1,\pm2,\cdots)$

2-25 (1) $-\frac{1}{10}\sum_{n=0}^{\infty}\frac{1}{2n}z^n-\frac{1}{5}(z+2)\sum_{n=0}^{\infty}(-1)^n\frac{1}{z^{2n+2}}$

(2) $\sum_{n=0}^{\infty}\frac{(-1)^n}{n!}\frac{1}{z^n(1-1/z)^n}$

(3) $1-\frac{1}{z}-\frac{1}{2!}\frac{1}{z^2}-\frac{1}{3!}\frac{1}{z^3}+\frac{1}{4!}\frac{1}{z^4}+\frac{1}{5!}\frac{1}{z^5}+\cdots$

(4) $-\sum_{n=1}^{\infty}(-1)^{n+1}\frac{n(z-i)^{n-2}}{i^{n+1}}$

2-27 (1) $\mathrm{Res}(f,0)=-\frac{1}{2},\mathrm{Res}(f,2)=\frac{3}{2}$

(2) $\mathrm{Res}(f,0)=-\frac{4}{3}$

(3) $\mathrm{Res}(f,i)=-\frac{3i}{8},\mathrm{Res}(f,-i)=\frac{3i}{8}$

(4) $\mathrm{Res}(f,z_k)=\left(\frac{\pi}{2}+k\pi\right),k=0,\pm1,\pm2,\cdots$

(5) $\mathrm{Res}(f,0)=0,\mathrm{Res}(f,k\pi)=(-1)^k\frac{1}{k\pi},k=\pm1,\pm2,\cdots$

(6) $\mathrm{Res}(f,z_k)=\frac{\sinh z}{(\cosh z)'},k=\pm1,\pm2,\cdots$

2-29 62/7

2-31 (1) $\frac{1}{s}(3-4\mathrm{e}^{-2s}+\mathrm{e}^{-4s})$

(2) $\frac{3}{s}(1-\mathrm{e}^{-\frac{\pi}{2}s})-\frac{1}{s^2+1}\mathrm{e}^{-\frac{\pi}{2}s}$

2－32 (1)$\frac{1}{2}(t\cos t+\sin t)$

(2)$\frac{e^{-t}}{3}(\sqrt{3}\sin\sqrt{3}t-2\cos\sqrt{3}t+2)$

(3)$4e^{t}+\frac{1}{3}e^{-t}-\frac{7}{3}e^{2t}$

(4)$\frac{2\sinh t}{t}$

(5)$e^{-2t}\left(2\cos 3t+\frac{1}{3}\sin 3t\right)$

(6)$t\cos at$

2－33 (1)$\frac{m!\ n!}{(m+n+1)!}t^{m+n+1}$

(2)$e^{t}-t-1$

(3)$\frac{1}{2}(\sin t-t\cos t)$

(4)$\sinh t-t$

2－34 第一年初购置一台设备，使用3年后，即在第四年初更新设备。总费用为7.8万元。（提示：利用图论相关知识）

第3章

3－1 增大；大

3－2 (1)热传导、热对流、热辐射

(2)流动类型：湍流时的给热系数大。

流体的物性：黏度μ、密度ρ、比热容C_p，导热系数λ均对给热系数有影响。

传热面的形状、大小和位置：管子的排列、折流都是为了提高给热系数。

流体的对流情况：强制对流比自然对流的给热系数大。

流体在传热过程有无相变：有相变α大。

3－3 (1)换热器的热负荷

$Q=W_c C_{PC}(t_2-t_1)=15\ 000\times 1.9\times(90-20)=1\ 995\ 000\ \text{kJ/h}=554.17\ \text{kJ/s}$

(2)加热蒸汽的消耗量

$W_h=Q/r=1\ 995\ 000/2\ 205=904.8\ \text{kg/h}=0.251\ \text{kg/s}$

(3)总传热系数

$d_0=15\ \text{mm}\times d_{\text{i}}=12\ \text{mm}$

$d_{\text{m}}=(d_0-d_{\text{i}})/\ln(d_0/d_{\text{i}})=(15-12)/\ln(15/12)=13.44\ \text{mm}$

$$k=k_0=\frac{1}{\left(\frac{d_0}{\alpha_{\text{i}}d_{\text{i}}}+\frac{bd_0}{kd_{\text{m}}}+\frac{1}{\alpha_0}\right)}=\frac{1}{\left(\frac{15}{3\ 600\times 12}+\frac{0.001\ 5\times 15}{45\times 13.44}+\frac{1}{12\ 000}\right)}=278.3\ \text{W/(m}^2\cdot ℃)$$

(4)该换热器能否满足生产任务？

$S=n\pi dl=100\times 3.14\times 0.015\times 2=9.42\ \text{m}^2$

假设逆流传热：

$$\Delta t_{\mathrm{m}}=\frac{\Delta t_2-\Delta t_1}{\ln\frac{\Delta t_2}{\Delta t_1}}=\frac{(130-20)-(130-90)}{\ln\frac{130-20}{130-90}}=69.2\ ℃$$

$Q'=ks\Delta t_{\mathrm{m}}=278.3\times9.42\times69.2=1.814\times10^5\mathrm{W}=181.4\ \mathrm{kW}$

$Q=1\ 995\ 000\ \mathrm{kJ/h}=1\ 995\ 000\times1\ 000/3\ 600=554\ 160\ \mathrm{J/s}=554\ 160\ \mathrm{W}=554.16\ \mathrm{kW}$

因此换热器最大传热效率 Q 小于实际所需的传热效率 Q,所以此换热器不满足生产任务。

3-4 1 140 W

3-5 (1)馏出液及釜残液量

$F=D+W\Rightarrow Fx_F=Dx_D+Wx_W$

$$\eta=\frac{Dx_D}{Fx_F}=0.838$$

$Dx_D=0.838Fx_F$

$$W=\frac{0.162Fx_F}{x_W}=\frac{0.162\times100\times0.4}{0.1}=64.8\ \mathrm{kmol/h}$$

$D=F-W=100-64.8=35.2\ \mathrm{kmol/h}$

$x_D=0.952$

(2)塔釜产生的蒸汽量及塔顶回流的液体量。

$R_{\min}=(x_D-y_q)/(y_q-x_q)$

当原料液位饱和液体进料时 $q=1,x_q=x_F$

$$R_{\min}=[\frac{x_D}{x_F}-\alpha(1-x_D)/(1-x_F)]/(\alpha-1)$$

$$=[0.952/0.4-2.5\times(1-0.952)/(1-0.4)]/(2.5-1)$$

$$=1.453$$

$R=3R_{\min}$

$l/D=R\Rightarrow l=RD=3R_{\min}D=3\times1.453\times35.2=153.4\ \mathrm{kmol/h}$

$V'+W=L'\Rightarrow V'=L'-W=L+F-W=153.4+100-64.8=188.6\ \mathrm{kmol/h}$

(3)离开塔顶第一层理论板的液相组成

$x_D=0.952$

$y=\alpha x/[1+(\alpha-1)x]$

$y=x_D=0.952$

$\alpha=2.5$

$0.952=2.5x/(1+1.5x)$

$x=0.888$

3-7 $V_{\mathrm{h}}=uA=u\dfrac{\pi}{4}d^2=0.8\times\dfrac{3.14}{4}\times0.06^2\times3\ 600\ \mathrm{m^3/s}=8.14\ \mathrm{m^3/h}$

$$w_{\mathrm{s}}=uA\rho=u\frac{\pi}{4}d^2\rho=0.8\times\frac{3.14}{4}\times0.06^2\times1\ 000=2.26\ \mathrm{kg/s}$$

$G=u\rho=0.8\times1\ 000=800\ \mathrm{kg/(m^2\cdot s)}$

3-8 在 A,B 两截面之间列机械能衡算方程

$$gz_1 + \frac{1}{2}u_{b1}^2 + \frac{p_1}{\rho} = gz_2 + \frac{1}{2}u_{b2}^2 + \frac{p_2}{\rho} + \sum h_f$$

式中 $z_1 = z_2 = 0, u_{b1} = 3.0\ \mathrm{m/s}$。

$$u_{b2} = u_{b1}\left(\frac{A_1}{A_2}\right) = u_{b1}\left(\frac{d_1^2}{d_2^2}\right) = 2.5\left(\frac{0.038 - 0.0025 \times 2}{0.053 - 0.003 \times 2}\right)^2 = 1.232\ \mathrm{m/s}$$

$$\sum h_f = 1.5\ \mathrm{J/kg}$$

$$\frac{p_1 - p_2}{\rho}u_{b2} = \frac{u_{b2}^2 - u_{b1}^2}{2} + \sum h_f = \frac{1.232^2 - 2.5^2}{2} + 1.5 = -0.866\ \mathrm{J/kg}$$

故 $\frac{p_1 - p_2}{\rho g} = 0.866/9.81 = 0.0883\ \mathrm{m} = 88.3\ \mathrm{mm}$

3－9 (1)水分蒸发量

$G = G_1 \times (1 - W_1) = 1\,000 \times (1 - 0.08) = 920\ \mathrm{kg/h}$

第一种解法：

$G_2 = G_1(1 - W_1)/(1 - W_2) = 920/(1 - 0.2) = 938.8\ \mathrm{kg/h}$

$W = G_1 - G_2 = 1\,000 - 938.8 = 61.2\ \mathrm{kg/h}$

$= 0.017\ \mathrm{kg/s}$

第二种解法：

$X_1 = W_1/(1 - W_1)$

$X_2 = W_2/(1 - W_2)$

$W = G(x_1 - x_2)$

代入数据解得 $W = 61.2\ \mathrm{kg/h}$。

(2)新鲜空气消耗量

$L = W/(H_2 - H_1) = 61.2 \times (0.022 - 0.009) = 4\,707.7\ \mathrm{kg/h}$

新鲜空气消耗量

$L' = L(1 + H_1) = 4\,707.7 \times (1 + 0.009) = 4\,750\ \mathrm{kg/h}$

3－10 分批式操作、连续式操作、半间歇式操作。

3－11 由于换热器外壁面温度往往高于周围外界空气的温度，外壁面不断通过对流和辐射传热将热量传给换热器周围的空气而散失，即产生散热损失。为了减少散热损失，一般在换热器外壁面上包上一层(或两层)导热系数较小的绝热材料(或不同的两种导热系数较小的绝热材料)，使传热热阻增大，外壁面温度降低，从而减小了散热损失。

3－12 化学失活、物理失活、结构变化等。化学失活主要是由于原料中夹带的杂质引起催化剂中毒或催化剂毒物在活性部位上的吸附造成的；物理失活主要是由于催化剂活性表面积减小而引起活性下降的不可逆物理过程，包括载体上金属晶粒变大或非负载催化剂表面积的减小；结构变化主要是由于沉积粉尘或积炭(或结焦)而引起的活性与选择性的下降。

3－13 设在时间 t 时乙烯酮和甲烷的浓度分别为 x 和 y，初始为 C_{A0}，则

$$\frac{dx}{dt} = k_1(C_{A0} - x - y)$$

$$\frac{dy}{dt} = k_2(C_{A0} - x - y)$$

相加得

$$\frac{d(x+y)}{dt}=(k_1+k_2)(C_{A0}-x-y)$$

将其积分

$$\frac{d(x+y)}{C_{A0}-(x+y)}=(k_1+k_2)dt$$

$$\ln\frac{C_{A0}}{C_{A0}-(x+y)}=(k_1+k_2)t$$

(1)当转化率为99%时

$$x+y=0.99C_{A0}$$

$$t=\frac{1}{4.65+3.74}\ln\frac{1}{1-0.99}=0.549\ \text{s}$$

(2)瞬时选择性为 $S_P=\frac{dx}{dy}$

积分得

$$\frac{x}{y}=\frac{k_1}{k_2}=\frac{4.65}{3.74}$$

$$S=\frac{x}{y}=55.4\%$$

3-14 (1)反应物料进行反应所需容积,保证设备一定生产能力;

(2)具有足够传热面积;

(3)保证参加反应的物料均匀混合。

3-15 (1)由 BR 设计方程可得反应所需的时间为

$$t=\frac{1}{k}\ln\frac{1}{1-x}=\frac{1}{2.78\times10^{-3}}\ln\frac{1}{1-0.8}=579\ \text{s}$$

(2)由 CSTR 的设计方程可得反应器的体积为

$$V=\frac{F_{A0}X_A}{-r_A}=\frac{F_{A0}X_A}{kC_{A0}(1-X_A)}=\frac{11.4\times0.8}{2.78\times10^{-3}\times4\times(1-0.8)}=4\ 100.7\ \text{L}$$

(3)由 PFR 的设计方程可得反应器的体积为

$$V=F_{A0}\int_0^{X_A}\frac{dX_A}{-r_A}=\frac{F_{A0}}{kC_{A0}}\int_0^{X_A}\frac{dX_A}{(1-X_A)}=\frac{F_{A0}}{kC_{A0}}\ln\frac{1}{(1-X_A)}=\frac{11.4}{2.78\times10^{-3}\times4}\ln5=1\ 650\ \text{L}$$

第4章

4-2 $$y_{n+1}=\frac{R_{min}}{R_{min}+1}x_n+\frac{x_D}{R_{min}+1}$$

$$=\frac{1.63}{1.63+1}x_n+\frac{0.957}{1.63+1}$$

$$=0.618\ 9x_n+0.363\ 9$$

q 线方程

$$y=\frac{q}{q-1}x-\frac{x_F}{q-1}$$

气液平衡方程

$$y=\frac{\alpha x}{1+(\alpha-1)x}=\frac{2.5x}{1+1.5x}$$

联立操作线和平衡线方程解得 $x=0.365$，$y=0.590$。

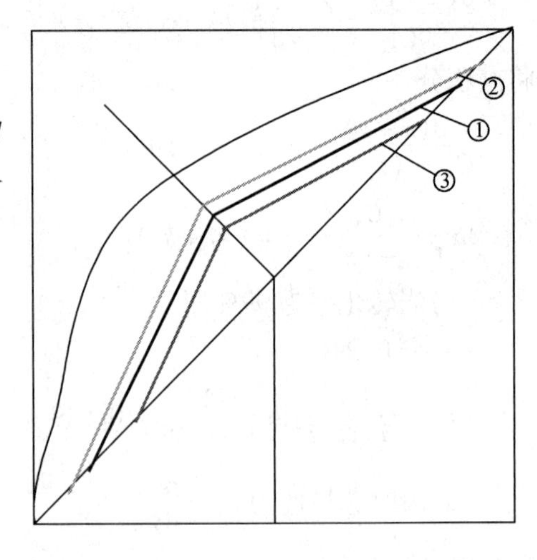

题 4-2 答案图

由最小回流比定义知上述两方程交点必是 q 线和平衡线的交点，将上述坐标及 $x_F=0.44$ 代入 q 线方程

$$y=\frac{q}{q-1}x-\frac{x_F}{q-1}$$

$$0.44=(1-q)\times0.590+q\times0.365$$

$$q=0.667$$

为气液混合物进料。

$$R=1.5R_{\min}=1.5\times1.63=2.445$$

精馏段操作线为

$$y_{n+1}=\frac{2.445}{2.445+1}x_n+\frac{0.957}{2.445+1}$$

$$=0.7097x_n+0.2778$$

$$y_1=x_D=0.95$$

$$x_1=\frac{y_1}{2.5-1.5y_1}=\frac{0.957}{2.5-1.5\times0.957}=0.899$$

$$y_2=0.7097x_1+0.2778$$

$$=0.7097\times0.899+0.2778=0.9158$$

$$x_2=\frac{0.9158}{2.5-1.5\times0.9158}=0.813$$

4-3 (1)加料板下移几块塔板后，由原来的最佳位置变成了非最佳位置，由 F,x_F,q,D,R 不变，可知两段操作线斜率 $R/(R+1)$，$L'/(L'-W)$ 均不变。

设 x_D 不变或变大，由物料衡算可知 x_W 不变或变小，作图可知，此时所需的 N_T 增大，而实际上 N_T 不变，因此 x_D 只能变小，由物料衡算 x_W 变大。

注：①为原来的；②为 x_D 变大；③为 x_D 变小。

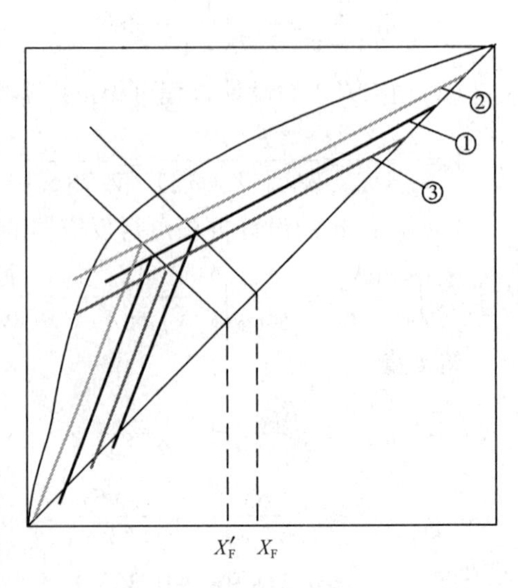

题 4-3 答案图(1)

(2) $V_1=V-(1-q)F=(R+1)D-(1-q)F$，$V_1$ 减小，而 F,q,D 不变，可知 R 减小→$R/(R+1)$ 减小→精馏段操作线靠近相平衡线→梯级跨度减小→达到同样分离要求所需 N_1 增加，在 N_1 不增加的情况下，只有 x_D 下降。

由物平 $Fx_F=Dx_D+Wx_W$，由 F,x_F,D 不变，x_D 下降，所以 x_W 上升。

$\frac{L'}{V'}=\frac{V'+W}{V'}=1+\frac{W}{V'}$，$V'$减小，而 F,D 不变，$\frac{L'}{V'}$上升，提馏段操作线靠近相平衡线→梯级跨度减小→达到同样分离要求所需 N_2 增加，在 N_2 不增加的情况下，只有 x_W上升。

(3)若保持 F,R,q,D 不变，则 W 不变，L,L'不变→两段操作线斜率 $R/(R+1)$，$L'/(L'-W)$ 均不变。

排除法：设 x_D 不变或变大，由物料衡算可知 x_W变小，作图可知，此时所需的 N_T 增大，而实际上 N_T 不变，因此 x_D 只能变小，由作图知 x_W变小。

注：①为原来的；②为 x_D 变大；③为 x_D 变小。

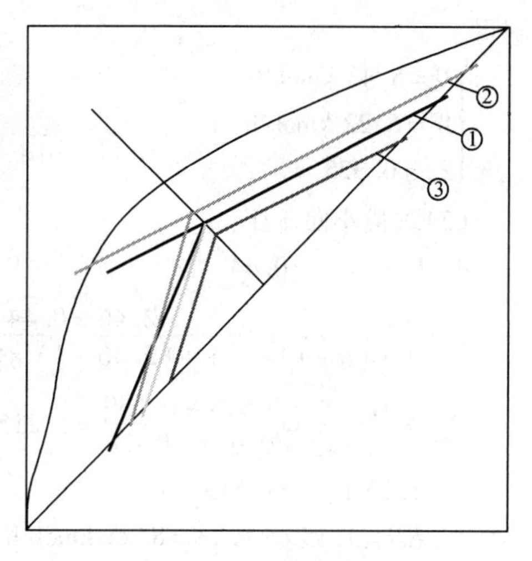

题 4－3 答案图(2)

(4)若进料量增大，而 x_F,q,R,V'不变，由$V'=V-(1-q)F=(R+1)D-(1-q)F$ 不变可知 D 增大→$L=RD\uparrow$→$L'=L+qF\uparrow$→$\frac{L'}{V'}\uparrow$

排除法：设 x_D 不变或变小，作图可知，此时所需的 N_T 减小，而实际上 N_T 不变，因此 x_D 只能增大，由作图知 x_W增大。

讨论：

(1)首先将两段操作线的斜率变化趋势判断出来，这样可知其与平衡线间梯级跨度的变化情况，从而分析 N_T 或产品组成的变化情况。

(2)判断出 x_D，x_W其中之一的变化后，可由物料衡算关系判断另一组成的变化。

(3)排除法的应用：若判断不出另一组成的变化或出现两段操作线斜率及 x_F 均不变的情况，可结合 $y-x$ 相图，采用排除法进行判断。

4－4 (1)

$$x_F=\frac{a_F/M_A}{a_F/M_A+(1-a_F)/M_B}=\frac{0.4/78}{0.4/78+(1-0.4)/92}=0.44$$

$$x_W=\frac{a_W/M_A}{a_W/M_A+(1-a_W)/M_B}=\frac{0.014/78}{0.014/78+(1-0.014)/92}=0.016\,47$$

$$F=\frac{1\,000\times0.4}{78}+\frac{1\,000\times0.6}{92}=11.65\ \text{kmol/h}$$

根据物料衡算方程

$$\begin{cases}F=D+W\\ Fx_F=Dx_D+Wx_W\\ \dfrac{Dx_D}{Fx_F}=0.98\end{cases}$$

代入数据

$$\begin{cases}11.65=D+W\\ 11.65\times0.44=Dx_D+W\times0.016\,47\\ \dfrac{Dx_D}{11.65\times0.44}=0.98\end{cases}$$

解得

$$\begin{cases} D = 5.43\ \text{kmol/h} \\ W = 6.22\ \text{kmol/h} \\ x_D = 0.925 \end{cases}$$

(2)求最小回流比：

$q = 1, x_e = x_F = 0.44$

$$y_e = \frac{\alpha x_e}{1 + (\alpha - 1)x_e} = \frac{2.46 \times 0.44}{1 + (2.46 - 1) \times 0.44} = 0.659$$

$$R_{min} = \frac{x_D - y_e}{y_e - x_e} = \frac{0.925 - 0.659}{0.659 - 0.44} = 1.215$$

$R = 1.25\ R_{min} = 1.519$

$L = RD = 1.159 \times 5.43 = 8.25\ \text{kmol/h}$

$V = (R + 1)D = 2.519 \times 5.43 = 13.68\ \text{kmol/h}$

(3)精馏段操作线方程为

$$y_{n+1} = \frac{R}{R+1}x_n + \frac{1}{R+1} \times x_D = 0.603x_n + 0.367\ 2$$

求提馏段的操作线方程：

①$L' = L + qF = RD + qF = 1.519 \times 5.43 + 11.65 = 19.9\ \text{kmol/h}$

$$y = \frac{L'}{L' - W}x - \frac{W}{L' - W}x_W$$

$$= \frac{19.9}{19.9 - 6.22}x - \frac{6.22}{19.9 - 6.22} \times 0.016\ 47$$

$$= 1.455x - 0.007\ 49$$

②解 q 线方程与精馏段操作线方程组成的方程组

$$\begin{cases} x = 0.44 \\ y = 0.603x + 0.367\ 2 \end{cases}$$

得

$$\begin{cases} x = 0.44 \\ y = 0.632\ 52 \end{cases}$$

所以提馏段的操作线方程为

$$\frac{y - 0.632\ 52}{x - 0.44} = \frac{0.016\ 47 - 0.632\ 52}{0.016\ 47 - 0.44}$$

即

$$y = 1.455x - 0.007\ 49$$

(4) 因为塔顶采用全凝器

所以

$$y_1 = x_D = 0.925$$

由

$$y_1 = \frac{2.47x_1^*}{1 + 1.47x_1^*} = 0.925$$

解得

$x_1^* = 0.834$

$$E_{mL} = \frac{x_D - x_1}{x_D - x_1^*} = \frac{0.925 - x_1}{0.925 - 0.834} = 0.7$$

$x_1 = 0.861\ 3$

代入精馏段操作线方程

$y_2 = 0.603 \times 0.861\ 3 + 0.367\ 2 = 0.886$

4-5 (1)由亨利定律 $P = Ex = Hc = Hc_M \cdot x$, $y = mx$

有 $m = Hc_M/P = \frac{4.62}{101.3}c_M = 0.045\ 6c_M$

$k_x a = k_L a c_M = 16.6c_M$ kmol/(h·m³)

故有 $\frac{m}{k_x a} = \frac{0.045\ 6c_M}{16.6c_M} = 2.75 \times 10^{-3}$ h·m³/kmol

$$\frac{1}{K_y a} = \frac{1}{k_y a} + \frac{m}{k_x a} = \frac{1}{64.6} + 2.75 \times 10^{-3} = 0.018\ 2 \text{ h·m}^3\text{/kmol}$$

所以 $K_y a = 54.9$ kmol/h·m³

$$H_{OG} = \frac{V}{K_y a} = \frac{16}{54.9} = 0.291 \text{ m}$$

(2)液相阻力占总阻力的百分比为

$$\frac{m/k_x a}{1/K_y a} = \frac{2.75 \times 10^{-3}}{0.018\ 2} \times 100\% = 0.151 \times 100\% = 15.1\%$$

4-6 (1) $Y_1 = \frac{0.05}{1-0.05} = 0.052\ 63$, $Y_2 = \frac{0.000\ 4}{1-0.000\ 4} = 0.000\ 4$

惰性气体流量

$$V = \frac{200}{22.4} \times \frac{273}{301} \times (1-0.05) = 7.69 \text{ kmol/h}$$

$$X_1^* = \frac{Y_1}{m} = \frac{0.052\ 63}{1.4} = 0.037\ 6, X_1 = 0.80X_1^* = 0.030\ 1$$

$$L = \frac{V(Y_1 - Y_2)}{X_1 - X_2} = \frac{7.69 \times (0.052\ 63 - 0.000\ 4)}{0.030\ 1 - 0} = 13.34 \text{ kmol/h}$$

$\Delta Y_1' = Y_1 - mX_1 = 0.052\ 63 - 1.4 \times 0.030\ 1 = 0.010\ 46$

$$\Delta Y_2' = Y_2 = 0.000\ 4, \Delta Y_m' = \frac{\Delta Y_1' - \Delta Y_2'}{\ln\frac{\Delta Y_1'}{\Delta Y_2'}} = 0.003\ 08$$

$$Z' = \frac{V(Y_1 - Y_2)}{K_{Ya}\Omega\Delta Y_m'} = \frac{7.69 \times (0.052\ 63 - 0.000\ 4)}{38.5 \times 0.785 \times 0.8^2 \times 0.003\ 08} = 6.74 \text{ m}$$

该塔现有填料层高度 $Z = \frac{3}{0.785 \times 0.8^2} = 6$ m,所以该塔不适合。

(2)吸收剂用量增大10%时

$L'' = 1.1 \times 13.34 = 14.67$ kmol/h

$$L'' = \frac{V(Y_1 - Y_2)}{X_1'' - X_2} = \frac{7.69 \times (0.052\ 63 - 0.000\ 4)}{X_1'' - 0} = 14.67 \text{ kmol/h}$$

$X_1'' = 0.027\ 4$

$$\Delta Y_1'' = Y_1 - mX_1'' = 0.052\ 63 - 1.4 \times 0.027\ 4 = 0.014\ 24$$

$$\Delta Y_2'' = Y_2 = 0.000\ 4$$

$$\Delta Y_m'' = \frac{0.014\ 24 - 0.000\ 4}{\ln \frac{0.014\ 24}{0.000\ 4}} = 0.003\ 87$$

$$Z'' = \frac{V(Y_1 - Y_2)}{K_{Ya}\Omega\Delta Y_m''} = \frac{7.69 \times (0.052\ 63 - 0.000\ 4)}{38.5 \times 0.785 \times 0.8^2 \times 0.003\ 87} = 5.36\ \text{m}$$

所以该塔适合。

4-7 $X_{FA} = \frac{X_{NA}}{1 - X_{FA}} = \frac{0.01}{1 - 0.01} = 0.010\ 10$

同理

$X_{NA} = 0.001\ 01$

$B = F(1 - X_F) = 1\ 000(1 - 0.01) = 990\ \text{kg/h}$

$$S_{\min} = B\frac{X_{FA} - X_{NA}}{Y_F^*} = 990 \times \frac{0.010\ 1 - 0.001\ 01}{0.875 \times 0.010\ 1} = 1\ 018\ \text{kg/h}$$

(2) $N = \frac{1}{\ln \frac{1}{A_m}} \ln\left[(1 - A_m)\frac{X_F - Z/K}{X_N - Z/K} + A_m\right]$

$$\frac{1}{A_m} = \frac{KS}{B} = 0.875 \times 1\ 150/1\ 000 = 1.006\ 8$$

$$N = \frac{1}{\ln 1.006}\ln\left[\left(1 - \frac{1}{1.006}\right)\frac{0.010\ 1}{0.001\ 01} + 1/1.006\right] = 8.74\ 级 \approx 9\ 级$$

$$\varphi = \frac{X_{NA}}{X_{FA}} = \frac{0.001\ 01}{0.010\ 1} = 0.1 = 10\%$$ 很小

所以 $K < 1$。

4-8 (1) 单级萃取

$X_f = 1/12 = 0.083\ 33 \quad Z = 0$

$B = 12\ \text{kg}$

$S = 15\ \text{kg}$

$$\begin{cases} B(X_F - X_1) = SY_1 \\ Y_1 = KX_1 \end{cases}$$ 联立

$X_1 = 0.019\ 61$

(2) 两级错流

$S_1 = 1/2S = 7.5\ \text{kg}$

第一级 $m = 1 \rightarrow X_1 = 0.031\ 74$

$X_F = 0.083\ 33$

$m = 2$

$12(0.031\ 74 - X_2) = 7.7Y_2 \rightarrow X_2 = 0.012\ 09$

$Y_2 = 2.6X_2$

或

$1/A_m = KS/B = 2.6 \times 7.5/12 = 1.625$

(3)两级逆流

题 4-8 答案图

$1/A_m = 2.6 \times 15/12 = 3.25$

$m = 1B(X_F - X_1) = S(Y_1 - Y_2) = SK(X_1 - X_2)$

X_1 和 X_2 关系由第 2 级物料衡算及相平衡关系得到

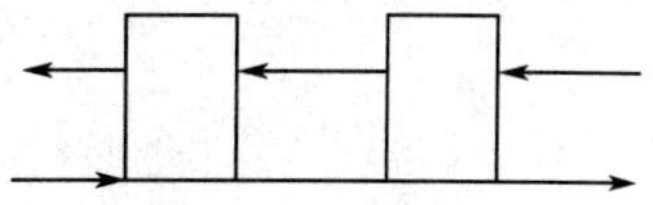

即

$B(X_1 - X_2) = S(Y_2 - Z) = SY_2 = SKX_2$

所以 $X_1 - X_2 = (KS/B)X_2 = 3.25X_2$

将 $X_1 = 4.25X_2$ 代入得 $X_2 = 0.005\ 626$。

也可采用萃取因数法或梯级法。

4-9 ×√√×√

4-10 由公式 $1/C - 1/C_o k_2 t$

得

$1/[(1-20\%)C_o] - 1/C_o = k_2 t$ ①

$1/(20\% C_o) - 1/C_o = k_2' t'$ ②

①比②得：$k_2 t / k_2' t' = 1$，即 $k_2/k_2' = t'/t = 3.2/12.6$

因为

$$\ln \frac{k_2}{k_2'} = \frac{E_a}{R}\left(\frac{1}{T'} - \frac{1}{T}\right)$$

所以

$$E_a = \frac{R\ln(k_2/k_2')}{\left(\frac{1}{T'} - \frac{1}{T}\right)} = \frac{8.314 \times \ln\left(\frac{3.2}{12.6}\right)}{\left(\frac{1}{340} - \frac{1}{300}\right)} = 29\ 057\ \text{J} \cdot \text{mol}^{-1}$$

4-11 (1)题中所给 k 的单位为 s^{-1}，所以反应为一级反应。

(2)$\ln k = -\frac{E_a}{R} \cdot \frac{1}{T} + C$ 与 $\ln k = 24.00 - 9\ 622/T$ 相比较可得

$E_a/R = 9\ 622\ \text{K}$

$E_a = 9\ 622\ R = 80.00\ \text{kJ} \cdot \text{mol}^{-1}$

$$\ln\left(\frac{1}{1-y}\right) = k_1 t$$

$$k_1 = \ln\left(\frac{1}{1-y}\right)/t = \ln\left(\frac{1}{1-90\%}\right)/10 = 0.230\ 3\ \text{s}^{-1}$$

(3)由 $\ln k = 24.00 - 9\ 622/T$ 得

$0.230\ 3 = 24.00 - 9\ 622/T$

$T = 404.8\ \text{K}$

写在后面的话

经过一年多的时间,《核化工数学模型》终于和大家见面了,本书参考了市面上已经出版的高等数学、化工数学、化工原理等相关的书籍,以及核工业领域与化工数学相关的研究课题,在搜集大量资料的同时,加入自己的创作,在《核化工数学》的基础上经过多次增删,更加适应核化工数学的教学大纲要求。

"十三五"规划指出要"安全高效发展核电",因此核能开发利用是未来能源发展的必然趋势。数学是一门基础学科,在核工业中有着广泛的应用。学好数学才能对核工业相关课题进行深入研究,促进其快速发展。数学作为一门基础学科,是大家在核工业领域得以大显身手的必备素养。

本书定位于为核工业相关的学生提供科学研究的数学基础,提高学生分析问题、解决问题的能力。本书不但有高等数学与化工原理相关的理论基础,还有近年来核工业领域相关的数学实践内容,相信一定会对大家有很大的帮助。

石　磊

2015 年 11 月于北京

参考文献

[1] 李金英,石磊. 核化工数学[M]. 北京:中国原子能出版社,2013.

[2] 王志魁,刘丽英,刘伟. 化工原理[M]. 4 版. 北京:化学工业出版社,2010.

[3] 陈晋南. 高等化工数学[M]. 2 版. 北京:北京理工大学出版社,2015.

[4] 王金福. 化工应用数学分析[M]. 北京:化学工业出版社,2006.

[5] 周爱月,李士雨. 化工数学[M]. 3 版. 北京:化学工业出版社,2011.

[6] 李军湘. 化工数学模型及其最优化[J]. 阴山学刊(自然科学版),2006(1):14 - 15.